“做学教一体化”课程改革系列教材

亚龙集团校企合作项目成果系列教材

机电设备 PLC 控制技术

主编　邵泽强　滕士雷

主审　杨少光

机械工业出版社

本书是“做学教一体化”课程改革系列教材之一，是根据职业教育的培养目标，机电设备安装、调试、维护、维修类岗位对 PLC 应用技术的要求，以及职业院校技能大赛机电设备装调项目的相关知识及技能要求编写而成的。

本书采用项目式、任务引领的模式编写，主要内容包括两个模块，以两种典型的教学设备对机电设备的 PLC 控制技术进行阐述。将 PLC 工作原理、基本功能、常用指令及常用的梯形图程序编程方法等教学内容融入到项目设计中，同时安排了大量机电设备与 PLC 控制综合应用项目，在项目的实施过程中深入学习机电设备相关的传感技术、气动技术、变频控制、人机界面及机电一体化设备整机设计与调试。书中项目都给出了参考程序便于读者更快地理解、完成项目。

本书适合作为职业院校机电类、电气类专业相关课程的教材，也可作为职业院校技能大赛相关项目的辅导用书，还可作为相关技术岗位的培训教材。

本书配有免费电子教案、电子课件及源程序代码，凡选用本书作为教材的学校，可登录 www. cmpedu. com，注册并下载。

图书在版编目（CIP）数据

机电设备 PLC 控制技术/邵泽强，滕士雷主编. —北京：机械工业出版社，2012. 8（2022. 1 重印）

“做学教一体化”课程改革系列教材

ISBN 978-7-111-35911-1

Ⅰ. ①机… Ⅱ. ①邵…②滕… Ⅲ. ①机电设备－自动控制系统－高等学校－教材 Ⅳ. ①TH-39

中国版本图书馆 CIP 数据核字（2011）第 194332 号

机械工业出版社（北京市百万庄大街 22 号　邮政编码 100037）
策划编辑：高　倩　责任编辑：赵红梅
责任校对：肖　琳　封面设计：路恩中　责任印制：李　昂
北京捷迅佳彩印刷有限公司印刷
2022 年 1 月第 1 版 · 第 6 次印刷
184mm×260mm · 18. 75 印张 · 419 千字
标准书号：ISBN 978-7-111-35911-1
定价：49. 00 元

电话服务　网络服务
客服电话：010-88361066　机 工 官 网：www. cmpbook. com
010-88379833　机 工 官 博：weibo. com/cmp1952
010-68326294　金 书 网：www. golden-book. com

机工教育服务网：www. cmpedu. com

序

在落实《国家中长期教育改革和发展规划纲要（2010—2020）》新时期职业教育的发展方向、目标任务和政策措施的时候，教育部制定了《中等职业教育改革创新行动计划（2010—2012）》（以下简称《计划》）。《计划》中指出，以教产合作、校企一体和工学结合为改革方向，以提升服务国家发展和改善民生的各项能力为根本要求，全面推动中等职业教育随着经济增长方式转变“动”，跟着产业结构调整升级“走”，围绕企业人才需要“转”，适应社会和市场需求“变”。

中等职业教育的改革，着力解决教育与产业、学校与企业、专业设置与职业岗位、课程教材与职业标准不对接，职业教育针对性不强和吸引力不足等各界共识的突出问题。紧贴国家经济社会发展需求，结合产业发展实际，加强专业建设，规范专业设置管理，探索课程改革，创新教材建设，实现职业教育人才培养与产业，特别是区域产业的紧密对接。

《计划》中关于推进中等职业学校教材创新的计划是：围绕国家产业振兴规划、对接职业岗位和企业用人需求，创新中等职业学校教材管理制度，逐步建立符合我国国情、具有时代特征和职业教育特色的教材管理体系。开发建设覆盖现代农业、先进制造业、现代服务业、战略性新兴产业和地方特色产业，苦脏累险行业，民族传统技艺等相关专业领域的创新示范教材，引领全国中等职业教育教材建设的改革创新。2011—2012年，制订创新示范教材指导建设方案，启动并完成创新示范教材开发建设工作。

在落实该《计划》的背景下，中国·亚龙科技集团与机械工业出版社共同组织中等职业学校教学第一线的骨干教师，为先进制造业、现代服务业和新兴产业类的电气技术应用、电气运行与控制、机电技术应用、电子技术应用、汽车运用与维修等专业的主干课程、方向性课程编写“做学教一体化”系列教材，探索创新示范教材的开发，引领中等职业教育教材建设的改革创新。

多年来，中等职业学校第一线的教师对教学改革的研究和探索，得到了一个共同的结论：要提升服务国家发展和改善民生的各项能力，就应该采用理实一体的教学模式和教学方法。以项目为载体，工作任务引领，完成工作任务的行动导向；让学生在完成工作任务的过程中学习专业知识和技能，掌握获取资讯、决策、计划、实施、检查、评价等工作过程的知识，在完成工作任务的实践中形成和提升服务国家发展和改善民生的各项能力。一本体现课程内容与职业资格标准、教学过程与生产过程对接，符合中等职业学校学生认知规律和职业能力形成规律，形式新颖、职业教育特色鲜明的教材；一本解决“做什么、学什么、教什么？怎样做、怎样学、怎样教？做得怎样、学得怎样、教得怎样？”问题的教材，是中等职业学校广大教师热切期盼的。

承载职业教育教学理念，解决“做什么、学什么、教什么？怎样做、怎样学、怎样教？做得怎样、学得怎样、教得怎样？”问题的教学实训设备，同样是中等职业学校广大教师热切期盼的。中国·亚龙科技集团秉承服务职业教育的宗旨，潜心研究职业教育。在源于企业、源于实际、源于职业岗位的基础上，开发“既有真实的生产性功能，又整合学习功能”的教学实训设备；同时，又集设备研发与生产、实训场所建设、教材开发、师资队伍建设等于一体的整体服务方案。

广大教学第一线教师的期盼与中国·亚龙科技集团的理念、热情和真诚，激发了编写“做学教一体化”系列教材的积极性。在中国·亚龙科技集团、机械工业出版社和全体编者的共同努力和配合下，“做学教一体化”系列教材以全新的面貌、独特的形式出现在中等职业学校广大师生的面前。

“做学教一体化”系列教材是校企合作编写的教材，是把学习目标与完成工作任务、学习内容与工作内容、学习过程与工作过程、学习评价与工作评价有机结合在一起的教材。呈现在大家面前的“做学教一体化”系列教材，有以下特色：

一、教学内容与职业岗位的工作内容对接，解决做什么、学什么和教什么的问题

真实的生产性功能、整合的学习功能，是中国·亚龙科技集团研发、生产的教学实训设备的特色。根据教学设备，按中等职业学校的教学要求和职业岗位的实际工作内容设计工作项目和任务，整合学习内容，实现教学内容与职业岗位、职业资格的对接，解决中等职业学校在教学中“做什么、学什么、教什么”的问题，是“做学教一体化”系列教材的特色。

职业岗位做什么，学生在课堂上就做什么，把职业岗位要做的事情规划成工作项目或设计成工作任务；把完成工作任务涉及的理论知识和操作技能，整合在设计的工作任务中。拿职业岗位要做的事，必需、够用的知识教学生；拿职业岗位要做的事来做，拿职业岗位要做的事来学。做、学、教围绕职业岗位，做、学、教有机结合、融于一体，“做学教一体化”系列教材就这样解决做什么、学什么、教什么的问题。

二、教学过程与工作过程对接，解决怎样做、怎样学和怎样教的问题

不同的职业岗位，工作的内容不同，但包括资讯、决策、计划、实施、检查、评价等在内的工作过程却是相同的。

“做学教一体化”系列教材中工作任务的描述、相关知识的介绍、完成工作任务的引导、各工艺过程的检查内容与技术规范和标准等，为学生完成工作任务的决策、计划、实施、检查和评价并在其过程中学习专业知识与技能提供了足够的信息。把学习过程与工作过程、学习计划与工作计划结合起来，实现教学过程与生产过程的对接，“做学教一体化”系列教材就这样解决怎样做、怎样学、怎样教的问题。

三、理实一体的评价，解决评价做得怎样、学得怎样、教得怎样的问题

企业不是用理论知识的试卷和实际操作考题来评价员工的能力与业绩，而是根据工作任务的完成情况评价员工的工作能力和业绩。“做学教一体化”系列教材根据理实一体的原则，参照企业的评价方式，设计了完成工作任务情况的评价表。评价的内容为该工作任务中各工艺环节的知识与技能要点、工作中的职业素养和意识；评价标准为相关的技术规范和标准，评价方式为定性与定量结合，自评、小组与老师评价相结合。

全面评价学生在本次工作中的表现，激发学生的学习兴趣，促进学生职业能力的形成和提升，促进学生职业意识的养成，“做学教一体化”系列教材就这样解决做得怎

样、学得怎样、教得怎样的问题。

四、图文并茂，通俗易懂

“做学教一体化”系列教材考虑到中等职业学校学生的阅读能力和阅读习惯，在介绍专业知识时，把握知识、概念、定理的精神和实质，将严谨的语言通俗化；在指导学生实际操作时，用图片配以文字说明，将抽象的描述形象化。

用中等职业学校学生的语言介绍专业知识，图文并茂的形式说明操作方法，便于学生理解知识、掌握技能，提高阅读效率。对中等职业学校的学生来说，“做学教一体化”系列教材是非常实用的教材。

五、遵循规律，循序渐进

“做学教一体化”系列教材设计的工作任务，有操作简单的单一项目，也有操作复杂的综合项目。由简单到复杂，由单一向综合，采用循序渐进的原则呈现教学内容、规划教学进程，符合中等职业学校学生认知和技能学习的规律。

“做学教一体化”系列教材是校企合作的产物，是职业院校教师辛勤劳动的结晶。“做学教一体化”系列教材需要人们的呵护、关爱、支持和帮助，才能健康发展，才能有生命力。

中国·亚龙科技集团　陈继权

2011年6月　浙江温州

前　言

PLC是一个以微处理器为核心的数字运算操作的电子系统装置，专为在工业现场应用而设计，它采用可编程序的存储器，用以在其内部存储执行逻辑运算、顺序控制、定时/计数和算术运算等操作指令，并通过数字式或模拟式的输入、输出接口，控制各种类型的机械或生产过程。由于其具有可靠性高、抗干扰能力强、通用性强、编程简单、使用方便等特点，能够大大减少控制系统的设计及施工的工作量，同时体积小、重量轻、维护方便、容易掌握，因此在机电一体化设备中得到广泛的应用。

机电设备的PLC控制技术是一门实践性很强的课程，在学习的过程中应该大量接触工业现场的实际应用，以应用带动学习，在应用中发现问题、解决问题、掌握实用技术。作者根据多年的教学实践经验，总结了PLC控制技术学习过程中存在的问题及学生学习的难点与困惑，采用项目式教学，精心选择与设计了应用项目，按照从易到难、由浅入深的规律安排课程内容，使得本书具有PLC理论知识够用为主、编程方法精选实用、知识面广、知识点精、密切联系实际应用等特点。

本书包括两个模块：

模块一　机电设备PLC控制基础应用。通过五个基本项目学习PLC工作原理，掌握其基本功能及常用指令的应用，掌握常用的梯形图程序编程方法，同时了解项目中涉及的设备工作原理与应用。

模块二　机电设备PLC控制综合应用。深入学习机电设备相关的传感技术、气动技术、变频控制、人机界面及机电一体化设备整机设计与调试的应用。

全书以三菱FX2N系列PLC为主讲机型，以“做中学、做中教”为主导思想，采用企业中实际项目开发的过程与方法，引导学习从做项目开始，在做的过程中不断遇到问题，不断学习，不断掌握新知识、新方法，加强学生自主学习能力的提高。

本书作者均为多年从事PLC项目开发、教学及工程应用的教师和企业科研人员，由邵泽强、滕士雷任主编，参加编写的还有陈庆胜、孔喜梅、李坤、高田海。项目四、项目五、项目七、项目八由邵泽强编写，项目六、项目十、项目十二、项目十三由滕士雷编写，项目九由陈庆胜编写，项目一、项目十一由孔喜梅编写，项目二由李坤编写，项目三由高田海编写。此外在编写本书的过程中，编者得到了亚龙集团科研人员的大力支持，在此一并感谢。

由于编者水平有限，书中难免存在错误与疏漏，恳请广大读者批评指正。

编　者

目　录

绪论

0.1 PLC的起源和定义

0.1.1 PLC的来源

在制造、过程工业中，有大量的开关量顺序控制，系统按照逻辑条件进行顺序动作，并按照逻辑关系进行联锁保护控制，其中还包含大量离散量的数据采集。传统系统是通过气动或继电器-接触器控制系统来实现的，直到1968年美国通用汽车（GM）公司提出取代继电器-接触器控制系统装置的要求，并提出制造满足下列10个要求的控制器的设想：

① 编程简单，可在现场修改程序；
② 维护方便，采用插件式结构；
③ 可靠性高于继电器-接触器控制装置；
④ 体积小于继电器-接触器控制柜；
⑤ 价格可与继电器-接触器控制柜竞争；
⑥ 可将数据直接送入计算机；
⑦ 可直接用市电交流输入；
⑧ 输出采用交流市电，能直接驱动电磁阀、交流接触器等；
⑨ 通用性强，扩展时原有系统只需很小变更；
⑩ 程序要能存储，存储器容量可扩展到4KB。

1969年，美国数字设备公司（DEC）根据上述要求研制出了基于集成电路和电子技术的控制装置，使得电气控制功能实现程序化，并在GM公司汽车生产线上首次应用成功，实现了生产的自动控制。这时期的可编程序控制器主要用于顺序控制，并只能进行逻辑运算，这就是第一代可编程序控制器（Programmable Controller，PC）。为了与个人计算机（Personal Computer）区别，习惯用PLC（Programmable Logic Controller）作为可编程序控制器的缩写。

0.1.2 PLC的概念

PLC是一个以微处理器为核心的运行数字运算操作的电子系统装置，是专为在工业环境中应用而设计的。它采用一类可编程的存储器，用于其内部存储程序，执行逻辑运算、顺序控制、定时、计数与算术操作等面向用户的指令，并通过数字或模拟式输入/输出控制各种类型的机械或生产过程。PLC 及其有关外部设备都按易于与工业控制系统连成一个整体，易于扩充其功能的原则设计。上述 PLC 的定义强调了 PLC 应直接应用于工业环境，因此必须具有很强的抗干扰能力、广泛的适应能力和应用范围。1992 年又对硬件和软件做了修订。

我国从 1974 年也开始研制 PLC，1977 年开始工业应用。目前，PLC 已经大量地应用在楼宇自动化、家庭自动化、商业、公用事业、测试设备和农业等领域，并涌现出大批应用 PLC 的新型设备。掌握 PLC 的工作原理，具备设计、调试和维护 PLC 控制系统的能力，已经成为现代工业对电气技术人员和工科学生的基本要求。

0.1.3 PLC 的发展及应用

随着电子技术和计算机技术的发生，可编程序控制器（当时多称 PC）的功能越来越强大，其概念和内涵也不断扩展。20 世纪 80 年代，个人计算机发展起来，也简称为 PC，为了方便，也为了反映可编程序控制器的功能特点，美国 A-B 公司将可编程序控制器定名为可编程序逻辑控制器（Programmable Logic Controller，PLC）。

20 世纪 80 年代至 90 年代中期是 PLC 发展最快的时期。这段时间，PLC 的模拟量处理能力、数字运算能力、人机接口能力和网络能力得到了大幅度提高，PLC 逐渐进入过程控制领域，在某些应用上取代了在过程控制领域处于统治地位的 DCS（集散控制系统）。

进入 21 世纪工业个人计算机（IPC）技术和关于 FCS（现场总线控制系统）的技术发展迅速，挤占了一部分 PLC 市场，PLC 应用量的增长速度出现渐缓的趋势，但其在工业自动化控制特别是顺序控制中的地位，在可预见的将来，是无法取代的。

PLC 的应用几乎涵盖了所有行业，小到简单的或顺序动作控制，大到整厂的流水线、大型仓储、立体停车场，更大的还有大型的制造行业、交通行业等。图 0-1 与图 0-2展示的就是 PLC 在两个行业的典型应用示意图。

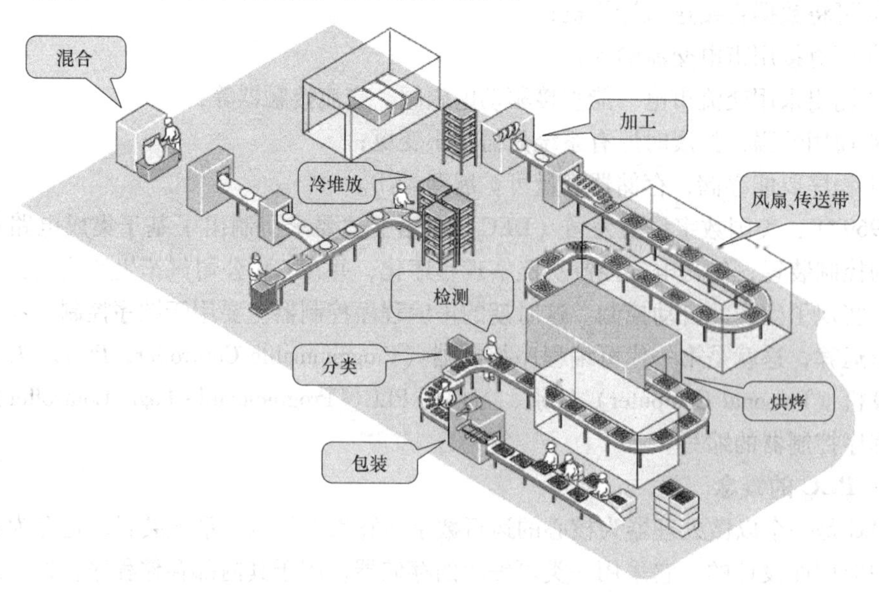

图 0-1　PLC 在食品、包装行业的应用

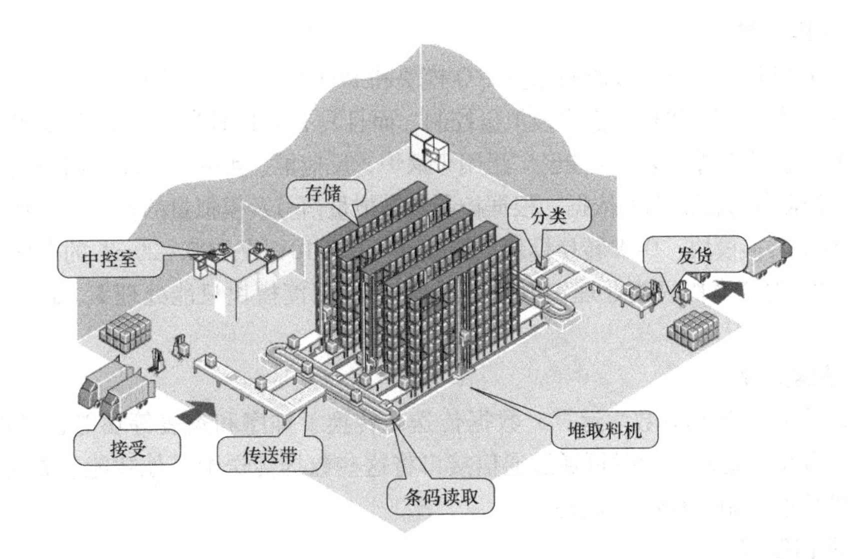

图 0-2 PLC 在自动仓库、物流行业的应用

我国在 PLC 生产方面较为薄弱，但在 PLC 应用方面是很活跃的，近年来每年约新投入 10 万台（套）PLC 产品，年销售额约 30 亿人民币。在我国，一般按 I/O 点数将 PLC 分为以下级别（但不绝对，国外分类有些区别）：

① 微型 PLC，含 32 I/O 点数；

② 小型 PLC，含 256 I/O 点数；

③ 中型 PLC，含 1024 I/O 点数；

④ 大型 PLC，含 4096 I/O 点数；

⑤ 巨型 PLC，含 8192 I/O 点数。

在我国应用的 PLC 系统中，I/O 点数在 64 点以下的 PLC 销售额占整个 PLC 的 47%，64～256 点的占 31%，合计占整个 PLC 销售额的 78%。目前在国内外，PLC 已广泛应用于冶金、石油、化工、建材、机械制造、电力、汽车、轻工、环保及文化娱乐等各行各业，随着 PLC 性价比的不断提高，其应用领域不断扩大。

0.1.4 从应用类型看，PLC 的应用大致可归纳为以下几个方面

1. 开关量逻辑控制

利用 PLC 最基本的逻辑运算、定时、计数等功能实现逻辑控制，可以取代传统的继电器-接触器控制，用于单机控制、多机群控制、生产自动线控制等，如机床、注塑机、印刷机械、装配生产线、电镀流水线及电梯的控制等。这是 PLC 最基本的应用，也是其最广泛的应用领域。选型依据：因系统控制功能为顺序控制，主要根据系统设计的 I/O 点数来确定 PLC 型号及 I/O 模块的型号。

2. 运动控制（伺服）

大多数 PLC 都有拖动步进电动机或伺服电动机的单轴或多轴位置控制模块。这一功能广泛用于各种机械设备，如对各种机床、装配机械、机器人等进行运动控制。选型依据：根据控制轴的数量及定位精度及所用的 I/O 点数来确定 PLC 及定位模块。

3. 过程控制

大、中型 PLC 都具有多路模拟量 I/O 模块和 PID 控制功能，有的小型 PLC 也具有模拟量 I/O 模块。所以 PLC 可实现模拟量控制，而且具有 PID 控制功能的 PLC 可构成闭环控制，用于过程控制。这一功能已广泛用于锅炉、反应堆、水处理、酿酒以及闭环位置控制和速度控制等方面。选型依据：根据控制的模拟量信号及模拟量的多少来选择合适的模块，如 A-D 转换模块、D-A 转换模块只能处理 -10～10V 或 -20～20mA 的电压信号或电流信号；PT 温度模块只能处理铂电阻传感器；TC 温度模块只能处理 K、J 热电偶型传感器。

4. 数据处理

现代的 PLC 都具有数学运算、数据传送、转换、排序和查表等功能，可进行数据的采集、分析和处理，同时可通过通信接口将这些数据传送给其他智能装置进行处理，如计算机数值控制（CNC）设备。

5. 通信联网

PLC 的通信包括 PLC 与 PLC、PLC 与上位计算机、PLC 与其他智能设备之间的通信。PLC 系统与通用计算机可直接或通过通信处理单元、通信转换单元相连构成网络，以实现信息的交换，并可构成“集中管理、分散控制”的多级分布式控制系统，满足工厂自动化（FA）系统发展的需要。从大体上来讲，工厂的网络系统可以分为 3 级：

1）底层最低网络等级：现场网络/CC-LINK 网络，如 PLC 与变频器、显示器、智能仪表，条形码阅读器及其他现场设备间的通信。

2）生产现场链接的中层网络：控制网络/MELSECNET/PLC 与 PLC、PLC 与 CNC，用于在控制设备之间传送直接与机械或设备运行相关的数据，控制网络必须具备最佳的实时能力。

3）最高网络等级：信息网络/以太网设计用于在 PLC 或设施控制器和生产控制计算机之间传送生产控制信息、质量控制信息、设施运行状态和其他信息。

0.1.5 PLC 的发展的趋势

1. 人机界面更加友好

PLC 制造商纷纷通过收购、联合软件企业或发展软件产业，致力于提高自己的软件水平，目前多数 PLC 品牌已拥有与之相应的开发平台和组态软件。软件和硬件的结合，提高了系统的性能，同时为用户的开发和维护降低了成本，更易形成人机友好的控制系统。目前，PLC + 网络 + IPC + CRT 的模式已被广泛应用。

2. 网络通信能力大大加强

PLC 制造商在原来 CPU 模板上提供物理层 RS232/422/485 接口的基础上，逐渐增加了各种通信接口，而且提供完整的通信网络。

3. 开放性和互操作性大大提高

早期的 PLC 发展历程中，各 PLC 制造商为了垄断和扩大各自市场，各自发展自己的标准，兼容性很差，但各制造商逐渐认识到，开放是发展的趋势。开放的进程可以从以下几个方面反映出来：

1）IEC 形成了现场总线标准，这一标准包含 8 种标准。

2）IEC 制订了基于 Windows 的编程语言标准，有指令表（IL）、梯形图（LD）、顺序功能图（SFC）、功能块图（FBD）、结构化文本（ST）5 种编程语言。

3）OPC（OLE for Process Control）基金会推出了 OPC 标准，进一步增强了软硬件的互操作性，通过 OPC 一致性测试的产品，可以实现方便、无缝隙的数据交换。

4）PLC 的功能进一步增强，应用范围越来越广泛。PLC 的网络能力、模拟量处理能力、运算速度、内存、复杂运算能力均大大增强，不再局限于逻辑控制的应用，而越来越应用于过程控制方面，除了石化过程等个别领域。

5）工业以太网的发展对 PLC 有重要影响。以太网应用非常广泛，其成本非常低，为此，人们致力于将以太网引进控制领域，各 PLC 制造商纷纷推出适应以太网的产品或中间产品。

6）软 PLC 在中国的发展。所谓软 PLC 实际就是在计算机的平台上、在 Windows 操作环境下，用软件来实现 PLC 的功能。

7）PAC 的出现。PAC 表示可编程自动化控制器，用于描述结合了 PLC 和计算机功能的新一代工业控制器。传统的 PLC 制造商使用 PAC 的概念来描述他们的高端系统，而计算机控制厂商则用来描述他们的工业化控制平台。

0.1.6　PLC 的主要优势

1. 可靠性高，抗干扰能力强

PLC 对电源、CPU、存储器等严格屏蔽，几乎不受外部干扰，有很好的冗余技术。例如，家用电视机、显示器、收音机等，一旦旁边有电话或其他电磁波，都能明显发现干扰很大，PLC 则不受这些干扰信号影响。另外，PLC 采用微电子技术，内部大量的采用无触点方式，使用寿命大大加长，正常情况下寿命在 5 年以上。

2. 通用性强

控制程序可变，使用方便。例如，一条流水线或一台控制设备按控制要求调试好后，过段时间要更换工艺流程，更换另一种控制，只要对程序部分进行修改，而硬件、线路不需改动，方便、省钱、省时、省力。在这方面，继电器-接触器控制电路是无法比拟的。

3. 编程简单，容易掌握

梯形图与继电器-接触器控制电路类似，控制电路清晰直观，很容易上手。

4. 功能完善

目前，PLC 具有数字量、模拟量 I/O，逻辑、算术运算，定时，记数，顺序控制，通信，人机对话，自检，记录，显示等功能。

5. 减少控制系统的设计及施工的工作量

PLC 可以通过软件编程，而继电器-接触器控制电路是通过硬接线来达到控制目的。PLC 可以进行模拟调试，以减少现场的工作量，体积小、重量轻、维护方便。

0.2　PLC 硬件结构及工作原理

0.2.1　PLC 的主要产品

1）国外 PLC 品牌：施耐德、罗克韦尔（A-B）、德国西门子公司、GE 公司，还有日本的欧姆龙、三菱、富士、松下、东芝等。

2）国内 PLC 品牌：深圳德维森、深圳艾默生、无锡光洋、无锡信捷、北京凯迪恩、北京安控、黄石科威、洛阳易达、浙大中控、浙大中自、南京冠德、兰州全志等，约 30 家。

3）三菱 PLC 产品主要有 FX 系列、A 系列、Q 系列。

0.2.2　三菱 PLC 的型号及选型

1. FX 系列

表 0-1　三菱 FX 系列 PLC 的主要型号

FX1S 系列	FX1S-10MR	FX1S-14MR	FX1S-20MR	FX1S-30MR
	FX1S-10MT	FX1S-14MT	FX1S-20MT	FX1S-30MT
	FX1S-10MR-D	FX1S-14MR-D	FX1S-20MR-D	FX1S-30MR-D
	FX1S-10MT-D	FX1S-14MT-D	FX1S-20MT-D	FX1S-30MT-D
FX1N 系列	FX1N-14MR	FX1N-24MR	FX1N-40MR	FX1N-60MR
FX2N 系列	FX2N-16MR	FX2N-32MR	FX2N-48MR	FX2N-64MR
	FX2N-80MR	FX2N-128MR		

2. 型号规格

三菱 FX 系列 PLC 的型号说明如图 0-3 所示。

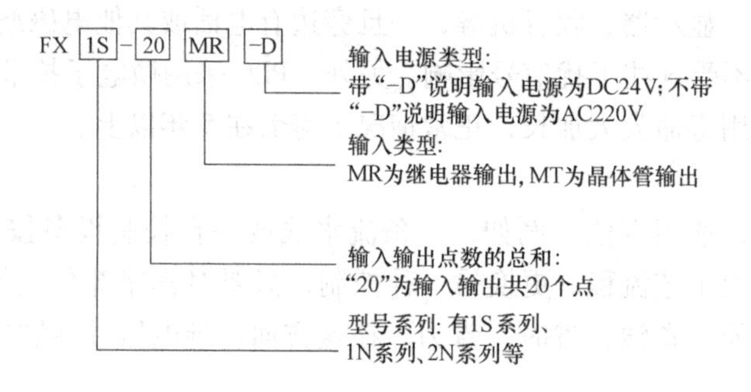

图 0-3　三菱 FX 系列 PLC 的型号说明

注：现在有些 FX 系列 PLC 的型号后面有“-001”，说明是源型（公共点接入负电位，针对 AC220V 输入输出而言，高电平有效）的 PLC，接线时要注意。也有部分 FX 系列 PLC 的型号后面是 EU/UL 的，说明是漏型（公共点接入正电位，低电平有效，三菱 PLC 定义与之不同，应注意区别）的 PLC。

3. 型号说明举例

FX2N-64MR-001 是三菱 PLC 中的 FX2N 系列的 PLC，I/O 总的点数为 64 点，输入 32 点，输出 32 点，输出类型是继电器输出，输入电源 AC220V，属源型 PLC。A 系列主要有 A1S（H）、A2S（H）、A2USH、A3U、A4U 等；Q 系列主要有 Q00、Q01、Q02（H）、Q06H、Q12H、Q25（P）H 等。

FX 系列扩展单元举例如下。

1）I/O 扩展。

输入扩展：FX2N-16EX——16 点扩展输入模块；

输出扩展：FX2N-16EYR——16 继电器输出扩展模块；

FX2N-16EYT——16 晶体管输出扩展模块。

2）I/O 混合扩展。

FX2N-32ER——16 点输入、16 点继电器输出混合扩展模块。

上述所列型号中的数字“16”、“32”是指 I/O 的总点数“EX”是指输入扩展模块，“EYR”是指继电器输出扩展模块，“EYT”是指晶体管输出扩展模块，“ER”是指输入、输出混合扩展模块。

4. 特殊功能模块说明

模拟量混合：FX0N-3A（2 路模拟量输入，1 路模拟量输出）。

模拟量输入模块：FX2N-2AD，FX2N-4AD，FX2N-8AD。

温度模块：FX2N-4AD-PT，FX2N-4AD-TC。

模拟量输出模块：FX2N-2DA，FX2N-4DA。

温度调节模块：FX2N-2LC。

高速计数模块：FX2N-1HC。

定位模块（脉冲输出模块）：FX2N-1PG，FX2N-10GM，FX2N-20GM。

CCLINK 模块：FX2N-16CCL-M 主站模块，FX2N-16LNK-M 远程 I/O 模块。

5. PLC 的选型

FX1S 系列最多带 30 个 I/O 点，一般不能扩展（最多带 4 个输入扩展），适用于小点数控制系统，性价比高。

FX1N 系列最多带 128 个 I/O 点，并具有扩展模块接口，可以接入通信模块、模拟量模块、高速计数模块、CCLINK 模块等，功能较强，性价比较高。

FX2N 系列最多带 256 个 I/O 点，是 FX 系列 PLC 里面功能比较先进的系列，具备更高的灵活性，增加了时钟控制、过程 PID 控制、很强的数学指令集等，是小系统工业自动化应用中的首选 PLC。

0.2.3 PLC 的分类

1. 按 PLC 的硬件结构分类

1）从组成结构上分为固定式及组合式。

① 固定式：PLC 各部件组合成一个不可拆卸的整体。

② 组合式（模块式）：PLC 的各部件按照一定规则组合配置。

2）按 I/O 点数及内存容量分为微型 PLC、小型 PLC、中型 PLC、大型 PLC、巨型 PLC。

3）按输出形式分为继电器输出，晶体管输出和晶闸管输出。

① 继电器输出：为有触点输出方式，适用于低频大功率直流或交流负载。

② 晶体管输出：为无触点输出方式，适用于高频小功率直流负载。

③ 晶闸管输出：为无触点输出方式，适用于高速大功率交流负载。

2. PLC 的硬件结构组成及各部分的功能

三菱 PLC 的硬件结构如图 0-4 所示。由图中可以看出，PLC 主要包括中央处理器

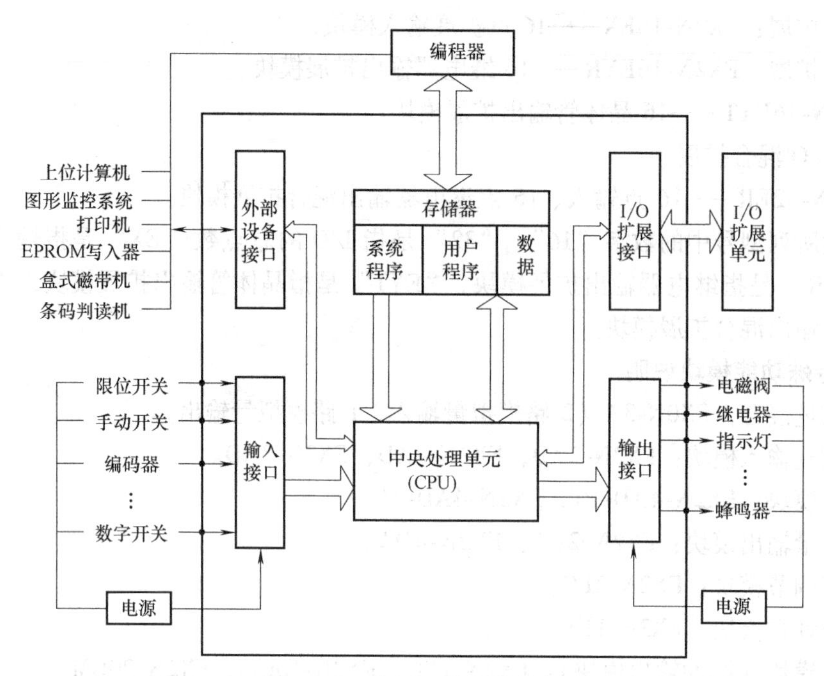

图 0-4　三菱 PLC 的硬件结构

(CPU)、输入/输出（I/O）、存储器、电源等。

1）CPU：CPU 是 PLC 的核心，主要由运算器、控制器、寄存器及实现它们之间联系的数据、控制及状态总线构成，CPU 的主要作用有：

① 接受从编程设备输入的用户程序和数据；

② 诊断电源、内部电路，排查程序的语法错误；

③ 通过输入接口，读取外部输入信号的状态，存入输入映像寄存器；

④ 读取用户程序，逐条逐步的执行，并把计算结果存入输出状态寄存器。

CPU 速度和内存容量是 PLC 的重要参数，它们决定着 PLC 的工作速度、I/O 数量及软件容量等，因此限制着控制规模。

2）输入/输出（I/O）模块：PLC 与外部设备的接口是通过输入/输出（I/O）部分完成的。输入模块是将电信号变换成数字信号进入 PLC 系统，输出模块相反。I/O 种类：有开关量输入（DI）、开关量输出（DO）、模拟量输入（AI）、模拟量输出（AO）。开关量是指只有开和关（或 1 和 0）两种状态的信号，如按钮、转换开关、限位开关、数字开关、光电开关等。模拟量是指连续变化的量，如温度、电压、电流、流量、压力等数据变化的量。除了上述通用 I/O 外，还有特殊 I/O 模块，如热电阻、热电偶、脉冲、通信等模块。

3）存储器：存储器主要用于存储应用程序、用户程序及数据，是 PLC 不可缺少的组成单元。不同机型的 PLC 其内存大小也不尽相同。

4）电源模块：PLC 电源用于为 PLC 各模块的集成电路提供工作电源。同时，有的还为输入电路提供 24V 的工作电源。电源输入类型有交流电源（AC220V 或 AC110V）、直流电源（常用的为 AC24V）。

5）底板或机架：大多数模块式 PLC 使用底板或机架，其作用是：电气上，实现各模块间的联系，使 CPU 能访问底板上的所有模块；机械上，实现各模块间的连接，使各模块构成一个整体。

6）PLC 系统的其他设备：编程设备：手持型编程器、计算机、人机界面。

3. PLC 的工作原理

PLC 的工作过程如图 0-5 所示。

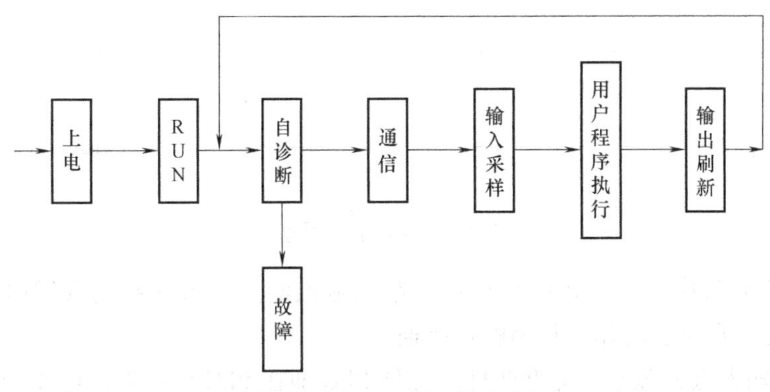

图 0-5　PLC 工作过程示意图

PLC 从自诊断一直到输出刷新为一个扫描周期，即 PLC 的扫描周期为自诊断、通信、输入采样、用户程序执行、输出刷新所有时间的总和。

PLC 是一遍又一遍地重复循环执行着扫描周期，即从自诊断到输出刷新，然后再从自诊断到输出刷新，……，这样一直循环扫描。

1）自诊断：即 PLC 对本身内部电路、内部程序、用户程序等进行诊断，看是否有故障发生，若有异常，PLC 不再执行后面的通信、输入采样、用户程序执行、输出刷新等过程，处于停止状态。

2）通信：PLC 会对用户程序及内部应用程序进行数据的通信过程。

3）输入采样：PLC 每次在执行用户程序之前，会对所有的输入信号进行采集，判断信号是接通还是断开，然后把判断完的信号存入输入映像寄存器，然后开始执行用户程序，程序中信号的通与断就根据输入映像寄存器中信号的状态来执行。

4）用户程序执行：即 PLC 对用户程序逐步、逐条的进行扫描的过程。

5）输出刷新：PLC 在执行过程中，即使输出信号为接通状态，也不会立即使输出端子动作，一定要程序执行到 END（即一个扫描周期结束）后，才会根据输出的状态控制外部端子的动作。

比较图 0-6 中两个程序的异同。

这两段程序只是把前后顺序调换了一下，但是执行结果却完全不同。程序 1 中的 Y001 在程序中永远不会有输出。程序 2 中的 Y001 当 X001 接通时就能有输出。这两个例子说明：同样的若干条梯形图，其排列次序不同，执行的结果也不同。顺序扫描的话，在梯形图程序中，PLC 执行最后面的结果。

0.2.4　I/O 接线

1）输入点接线：每个输入点都有一个内部输入继电器线圈，若内部输入继电器线

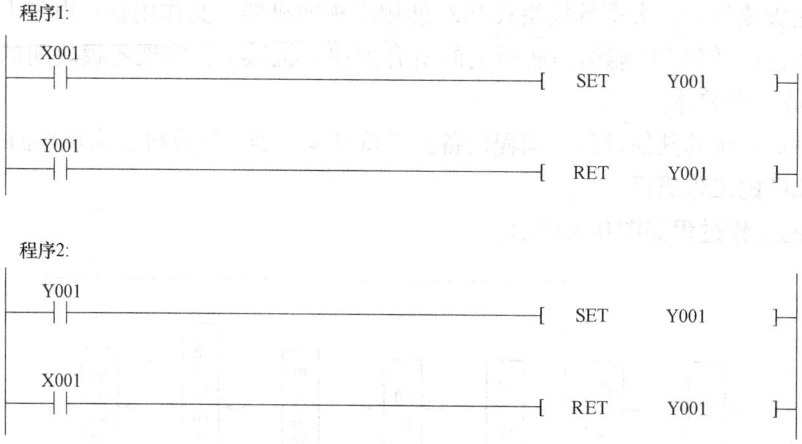

程序1:

```
X001
--| |--------------------------------[ SET   Y001 ]--
Y001
--| |--------------------------------[ RET   Y001 ]--
```

程序2:

```
Y001
--| |--------------------------------[ SET   Y001 ]--
X001
--| |--------------------------------[ RET   Y001 ]--
```

图 0-6　PLC 示例程序

圈得电，则 PLC 程序中的常开触点接通，常闭触点断开。若内部输入继电器失电，则 PLC 程序中的常开触点断开，常闭触点接通。

2）PLC 输入点分源型及漏型两种。源型 PLC 即在 PLC 内部输入电路中，已经提供输入继电器所需的 24V 电源。源型 PLC 的内部电路如图 0-7 所示。

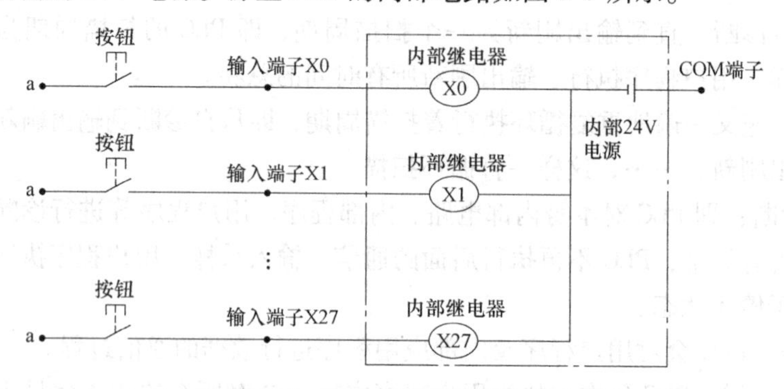

图 0-7　源型 PLC 的内部电路

内部输入电路中具有 24V 的电压，要使内部输入继电器得电，只需将 COM 端子与按钮的 a 端相连就可以了。源型 PLC 的实际接线如图 0-8 所示。

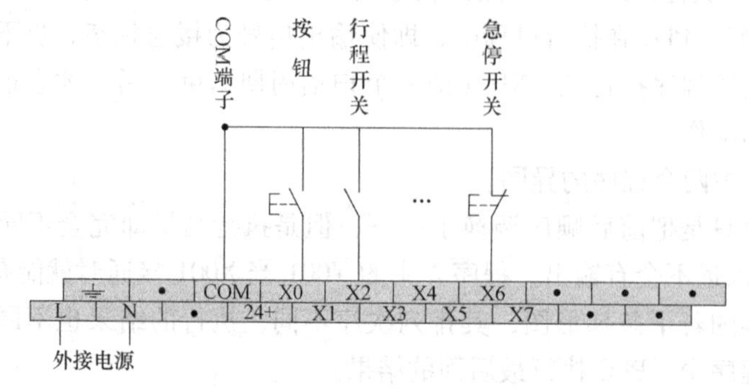

图 0-8　源型 PLC 的实际接线

注：黑点表示无用端子。

3）漏型PLC即在PLC内部电路中，没有提供输入继电器所需的24V电源，需要外部提供电源使内部继电器工作。漏型PLC的内部电路如图0-9所示。

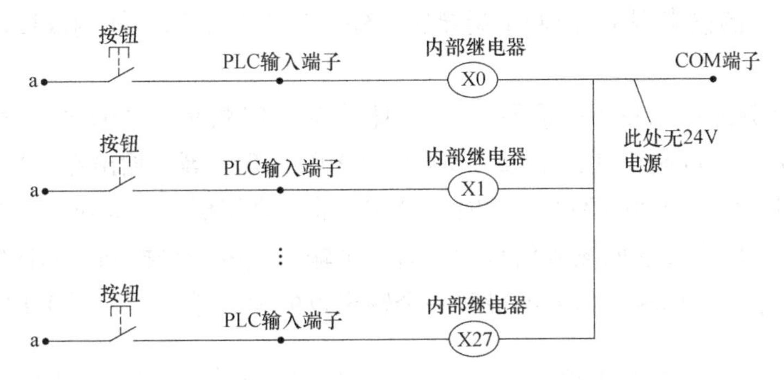

图0-9　漏型PLC的内部电路

漏型PLC与源型PLC基本类似，只是输入内部电路中，无24V电源，要使输入继电器通电，则需在COM端子与外部开关的a端之间提供24V的电源。漏型PLC的实际接线如图0-10所示。

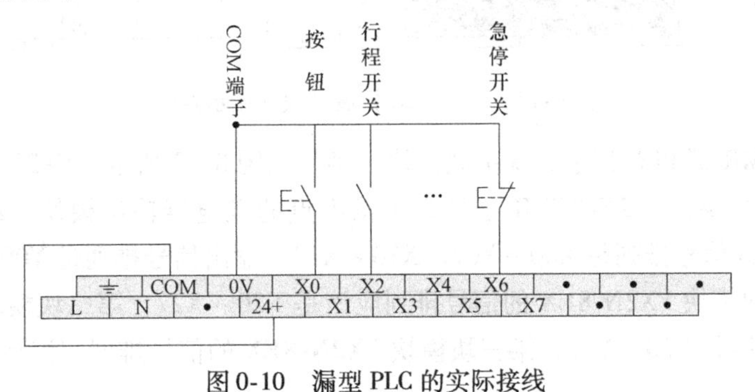

图0-10　漏型PLC的实际接线

若a端接0V电压，则COM端需接24V电压；若a端接24V电压，则COM端需接0V电压。

4）输出点接线：当PLC内部程序中的输出点线圈接通时，对应的输出点的内部输出继电器接通，使对应的COM端与输出端子导通。当PLC内部程序中的输出点线圈断开时，对应的输出点的内部触点断开，COM端则与输出端子断开。三菱PLC输出点的实际接线如图0-11所示。

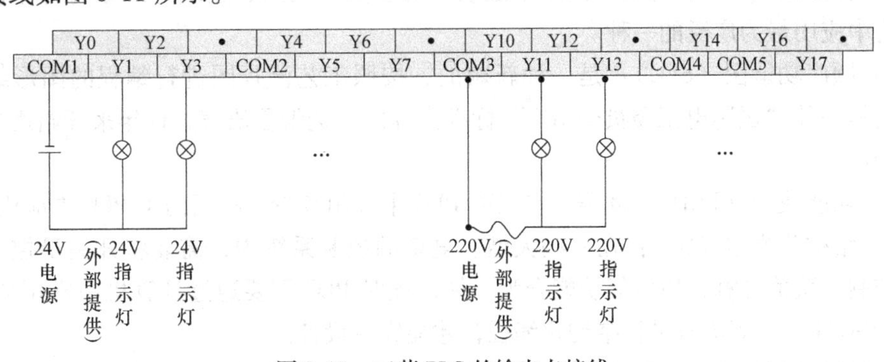

图0-11　三菱PLC的输出点接线

图 0-11 中，COM1 与 Y0、Y1、Y2、Y3 相关，即当 Y0、Y1、Y2、Y3 接通时，分别与 COM 之间导通。同理，COM2 与 Y4、Y5、Y6、Y7 等相关。当程序中的输出点线圈接通后，对应的输出端子与 COM 端导通，外部负载与电源之间构成回路，从而得电工作。

5）I/O 点分配：三菱 FX 系列 PLC 本身带有一定数量的 I/O 点。输入点信号从 X000 开始往后以 8 进制排列，X000 ~ X007、X010 ~ X017 等。输出点信号从 Y000 开始往后以 8 进制排列，Y000 ~ Y007、Y010 ~ Y017 等。当用到扩展模块时，输入点的扩展模块第一个信号应紧接前面输入信号的最后一个输入点的信号排列，同样输出点扩展模块的信号也应紧接前面输出信号的最后一个输出点的信号排序，如图 0-12 所示。

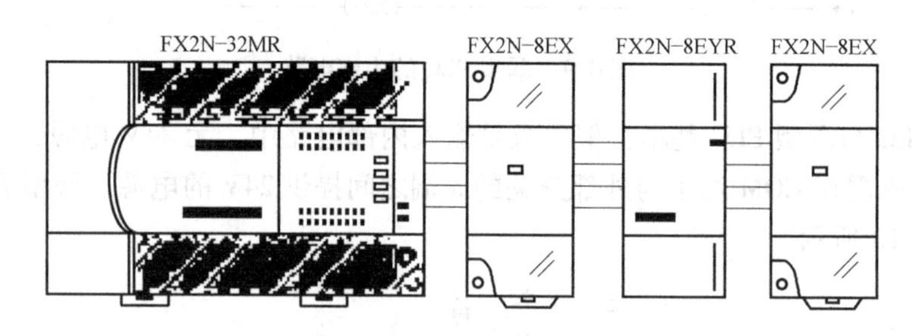

图 0-12　三菱 PLC 扩展模块连接示意图

FX2N-32MR 型 PLC 带了 3 块扩展模块，型号如图 0-12 所示。FX2N-8EX 是带 8 个输入点的扩展模块，FX2N-8EYR 是带 8 个输出点的继电器输出模块。FX2N-32MR 型 PLC 本身的输入信号排列是 X00 ~ X07、X10 ~ X17，输出信号排列是 Y00 ~ Y07、Y10 ~ Y17，则第一块模块 FX2N-8EX 的信号排列应该是 X20 ~ X27，第二块模块 FX2N-8EYR 的信号排列应该是 Y20 ~ Y27，第三块模块 FX2N-8EX 的信号排列应该是 X30 ~ X37。

0.3　PLC 的编程语言

PLC 的编程语言主要有指令表、梯形图、顺序功能图、功能块图、结构化文本等。

1）指令表：此语言类似于计算机的汇编语言，但比汇编语言更通俗、易懂，并且在各种编程语言中应用最早。部分梯形图及其他语言无法表示的程序，必须用指令表才能编程。

2）梯形图（LD）：梯形图沿用了继电器的触点、线圈、连线等图形与符号，是编程语言中应用最为广泛的一种。

3）顺序功能图（SFC）：是一种新颖的、按照工艺流程图进行编程的图形编程语言，这是一种“国际电工委员会 IEC”标准推荐的首选编程语言，近年来开始逐步地普及与推广。

4）功能块图（FBD）：此语言在三菱 PLC 中应用较少，在西门子 PLC 中应用较多。

5）结构化文本（ST）：在一些大型、复杂的控制系统中，需要将开关量控制、模拟量控制、数值计算、通信等功能合为一体，此时 PLC 需要通过计算机中常用的 BASIC、PASCAL、C 等语言进行结构化编程，才能完成设计。

本教材采用最常用的两种编程语言，一是梯形图，二是助记符语言表。采用梯形图编程，因为它直观易懂，但需要一台计算机及相应的编程软件；采用助记符形式便于实验，因为它只需要一台简易编程器，而不必用昂贵的图形编程器或计算机来编程。

虽然一些高档的PLC还能够使用与计算机兼容的C语言、BASIC语言、专用的高级语言（如西门子公司的GRAPH5、三菱公司的MELSAP），还有的用布尔逻辑语言、通用计算机兼容的汇编语言等。不管怎么样，各厂家的编程语言都只能适用于本厂的产品。

（1）编程指令　指令是PLC被告知要做什么，以及怎样去做的代码或符号。从本质上讲，指令只是一些二进制代码，这点PLC与普通计算机是完全相同的。同时PLC也有编译系统，它可以把一些文字符号或图形符号编译成机器码，所以用户看到的PLC指令一般不是机器码而是文字代码或图形符号。常用的助记符语句用英文文字的缩写及数字代表各相应指令。常用的图形符号即梯形图，它类似于电气原理图是符号，易为电气工作人员所接受。

（2）指令系统　一个PLC所具有的指令的全体称为该PLC的指令系统。它包含着指令的数量、用途，代表着PLC的功能和性能。一般来讲，功能强、性能好的PLC，其指令系统必然丰富，所能干的事也就多。我们在编程之前必须弄清PLC的指令系统。

（3）程序　PLC指令的有序集合。PLC可通过运行程序进行相应的工作，当然，这里的程序是指PLC的用户程序。用户程序一般由用户设计，PLC的制造商或代销商不提供。用语句表达的程序不大直观，可读性差，特别是较复杂的程序，所以多数程序用梯形图表达。

梯形图是通过连线把PLC指令的梯形图符号连接在一起的连通图，用以表达所使用的PLC指令及其前后顺序，它与电气原理图很相似。梯形图的连线有两种：一为母线，另一为内部横竖线。内部横竖线把一个个梯形图符号指令连成一个指令组，这个指令组一般总是从装载（LD）指令开始，必要时再继以若干个输入指令（含LD指令），以建立逻辑条件。最后为输出类指令，实现输出控制，或为数据控制、流程控制、通信处理、监控工作等指令，以进行相应的工作。母线是用来连接指令组的。图0-13所示是三菱公司的FX2N系列产品的最简单的梯形图例。

图0-13所示梯形图有两组，第一组用以实现起动、停止控制，第二组仅一个END指令，用以结束程序。

梯形图与助记符的对应关系：助记符指令与梯形图指令有严格的对应关系，而梯形图的连线又可把指令的顺序予以体现。一般讲，其顺序为先输入、后输出（含其他处理），先上后下，先左后右。梯形图可被翻译成助记符程序，反之也可。图0-13所示程序的助记符程序为：

地址	指令	变量
0000	LD	X000
0001	OR	X010
0002	AND NOT	X001
0003	OUT	Y000
0004	END	

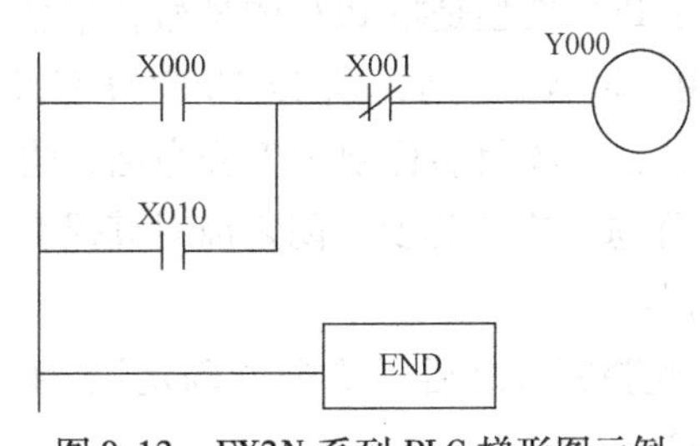

图0-13　FX2N系列PLC梯形图示例

梯形图与电气原理图的关系：如果仅考虑逻辑控制，梯形图与电气原理图也可建立起一定的对应关系。如梯形图的输出（OUT）指令，对应于继电器的线圈，而输入指令（如 LD、AND、OR）对应于触点，互锁指令（IL、ILC）可看成总开关等。这样，原有的继电控制逻辑，经转换即可变成梯形图，再进一步转换，即可变成指令表程序。有了这个对应关系，用 PLC 程序代表继电逻辑是很容易的。这也是 PLC 技术对传统继电控制技术的继承。

0.4 GX Developer 软件使用

0.4.1 新建工程

为 GX Developer 软件的快捷图标，双击该图标，会弹出如图 0-14 所示窗口。

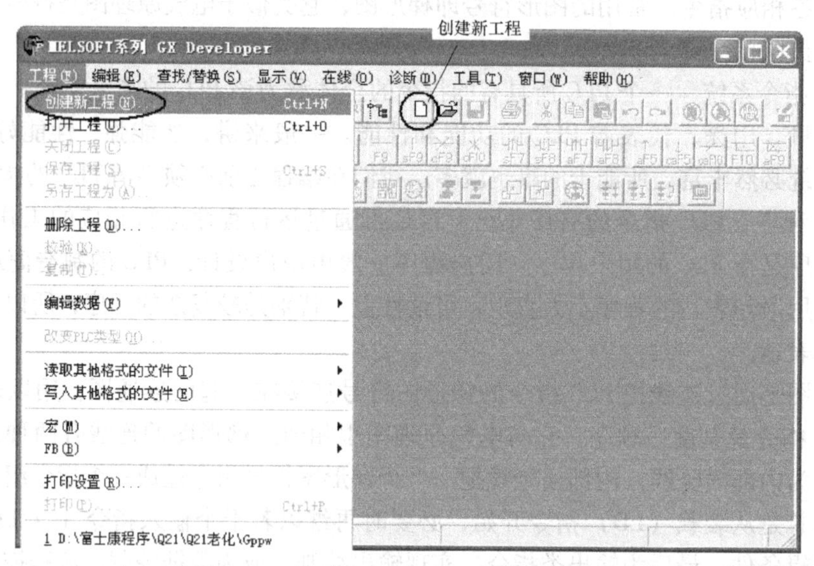

图 0-14 打开 GX Developer 软件后的界面

在“工程”菜单中选择“创建新工程”，或单击快捷图标，如图 0-14 所示，选中后会弹出如图 0-15 所示的对话框。先在 PLC 系列中选出所使用的程控器的 CPU 系列，如在本教材的实验中，选用的是 FX 系列，所以选 FX-CPU；PLC 类型是指 PLC 的型号，本教材用 FX2N 系列，所以选中 FX2N（C）。设置项目名称项为工程命名，也可以不选，在工程要关闭之前对其保存及命名。

选择完成之后，单击“确定”，工程新建结束。

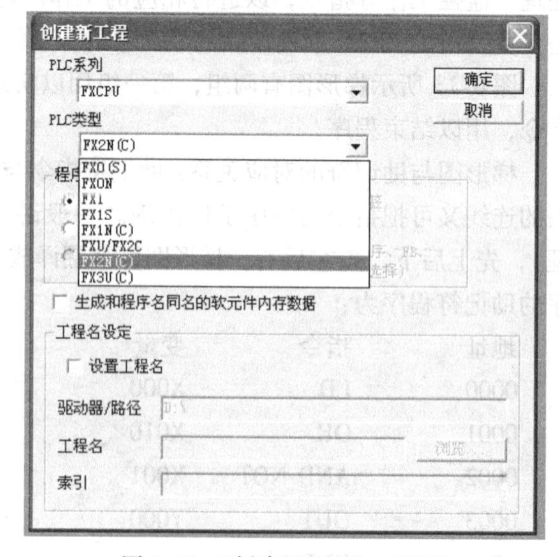

图 0-15 “创建新工程”对话框

0.4.2 创建梯形图

新工程创建成功后，会弹出梯形图编辑窗口，如图 0-16 所示。

梯形图编辑窗口中，左边是参数设置区，主要设置 PLC 的各种参数；右边是程序区，程序都在此编辑。图的上部是菜单栏及快捷图标区，程序的上传、下载、监控、编译、诊断等都可在菜单里选择。程序区的两端有两条竖线，是两条模拟的电源线，左边的称为左母线，右边的称为右母线。程序从左母线开始，到右母线结束。图 0-17 所示为写程序时的常用符号。

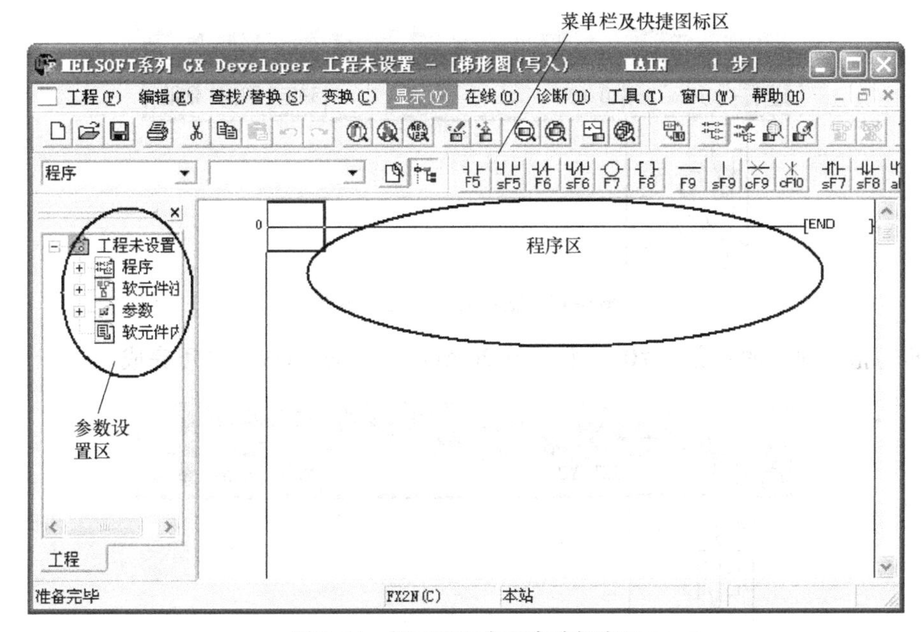

图 0-16 新工程空白程序编辑窗口

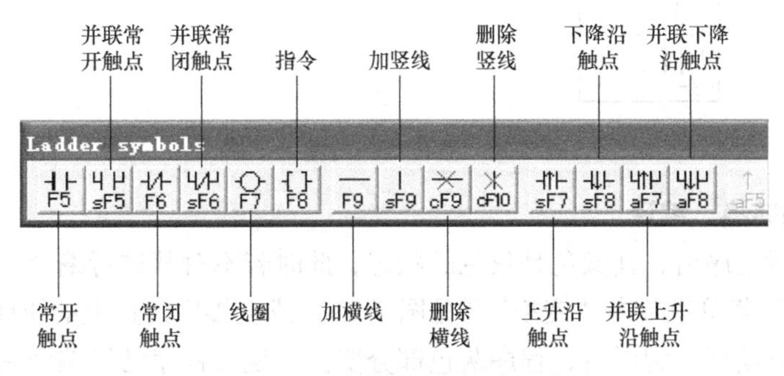

图 0-17 创建梯形图时的常用符号

若要在某处输入 X001，首先选择触点类型，是用常开触点、常闭触点，还是其他类型触点；选择后，再输入信号 X001，单击“确定”就输入结束了，如图0-18所示。

若要输入一个定时器，先选中线圈符号“-( )-”，再输入定时器的编号“t0”，然后输入空格，再输入定时的时间常数 K30，如图 0-19 所示。最后，单击“确定”即可完成。

若要输入一个置位指令，先选中指令符号“-[ ]-”，再输入“SET”，然后输入空

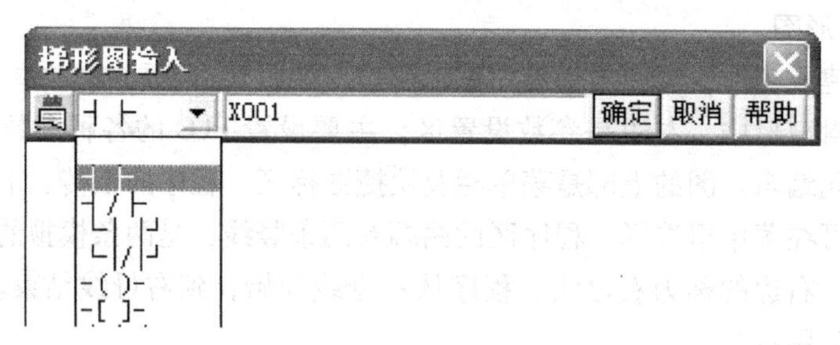

图 0-18　触点元件的输入示例

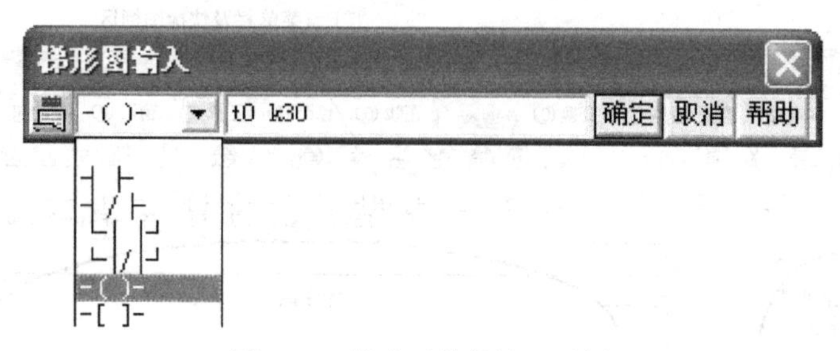

图 0-19　输出元件的输入示例

格，再写指令执行的对象“Y0”，如图 0-20 所示。单击“OK”即可完成。

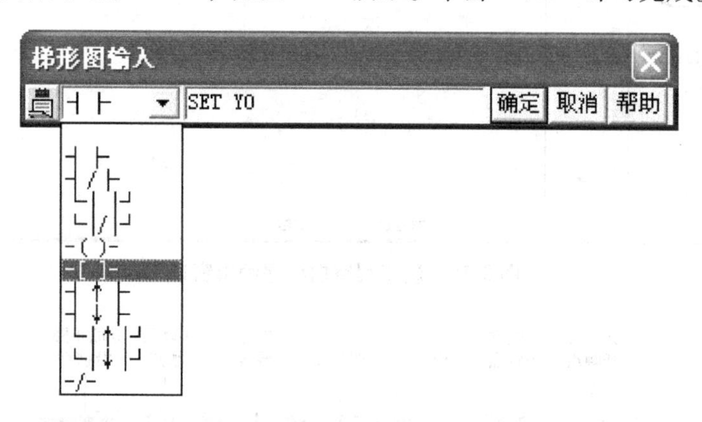

图 0-20　置位指令的输入示例

0.4.3　程序的转换、编译

在写完一段程序后，其颜色是灰色的状态，此时若不对其进行编译，则程序是无效的。在“变换”菜单里单击“变换”（见图 0-21）或直接用键盘上的快捷键“F4”，都可以对程序进行编译，编译后，程序灰色部分变白，说明程序已经编译完成。若所写的程序在格式上或语法上有错误，则单击编辑，此时系统会提示错误，重新修改错误的程序，然后重新编译，使灰色程序变成白色。

0.4.4　程序的传输

当写完程序并且编译过之后，要把所写的程序传输到 PLC 里面（上传），或者要把 PLC 中原有的程序读出来（下载），则可选择“在线”菜单里的第一个选项“传输设置”，主要设置串口类型及通信测试等。具体操作如下：

首先单击“传输设置”，进入后会弹出如图 0-22 所示的对话框。

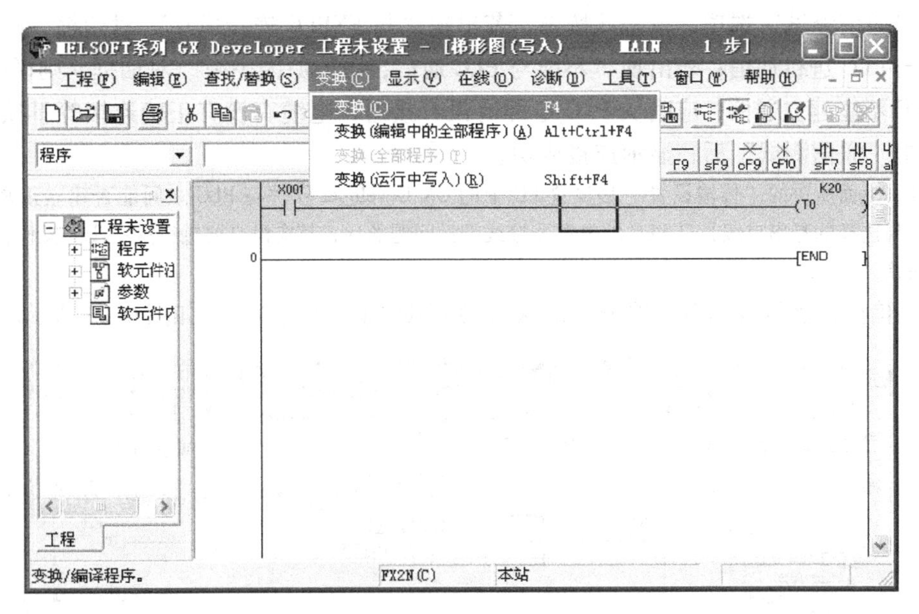

图 0-21　程序编译执行窗口

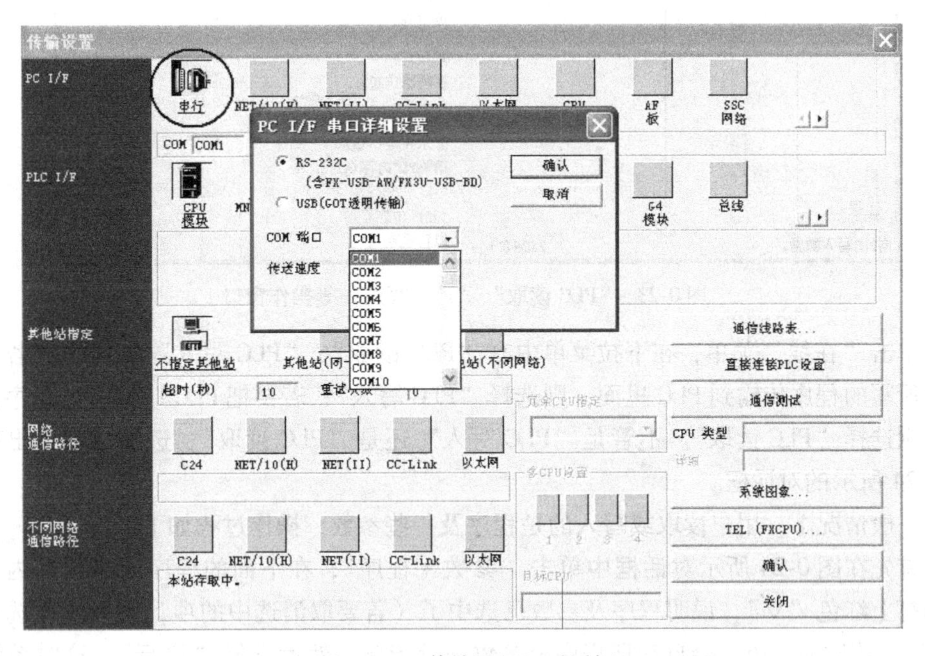

图 0-22　“传输设置”对话框

双击“串行”图标，会弹出“PCI/F 串口详细设置”对话框，如果用一般的串口通信线连接 PC 和 PLC 时，串口一般都是“COM1”，而 PLC 系统默认情况下也是“COM1”（见图 0-22），所以不需要更改设置就可以直接与 PLC 通信。当使用 USB 通信线连接 PC 和 PLC 时，通常 PC 侧的 COM 口不是 COM1，此时应在“我的电脑”的“属性”的“设备管理器”中，查看所连接的 USB 串口，然后在图 0-22 所示的“COM 端口”中选择与 PC 的 USB 串口一致的端口号，然后“确认”。串口设置正确后，会出现一个“通信测试”选项，单击此按键，若出现“与 FXPLC 连接成功”对话框，则说明可以与 PLC 进行通信；若出现“不能与 PLC 通信，可能原因……”对话框，则说明 PC 和 PLC 不能建立通信，应确认 PLC 电源有没有接通，电缆有没有正确连接等事项，直到单击“通信测试”后，显示连接成功。

注：上面所讲的“传输设置”是设置 PC 中的 GX Developer 软件与 PLC 之间能否建立正常的通信，如果选择的是串口线，且 PLC 的电源及接线都没问题的话，其实没必要进行这一步的操作，已经可以通信。

通信测试连接成功后，单击“确认”，则会回到工程主窗口，如图 0-23 所示。

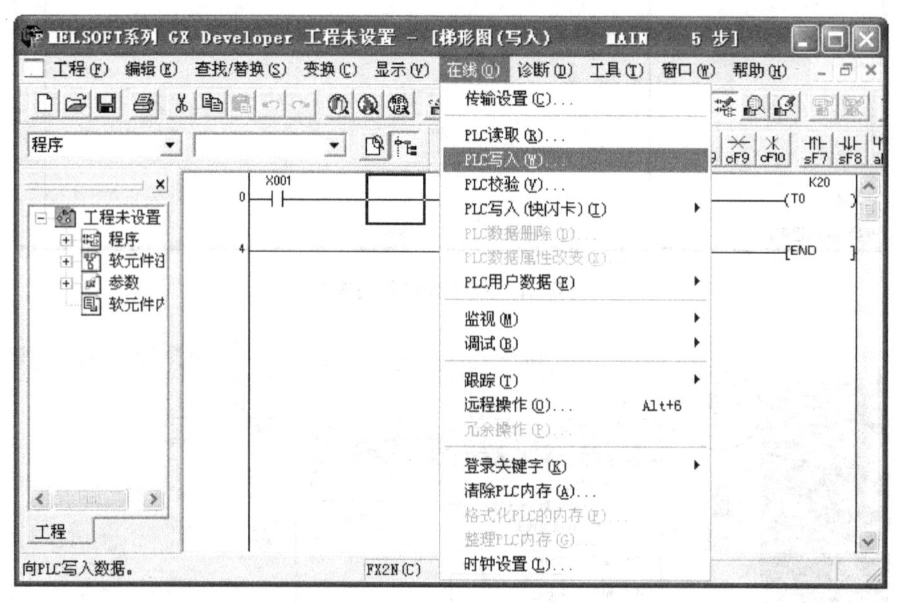

图 0-23　“PLC 读取”、“PLC 写入”等操作窗口

单击“在线”菜单，在下拉菜单中有“PLC 读取”、“PLC 写入”等操作。若要把自己所写的程序传输到 PLC 里面，则选择“PLC 写入”；若要把 PLC 中原有的程序读出来，则选择“PLC 读取”。不管是“PLC 写入”还是“PLC 读取”，选择后都会出现如图 0-24 所示的对话框。

一般情况下，用户读取或写入的是程序及一些参数，操作过程如下：

首先在图 0-24 所示对话框中单击“参数 + 程序”，在下面的程序及参数框内，会自动打上红色“√”，说明程序及参数已选中了（若要取消选中的项，则取消所选择的“√”），传输时，PLC 会自动把程序及参数进行传输。然后选择“执行”，这时系统会询问是否执行 PLC 写入，单击“是”，则系统会自动进行写入或读取操作。

注：若串口选择错误，或电缆连接有问题等，在执行 PLC 读取或写入操作后，会显示 PLC 连接有问题，此时应检查线路，确认连接正确后，再次操作。

0.4.5　程序的监控

当读取 PLC 程序（或把程序写入 PLC）完成后，若要监控程序中哪些信号是接通的，哪些是断开的，以及 PLC 内部数据是多少，则需进行监控监控操作程序如图0-25 所示操作：选择“在线”菜单里的“监视”，在其子菜单里选择“监视模式”（或者可

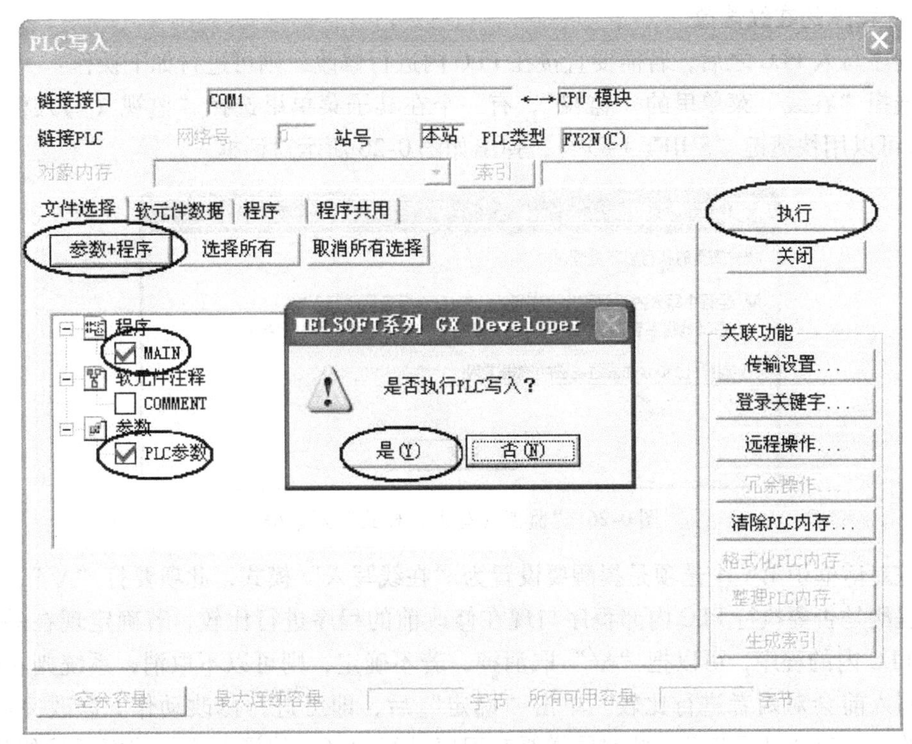

图 0-24 “PLC 写入”、“PLC 读取”操作界面

以用快捷键“F3”)，就可以监控程序内部的一些信号状态变化。其中，蓝色部分表示此信号能流通下去，没有变蓝的则是断开的，信号流通不下去。

注：若要监控 PLC 程序的状态，一定要在通信成功后才能执行，若没有与 PLC 通信成功，则不能对 PLC 监控。

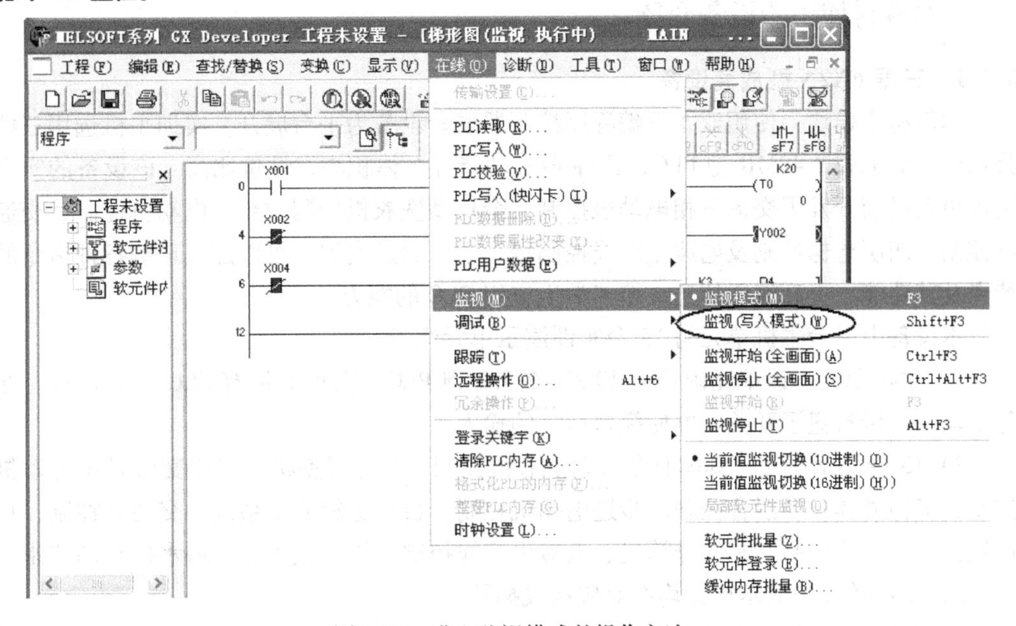

图 0-25 进入监视模式的操作方法

0.4.6　程序的在线修改

程序写入 PLC 之后，若需要直接在 PLC 内进行修改，则可进行如下操作：

选择“在线”菜单里的“监视”，有一个在其子菜单里选择“监视（写入模式）”（或者可以用快捷键“SHIFT + F3”），弹出如图 0-26 所示对话框。

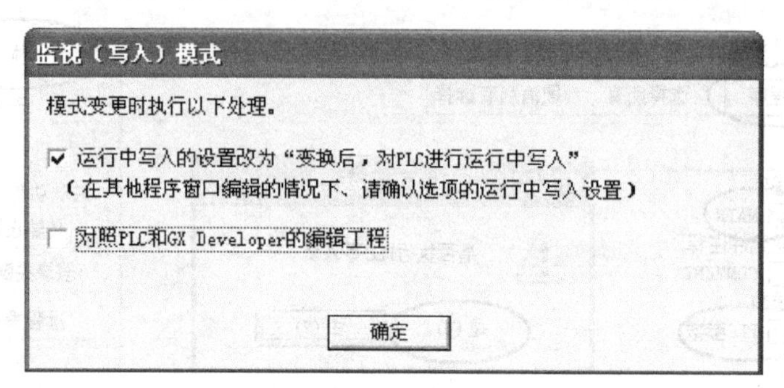

图 0-26　“监视（写入）模式”对话框

该对话框中第一个选项是提醒要设置为“在线写入”模式，此项要打“√”，第二项是提醒是否要执行 PLC 内部程序与现在修改前的程序进行比较，若确定现在的程序就是 PLC 内的程序，可以把“√”取消掉，若不确定，则可以不取消，系统则在确认修改写入前会对两者进行比较。单击“确定”后，即可进行修改动作。修改完成后，被修改的对象会显示灰色，此时同样要对程序进行编译，编译方法与前面所述的相同，编译完成后，在线修改完成。

注意：程序的在线修改是直接对 PLC 里面的程序进行修改，不需要再进行 PLC 写入操作。而普通的修改（非在线修改），则只是修改计算机软件中的程序，而 PLC 内部的程序并没有被修改，所以要使修改后的程序写入 PLC，还需进行 PLC 写入操作。

0.5　本教材使用的设备介绍

0.5.1　三菱 FX2N 型成套设备

本教材中模块一使用亚龙可编程序控制器成套设备为平台展开，实训主机选用三菱公司生产的 FX2N-48MR 型 PLC，这种 PLC 功能强、体积小、性价比高。该设备的实训演示单元目前开发了交流三相电动机控制、全自动洗衣机控制、步进电动机控制、交通灯控制、四层电梯控制及电镀生产线控制等。学生通过实训，可以加深理解各种指令的特点及其功能，提高编程技巧，培养学生应用 PLC 的能力。

本设备由一台主机单元与 13 台实训演示单元组成。

1）主机单元：该单元内设有 FX2N-48MR 型 PLC，面板上带有 PLC 的 I/O 口。在每个输入口接有钮子开关，方便模拟信号的输入。

2）13 台演示单元：具体有全自动洗衣机控制、自控成型机、三相交流异步电动机控制、多种液体自动混合控制、步进电动机控制、自动送料装车系统、交通灯控制、自控轧钢机、电梯控制、邮件分拣机、电镀生产线控制、铁塔之光、水塔水位自动控制。

3）主机单元与演示单元均有对应接线插孔。

用插线把 FX2N 主机与实训单元的插孔相连接，并且把主机与单元板对应接线按照图样接上，即可进行实训。

0.5.2 YL-235A 型光机电一体化实训设备

本教材模块二采用亚龙公司生产的 YL-235A 型光机电一体化实训设备。亚龙 YL-235A型光机电一体化实训设备包含了机电一体化专业所涉及的基础知识和专业知识，包括了基本的机电技能要求，也体现了当前先进技术的应用。它为学生提供了一个典型的、可进行综合训练的工程环境，为学生构建了一个可充分发挥学生潜能和创造力的实践平台。在此平台上可实现知识的实际应用、技能的综合训练和实践动手能力的客观考核。

亚龙 YL-235A 型光机电一体化实训考核设备由铝合金导轨式实训台、典型的机电一体化设备的机械部件、PLC 模块单元、触摸屏模块单元、变频器模块单元、按钮模块单元、电源模块单元、模拟生产设备实训模块、接线端子排和各种传感器等组成。整体结构采用开放式和拆装式，可根据现有的机械部件组装生产设备，也可添加机械部件组装其他生产设备，使整个装置能够灵活地按教学或者竞赛要求组装成具有模拟生产功能的机电一体化设备；模块采用标准结构和抽屉式模块放置架，互换性强，可按照具有生产性功能和整合学习功能的原则确定模块内容，方便教学或竞赛。

该实训考核设备包含了机电一体化专业学习中所涉及的诸如电动机驱动、机械传动、气动、触摸屏控制、PLC、传感器，变频调速等多项技术，为学生提供了一个典型的综合实训环境，能使学生更全面地认识过去学过的诸多单科的专业和基础知识，并得到综合的训练和实际运用。设备所包含的基本实训项目有：

① 自动检测技术使用实训；

② 气动技术应用实训；

③ PLC 编程实训；

④ 电气控制电路实训；

⑤ 变频器应用实训；

⑥ 触摸屏应用实训；

⑦ 自动控制技术教学与实训；

⑧ 机械系统安装和调试实训；

⑨ 系统维护与故障检测实训。

模　块　一
机电设备 PLC 控制基础应用

项目一
时序控制的实现

学习目标

1. 掌握三菱 FX2N 系列 PLC 各软元件的功能与用法。
2. 掌握本项目涉及的 PLC 指令的应用。
3. 掌握时序控制系统的 PLC 设计方法。
4. 完成铁塔之光控制的验证性实验，掌握 PLC 系统设计的方法及步骤。
5. 能够完成交通灯控制要求的实现，并能够调试、完善系统。

项目概述

实现 PLC 编程的方法有多种，经验法和时序图法是常用的两种编程方法。经验法是按照设计者的经验和习惯思路进行梯形图电路设计的编程方法。编程时，设计者凭借经验通常选择一些典型单元电路梯形图作为基础，再根据设备电气控制的具体要求，通过分析，不断修改，逐渐完善，直到设计者感到比较满意为止。这种编程方法的试探性和随意性较大，无设计规律可遵循，设计结果因人而异。对于具有相当工作经验的设计者而言，只要控制要求不十分复杂，这种编程方法就是实用有效的。

采用经验法编程的质量与设计者经验相关，对于复杂的控制要求，经验法编程的梯形图往往比较复杂，可读性差，因此一般只适用于简单梯形图电路的设计；而采用时序图法编程有明确的设计步骤可以遵循，只要正确绘制好时序图，并按步设计，即使是没有一定编程经验的电气技术人员，也能设计出比较满意的梯形图来。时序图法逻辑严密、思路清晰、方法规范、简单易行，并且结果简练，是时序控制编程的有力工具。

本项目通过铁塔之光控制和交通灯控制两个工作任务学习 PLC 应用系统设计的方法及步骤，并掌握 PLC 程序的时序设计方法。

任务一　铁 塔 之 光

任务描述

铁塔之光是利用彩灯对铁塔进行装饰，从而达到烘托铁塔的效果。不同的场合对彩灯的运行方式也有不同的要求，对于要求彩灯有多种不同运行方式的情况，采用 PLC 中的一些特殊指令来进行控制就显得尤为方便。

铁塔之光的控制要求：PLC 运行后（PLC 的运行由设备上的开关控制），灯光自动开始按一定规律亮灭，有时每次只亮一盏灯，顺序从上向下，或是从下向上；有时自底层从下向上全部点亮，然后又从上向下熄灭。运行方式多样，可自行设计。

相关知识

1.1　本工作任务中涉及的 PLC 资源

1. FX 系列 PLC 中数值的表示形式

FX 系列 PLC 通常使用 5 种类型的数值：二进制、八进制、十进制、十六进制、BCD 码。在 PLC 内部，都是用二进制处理软元件数据的，但是在外围设备上监控时，这些软元件数据会自动变化为十进制（也可切换为十六进制）。在编写程序时，K 表示十进制常数，H 表示十六进制常数。如图 1-1 所示，在 PLC 程序里写常数时，要加上数制前缀，如数据 8 要写为 K8 或 H8。

图 1-1　数值输入示例

图 1-1 中 MOV 是一个数据传送的指令，K20 是表示需要传送的数值。编写程序时要注意不能直接用 20，而要在数据前面加 K 或 H 来表示数据的类型。当写一个常数数据时，常数前面一定要加 K 或 H，否则数据格式错误。

2. FX 系列 PLC I/O 点的编号及功能

FX2N 系列 PLC 的输入点用 X 表示，输出点用 Y 表示，它们的编号是由基本单元固有地址号和按照与这些地址号相连的顺序给扩展设备分配的地址号组成的。这些地址号使用八进制数，因此不存在如 8、9 这样的数值，其资源分配见表 1-1。

I/O 点的结构与功能如图 1-2 所示。

输入：输入继电器用于 PLC 接受外部开关的信号，其状态只能由外部开关决定，PLC 不能改变输入信号状态，输入继电器只能由外部信号驱动，而不能由 PLC 指令来驱动。常见的输入元器件有按钮、选择开关、光电开关、行程开关、传感器等。

表 1-1 FX2N 系列 PLC 资源分配表

	型号	FX2N ~ 16M	FX2N ~ 32M	FX2N ~ 48M	FX2N ~ 64M	FX2 ~ 80M	FX2M ~ 128M	扩展时	
FX2N 系列	输入	X000 ~ X0007 (8 点)	X000 ~ X017 (16 点)	X000 ~ X027 (24 点)	X000 ~ X037 (32 点)	X000 ~ X047 (40 点)	X000 ~ X077 (64 点)	X000 ~ X267 (184 点)	无扩展
	输出	Y000 ~ Y0007 (8 点)	Y000 ~ Y017 (16 点)	Y000 ~ Y027 (24 点)	Y000 ~ Y037 (32 点)	Y000 ~ Y047 (40 点)	Y000 ~ Y077 (64 点)	Y000 ~ Y267 (184 点)	

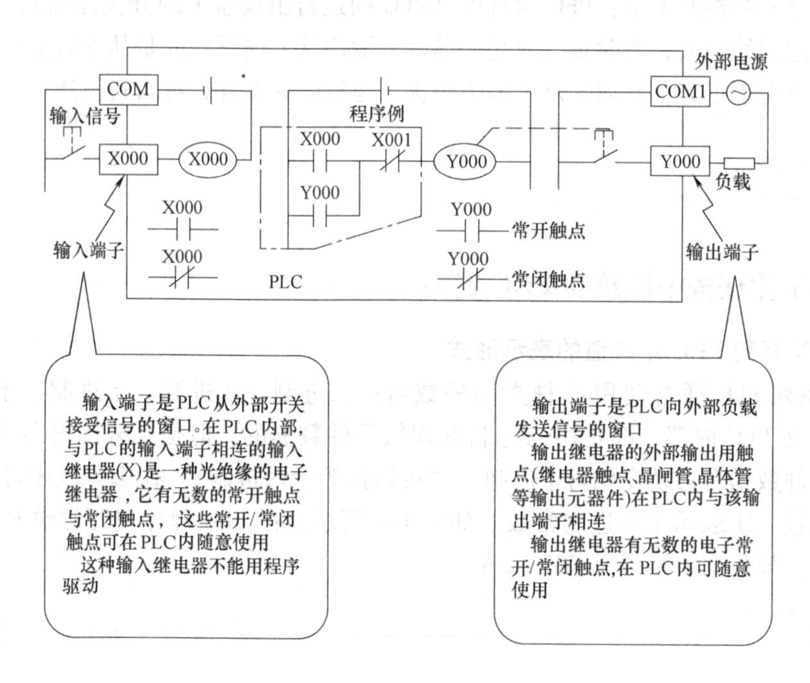

图 1-2 I/O 点的结构及功能

输出：PLC 通过运行用户程序，控制输出端子，从而通过输出端子来控制外部负载的通与断。输出继电器只能由 PLC 指令来驱动，外部信号不能直接驱动 PLC 的输出继电器。常见的输出元器件有电磁阀、继电器、接触器、指示灯、显示器等。

3. 辅助继电器的编号和功能

FX2N 系列 PLC 内有许多辅助继电器，其编号以 M 为前缀表示见表 1-2。

表 1-2 FX2N 系列 PLC 的辅助继电器

	一般用	断电保持用	断电保持专用
FX2N FX2NC 系列	M0 ~ M499 500 点	M500 ~ M1023 524 点	M1024 ~ M3071 2048 点

在编写程序的过程中，这类辅助继电器的线圈与输出继电器一样由 PLC 内各种软元件的触点驱动。辅助继电器在 PLC 内部资源中有无数的常开触点与常闭触点，在编写程序时可随便使用。但是辅助继电器没有实际的输出点，不能直接驱动外部负载，它只供 PLC 编程使用，外部负载的驱动要通过输出继电器进行。

辅助继电器主要有一般用、断电保持用、非断电保持用及特殊用辅助继电器，其中非断电保持和断电保持用辅助继电器可使用参数分配其数量。

各种不同型号的 PLC，其辅助继电器定义的范围也不一样，功能也有所不同。下面对 FX2N 系列 PLC 内部继电器的功能加以说明。

（1）一般用辅助继电器　PLC 在运行过程中突然断电，则一般用的辅助继电器都会断开，当再运行时，除非继电器线圈的输入条件满足，否则都将为断开状态。

（2）断电保持用辅助继电器　若想保持断电前辅助继电器的状态，就需要用断电保持用的辅助继电器。断电保持用辅助继电器会记忆停电之前的状态，等恢复供电后，会保持原来停电之前的状态值。

（3）断电保持专用辅助继电器　断电保持专用与断电保持用的辅助继电器功能一样，都是用来断电保持，但是断电保持用的范围可以通过编程软件进行修改（FX2N 系列默认是从 M500 ~ M1023），而断电保持专用的辅助继电器的范围是固定的，不可以修改。

上面的内容中说过，非断电保持和断电保持用辅助继电器可使用参数分配其数量，修改断电保持用辅助继电器的方法如下：

在“工程数据列表”→“参数”→“PLC 参数”→“软元件”的“锁存起始”及“结束”内可修改不同软元件的断电保持区域，如图 1-3 中所示。

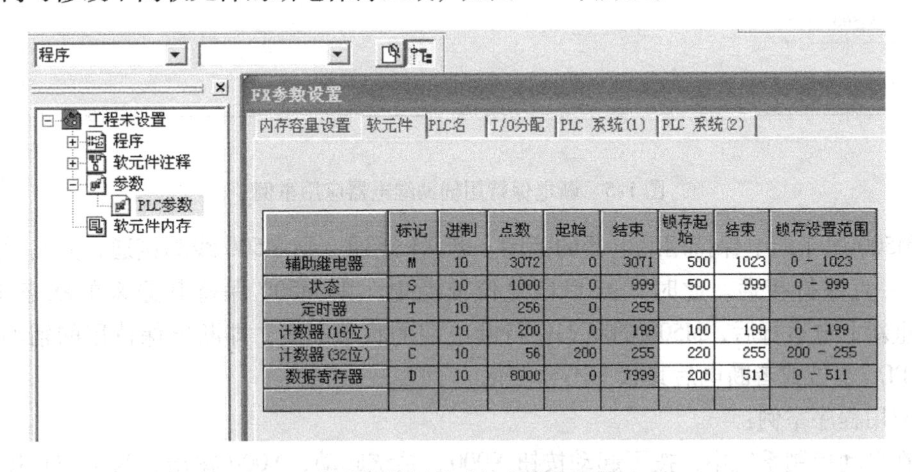

	标记	进制	点数	起始	结束	锁存起始	结束	锁存设置范围
辅助继电器	M	10	3072	0	3071	500	1023	0 - 1023
状态	S	10	1000	0	999	500	999	0 - 999
定时器	T	10	256	0	255			
计数器(16位)	C	10	200	0	199	100	199	0 - 199
计数器(32位)	C	10	56	200	255	220	255	200 - 255
数据寄存器	D	10	8000	0	7999	200	511	0 - 511

图 1-3　断电保持用辅助继电器参数修改窗口

表 1-2 中，断电保持用辅助继电器默认的范围为 M500 ~ M1023，用户可以通过修改图 1-3 中的数据，从而改变其断电保持的范围。例如，若将“锁存起始”改为 600，结束改为 1000，则 M0 ~ M600 属于一般用继电器，M601 ~ M1000 为断电保持用，M1001 ~ M1023 属于一般用。

辅助继电器一般由线圈、常开触点、常闭触点组成。线圈可以通过 PLC 内的软元件的触点驱动，其触点根据线圈的状态而动作。当辅助继电器线圈得电时，其常开触点接通，常闭触点断开；当辅助继电器线圈失电断开时，其常开触点断开，常闭触点接通。

下面举例说明辅助继电器的几种用法：

（1）一般用辅助继电器　图 1-4 给出了一个一般用辅助继电器的应用实例。

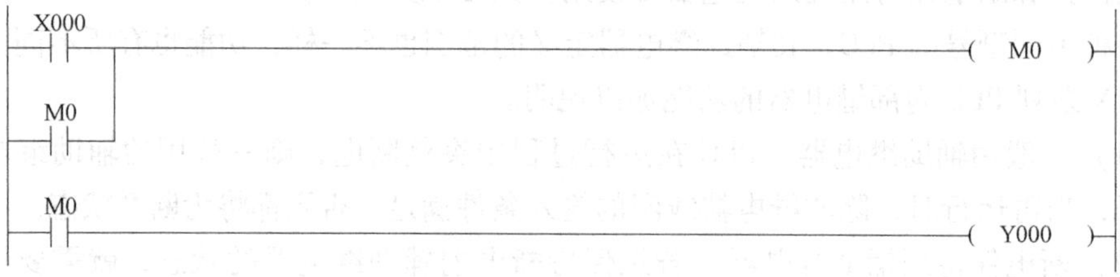

图 1-4　一般用辅助继电器应用举例

上述程序中，M0 属于一般用辅助继电器的范围，若 X000 接通，则 M0 线圈接通，并自锁保持，即一直保持接通，用 M0 来驱动 Y000 输出。此时，若 PLC 复位或 PLC 断电，则 M0 会断开，等 PLC 重新上电运行后，M0 是断开状态，即一般用的辅助继电器在 PLC 复位或 PLC 断电后其状态为断开状态。

（2）断电保持用辅助继电器　图 1-5 给出了一个停电保持用辅助继电器的应用实例。

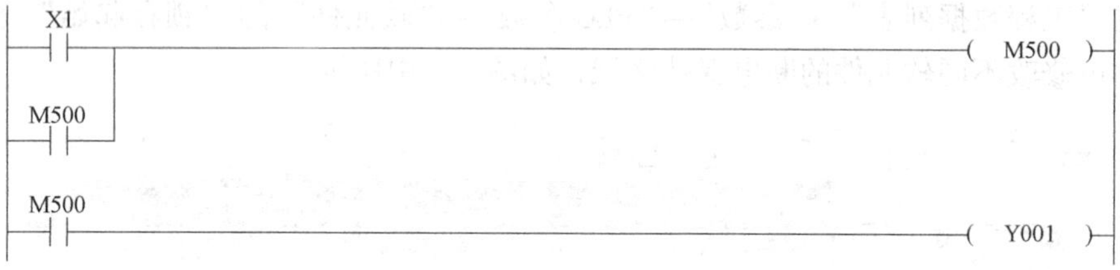

图 1-5　断电保持用辅助继电器应用举例

M500 属于断电保持用继电器的范围。若 X1 接通，则 M500 线圈接通，并自锁，即 M500 一直保持接通。此时，若 PLC 复位或断电，则 M500 保持其原来的状态不变，PLC 重新上电运行后，M500 的状态保持断电前的状态不变，即断电保持用的辅助继电器在 PLC 复位或者断电后其状态不会变化。

应用程序举例：

在自动控制系统中，按下起动按钮 X000，系统起动，Y000 输出，为了防止操作员错误动作，要求停止按钮做成 2 个，当同时按下 X1 与 X2，系统停止。

对应上面的控制要求，PLC 程序如图 1-6 所示。

4. 定时器的编号及功能

1）定时器是用来延时的 PLC 内部软元件，不作为定时器使用的定时器编号，也可用做数值存储的数据存储器，表 1-3 为 FX2N 系列 PLC 的定时器功能及编号说明。

图 1-6　实例程序

表 1-3　FX2N 系列 PLC 定时器资源列表

	100ms 型 0.1~3276.7s	100ms 型 0.1~3276.7s 0.01~327.67s	10ms 型 0.01~327.67s	1ms 累计型 0.001~32.767s	100ms 累计型 0.1~3276.7s	电位器型 0~255 的数值
FX2N FX2NC 系列	T0~T199 （200 点） 一般用程序 T192~T199	—	T200~T245 （46 点）	T246~T249 （4 点） 执行中断的 保持用	T250~T255 （6 点） 保持用	功能扩展板 （8 点）

2）不同的定时器编号，其功能也是不同的。T0~T199 是 100ms 型的定时器，定时精度为 0.1s；T200~T245 是 10ms 型的定时器，定时精度为 0.01s。以上定时器（T0~T245）为一般型定时器，即驱动定时器线圈的信号接通，定时器开始计时；若信号断开，定时器当前值变为 0；信号再次接通，定时器从 0 开始重新计时。

T246~T249 为 1ms 累计型定时器，定时精度为 0.01s；T250~T255 为 100ms 累计型定时器，定时精度为 0.1s。T246~T255 为累计型定时器，即驱动定时器线圈的信号接通，定时器开始计时；若信号断开，则定时器保持当前的计数值不变；信号再次接通，定时器从前一次计数值开始继续计时。

3）定时器在编程中的指令格式。三菱 PLC 定时器在程序中包括线圈、触点、时间设定值及时间经过值。图 1-7 所示的程序中用了定时器 T0。

X000　　K30 T0
T0　　Y000

图 1-7　定时器程序实例

图 1-7 中 T0 为定时单位 0.1s 的一般定时器，K30 为定时时间 $T=30\times0.1s=3s$，X0 是定时器工作条件，当 X0 接通后定时器 T0 开始计时，每隔 0.1s 定时器经过值加

1，当定时器经过值加满到设定值 30 时，正好是 3s，此时，定时器 T1 的常开触点接通，驱动输出点 Y0 线圈接通。若定时器在计时过程中驱动信号 X0 断开，则定时器当前值被清 0。本程序的控制功能为：当外部信号 X0 接通的，Y0 在 3s 后接通；若 X0 断开，则 Y0 也立即断开。

4）常用的定时器功能程序分析。

实例 1　延时起动，按下按钮 X0，电动机 Y0 延时起动，按下停止按钮 X001，电动机立即停止。PLC 程序如图 1-8 所示。

图 1-8　延时起动功能程序

程序通定时器不是直接由 X0 来定时，因为当按下起动按钮 X000 时，定时器可以计时，但是一旦按钮松开，定时器就会清 0，停止计时，这样就不能起动电动机了。

实例 2：脉冲输出程序，按下起动按钮 X0，指示灯以 2s 的频率闪烁，按下停止按钮 X1，指示灯灭。其 PLC 程序有两种写法，如图 1-9 所示。

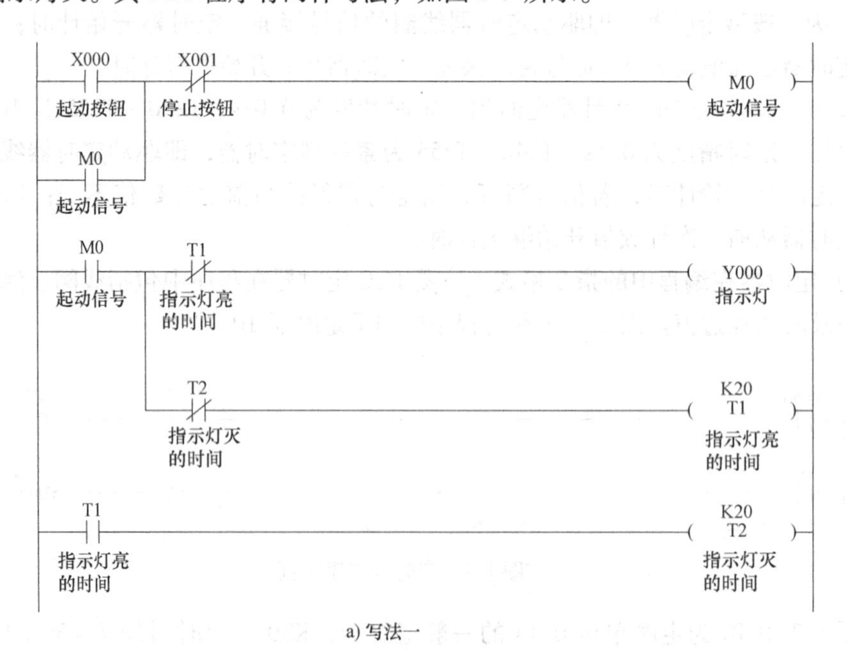

a) 写法一

图 1-9　脉冲输出程序

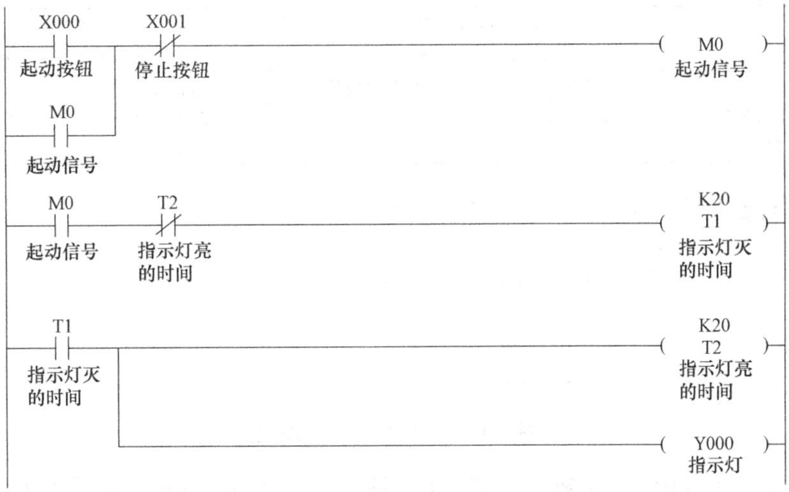

b) 写法二

图 1-9 脉冲输出程序（续）

实例 3 延时起动、停止程序，按下起动按钮 X000，起动指示灯 Y000 闪烁，放开按钮 5s 后正式起动，起动指示灯 Y000 一直亮。按下停止按钮 5s 后，系统停止，起动指示灯 Y000 灭。PLC 程序如图 1-10 所示。

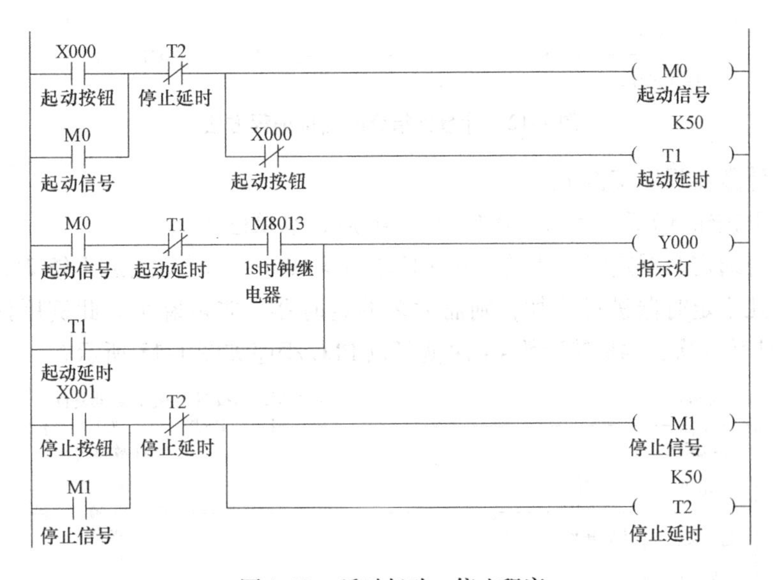

图 1-10 延时起动、停止程序

5. 计数器的编号及功能

计数器是用来实现计数功能的 PLC 内部软元件，不作为计数器使用的计数器编号，也可用做数值存储的数据存储器，表 1-4 为 FX2N 系列 PLC 的计数器功能及编号说明。

计数器在使用时需要输入一个计数器线圈及一个设定值。当计数器的当前值到达设定值后，计数器的常开触点接通。一般用计数器在 PLC 断电或复位时，其当前值会复位清 0。断电保持计数器在 PLC 断电或复位时，能保持其原来计数的当前值。

表 1-4 FX2N 系列 PLC 计数器资源列表

	16 位顺计数器 0～32,767 计数		32 位顺/倒计数器 -2,147,483,648～+2,147,483,647	
	一般用	断电保持用	断电保持专用	特殊用
FX2N、FX2NC 系列	C0～C99 100 点	C100～C199 100 点	C200～C219 20 点	C220～C234 15 点

基本计数器指令的用法如图 1-11 所示。

图 1-11 计数器指令的编程方法

图 1-11 中 X001 是计数的信号，C1 是计数器编号，K8 是计数器的设定值。当 X001 接通一次，计数器 C1 计一次数，当前值变为 1；X001 再接通一次，计数器又计一次数，当前值变为 2。当计数器当前值计满 8 次，到达设定值，则计数器的常开触点接通。当计数器的当前值到达设定值后，计数器的触点保持接通了，即使以后不再计数，其触点也一直保持接通，此时若要把计数器断开，则需用 RST 指令才能实现。如图 1-12 所示，当计数器计满数后，按下 X002，将计数器复位。

图 1-12 计数器指令的复位编程方法

定时、计数器程序实例 1：

要求按下按钮 X0 后，水泵 Y0 起动，24h 后，水泵停止。

分析：普通定时器定时范围为（0～32767）×100ms，因此远远不够 24h 的定时时间，若用好几个定时器进行累加，则需太多的定时器，非常麻烦。此例用计数器来实现，30min 计数一次，24h 需计数 48 次就可以 PLC 程序如图 1-13 所示。

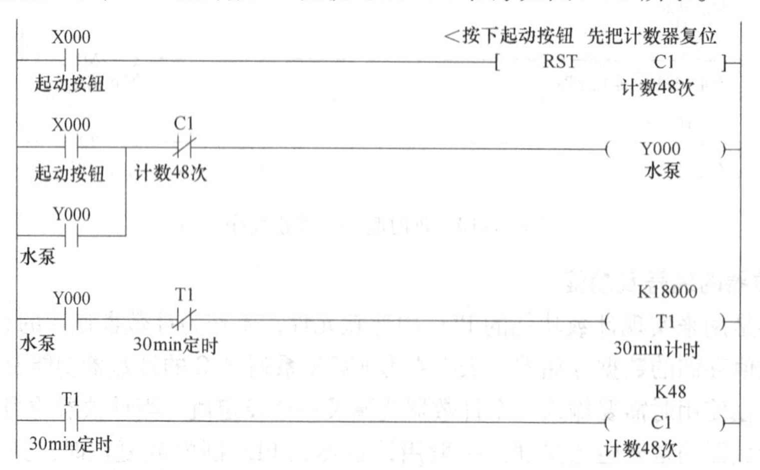

图 1-13 定时、计数器程序实例 1 程序

定时、计数器程序实例 2：

对生产的气缸进行耐久测试：按下起动按钮 X0，让气缸来回动作（伸出/缩回），气缸的动作通过电磁阀 Y0 来控制（Y0 得电则伸出，断电则缩回）。动作时，气缸伸出 2s，缩回 2s。这样来回动作 10 次后，气缸测试结束。若要测试其他气缸，再次按下起动按钮。PLC 程序如图 1-14 所示：

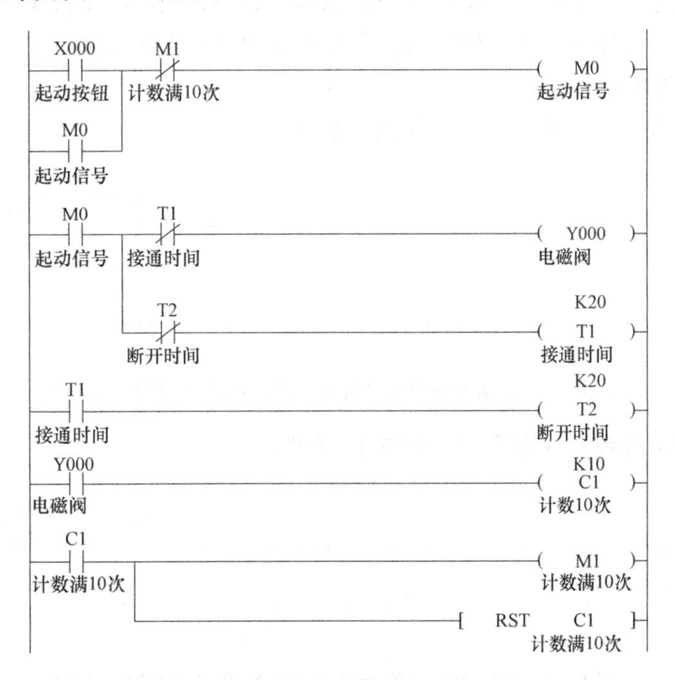

图 1-14　定时、计数器程序实例 2 程序

实例 2 程序中，计数器到达设定值后，应首先把起动按钮断开，再把计数器复位。

6. 数据寄存器的编号及功能

数据寄存器是存储数据数值的软元件，三菱 PLC 中每一个数据寄存器都是 16bit（最高位为正、负符号位），也可用两个数据寄存器合并起来存储 32 bit 数据（最高位为正、负符号位）。数据寄存器 D 的编号见表 1-5。

表 1-5　FX2N 系列 PLC 的数据寄存器功能及编号说明

	一般用	断电保持用	断电保持专用		特殊用	指定用
				文件用		
FX2N、FX2NC 系列	D0 ~ D199 200 点	D200 ~ D511 312 点	D512 ~ D7999 7488 点	根据参数设定，可以将 D1000 以下作为文件寄存器	D8000 ~ D8255 256 点	V0(V) ~ V7 Z0(Z) ~ Z7 16 点

指定 32 位时，如果指定了低位（如 D0），则高位自动为 D0 之后的编号 D1。数据寄存器的一般用法：一旦在数据寄存器中写入数据，只要不再写入其他数据，其内容就不会变化。在 RUN-STOP 或停电时，所有数据被清 0，但是停电保持用的数据寄存器可保持其数据不被清 0。图 1-15 所示为对数据寄存器进行数据传送的程序实例：

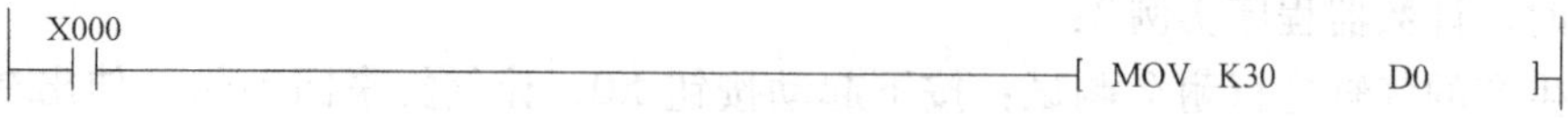

图 1-15 数据寄存器进行数据传送的程序实例

在图 1-15 所示的程序中，当条件 X000 导通，指令把常数 30 传到 D0，即使 X000 条件断开，D0 的数据也保持不变。当 PLC 由运行到停止或断电情况下，D0 的数据被清 0。数据寄存器可以处理各种数值数据，利用它可以进行各种数据处理。下面举例说明数据寄存器的使用方法。

1）间接指定定时器的设定值，如图 1-16 所示。

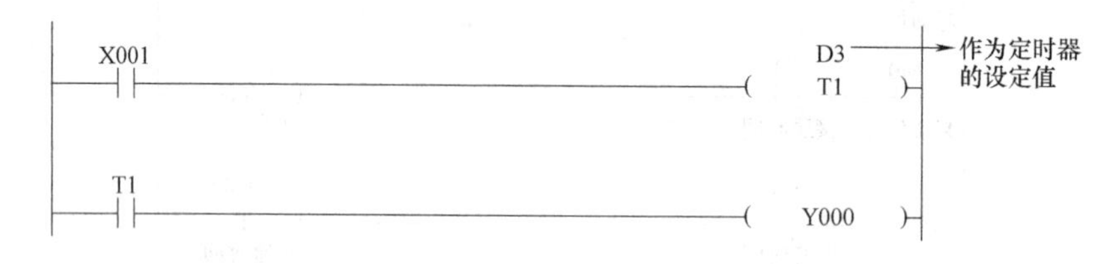

图 1-16 数据寄存器作为定时器时间设定值的程序实例

2）间接指定计数器的设定值，如图 1-17 所示。

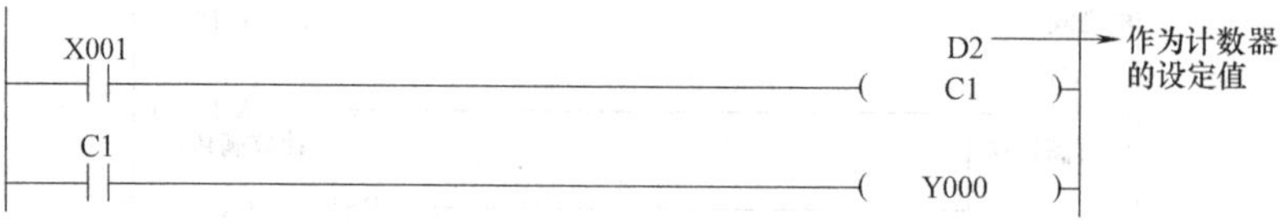

图 1-17 数据寄存器作为计数器参数设定值的程序实例

3）按下按钮 X1，指示灯以 3s 的频率闪烁，按下按钮 X2，指示灯以 1s 的频率闪烁。

分析：控制要求是一个闪烁程序，图 1-18 所示程序中最后 3 行程序为闪烁程序，闪烁时间是 D1。因为闪烁时间会变动，所以这里用一个数据寄存器表示。PLC 程序如图 1-18 所示。

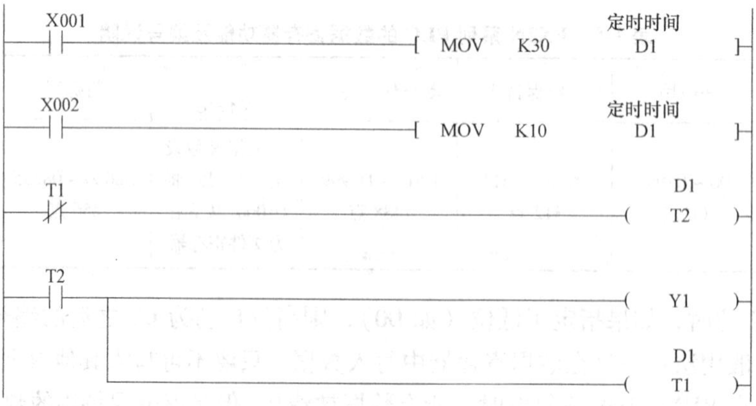

图 1-18 频率闪烁程序实例

若要以频率 1s 闪烁，只要让 D1 = 10 就可以了；若要以频率 3s 闪烁，只要让 D1 = 30 就可以了。因此，上两步程序即为改变频率的程序。一般使用数据寄存器时，常会与传送指令、比较指令、运算指令一起使用，达到程序控制目的。

1.2　本任务用到的 PLC 编程知识

1. 双线圈输出的对策

在用户程序中，同一编程元件的线圈使用了两次或多次，称为双线圈输出。图1-19 所示为一个双线圈程序实例。

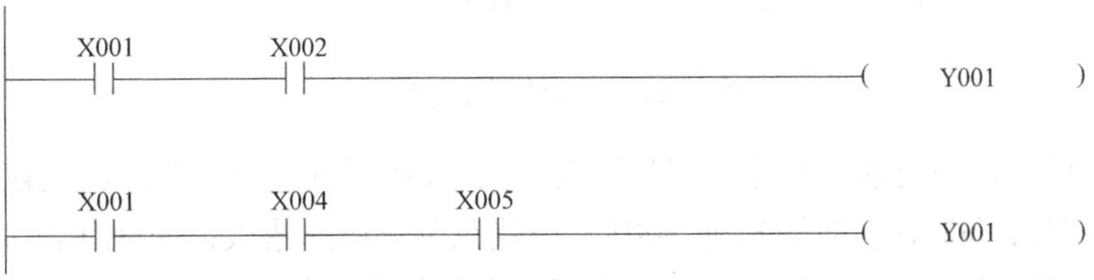

图 1-19　PLC 编程中出现双线圈的实例

图 1-19 所示程序中，Y001 这个输出线圈使用了两次。在梯形图程序中，一般情况下是不允许同一个线圈在一个程序中使用多次的。为了满足控制要求，可能在不同的条件下，需要多次对同一个线圈输出，若在编写程序时，也是按照要求输出几个相同的线圈的话，多个线圈在梯形图中使用时，程序可能达不到预期的控制要求。

当 X001 及 X002 都接通，则 Y001 线圈接通。X001、X004 及 X005 都接通，则 Y001 线圈也接通。根据 PLC 的工作原理及扫描原理，在程序执行完后，才将输出的 ON/OFF 状态送到外部信号端子。此例中对于 Y001 控制的外部负载来说，真正起作用的是最后一个 Y001 的线圈状态。而前面的 Y001 的线圈只在程序执行过程中，有 ON/OFF的信号。我们可以通过一些对策来避免双线圈的错误。下面举例介绍一般双线圈输出的对策。

控制要求：同时按下按钮 X001 及 X002，指示灯 Y001 要亮。按下按钮 X004，5s 后 Y001 要亮。

首先给出一个初学者按照常规思维写出的程序，如图 1-20 所示。

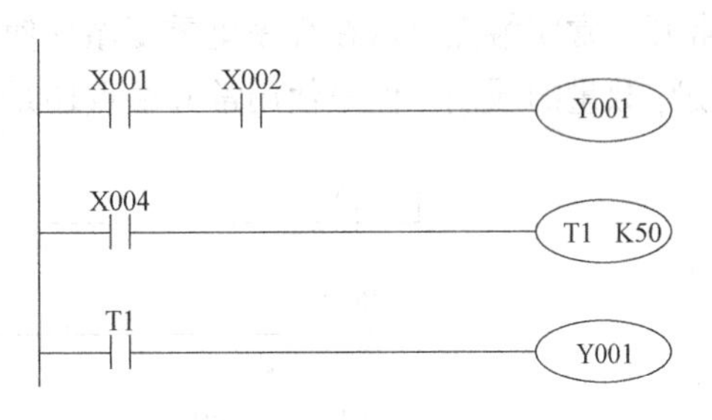

图 1-20　出现双线圈的错误程序

图 1-20 所示的程序对初学者来讲，好像一点问题都没有，能满足控制要求。但实际上，此程序是不能满足上面给出的控制要求的，因为程序中两次使用了同一个线圈 Y001。根据上面对线圈的描述可知，能控制外部负载的，只有下面的线圈有效，而上面的线圈是不能用来控制外部负载的。因此，图 1-20 所示程序是不能用来满足控制要求的。

图 1-21 所示是正确的满足控制要求的程序。

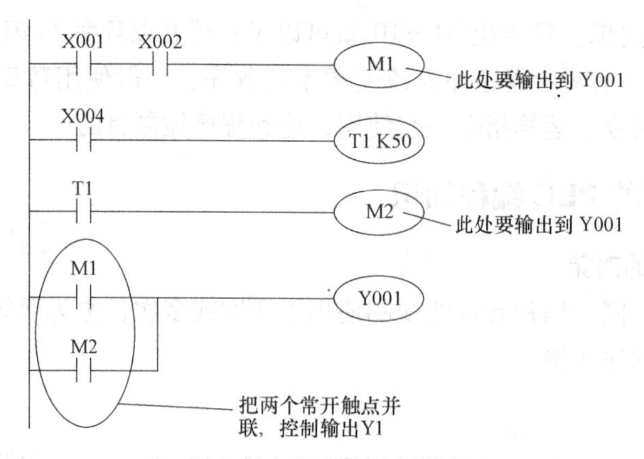

图 1-21　正确的实例程序 a

说明：根据控制要求，程序在 M1 处应该让 Y001 接通，在 M2 处也应该让 Y001 接通。如果在 M1，M2 处直接输出到 Y001，则就犯了双线圈错误，因此在需要控制 Y001 的地方，经不同的中间继电器，然后把中间继电器的常开触点并联起来，再集中输出控制一个 Y001 的线圈，这样就能避免双线圈的问题。或者写成图 1-22 所示的程序也能正确满足控制要求。

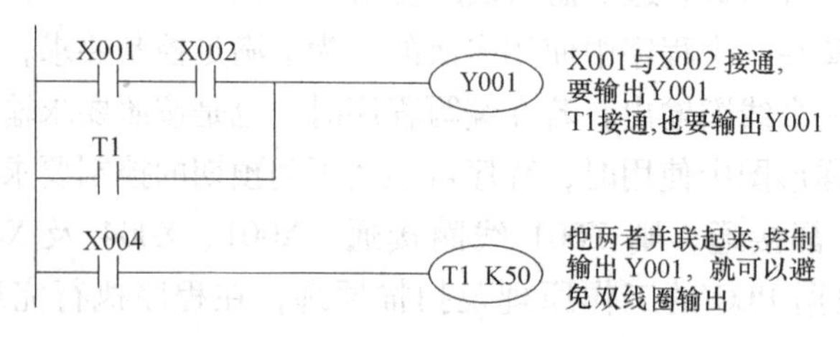

图 1-22　正确的实例程序 b

如果把满足 Y001 输出的条件并联起来，再集中输出到一个 Y001 的线圈，也能避免双线圈的问题，满足控制要求。

2. 常开触点、常闭触点

（1）输入信号的程序举例　如图 1-23 所示，同一个输入点（图 1-23 中为 X1）的常开、常闭触点可以在程序里重复循环使用，只要在内存容量内，可以重复使用，没有使用数量的限制。但是使用常开触点还是常闭触点，应根据外部接线及控制要求来定。

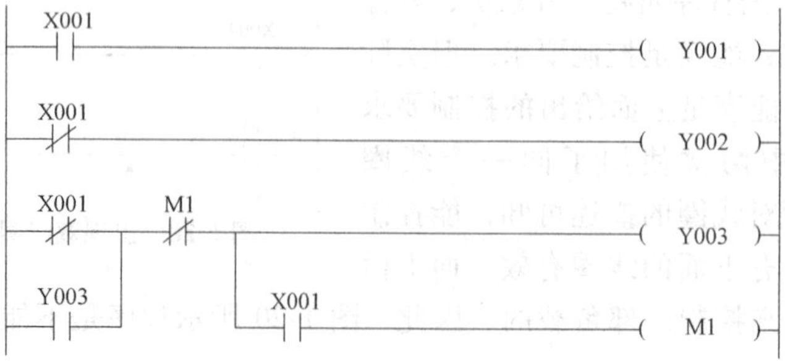

图 1-23　输入信号的程序举例

常开、常闭触点用法：

当外部信号接通时，程序中的常开触点接通，常闭触点断开；

当外部信号断开时，程序中的常开触点断开，常闭触点接通。

（2）输出信号的程序举例　如图 1-24 所示，同一个输出点的线圈在程序里一般只能使用一次。但是线圈的常开触点及常闭触点可以在程序里重复多次使用，没有数量限制。

图 1-24　输出信号的程序举例

输出点线圈及触点的一般用法：

当输出点线圈接通时，它的常开触点接通，常闭触点断开；

当输出点线圈断开时，它的常开触点断开，常闭触点接通。

下面举例说明输入、输出信号控制，控制要求如下：

按下按钮 X0，指示灯 Y0 亮，Y1 要灭，并且按钮松开后，要保持其状态；

按下按钮 X1，指示灯 Y1 亮，Y0 要灭，并且按钮松开后，要保持其状态。

根据控制要求编写如图 1-25 所示的 PLC 程序。

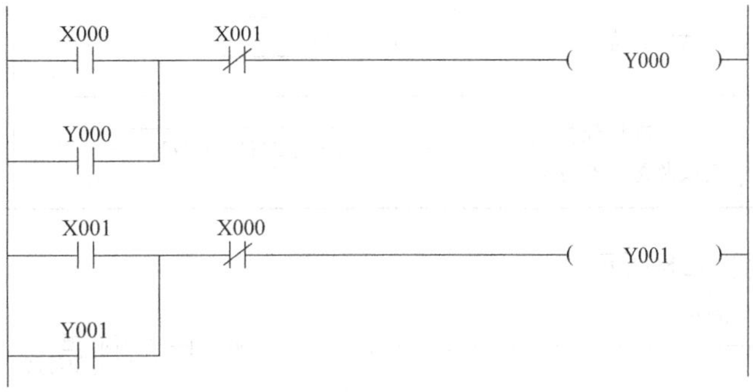

图 1-25　实例程序

按下按钮 X0 后，X0 的常开触点接通，常闭触点断开。常开触点使 Y0 的线圈接通，并通过 Y0 的常开触点自锁保持常闭触点使 Y1 的线圈断开。同样的道理，按下按钮 X1 后，X1 的常开触点接通，常闭触点断开。常开触点使 Y1 的线圈接通，并通过 Y1 的常开触点自锁保持，Y1 常闭触点使 Y000 的线圈断开。

3. 并联/串联电路

图 1-26 中 X0、X1、X2、X3 为串联电路，4 个条件都满足，Y0 线圈才得电；X12、

X13、X14、X15 也是串联电路，4 个条件都满足，Y1 线圈才得电。串联电路说明：只有串联电路中的所有触点都接通时，此串联条件才满足，信号才可以流通下去；只要串联电路中的某一个触点条件断开，此串联电路就会断开，信号流不下去。

图 1-27 中 X0，X1，X2 为并联电路，3 个条件中只要一个触点接通，Y0 线圈就得电并联电路说明：只要并联电路的某一个条件接通，此并联条件就满足，能源就可以流通下去并联触点数量和纵向接点的次数不受限制，一般建议不超过 10 个触点。

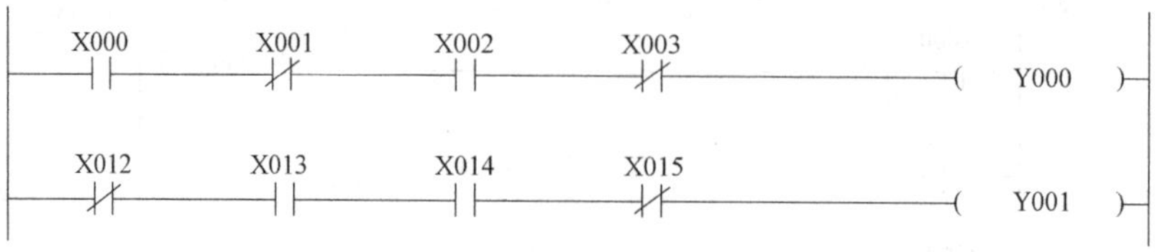

图 1-26　串联输出电路 PLC 程序实例

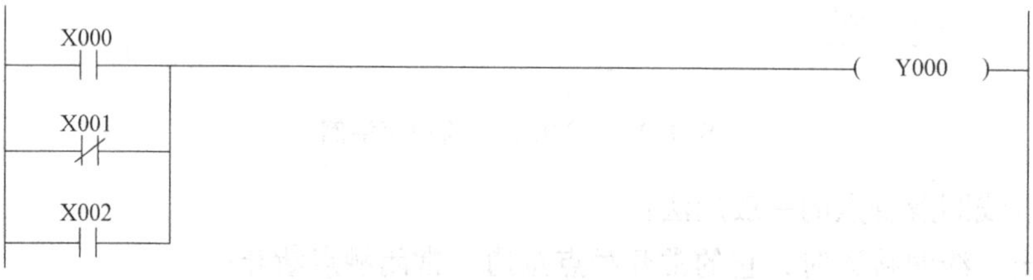

图 1-27　并联输出电路 PLC 程序实例

4. 置位指令、复位指令

FX2N 系列 PLC 置位指令（SET）及复位指令（RST）的功能及说明见表 1-6。

表 1-6　FX2N 系列 PLC 的置位/复位功能及说明

助记符、名称	功能	回路表示和可用软元件	程序步
SET(置位)	动作保持	RST Y,M,S,	Y,M:1 S,特殊 M:2 T,C:2 D,V,Z,特殊 D:3
RST(复位)	消除动作保持，当前值及寄存器清零	RST Y,M,S,T,C,D,V,Z	

程序举例如图 1-28 所示。

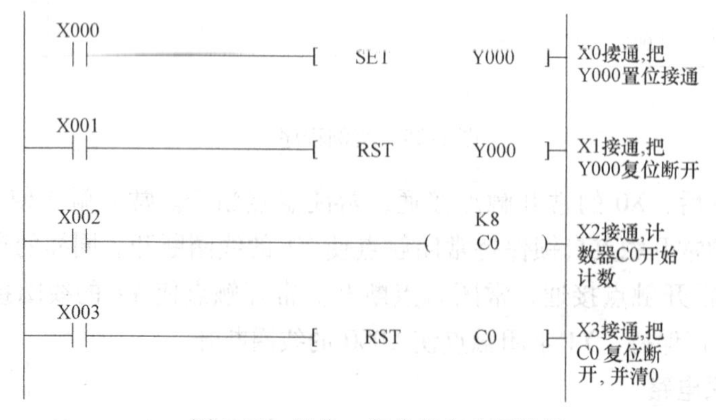

图 1-28　置位、复位指令应用举例

如图 1-28 所示，当条件 X000 接通，则 Y000 线圈被置位接通。即使 X000 以后断开，Y000 线圈还是保持输出，SET 指令相当于自锁功能。一旦 X001 接通，Y0 线圈被复位而断开。条件 X002 接通一次，计数器 C0 的当前值加 1。当条件 X003 接通，RST 指令将计数器 C0 的当前计数值全部清 0。对于同一软元件 SET，RST 可以多次使用，顺序也可以随意，但最后执行者有效。

以下举两个实例对置位、复位指令进行说明：

1）要求：当第一次按下 X0 后，指示灯 Y0 亮，并保持亮；当第二次按下 X0 后，Y0 灭；第三次按下后，Y0 又亮；第四次又灭，如此循环动作。PLC 程序如图 1-29 所示。

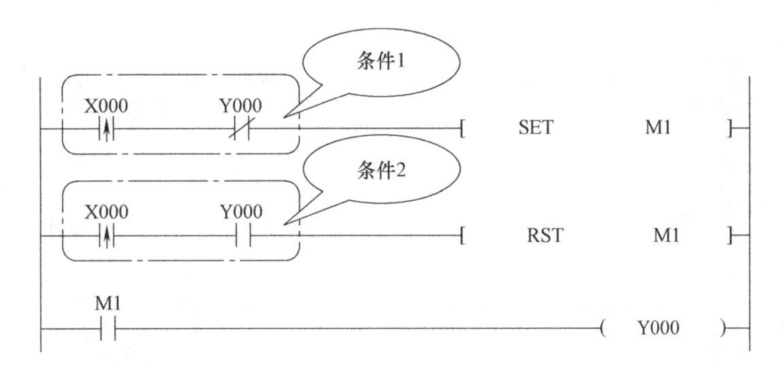

图 1-29　实例程序

当 Y000 断开时，按下 X000，第一个扫描周期内“条件 1”接通，把 M1 置位接通。此时“条件 2”因 Y000 还没接通，所以不满足，不会把 M1 复位。所以最后 M1 驱动 Y000 接通，以后的周期内因“X000 ┤↑├”不会接通，所以 M1 不会有变化，一直保持原来接通的状态。当 Y000 接通后，再按下 X000，第一个扫描周期内，“条件 1”断开，“条件 2”满足，把 M1 复位断开，最后 M1 断开，则 Y000 也断开，以后的周期内因“X000 ┤↑├”不会接通，所以 M1 不会有变化，一直保持原来断开的状态。

2）要求：按下起动按钮 X0，5s 后指示灯 Y0 才亮，在 5s 内若 X0 断开，则 5s 后指示灯 Y0 也要亮。按下停止按钮 X1，3s 后指示灯 Y0 灭。若在 3s 内停止按钮松开，则 3s 后指示灯 Y0 也能灭。

PLC 程序如图 1-30 所示。

SET、RST 指令在程序中经常使用，是一个常用的、好用的指令。使用了 SET 指令后，要注意在适当的条件下把对应的元件复位（RST）。SET 指令只能适用于位元件，而 RST 指令可以适用于位元件及字元件。

5. 传送指令

传送指令的功能是把一个数据存入到另一个存储器里面。图 1-31、图 1-32、图 1-33、图 1-34 给出了两个传送指令（MOV、MOVP）的程序实例。

图 1-31 所示程序中，当 X0 接通，则 MOV 指令将数据 88 传送到 D10 里面，传送后，D10 = 88。此后，即使 X0 断开，D10 里的数据保持 88 不变。

图 1-32 所示程序中，MOVP 同样也是传送指令，当条件 X1 接通时，指令是把 D1 寄存器的数据传送到 D2 寄存器里，然后把 0 传到 D1 寄存器里。但是 MOVP 指令为脉

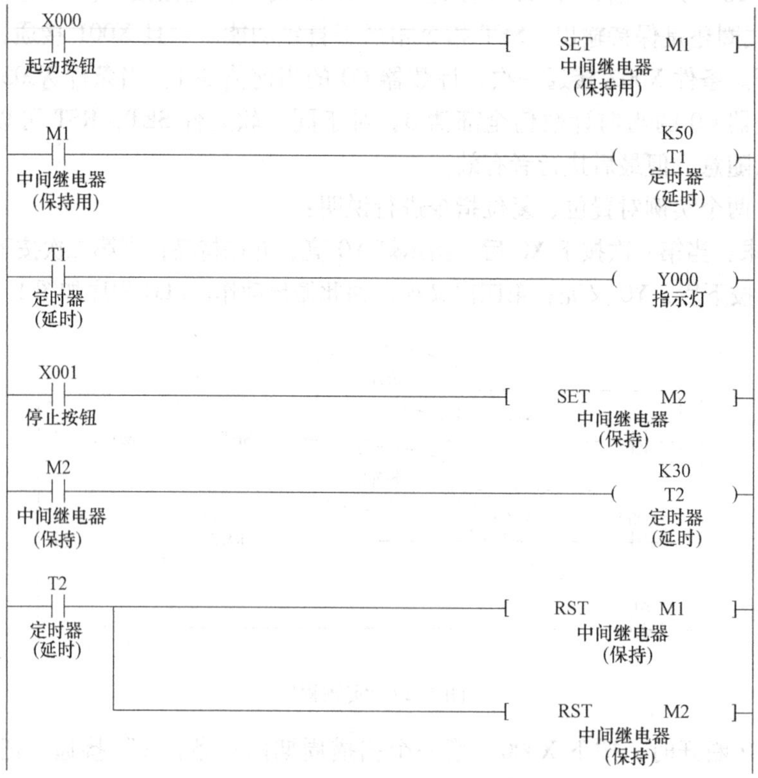

X000 起动按钮 —[SET M1 中间继电器(保持用)]

M1 中间继电器(保持用) —(K50 T1 定时器(延时))

T1 定时器(延时) —(Y000 指示灯)

X001 停止按钮 —[SET M2 中间继电器(保持)]

M2 中间继电器(保持) —(K30 T2 定时器(延时))

T2 定时器(延时) —[RST M1 中间继电器(保持)]
—[RST M2 中间继电器(保持)]

图 1-30 实例程序

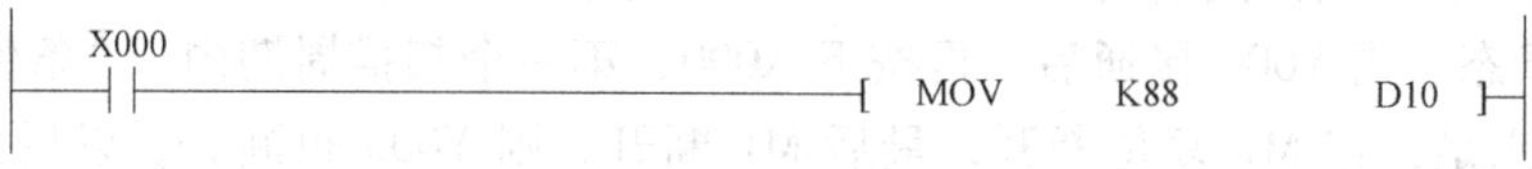

X000 —[MOV K88 D10]

图 1-31 MOV 指令的实例程序 a

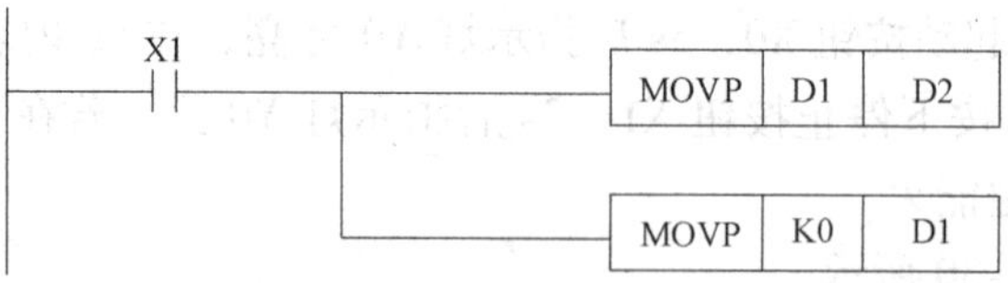

X1 —[MOVP D1 D2]
—[MOVP K0 D1]

图 1-32 MOVP 指令的实例程序 b

冲型指令，即当条件 X1 接通时，程序只在当前的扫描周期内执行一次，下一个扫描周期时，指令就不会再执行了。除非 X1 重新接通，则指令再执行一个扫描周期。

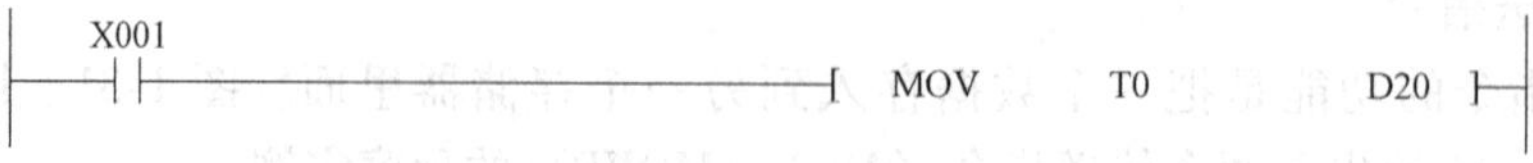

X001 —[MOV T0 D20]

图 1-33 MOV 指令的实例程序 c

图 1-33 所示程序中，当 X1 接通，则指令将定时器 T0 当前的计时时间传送到 D20 里面。

图 1-34 所示程序中，是把 D10 的数值作为定时器 T20 的设定定时时间。

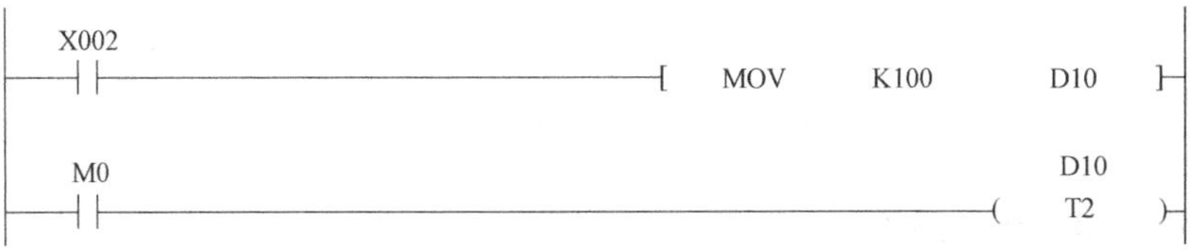

X002
MOV K100 D10
M0
D10
T2

图 1-34　MOV 指令的实例程序 d

6. 位右移指令

图 1-35 所示程序中，当 X10 接通后，指令执行结果如图 1-36 所示。

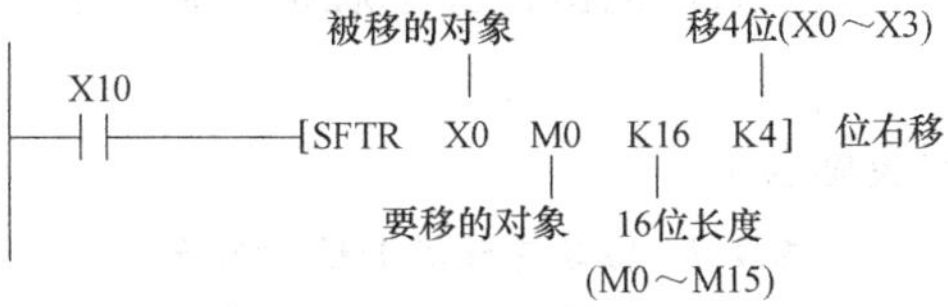

被移的对象
移4位(X0～X3)
X10
SFTR X0 M0 K16 K4
位右移
要移的对象
16位长度
(M0～M15)

图 1-35　位右移指令（SFTR）程序实例

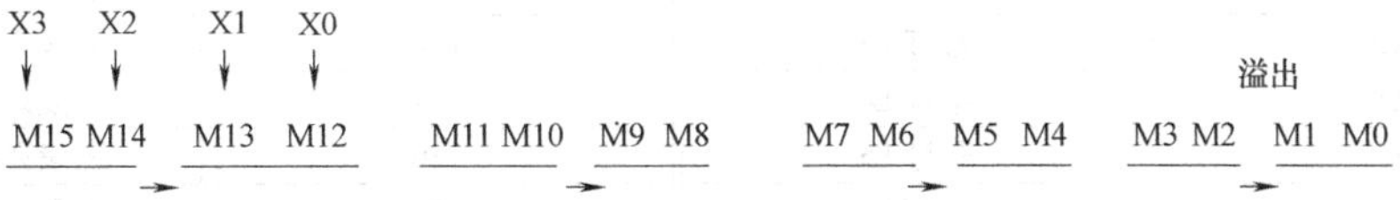

X3 X2 X1 X0
溢出
M15 M14 M13 M12 M11 M10 M9 M8 M7 M6 M5 M4 M3 M2 M1 M0

图 1-36　位右移指令（SFTR）程序执行结果

X0～X3 组成的 4 位传到 M12～M15 里面，M12～M15 传到后面 4 位，以后 4 位继续向后传，最后的 4 位被溢出。

7. 位左移指令

位左移指令的功能如图 1-37 所示，X0～X3 传送到 M0～M3，M0～M3 传送到M4～M7，M4～M7 传送到 M8～M11，M8～M11 传送到 M12～M15，M12～M15 溢出。

被移的对象
移4位 (X0～X3)
X10
SFTL X0 M0 K16 K4
位左移
要移的对象
16位长度(M0～M15)
X3 X2 X1 X0
M15 M14 M13 M12 M11 M10 M9 M8 M7 M6 M5 M4 M3 M2 M1 M0

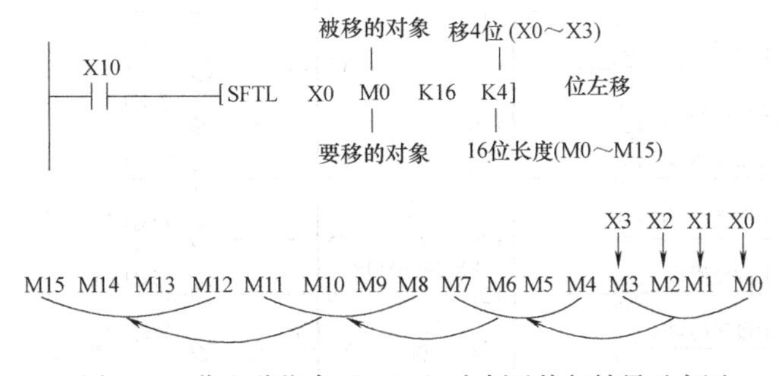

图 1-37　位左移指令（SFTL）实例及执行结果示意图

8. 整体复位指令

ZRST 为整体复位指令，其指令编程实例如图 1-38 所示。

如图 1-38 中程序所示，当 X1 接通，ZRST 指令将 M3～M10 全部复位，将 D10～D27 全部清 0。将几个连续的信号复位时，用 ZRST 指令比较方便。

X1
ZRST M3 M10
ZRST D10 D27

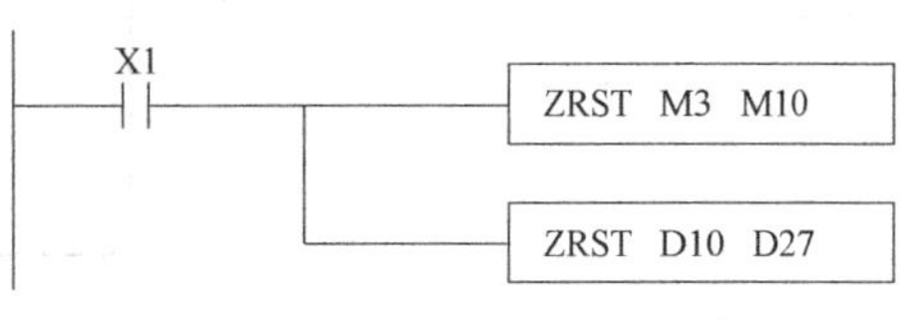

图 1-38　ZRST 指令编程实例

任务实施

1. 控制要求分析及提示

该任务控制要求灵活，可以设置多种灯光显示方式，系统在设计的过程中不设起动/停止按钮，只要 PLC 运行便开始执行多种灯光模式。本任务作为演示性实验，不要求自己设计程序，但是要将所学的 PLC 指令加以理解，学习应用，能够熟练地录入 PLC 实验程序并调试完成，根据后面的操作要求观察实验现象。

2. I/O 资源分配

铁塔之光的 I/O 分配表见表 1-7。

表 1-7 铁塔之光的 I/O 分配表

I/O 口	说明	I/O 口	说明
Y1	彩灯 L1	Y14	七段译码管 A
Y2	彩灯 L2	Y15	七段译码管 B
Y3	彩灯 L3	Y16	七段译码管 C
Y4	彩灯 L4	Y17	七段译码管 D
Y5	彩灯 L5	Y20	七段译码管 E
Y6	彩灯 L6	Y21	七段译码管 F
Y7	彩灯 L7	Y22	七段译码管 G
Y10	彩灯 L8		
Y11	彩灯 L9		

3. I/O 接线图设计

铁塔之光的 I/O 接线图如图 1-39 所示。

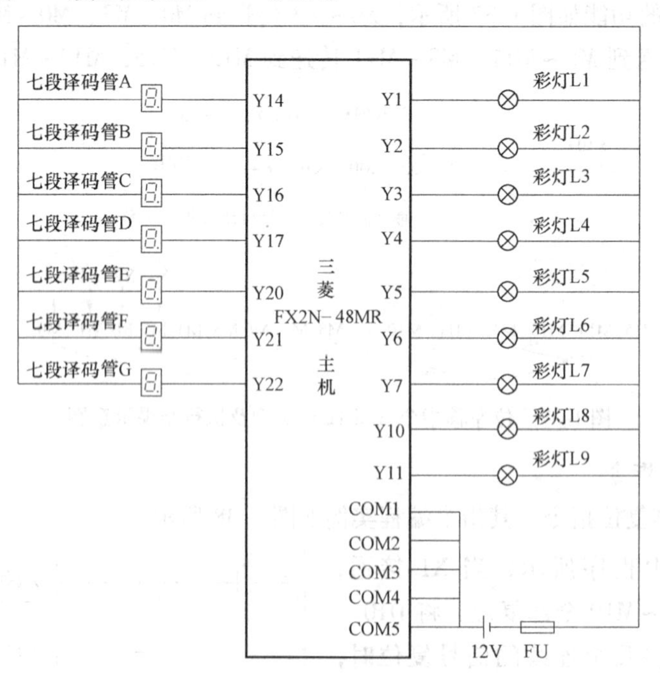

图 1-39 铁塔之光的 I/O 接线图

4. 实训设备外部接线图

该任务的实训设备外部接线图如图 1-40 所示。

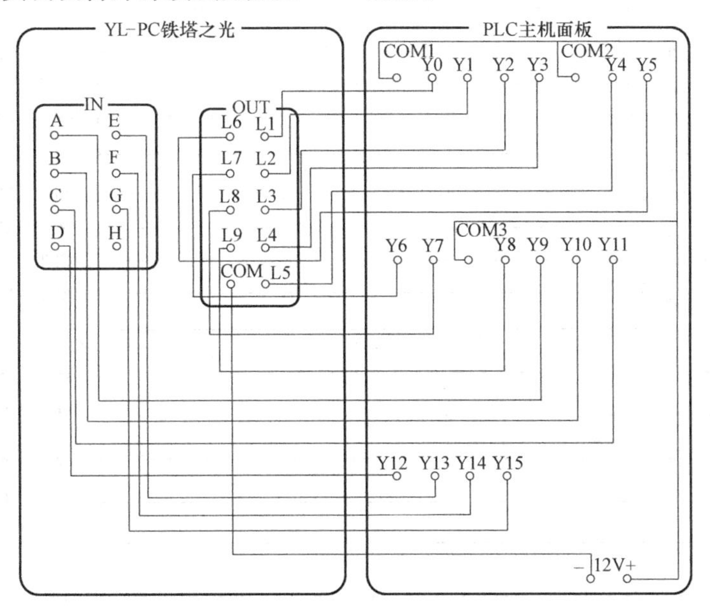

图 1-40　铁塔之光接线图

注：由于亚龙设备上的印刷编号与 PLC 实际编号不一致，图中编号未与文中统一，以方便读者对照。

将电源置于关状态，严格按图 1-40 所示接线，注意 12V 电源的正负极不要接反，电路不要短路，否则会损坏 PLC 的触点。

5. PLC 应用程序的编写

铁塔之光实验参考程序如图 1-41 所示。

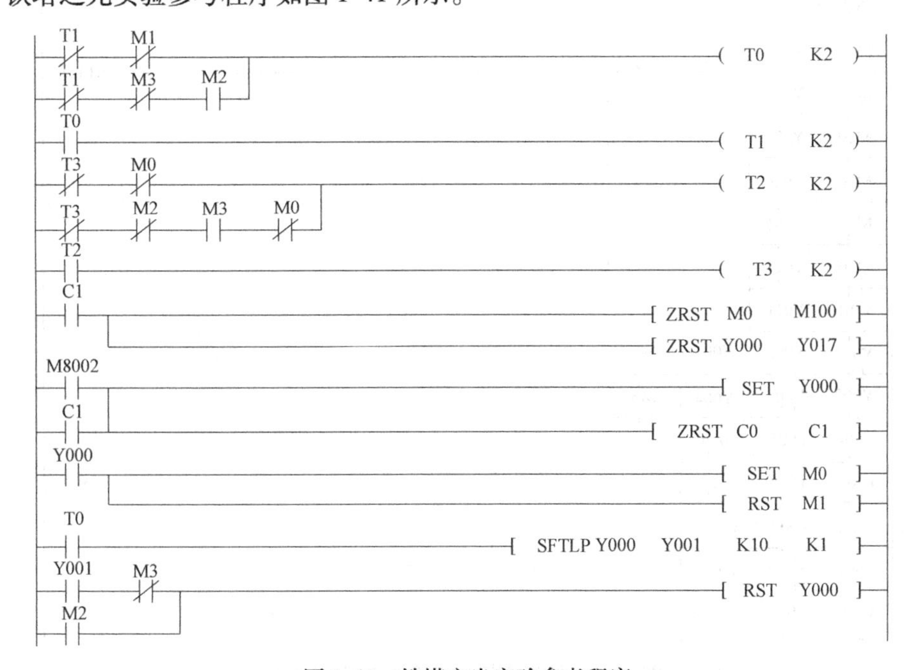

图 1-41　铁塔之光实验参考程序

T2 — [SFTRP Y012 Y000 K10 K1]
Y012 Y011 — (M4)
Y012 M4 — [SET M1] [RST M0]
Y011 M3 — [RST Y012]
M1 — (C0 D0)
C0 M0 — [SET M2] [RST M3]
C0 M1 — [SET M3] [RST M2]
C0 M3 — (C1 D1)
T5 — (T4 K2)
T4 — (T5 K2)
T7 — (T6 K3)
T6 — (T7 K3)
T9 — (T8 K3)
T8 — (T9 K2)
T4 — [MOV K1 D0] [MOV K3 D1]
T6 — [MOV K2 D0] [MOV K3 D1]
T8 — [MOV K1 D0] [MOV K2 D1]
M0, M1 — (M10)
M10 Y002; M10 Y003; M10 Y005; M10 Y006; M10 Y007; M10 Y010; M10 Y011 — M2 M3 — (Y014)
Y001 Y002 Y003; Y002 Y003 Y004; Y004 Y005 Y006; Y005 Y006 Y007; Y006 Y007 Y010; Y007 Y010 Y011; Y010 Y011 — M2, M3

图 1-41　铁塔之光实验参考程序（续）

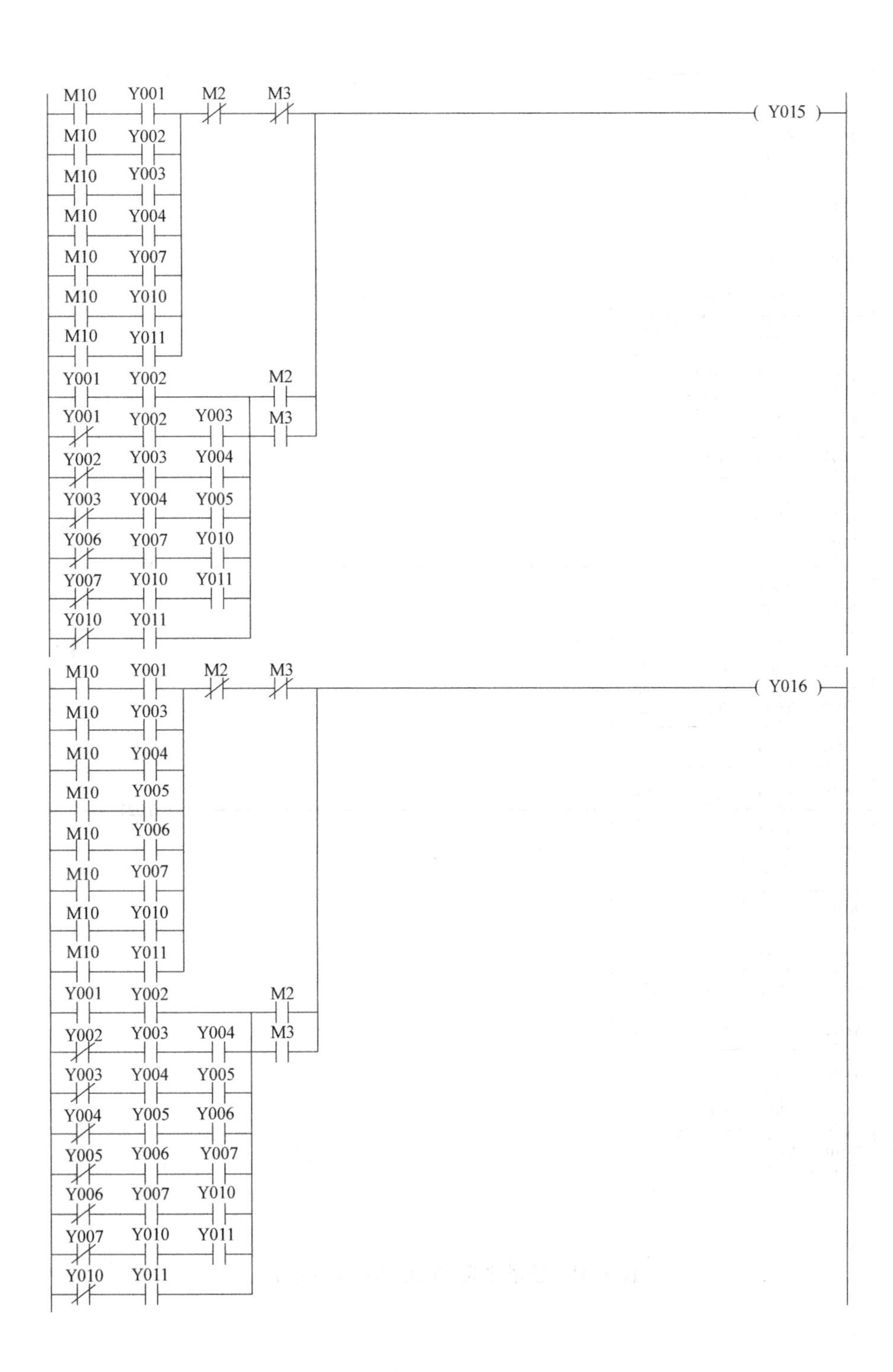

图 1-41　铁塔之光实验参考程序（续）

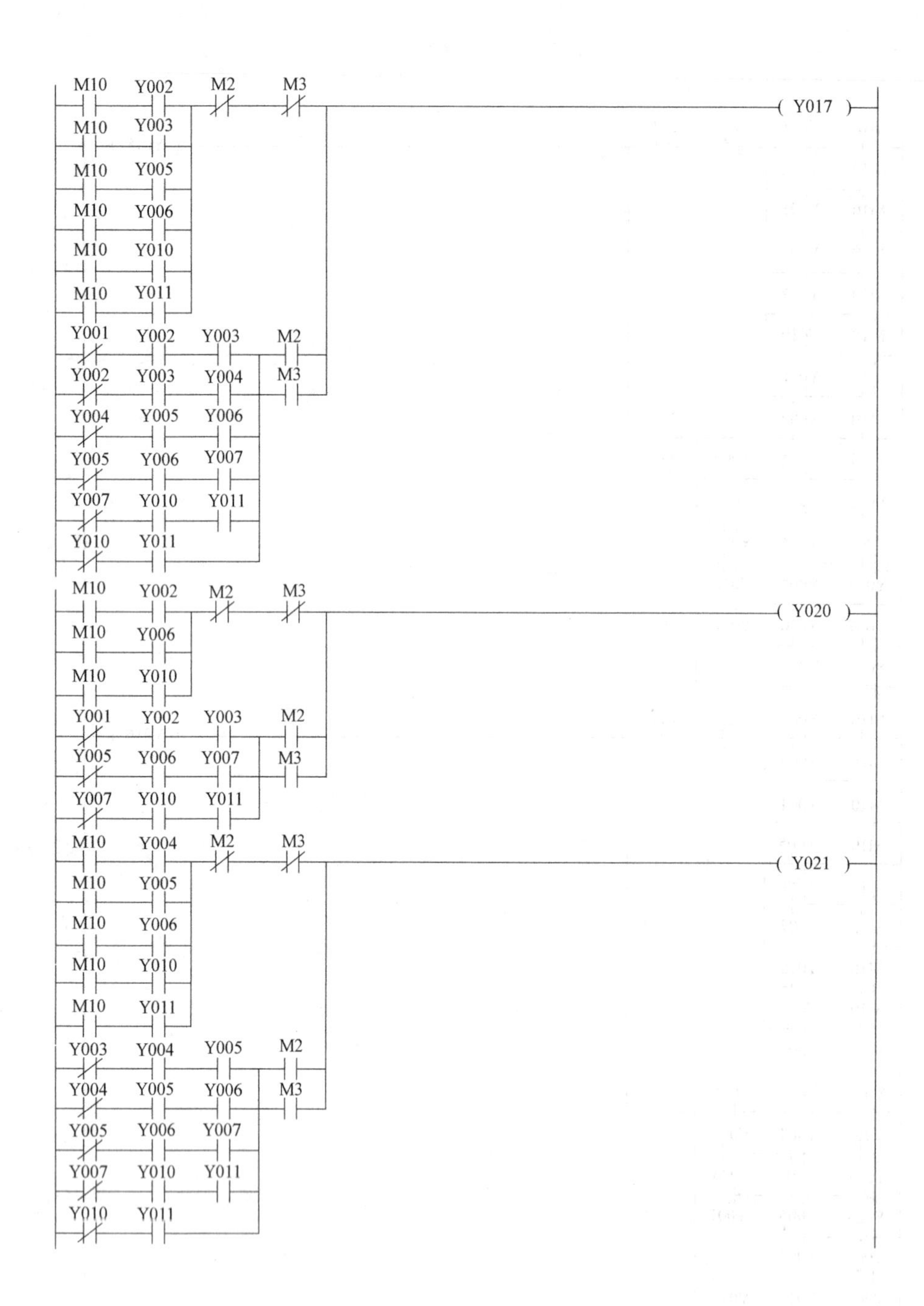

图 1-41　铁塔之光实验参考程序（续）

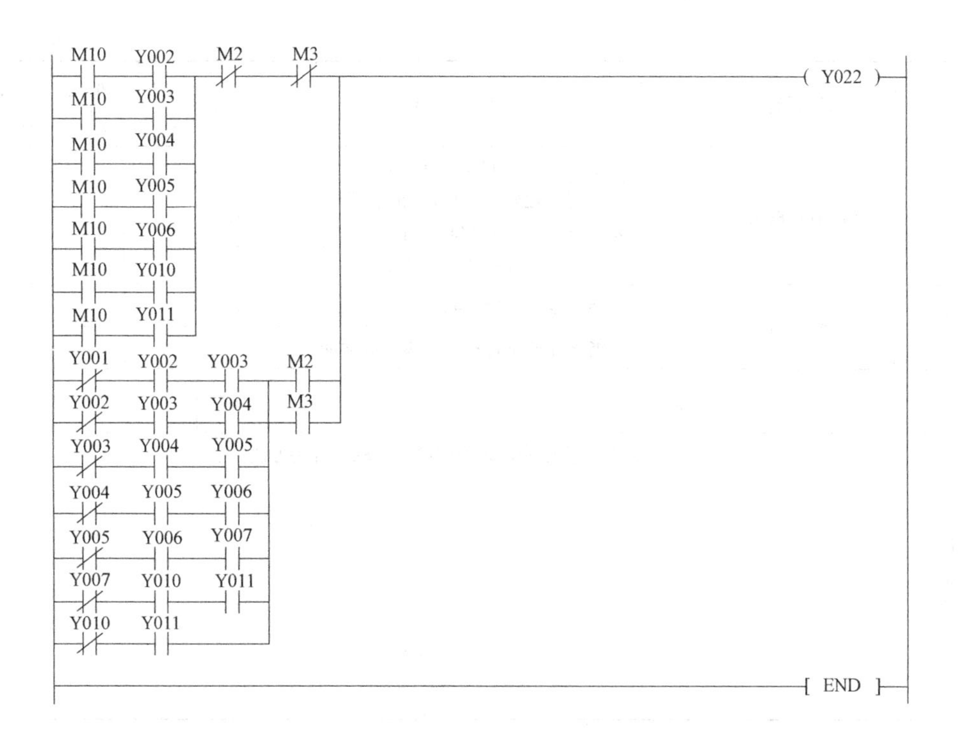

图 1-41　铁塔之光实验参考程序（续）

认真录入图 1-41 所示梯形图程序，将电源置于开状态，PLC 置于 STOP 状态，用计算机或编程器将总程序输入 PLC，输好程序后将 PLC 置于 RUN 状态。

6. 系统整机调试

接通 X24、X25、X26、X27㊀，PLC 开始运行，灯光自动开始显示，有时每次一只灯点亮，向上或向下；有时从底层从下向上依次点亮，然后又从上向下依次熄灭。

考核评价

序号	评价指标	评价内容	分值	学生自评	小组评分	教师评分
1	系统资源分配	能够合理的分配 PLC 内部资源	10			
2	实验电路设计与连接	电路设计正确	10			
		能正确进行电路设计及连接	10			
		电路的连接符合工艺要求	10			
3	PLC 内部资源及基本指令的掌握	能够理解各内部资源的功能	5			
		掌握本任务中用到的指令应用	5			
		能够选择合理的指令进行编程	10			

㊀ 此处提到的控制信号是亚龙设备提供的工作信号，操作后设备正常工作，但本项目中不在设计范围内，不参与系统功能控制。

（续）

序号	评价指标	评价内容	分值	学生自评	小组评分	教师评分
4	PLC 程序的编写	掌握时序法 PLC 程序设计	5			
		掌握编程软件的使用，能够根据控制要求设计完整的 PLC 程序	15			
		能够完成程序的下载调试	5			
5	整机调试	能够根据实验步骤完成工作任务	10			
		能够在调试过程中完善系统功能	5			
总分			100			
问题记录和解决方法	记录任务实施中出现的问题和采取的解决方法					

任务二 交通灯控制

任务描述

交通灯控制采用 PLC 控制，与传统的采用电子电路或继电器-接触器控制相比具有可靠性高、维护方便、使用简单、通用性强等特点。PLC 还可以联成网络，通过实测各十字路口之间的距离、车流量和车速等，合理确定各路口信号灯之间的时差，把多台 PLC 联网到一台控制计算机上，以方便操作、管理和监控，从而极大地提高城市道路交通管理能力。

本任务的主要工作就是采用不同的方法进行交通灯控制程序的编写，实现一个路口交通灯（见图 1-42）的控制功能。

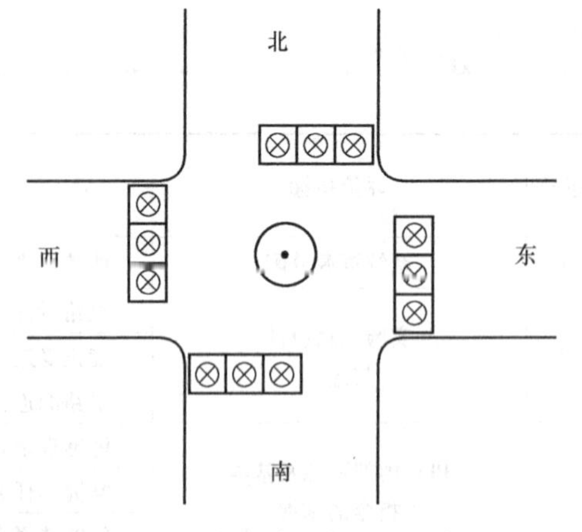

图 1-42 十字路口交通灯示意图

交通灯控制要求：

开关合上后，南北绿灯亮 4s 后闪 2s 灭；黄灯亮 2s 灭；红灯亮 8s 后，绿灯又亮；……，循环。与此同时东西红灯亮 8s，接着绿灯亮 4s 后闪 2s 灭；黄灯亮 2s 后，红灯又亮；……，循环。

相关知识

1. 特殊功能辅助继电器的用法

PLC内部有系统定义的大量的特殊功能辅助继电器（简称特殊继电器），不同型号的PLC其内部的特殊继电器也不完全相同。这些特殊继电器的范围、表示方法及功能详见各PLC的操作手册。下面列举几个常用特殊继电器。

M8000：运行监视器（在PLC运行中一直接通）；

M8001：与M8000相反逻辑；

M8002：初始脉冲（仅在运行开始时瞬间接通）；

M8003：与M8002相反逻辑。

M8011、M8012、M8013和M8014分别是产生10ms、100ms、1s和1min时钟脉冲的特殊继电器，如PLC运行后使指示灯Y2实现周期为1s的闪烁的程序如图1-43所示。

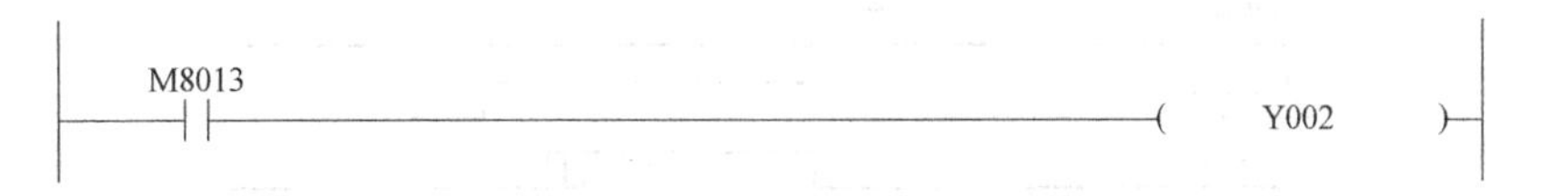

图1-43　1s周期闪烁程序实例

因为M8013是特殊继电器，它不需要输出线圈，它的常开触点在PLC上电后就会以1s的周期通断，因此Y2也会以1s的周期通断。

M8034：输出全部禁止。

系统内部的特殊继电器用户只能调用，不能对其进行修改，同时也不能够使用系统没有定义的特殊继电器。

2. PLC程序设计中定时控制程序的编写方法

图1-44所示为定时器控制的梯形图程序示意图，图中操作数使用符号地址。

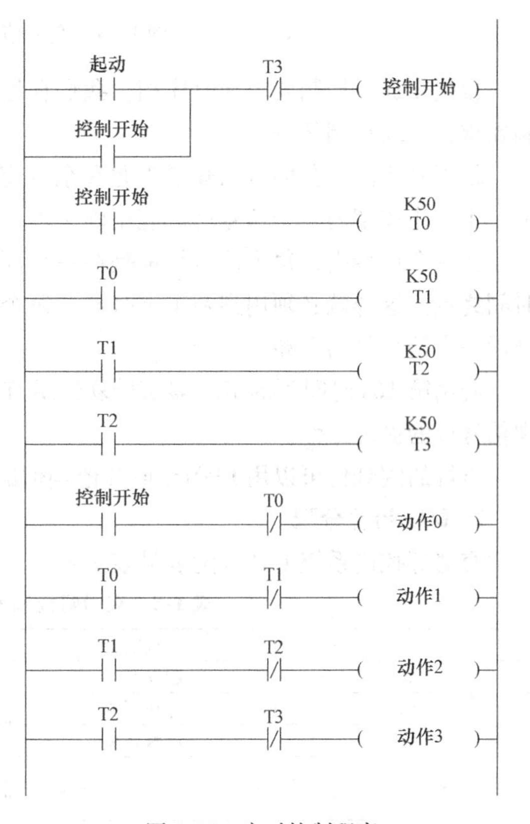

图1-44　定时控制程序

从图1-44可知，电路起动后，“控制开始”为ON。先是定时器T0开始计时；T0计时时间到，其常开触点ON，进而定时器T1开始计时；T1计时时间到，其常开触点ON，进而定时器T2开始计时；T2计时时间也到，其常开触点ON，进而定时器T3开始计时；……

随着这一系列定时器相继工作，将分出很多时间段，即可根据需要产生相应的动作。如本例："动作 0"出现时间段 1（从"控制开始"ON，直至 T0 计时时间到）；"动作 1"出现时间段 1（从 T1 计时开始，直至 T1 计时时间到）等。这里"动作"也可不这样对应，有的动作还可在多个时间段出现，这些完全依实际需要决定。这里的实质是各个动作都是按时间的推进逐步出现的，是由时间信号控制的。

任务实施

1. 控制要求分析

交通信号灯点亮的时序图如图 1-45 所示，本时序图是按灯置 1 与置 0 两种状态绘制的，置 1 表示灯点亮。一个周期内 6 只信号灯灭的时间均已标在图中。灯在控制开关打开后是依周期不断循环的。

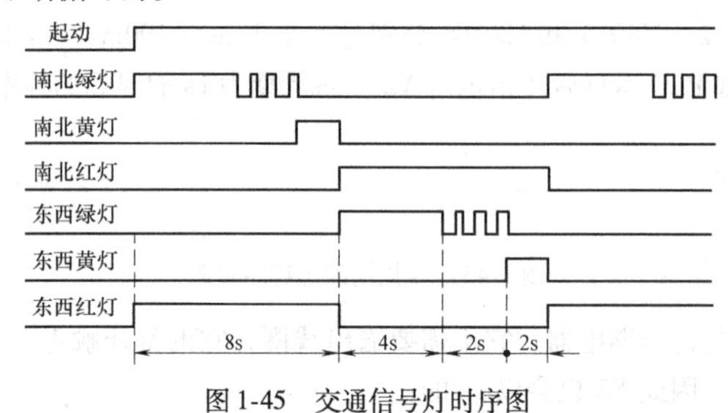

图 1-45　交通信号灯时序图

根据交通灯控制要求和时序图，我们在编写控制程序时可以按以下的步骤来分解控制要求，实现控制任务。

根据时序图，我们可以知道南北和东西交通灯的工作周期都是 16s，所以首先要保证一个工作周期内各个信号灯都能正确工作，然后才能考虑循环的问题。

在一个周期内，每个信号灯都是在一个固定时间段内工作，都有固定的时间起点和时间终点。这样就必须用到两个定时器。每个定时器可以控制前一个信号灯的熄灭并控制后一个信号灯的点亮。

利用第 16s 时间到的定时器信号复位所有定时器（包括这个定时器本身），就能实现信号灯的循环工作。

黄灯的闪烁仍可以用 R901C 或其他类似的特殊继电器来控制实现。

2. I/O 资源分配

交通灯控制系统 I/O 分配表见表 1-8。

表 1-8　交通灯控制系统 I/O 分配表

I/O 口	说明	I/O 口	说明
X0	起动开关	Y0	东西红灯
X1	停止开关	Y1	东西绿灯
X2	屏蔽开关	Y2	东西黄灯
		Y3	南北红灯
		Y4	南北绿灯
		Y5	南北黄灯

3. I/O 接线图设计

交通灯控制系统的 I/O 接线图如图 1-46 所示：

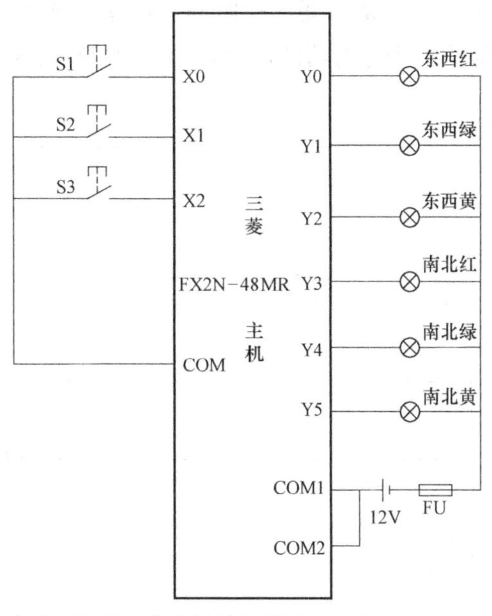

图 1-46　交通灯控制的 I/O 接线图

4. 实训设备外部接线图

交通灯控制的实训外部接线图如图 1-47 所示。将电源置于关状态，严格按图 1-47 所示接线，注意 12V 电源的正负极不要接反，电路不要短路，否则会损坏 PLC 触点。

先将 PLC 的电源线插进 PLC 正面的电源孔中，再将另一端插到 220V 电源插板。

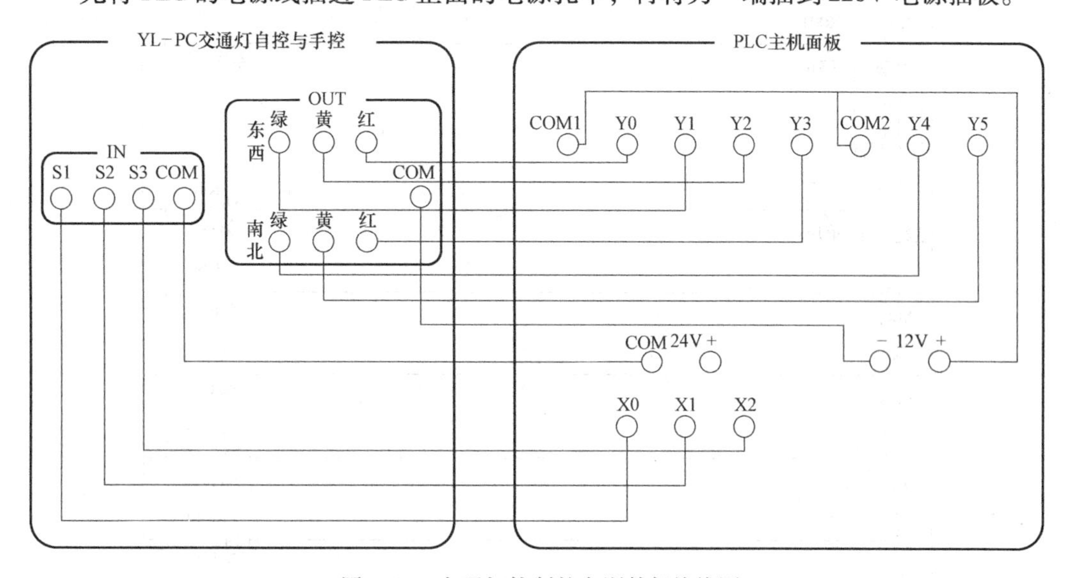

图 1-47　交通灯控制的实训外部接线图

5. PLC 应用程序的编写

1）根据控制要求分析中的内容，将交通灯控制分为多个时间状态，不同的时间段里执行不同的功能，因此可以采用图 1-48 和图 1-49 两种方法通过定时器来计时，将系统的运行过程划分为多个时间段。第一种以每个工作周期开始为所有定时器计时的起点进行计时；第二种是利用前一个定时器计时时间到的信号作为下一个定时器计时的起点。两种方法都可以用最后一个定时器的信号来让所有定时器复位来产生循环。

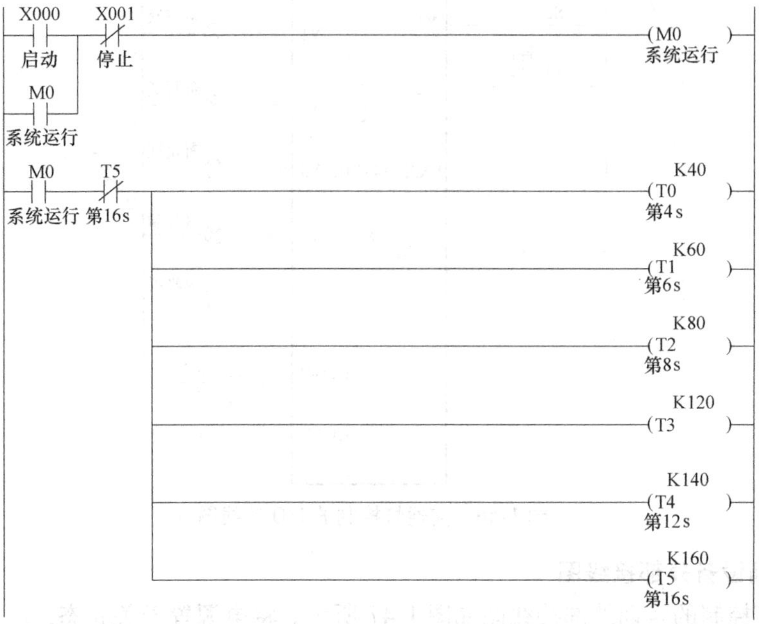

图 1-48　同一起点定时器设置方法

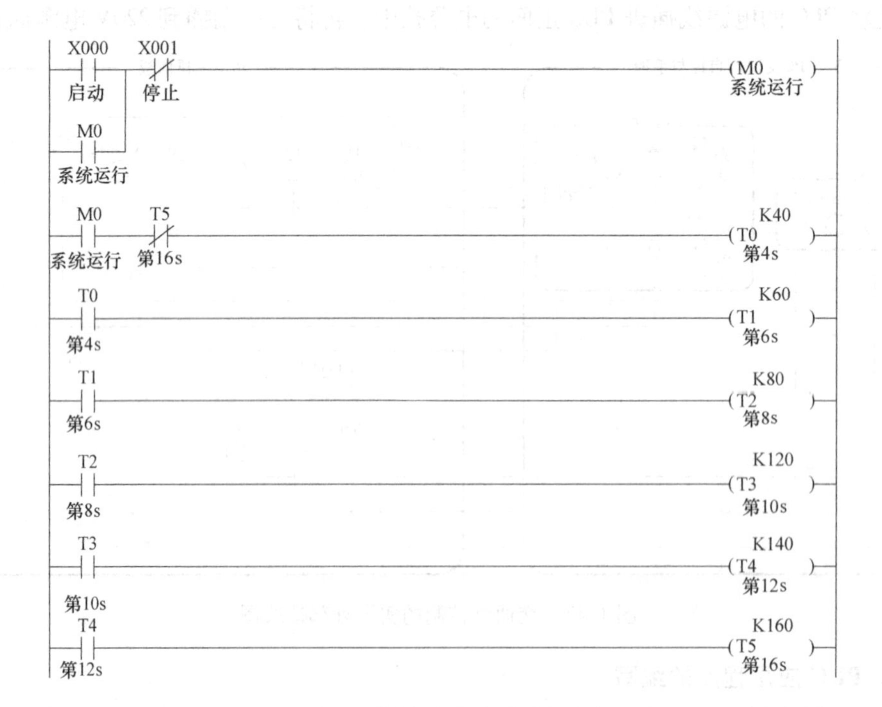

图 1-49　不同起点定时器设置方法

2）在完成定时器的设置后，就可以采用图1-50所示南北绿灯控制程序的编写方法来完成其他各灯输出控制程序的编写。

图1-50 交通灯系统各灯输出控制参考程序

3）根据系统控制要求及已经给出的系统分析与提示编写PLC程序，这里不再给出参考程序。整机程序编写完成后将电源置于打开状态，PLC置于STOP状态，用计算机或编程器将总程序输入PLC，输好程序后将PLC置于RUN状态。

6. 系统整机调试

接通X25㊀，PLC运行后，实训操作过程如下：

1）将启动开关S1先拨上再拨下，观察交通灯的变化。

2）拨上屏蔽开关S3，观察灯的变化，拨下S3，观察灯的变化。

3）拨上停止开关S2，观察灯的变化，拨下S2，观察灯的变化。

4）比较开关S2与S3的作用：S2使灯永远熄灭，S3使灯暂时熄灭。

考核评价

序号	评价指标	评价内容	分值	学生自评	小组评分	教师评分
1	系统资源分配	能够合理的分配PLC内部资源	10			
2	实验电路设计与连接	电路设计正确	10			
		能正确进行电路设计及连接	10			
		电路的连接符合工艺要求	10			
3	PLC内部资源及基本指令的掌握	能够理解各内部资源的功能	5			
		掌握本任务中用到的指令应用	5			
		能够选择合理的指令进行编程	10			
4	PLC程序的编写	掌握时序法PLC程序设计	5			
		掌握编程软件的使用，能够根据控制要求设计完整的PLC程序	15			
		能够完成程序的下载调试	5			
5	整机调试	能够根据实验步骤完成工作任务	10			
		能够在调试过程中完善系统功能	5			
总分			100			

㊀ 此处提到的控制信号是亚龙设备提供的工作信号，操作后设备正常工作，但本项目中不在设计范围内，不参与系统功能控制。

（续）

问题记录和解决方法	记录任务实施中出现的问题和采取的解决方法

项目二
位置控制的实现

学习目标

1. 掌握本项目涉及的三菱 FX2N 系列 PLC 的各软元件的功能、用法。
2. 掌握本项目涉及的三菱 FX2N 系列 PLC 指令的应用。
3. 掌握多输入量、多输出量及比较复杂的逻辑关系的程序设计。
4. 掌握 PLC 位置控制系统的设计方法。
5. 完成自动送料装车控制系统的设计。
6. 完成自控轧钢机控制系统的设计。

项目概述

本项目包含两个任务，分别是自动送料装车控制系统设计和自控轧钢机控制系统设计，这两个系统是非常典型的工业控制系统，都以位置控制为主要功能。

本项目的两个任务都是按照预定的受控执行机构动作顺序及相应的转步条件，一步一步进行的自动控制系统，属于动作顺序不变或相对固定的生产机械。这种控制系统的转步主令信号大多数是行程开关（包括有触点或无触点行程开关、光电开关、干簧管开关、霍尔元件开关等位置检测开关），有时也采用压力继电器、时间继电器之类的信号转换元件作为某些步的转步主令信号。

为了使顺序控制系统工作可靠，通常采用步进式顺序控制电路结构。所谓步进式顺序控制，是指控制系统的任一程序步（以下简称步）的得电必须以前一步得电并且本步的转步主令信号已发出为条件。对生产机械而言，受控设备任一步的机械动作是否执行，取决于控制系统前一步是否已有输出信号及其受控机械动作是否已完成。若前一步的动作未完成，则后一步的动作无法执行。这种控制系统的互锁严密，即便转步主令信号元件失灵或出现误操作，也不会导致动作顺序错乱。

任务一　自动送料装车控制系统

任务描述

自动送料装车控制系统控制要求：

如图 2-1 所示，初始状态时，红灯 L2 灭，绿灯 L1 亮，表示允许汽车进来装料。料斗 K2，电动机 M1、M2、M3 皆为 OFF。

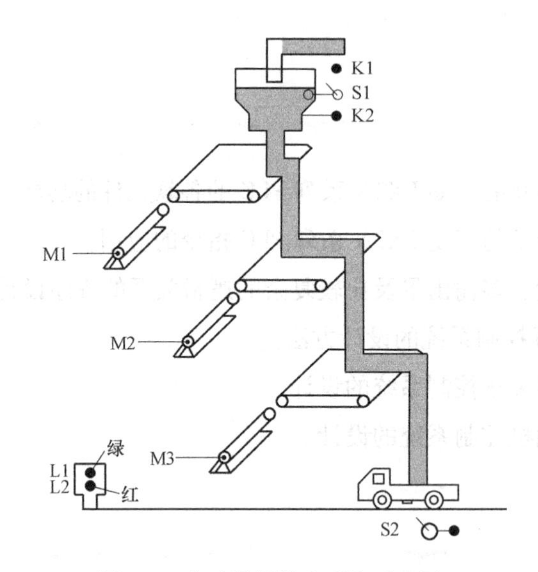

图 2-1　自动送料装车系统示意图

当汽车到来时（用 S2 开关接通表示），L2 亮，L1 灭，M3 运行，M2 在 M3 起动 2s 后运行，M1 在 M2 起动 2s 后运行，延时 2s 后，料斗 K2 打开出料。当汽车装满后（用 S2 断开表示），料斗 K2 关闭，M1 延时 2s 后停止，M2 在 M1 停 2s 后停止，M3 在 M2 停 2s 后停止。L1 亮，L2 灭，表示汽车可以开走。S1 是料斗中料位检测开关，其闭合表示料满，K2 可以打开；S1 分断时，表示料斗内未满，K1 打开，K2 不打开。

相关知识

1. 脉冲上升沿指令、下降沿指令

上升沿指令（LDP）是进行上升沿检出的触点指令，仅在指定的位元件的上升沿时（OFF→ON 变化时）接通一个扫描周期。

下降沿指令（LDF）是进行下降沿检出的触点指令，仅在指定的位元件的下降沿时（ON→OFF 变化时）接通一个扫描周期。

如图 2-2 所示，X1 的信号波形的一个周期由 1、2、3、4 四个状态组成。

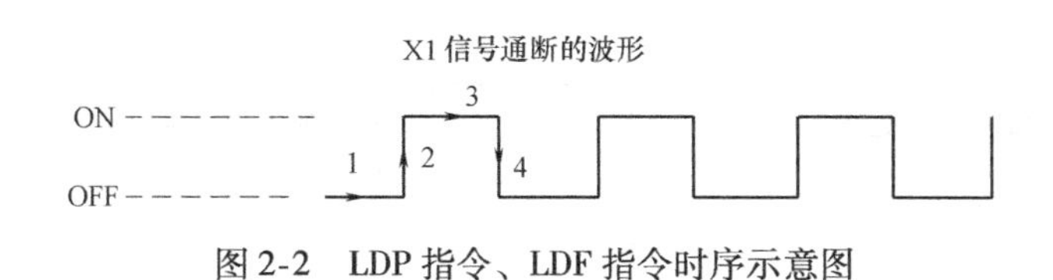

图 2-2　LDP 指令、LDF 指令时序示意图

状态 1 为断开状态；

状态 2 为接通的瞬时状态——即由断开到接通的瞬间；

状态 3 为接通状态；

状态 4 为断开的瞬时状态——即由接通到断开的瞬间。

状态 2 是由断开到接通的瞬间，称为脉冲上升沿，图 2-3 为 LDP 指令应用程序。

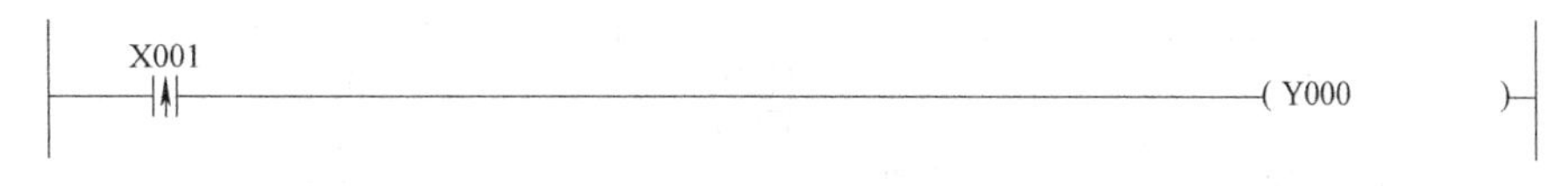

图 2-3　LDP 指令应用程序

图 2-3 中触点上升沿指令为“LDP X001”，此条件只有当 X1 由断开到接通的瞬间（也就是图 2-2 中的过程 2 这个状态时）才会接通，并且只接通一个扫描周期，其他时刻都不会接通。

状态 4 是接通到断开的瞬间，称为脉冲下降沿，图 2-4 为 LDF 指令应用程序。

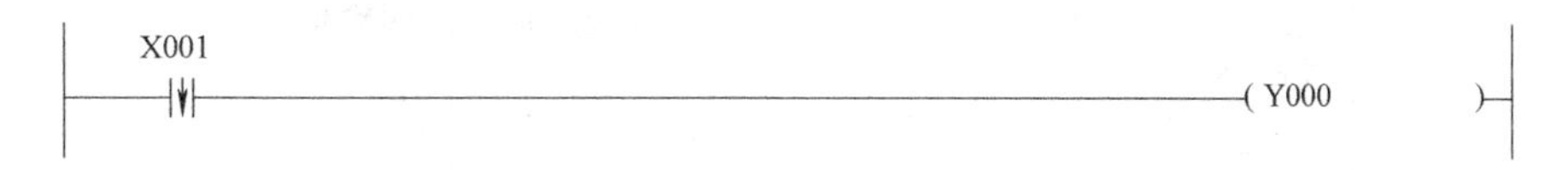

图 2-4　LDF 指令应用程序

图 2-4 中触点下降沿指令为“LDF X001”，此条件只有当 X1 由接通到断开的瞬间（也就是图 2-2 中的过程 4 这个状态时）才会接通，并且只接通一个扫描周期，其他时刻都不会接通。

［**例 2-1**］　如图 2-5 所示，物体原始位置在 A 点，按下起动按钮 X10，物体由 A 点运动到 B 点，当物体到达 B 点后，指示灯 Y0 亮 5s 后停止，当指示灯灭后，按下停止按钮，物体由 B 点运动到 C 点。

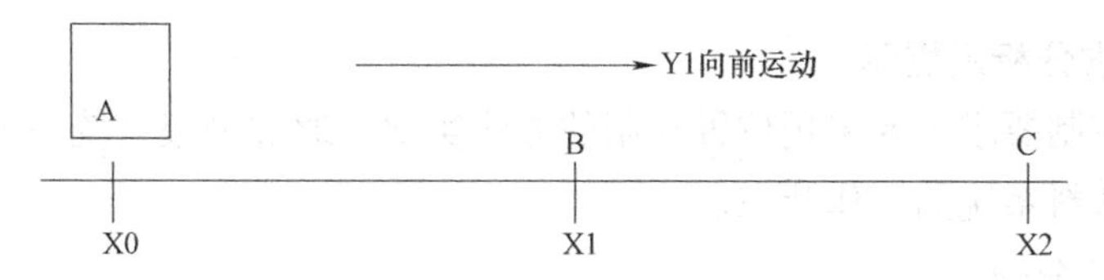

图 2-5　例题示意图

根据控制要求，编写参考程序如图 2-6 所示。

当位置开关 X1 检测到信号表示物体第一次向前运行到达 B 点，这时要延时让指示灯亮 5s，因为指示灯亮 5s 后物体仍然在 B 点，如果 X1 仍然接通则灯又会亮，那么就不对了。因此，在此程序中不能直接用 X1 的常开触点，而要用 LDP 指令。

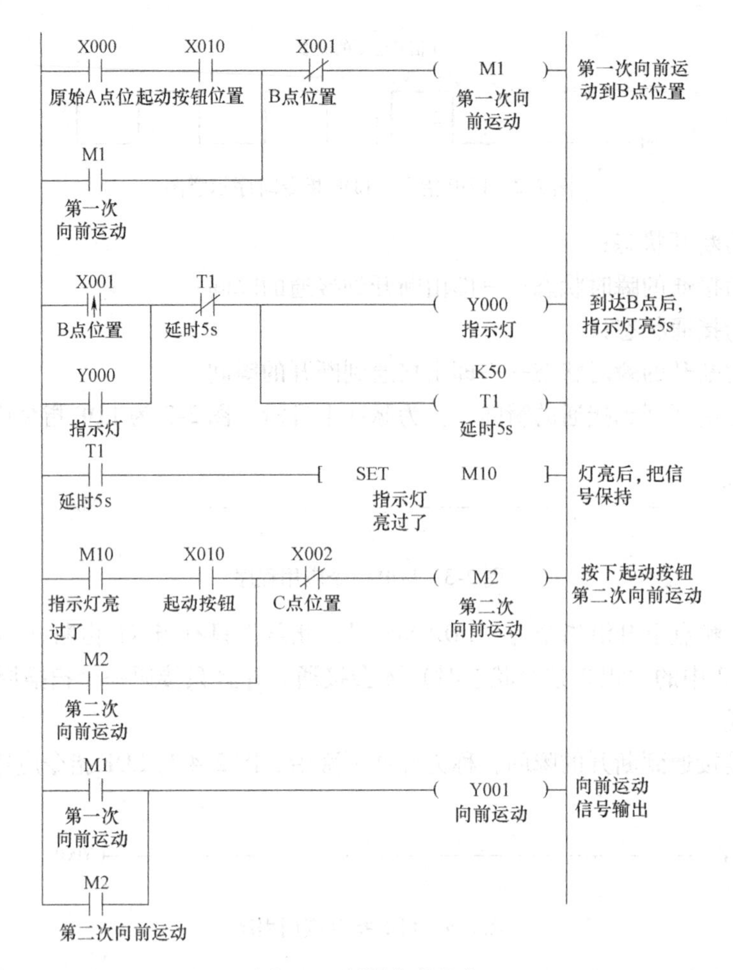

图2-6　例题参考程序

2. SET、RST指令巩固应用

请参考项目一中任务一的相关内容。

任务实施

1. 控制要求分析及提示

本任务的控制要求主要采用位置控制的方法实现，通过采集系统各关键点的位置开关信号来判断送料系统的工作状态。

2. I/O资源分配

自动送料装车系统的I/O分配表见表2-1。

3. I/O接线图设计

自动送料装车系统的I/O接线图如图2-7所示。

4. 实训设备外部接线图

自动送料装车系统的实训设备外部接线图如图2-8所示。

表 2-1　自动送料装车系统的 I/O 分配表

I/O 口	说明	I/O 口	说明
X0	漏斗上限位开关 S1	Y0	送料 K1
X1	位置检测开关 S2	Y1	料斗 K2
		Y2	电动机 M1
		Y3	电动机 M2
		Y4	电动机 M3
		Y5	绿灯 L1
		Y6	红灯 L2

将电源置于关状态，严格按图 2-8 所示接线，注意 12V 电源的正负不要短接，电路不要短路，否则会损坏 PLC 的触点。

先将 PLC 的电源线插进 PLC 正面的电源孔中，再将另一端插到 220V 电源插板。

5. PLC 应用程序的编写

通过对系统控制进行分析，将系统主要工作过程分为以下一些工作状态：

初始状态/绿灯亮——红灯亮/M3运行——M2 运行——M1 运行——进料/料斗开关控制——料斗开关关闭——M1 停止——M2

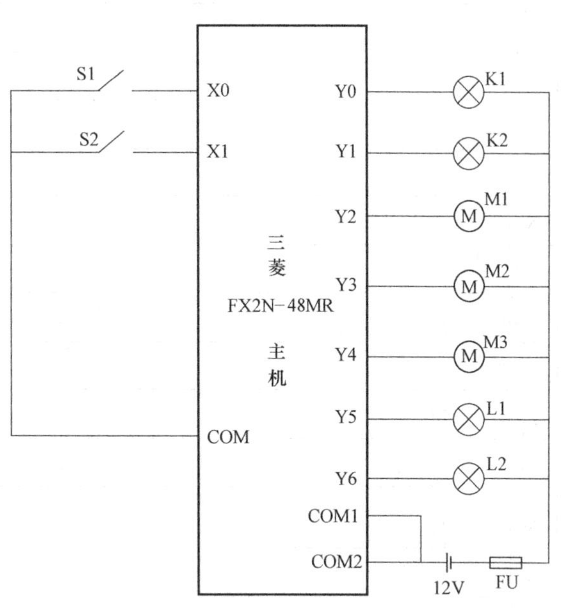

图 2-7　自动送料装车系统的 I/O 接线图

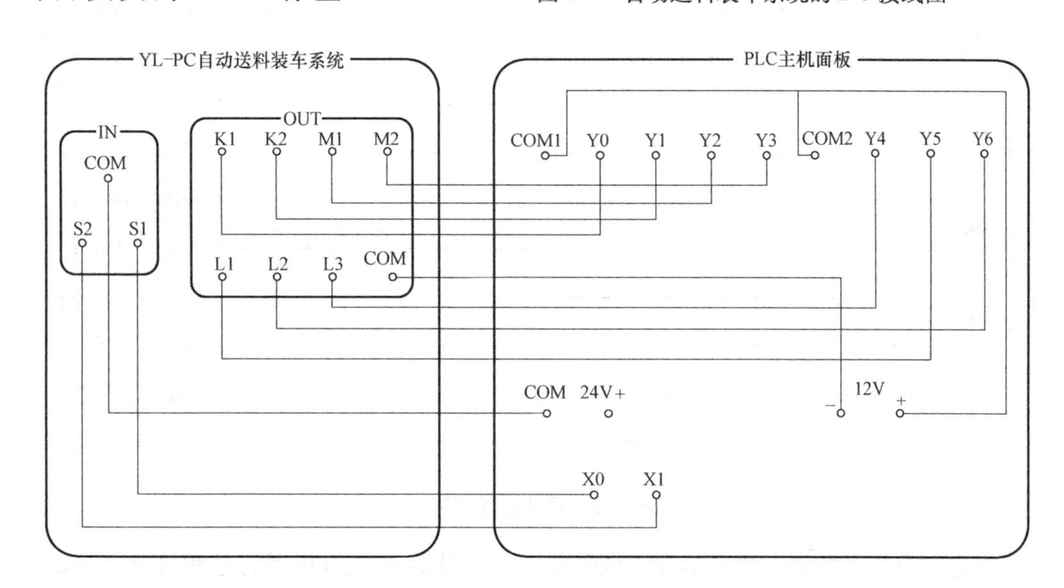

图 2-8　自动送料装车接线图

停止——M3 停止、绿灯亮、红灯熄灭 2s 后返回初始状态。

实现系统 PLC 程序可以采用两种方法：一种是步进指令编程，另一种采用基本指令编程，为了更好的结合已经学习的 PLC 指令，巩固前面的学习效果，这里选择基本指令编写系统程序，系统参考程序如图 2-9 所示。

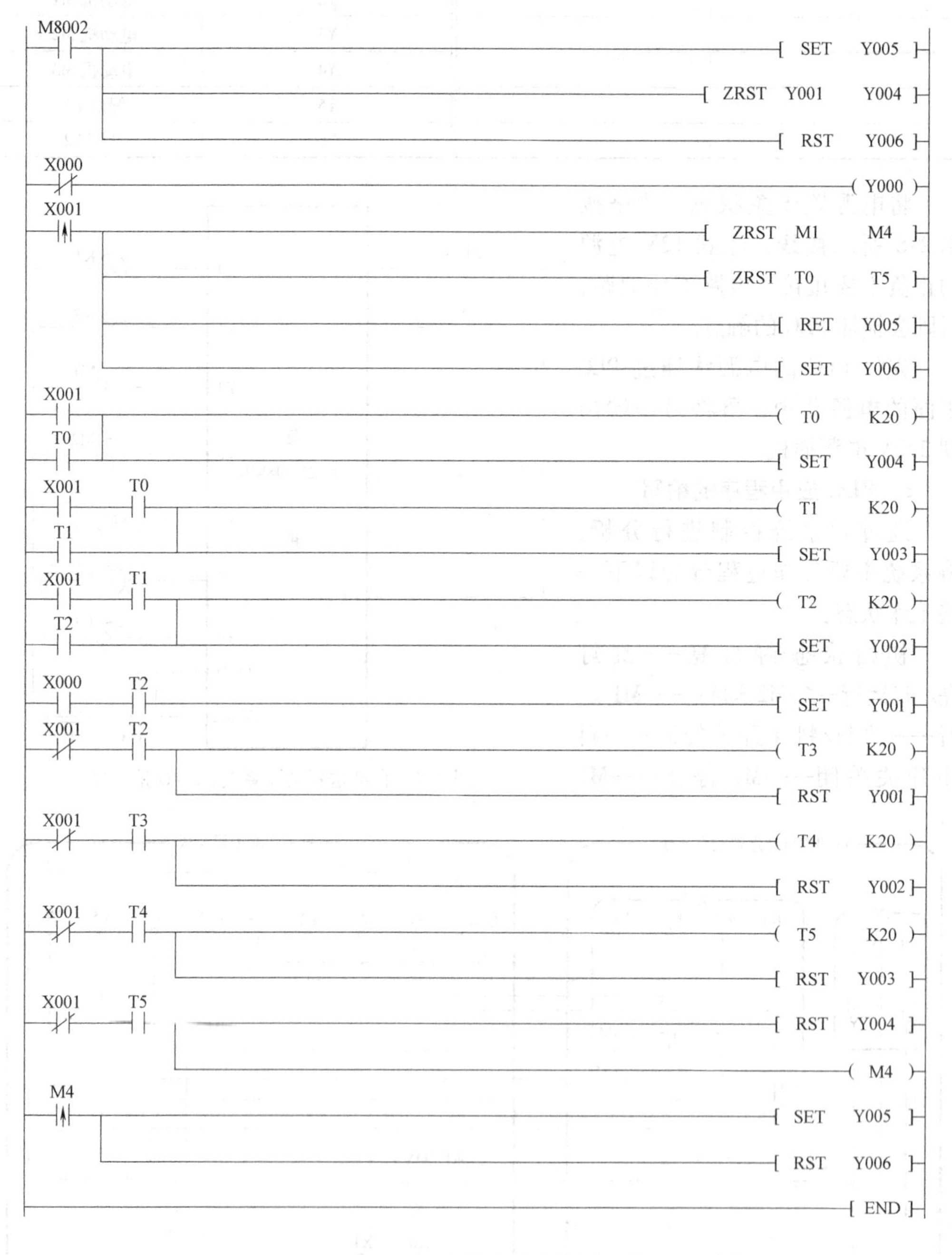

图 2-9 系统参考程序

将电源置于开状态，PLC 置于 STOP 状态，用计算机或编程器将总程序输入 PLC，输好程序后将 PLC 置于 RUN 状态。

6. 系统整机调试

接通 X24、X25，PLC 运行后，按照下列步骤进行实训操作：

1）系统运行后，L1 绿灯亮，K1 红灯亮。

2）拨上 S2，L2 红灯亮，M3、M2、M1 指示灯依次点亮。

3）拨上 S1，K1 灭，K2 亮。

4）拨下 S2，M1、M2、M3 指示灯依次灭，L1 亮，K1 红灯亮，恢复到 1)。

达到上述自动送料装车系统工作要求后，请增加车辆计数功能，自行设计控制要求并完成调试。

考核评价

序号	评价指标	评价内容	分值	学生自评	小组评分	教师评分
1	系统资源分配	能够合理的分配 PLC 内部资源	10			
2	实验电路设计与连接	电路设计正确	10			
		能正确进行电路设计及连接	10			
		电路的连接符合工艺要求	10			
3	PLC 内部资源及基本指令的掌握	能够理解各内部资源的功能	5			
		掌握本任务中用到的指令应用	5			
		能够选择合理的指令进行编程	10			
4	PLC 程序的编写	掌握位置控制 PLC 程序设计方法	5			
		掌握编程软件的使用，能够根据控制要求设计完整的 PLC 程序	15			
		能够完成程序的下载调试	5			
5	整机调试	能够根据实验步骤完成工作任务	10			
		能够在调试过程中完善系统功能	5			
总分			100			
问题记录和解决方法	记录任务实施中出现的问题和采取的解决方法					

任务二 自控轧钢机控制系统

任务描述

自控轧钢机控制系统控制要求：

如图2-10所示，拨动起动开关，电动机M1、M2运行，Y0给出向下的轧压量。用开关S1模拟传感器，当传送带上面有钢板时S1为ON。则电动机M3正转，钢板轧过后，S1的信号消失（为OFF），检测传送带上面钢板到位的传感器S2有信号（为ON），表示钢板到位，电磁阀Y2动作，M3反转，将钢板推回，Y1给出较Y0更大的轧压量，S2信号消失，S1有信号，M3正转。当S1的信号消失，仍重复上述动作，完成三次轧压。当第三次轧压完成后，S2有信号，则停机，可以重新起动。

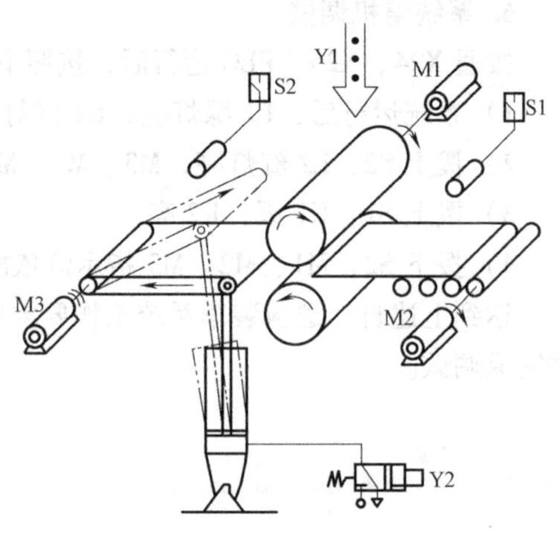

图2-10　自控轧钢机系统示意图

单元板移位寄存/显示电路原理如图2-11所示。

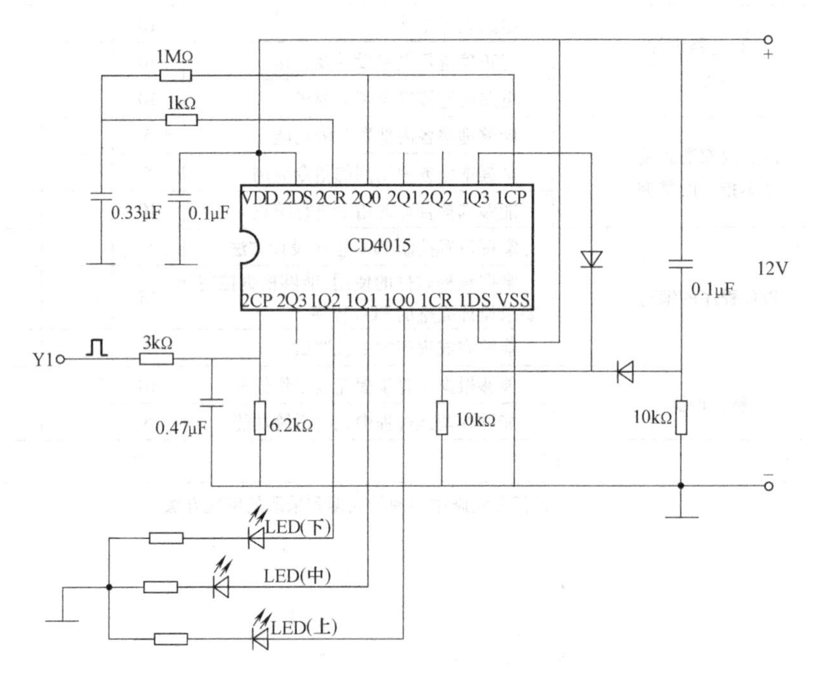

图2-11　移位寄存/显示电路原理

CD4015集成电路是双4位移位寄存器，其引出端功能为：1CP、2CP是时钟输入端，1CR、2CR是清零端，1DS、2DS是串行数据输入端，1Q0～1Q3、2Q0～2Q3是数据输出端，VDD是正电源，VSS是地。

该电路的时钟输入脉冲信号由PLC的Y1口提供，CD4015的输出端1Q0～1Q2分别驱动轧压量指示灯（三个发光二极管）。电路的工作原理是当脉冲加到2CP端，2Q0为高电平，其上升沿一方面为1CP提供脉冲前沿，同时经1CR端，又将2Q0清零（这样可以滤除PLC输出脉冲的干扰信号）。随后1Q0为高电平，驱动LED（上）亮。当

2CP 再接到脉冲时，1Q1 为高电平，驱动 LED（中）亮，1Q0 保持为高电平，如果 2CP 再接到脉冲时，1Q2 为高电平，驱动 LED（下）亮，1Q0、1Q1 保持为高电平。其移位过程可以依此类推，当 1Q3 为高电平时，经二极管使 1CP 清零，1Q0 ~ 1Q3 为低电平。该电路可以开机清零。

这里要注意自控轧钢机实验板的输出端 Y1 为一特殊设计的端子。它的功能是：开机后 Y1 旁箭头内的三个发光二极管均为 OFF；Y1 第一次接通后，最上面的发光二极管为 ON，表示轧钢机有一个压下量；Y1 第二次接通后，最上面和中间的发光二极管为 ON，表示轧钢机有两个压下量；Y1 第三次接通后，箭头内三个发光二极管都为 ON，表示轧钢机有三个压下量；当 Y1 第四次接通，Y1 旁箭头内的三个发光管均为 OFF，表示轧机复位；当 Y1 第五次接通，回到第一次，如此循环。

相关知识

2.1　轧机的基础知识介绍

（1）轧机　轧机是实现金属轧制过程的设备，泛指完成轧材生产全过程的装备，包括主要设备、辅助设备、起重运输和附属设备等。一般所说的轧机往往仅指主要设备，如图 2-12 所示。

图 2-12　轧机主要设备实物

（2）工业用轧机主要结构及其功能介绍　工业用轧机主要由轧辊、轧辊轴承、机架、轨座、轧辊调整装置、上轧辊平衡装置和换辊装置等组成。

1）轧辊：是使金属塑性变形的部件。

2）轧辊轴承：支承轧辊并保持轧辊在机架中的固定位置。轧辊轴承工作负荷重而变化大，因此要求轴承摩擦系数小，具有足够的强度和刚度，而且要便于更换。不同的轧机选用不同类型的轧辊轴承。滚动轴承的刚性大、摩擦系数较小，但承压能力较小，且外形尺寸较大，多用于板带轧机工作辊。滑动轴承有半干摩擦与液体摩擦两种。半干摩擦轧辊轴承主要是胶木、铜瓦、尼龙瓦轴承，比较便宜，多用于型材轧机和开坯机。液体摩擦轴承有动压、静压和静-动压三种，优点是摩擦系数比较小、承压能力较大、使用工作速度高、刚性好，缺点是油膜厚度随速度而变化。液体摩擦轴承多用于板带轧机支承辊和其他高速轧机。

3）机架：由两片“牌坊”组成以安装轧辊轴承座和轧辊调整装置，需有足够的强度和刚度承受轧制力。机架主要有闭式和开式两种。闭式机架是一个整体框架，具有较高的强度和刚度，主要用于轧制力较大的初轧机和板带轧机等。开式机架由机架本体和上盖两部分组成，便于换辊，主要用于横列式型材轧机。此外，还有无牌坊轧机。

4）轨座：用于安装机架，并固定在地基上，又称地脚板。承受工作机座的重力和倾翻力矩，同时确保工作机座安装尺寸的精度。

5）轧辊调整装置：用于调整辊缝，使轧件达到所要求的断面尺寸。上辊调整装置也称“压下装置”，有手动、电动和液压三种。手动压下装置多用在型材轧机和小的轧机上。电动压下装置包括电动机、减速机、制动器、压下螺钉、压下螺母、压下位置指示器、球面垫块和测压仪等部件，它的传动效率低，运动部分的转动惯性大，反应速度慢，调整精度低。20 世纪 70 年代以来，板带轧机采用厚度自动控制系统后，在新的带材冷、热轧机和厚板轧机上已采用液压压下装置，具有板材厚度偏差小和产品合格率高等优点。

6）上轧辊平衡装置：用于抬升上辊和防止轧件进出轧辊时受冲击的装置。形式有：弹簧式，多用在型材轧机上；重锤式，常用在轧辊移动量大的初轧机上；液压式，多用在四辊板带轧机上。为提高作业效率，要求轧机换辊迅速、方便。换辊方式有 C 形钩式、套筒式、小车式和整机架换辊式四种。用前两种方式换辊要靠吊车辅助操作，而整机架换辊需有两套机架，此法多用于小的轧机。小车换辊适合于大的轧机，有利于自动化。目前，轧机上均采用快速自动换辊装置，换一次轧辊只需 5 ~ 8min。

7）传动装置：由电动机、减速机、齿轮座和连接轴等组成。齿轮座将传动力矩分送到两个或几个轧辊上。辅助设备包括轧制过程中一系列辅助工序的设备，如原料准备、加热、翻钢、剪切、矫直、冷却、探伤、热处理、酸洗等设备。

8）起重运输设备：吊车、运输车、辊道和移送机等。

9）附属设备：有供配电、轧辊车磨，润滑，给水排水，供燃料，压缩空气，液压，清除氧化铁皮，机修，电修，排酸，油、水、酸的回收，以及环境保护等设备。

（3）轧机的命名　按轧制品种、轧机型式和公称尺寸来命名。“公称尺寸”的原则对型材轧机而言，是以齿轮座人字齿轮节圆直径命名；初轧机则以轧辊公称直径命名；板带轧机是以工作轧辊辊身长度命名；钢管轧机以可生产的最大管径来命名。有时也以轧机发明者的名字来命名。

（4）轧机的选择　一般按生产的产品品种、规格、质量和产量的要求来选定成品或半成品轧机的类型，并配备必要的辅助、起重运输和附属设备，然后根据各种因素的要求加以平衡选定。

2.2　动作控制程序编程方法

动作控制是很常见的控制逻辑，只要用这里的“动作”去控制对应的输出点，再用对应的输入点去控制这里的“动作完成”，就可实现运动部件的自动控制。

还要指出的是，动作控制也可插入定时控制。如用某个动作去控制某个输出点的同时，还去起动一个定时器，令其计时，再用这个定时器计时时间到的信号作为该动作完成的信号，则这一动作就是定时控制。这种逻辑方法应用的也很多。

1. 半自动工作程序

图 2-13 所示为半自动工作梯形图程序，图中操作数使用符号地址。

起动　动作1　动作2　动作3　动作0
动作0
动作0　动作0完成　动作2　动作1
动作1
动作1　动作1完成　动作3　动作2
动作2
动作2　动作2 完成　动作3

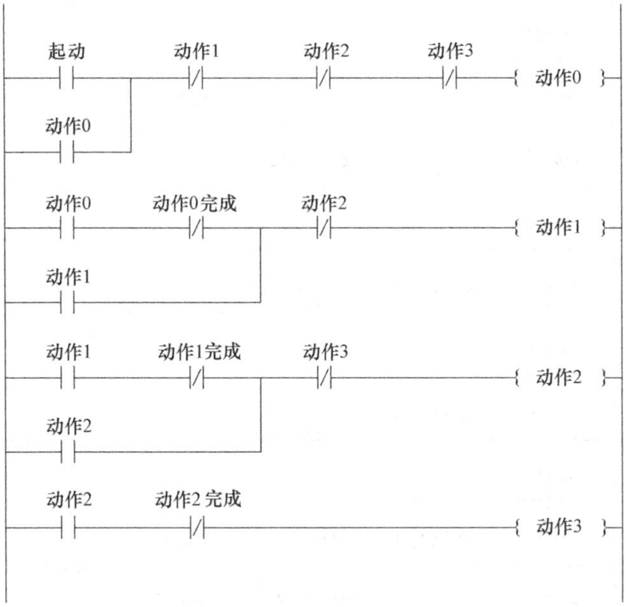

图 2-13　动作半自动控制程序

从图 2-13 可知，“起动”ON 后，“动作 0”ON 并自保持。这里把“动作 1”、“动作 2”、“动作 3”的常闭触点串入，目的是一旦进入工作，而又未完成所有动作，则不允许“动作 0”再被起动。如果后面的动作太多的话也可以用“动作 0”置一个内部继电器为 ON，作为整个过程正在运作的标志，放在“动作 0”的起动回路里作为一个限制条件，这个标志在所有动作都完成后清除。“动作 0”ON 后，则执行与“动作 0”信号对应的动作，直到这个动作完成。当 PLC 检测到“动作 0 完成”信号，即“动作 0 完成”ON，则“动作 1”ON 并自锁，这将起动与其相应的动作。另外，“动作 1”ON，还使“动作 0”OFF，则与“动作 0”有关的动作将停止。动作 1 完成，也将起动“动作 2”……直到动作 3 完成，则程序回到原状态，并不再重新开始动作。由此可知，此程序实现的动作转换是半自动控制。

2. 全自动工作程序

图 2-14 为自动工作的“动作完成控制”梯形图程序，图中操作数使用符号地址。

从图 2-14 知，这里多了“自动起动”、“自动停止”及有关信号。“自动起动”ON，将使“自动工作”ON 并自锁。如果“自动工作”ON，且“自动停止”ON，将使“自动停止”ON 并自锁。

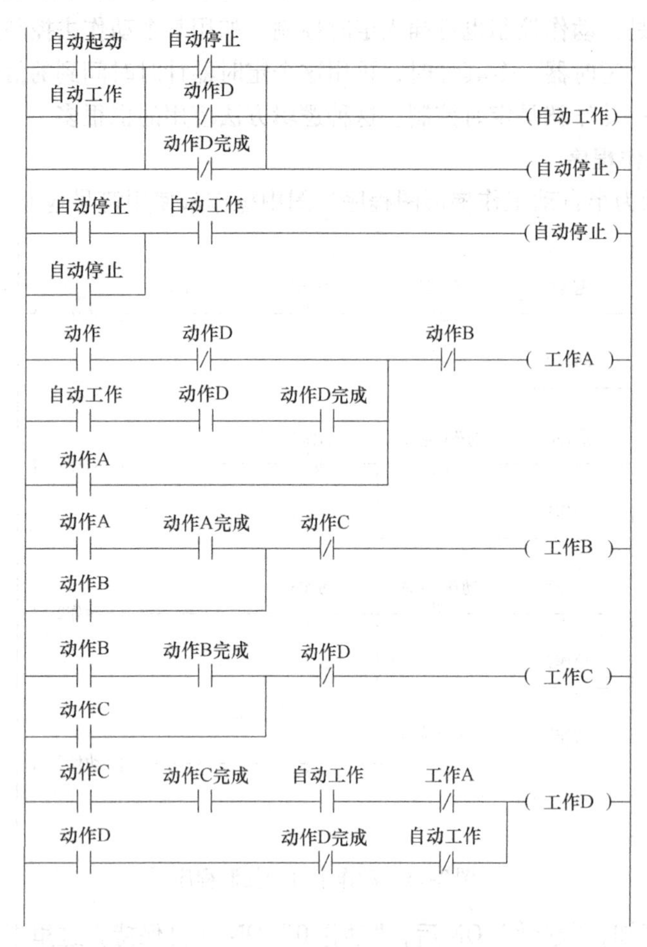

图 2-14 动作自动控制梯形图

当未起动“自动工作”信号时，此程序与“半自动”程序是完全相同的。只是这里用了“A、B、C、D”，而图 2-13 所示程序用的是“0、1、2、3 ”。当起动了“自动工作”时，“动作 D 完成”ON，将起动“动作 A”，再由“动作 A”的常闭触点去使“动作 D”OFF 。起动“动作 A”意味着新的循环开始。这时，若要停止继续工作，可使“自动停止”ON。“自动停止”的常开触点闭合，将使“自动停止”ON 并自锁。若如此，则在“动作 D 完成”ON 时，将使“自动工作”OFF 。这意味着，这时“动作 A”不能再起动，而“自动工作”OFF 也使“自动停止”失去自锁，程序将回到原状态。可知，此程序进入“自动工作”后，动作是周而复始地自动执行着，而要退出“自动工作”，则应使“自动停”ON 。而且，要到所有动作完成后，即动作 D 完成后，才能完全退出“自动工作”，并停止所有动作。这种动作控制程序使用步进指令实现也是很方便的。

任务实施

1. 控制要求分析

本任务模拟轧钢机的基本控制过程，可通过设备上给出的模拟演示模块模拟出工作过程。在编写 PLC 程序的过程中主要采用由基本应用指令实现的顺序动作控制法。

注意，本任务中起动按钮 X0 不在实验模块上，所以在后面的项目实施过程中没有包括 X0 起动信号，但是在编写 PLC 程序中是要用到 X0 起动信号的，调试操作时请按照调试要求操作 X0 起动信号进行调试。

2. I/O 资源分配

自控轧钢机的 I/O 分配表见表 2-2。

表 2-2　自控轧钢机的 I/O 分配表

I/O 口	说明	I/O 口	说明
X001	传感器 S1(有钢)	Y001	轧压量 Y1
X002	传感器 S2(到位)	Y002	轧压量 Y2
		Y003	电动机 M1
		Y004	电动机 M2
		Y005	电动机 M3(正转)
		Y006	电动机 M3(反转)

3. I/O 接线图设计

自控轧钢机的 I/O 接线图如图 2-15 所示。

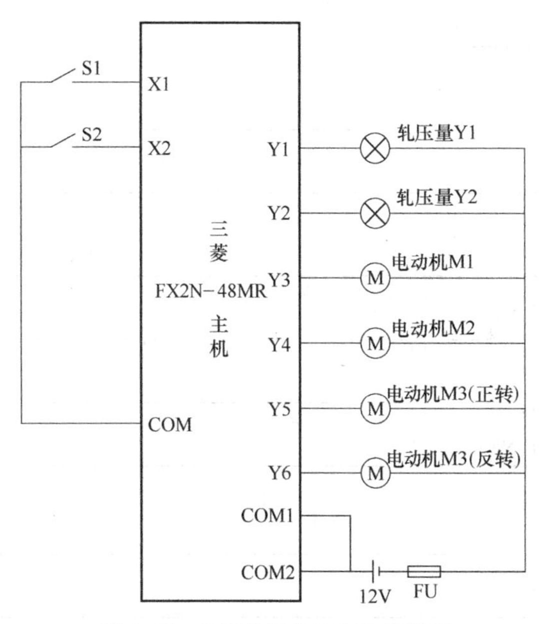

图 2-15　自控轧钢机的 I/O 接线图

4. 实训设备外部接线图

自控轧钢机实训设备外部接线图如图 2-16 所示。

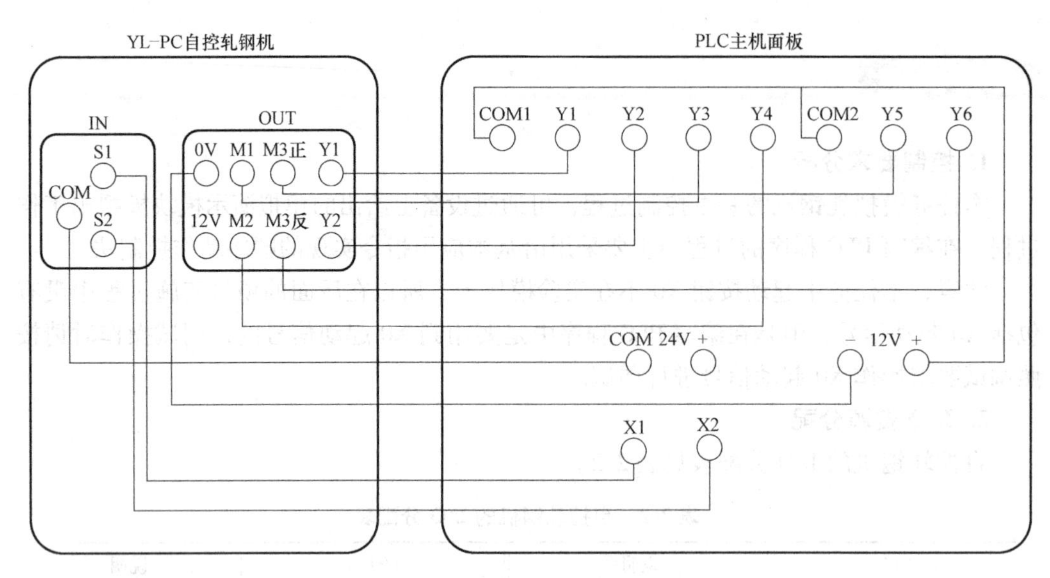

图 2-16　自控轧钢机实训设备外部接线图

将电源置于关状态，严格按图 2-16 接线，注意 12V 电源的正负极不要短接，电路不要短路，否则会损坏 PLC 触点。

先将 PLC 的电源线插进 PLC 正面的电源孔中，再将另一端插到 220V 电源插板。

自控轧钢机控制系统参考程序如图 2-17 所示。

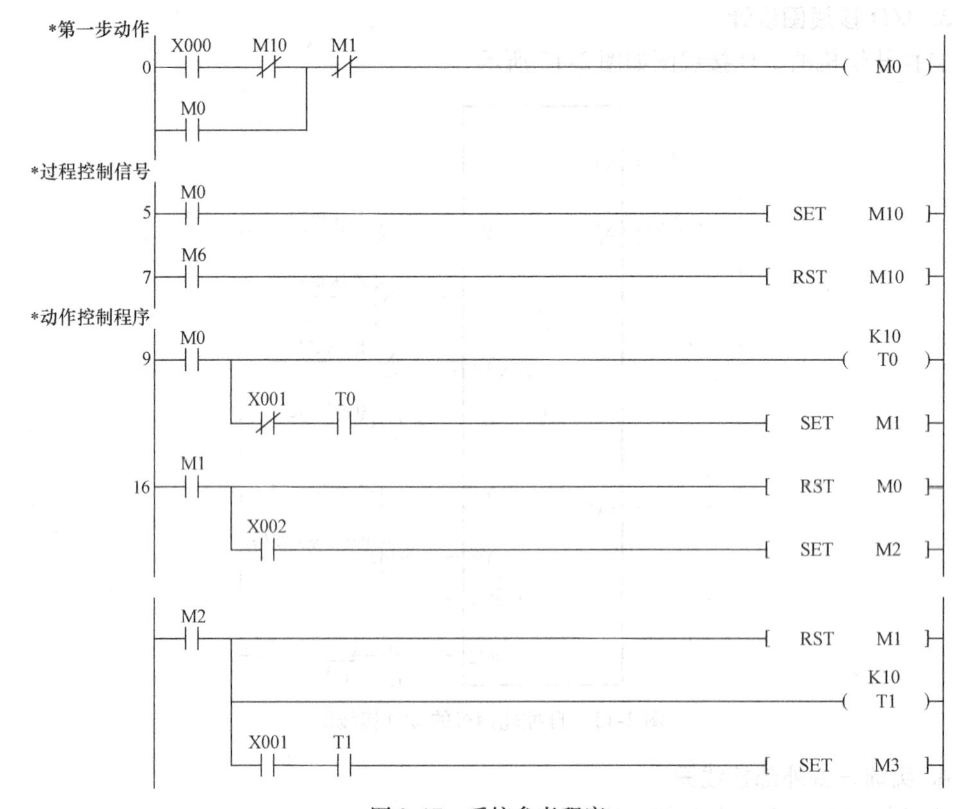

图 2-17　系统参考程序

```
32  M4 ─┬───────────────────────[ RST  M3 ]
        ├───────────────────────( T2  K10 )
        └─ X001 ─ T2 ───────────( M5 )

40  M5 ─┬─ X002 ────────────────( T3  K1 )
        └─ X002 ─ T3 ───────────[ SET  M6 ]

50  M6 ─────────────────────────[ RST  M5 ]
```

*集中输出控制程序

```
52  M0 ─ T0(NC) ─┬─┬─────────────( Y001 )
    M2 ─ T1(NC) ─┤ │
    M4 ─ T2(NC) ─┘ │
    M5 ─ T3(NC) ─ X002 ─┘

65  M2 ─┬───────────────────────( Y002 )
    M4 ─┘

68  M1 ─┬───────────────────────( Y003 )
    M3 ─┤
    M5 ─┘

72  M0 ─┬───────────────────────( Y004 )
    M1 ─┤
    M3 ─┤
    M5 ─┘

77  M1 ─┬───────────────────────( Y005 )
    M3 ─┤
    M5 ─┘

81  M2 ─┬───────────────────────( Y006 )
    M4 ─┘

84  ────────────────────────────[ END ]
```

图 2-17　系统参考程序（续）

5. PLC 应用程序的编写

将电源置于开状态，PLC 置于 STOP 状态，用计算机或编程器将总程序输入 PLC，输好程序后将 PLC 置于 RUN 状态。

6. 系统整机调试

接通 X24、X25、X27，PLC 运行后，按照下列步骤进行实训操作：

1）先拨上后拨下 X0，Y1、M1、M2 灯亮。

2）先拨上 S1，后拨下 S1，Y1、M1、M2 以及向左灯亮。

3）先拨上 S2，后拨下 S2，Y1 两个灯、Y2 及向右箭头灯亮。

4）先拨上 S1，后拨下 S1，Y1 两个灯、M1、M2 以及向左箭头灯亮。

5）先拨上 S2，后拨下 S2，Y1 三个灯、Y2 及向右箭头灯亮。

6）先拨上 S1，后拨下 S1，M1、M2、Y1 三个灯及向左箭头灯亮。

7）先拨上 S2，后拨下 S2，全过程结束。

完成自控轧钢机的工作要求后，请增加工件的计数功能，自行设计控制要求并完成调试。

考核评价

序号	评价指标	评价内容	分值	学生自评	小组评分	教师评分
1	系统资源分配	能够合理的分配 PLC 内部资源	10			
2	实验电路设计与连接	电路设计正确	10			
		能正确进行电路设计及连接	10			
		电路的连接符合工艺要求	10			
3	PLC 内部资源及基本指令的掌握	能够理解各内部资源的功能	5			
		掌握本任务中用到的指令应用	5			
		能够选择合理的指令进行编程	10			
4	PLC 程序的编写	掌握位置控制 PLC 程序设计方法	5			
		掌握编程软件的使用，能够根据控制要求设计完整的 PLC 程序	15			
		能够完成程序的下载调试	5			
5	整机调试	能够根据实验步骤完成工作任务	10			
		能够在调试过程中完善系统功能	5			
总分			100			
问题记录和解决方法	记录任务实施中出现的问题和采取的解决方法					

项目三 识别控制的实现

学习目标

1. 掌握本项目涉及的三菱 FX2N 系列 PLC 的各软元件的功能、用法。
2. 掌握本项目涉及的三菱 FX2N 系列 PLC 步进指令的应用。
3. 掌握多输入量、多输出量、比较复杂逻辑关系的程序设计。
4. 掌握 PLC 传感信号识别控制系统的设计方法。
5. 完成多种液体自动混合控制系统的设计。
6. 完成邮件分拣控制系统的设计。

项目概述

本项目包括多种液体自动混合控制系统、邮件分拣控制系统两个任务，都是 PLC 应用系统设计学习的经典项目。前者偏重于传感器对液体位置的识别，通过电磁阀控制流量；后者偏重于对物体检测，通过传感器检测物品信号进行分检控制。

任务一 多种液体自动混合

任务描述

多种液体自动混合控制要求：

如图 3-1 所示，系统为初始状态时，容器为空，电磁阀 YV1、YV2、YV3、YV4 和搅拌机 M 为关断，液面传感器 SQ1、SQ2、SQ3 均为 OFF。

按下起动按钮，电磁阀 YV1、YV2 打开，注入液体 A 与 B，液面高度为 L2 时（此时 SQ2 和 SQ3 均为 ON），停止注入（YV1、YV2 为 OFF）。同时开启液体 C 的电磁阀 YV3（YV3 为 ON），注入液体 C，当液面升至 L1 时（SQ1 为 ON），停止注入（YV3 为

OFF)。开启搅拌机 M，搅拌时间为 3s。之后电磁阀 YV4 开启，排出液体，当液面高度降至 L3 时（SQ3 为 OFF），再延时 5s，YV4 关闭。按起动按钮可以重新开始工作。

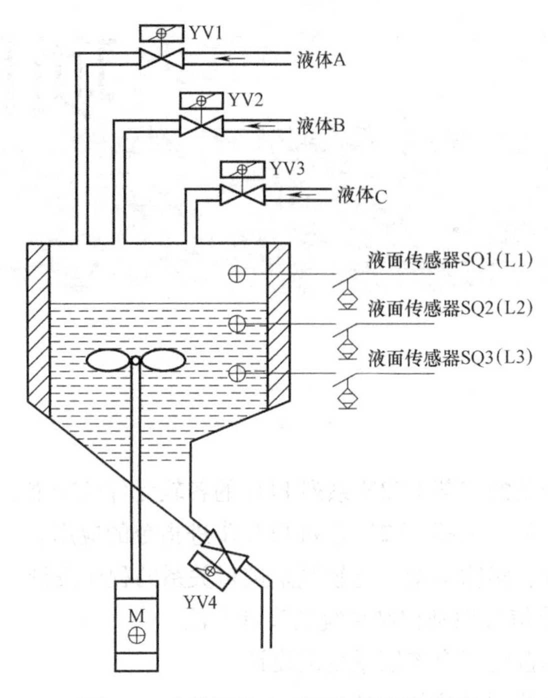

图 3-1　多种液体自动混合系统示意图

相关知识

1. 液位传感器的基础知识

（1）分类　液位传感器基本上可分为两类。第一类为接触式，包括单法兰静压/双法兰差压液位变送器、浮球式液位变送器、磁性液位变送器、投入式液位变送器、电动内浮球液位变送器、电动浮筒液位变送器、电容式液位变送器、磁致伸缩液位变送器、伺服液位变送器等。第二类为非接触式，分为超声波液位变送器、雷达液位变送器等。这里主要介绍第一类液位传感器。

投入式液位变送器（液位计）适用于石油化工、冶金、电力、制药、给水排水、环保等系统和行业的各种介质的液位测量。精巧的结构、简单的调校和灵活的安装方式为用户的使用提供了方便。4～20mA、0～5V、0～10mA 等标准信号输出方式由用户根据需要任选。

利用流体静力学原理测量液位，是压力传感器的一项重要应用。采用特种的中间带有通气导管的电缆及专门的密封技术，既保证了传感器的水密性，又使得参考压力腔与环境压力相通，从而保证了测量的高精度和高稳定性。这种液位传感器是针对化工工业中强腐蚀性的酸性液体而特制，壳体采用聚四氟乙烯材料制成，采用特种氟胶电缆及专门的密封技术进行电气连接，保证了传感器的耐腐蚀性。

（2）工作原理 采用静压测量原理，当液位变送器投入到被测液体中某一深度时，传感器迎液面受到的压力公式为

$$P=\rho gH+P_o$$

式中 P——变送器迎液面所受压力；

ρ——被测液体密度；

g——当地重力加速度；

P_o——液面上大气压；

H——变送器投入液体的深度。

同时，通过导气不锈钢将液体的压力引入到传感器的正压腔，再将液面上的大气压 P_o 与传感器的负压腔相连，以抵消传感器背面的 P_o，使传感器测得压力为 ρgH。显然，通过测取压力 P，可以得到液位深度。

（3）功能特点

1）稳定性好，满度、零位长期稳定性可达 0.1% FS/年。在补偿温度 0～70℃ 范围内，温度漂移低于 0.1% FS，在整个允许工作温度范围内低于 0.3% FS。

2）具有反向保护、限流保护电路，在安装时正负极接反不会损坏变送器，异常时送器会自动限流在 35mA 以内。

3）固态结构，无可动部件，高可靠性，使用寿命长。

4）安装方便、结构简单、经济耐用。

2. 电磁阀的基础知识

从原理上电磁阀可分为三大类：直动式、先导式、分布式。从阀瓣结构和材料的不同与原理上的区别来看，电磁阀又分为六个分支小类：直动膜片结构、分步重片结构、先导膜式结构、直动活塞结构、分步直动活塞结构、先导活塞结构。

（1）直动式

1）原理：通电时，电磁线圈产生电磁力把关闭件从阀座上提起，阀门打开；断电时，电磁力消失，弹簧把关闭件压在阀座上，阀门关闭。

2）特点：在真空、负压、零压时能正常工作，但通径一般不超过 25mm。

（2）先导式

1）原理：通电时，电磁力把先导孔打开，上腔室压力迅速下降，在关闭件周围形成上低下高的压差，流体压力推动关闭件向上移动，阀门打开；断电时，弹簧力把先导孔关闭，入口压力通过旁通孔迅速在关闭件周围形成下低上高的压差，流体压力推动关闭件向下移动，阀门关闭。

2）特点：流体压力范围上限较高，可任意安装（需定制）但必须满足流体压差条件。

（3）分布式

1）原理：它是一种直动式和先导式相结合的产物，当入口与出口没有压差时，通电后，电磁力直接把先导小阀和主阀关闭件依次向上提起，阀门打开。当入口与出口达到起动压差时，通电后，电磁力先导小阀，主阀下腔压力上升，上腔压力下降，从而利用压差把主阀向上推开；断电时，先导阀利用弹簧力或介质压力推动关闭件，向下移动，使主阀关闭。

2）特点：在零压差或真空、高压时亦能可动作，但功率较大，要求必须水平安装。

任务实施

1. 控制要求分析及提示

因为本项目的实验模块上还包含了温度控制的功能，所以本任务在实施的过程中将温度控制的资源一并设计到系统中，在完成本任务的控制要求后，在扩展练习的内容中请设计完成温度控制的相关控制要求。

注意，本任务中起动按钮 X0 不在实验模块上，所以在后面的任务实施过程中没有包括 X0 起动信号，但是在编写 PLC 程序中是要用到 X0 起动信号的，调试操作时请按照调试要求操作 X0 起动信号进行调试。

2. I/O 资源分配

根据系统的实验模块可实现的功能进行分配，如果包括温度控制的功能，系统的 I/O 设备共有 10 个，因此需要 10 个 I/O 点，其中 4 个输入点、6 个输出点，其他均可由内部继电器或定时器/计数器代替。I/O 点分配见表 3-1。

表 3-1　多种液体自动混合的 I/O 分配表

I/O 口	说明	I/O 口	说明
X1	L1	Y1	电磁阀 YV1
X2	L2	Y2	电磁阀 YV2
X3	L3	Y3	电磁阀 YV3
X4	T	Y4	电磁阀 YV4
		Y5	搅拌机 M
		Y6	电炉 H

3. I/O 接线图设计

系统的 I/O 接线图如图 3-2 所示。

4. 实训设备外部接线图

将电源置于关状态，严格按图 3-3 所示实训外部接线图接线，注意 12V 电源的正负极不要短接，电路不要短路，否则会损坏 PLC 触点。

先将 PLC 的电源线插进 PLC 正面的电源孔中，再将另一端插到 220V 电源插板。

5. PLC 应用程序的编写

根据控制要求可知，多种液体自动混合系统的动作顺序依次为：电磁阀 YV1 打开→电磁阀 YV1 关闭、YV2 打开→电磁阀 YV2 关闭、起动搅拌机 M→停止搅拌机 M、电磁阀 YV3 打开→电磁阀 YV3 关闭。系统参考程序如图 3-4 所示：

将电源置于开状态，PLC 置于 STOP 状态，用计算机或编程器将总程序输入 PLC，输好程序后将 PLC 置于 RUN 状态。

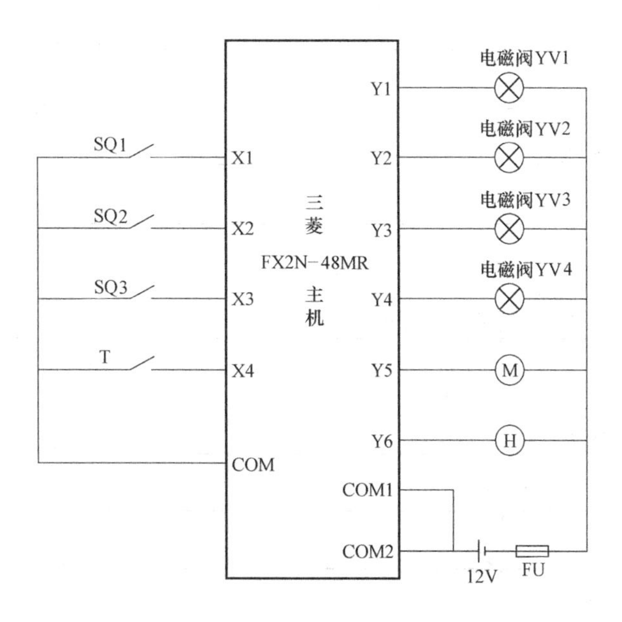

图 3-2　多种液体自动混合的 I/O 接线图

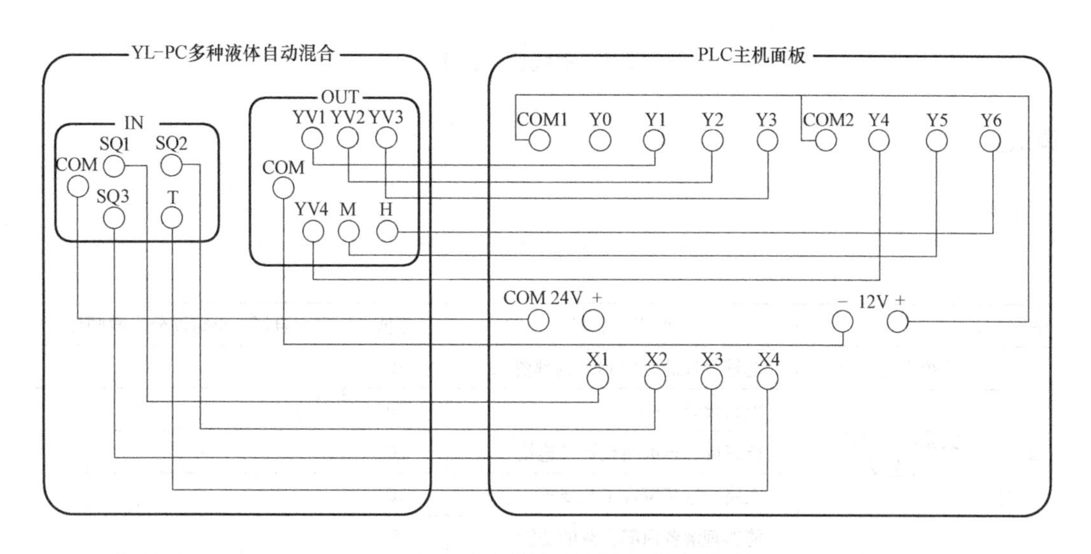

图 3-3　多种液体自动混合系统接线图

6. 系统整机调试

接通实训设备上的 X24、X26、X27，PLC 运行后，按照下列步骤进行实训操作：

1）上下拨动起动开关 X0，YV1、YV2 灯亮。

2）拨上 SQ3、SQ2，YV1、YV2 灭，YV3 亮。

3）拨上 SQ1，YV3 灭，M 亮 5s 后 YV4 亮。

4）依次断开 SQ1、SQ2、SQ3，延时 5s 后，YV4 灭。

完成上述液体混合工作要求后，请增加温度控制功能，自行设计控制要求并完成

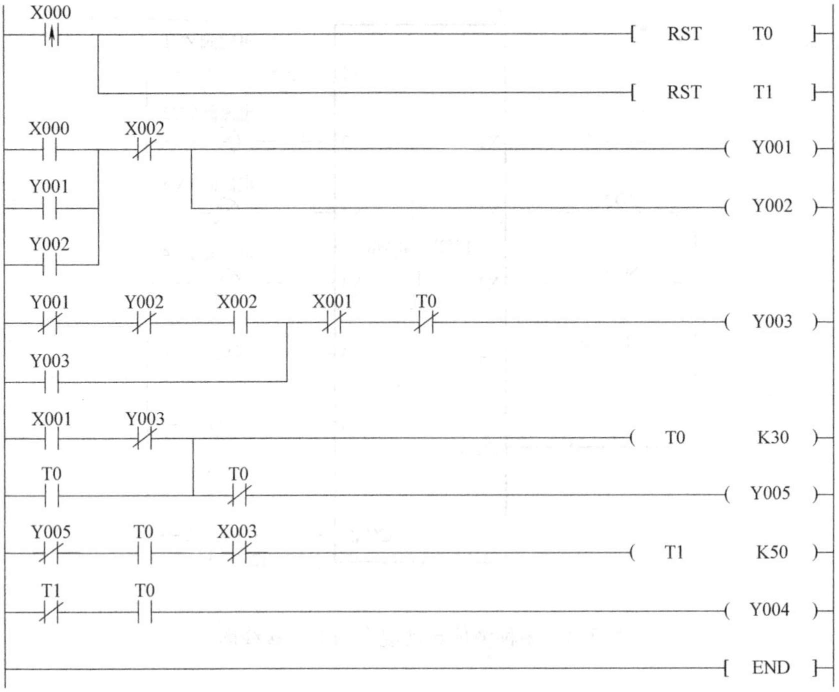

X000 RST T0
RST T1
X000 X002 Y001
Y001 Y002
Y002
Y001 Y002 X002 X001 T0 Y003
Y003
X001 Y003 T0 K30
T0 T0 Y005
Y005 T0 X003 T1 K50
T1 T0 Y004
END

图 3-4 系统参考程序

调试。

考核评价

序号	评价指标	评 价 内 容	分值	学生自评	小组评分	教师评分
1	系统资源分配	能够合理的分配 PLC 内部资源	10			
2	实验电路设计与连接	电路设计正确	10			
		能正确进行电路设计及连接	10			
		电路的连接符合工艺要求	10			
3	PLC 内部资源及基本指令的掌握	能够理解各内部资源的功能	5			
		掌握本任务中用到的指令应用	5			
		能够选择合理的指令进行编程	10			
4	PLC 程序的编写	掌握识别控制 PLC 程序设计方法	5			
		掌握编程软件的使用，能够根据控制要求设计完整的 PLC 程序	10			
		能够完成程序的下载调试	10			
5	整机调试	能够根据实验步骤完成工作任务	10			
		能够在调试过程中完善系统功能	5			

（续）

序号	评价指标	评 价 内 容	分值	学生自评	小组评分	教师评分
总　分			100			
问题记录和解决方法	记录任务实施中出现的问题和采取的解决方法					

任务二　邮件分拣机

任务描述

1. 邮件分拣机的工作原理

如图 3-5 所示，起动后绿灯 L2 亮、红灯 L1 灭、且电动机 M5 运行，表示可以进行邮件分拣。开关 S2 为 ON 表示检测到了邮件，用拨码开关模拟邮件的邮编号码，从拨码开关读到的邮码的正常值为 1、2、3、4、5。若非此 5 个数，则红灯 L1 闪烁，表示出错，电动机 M5 停止。重新起动后，可再运行。若是此 5 个数中的任一个，则红灯亮、绿灯灭，电动机 M5 运行，PLC 采集电动机光码器 S1 的脉冲数（从邮件读码器到相应的分拣箱的距离已折合成脉冲数），邮件到达分拣箱时，推进器将邮件推进邮箱。随后红灯灭、绿灯亮，可继续分拣。

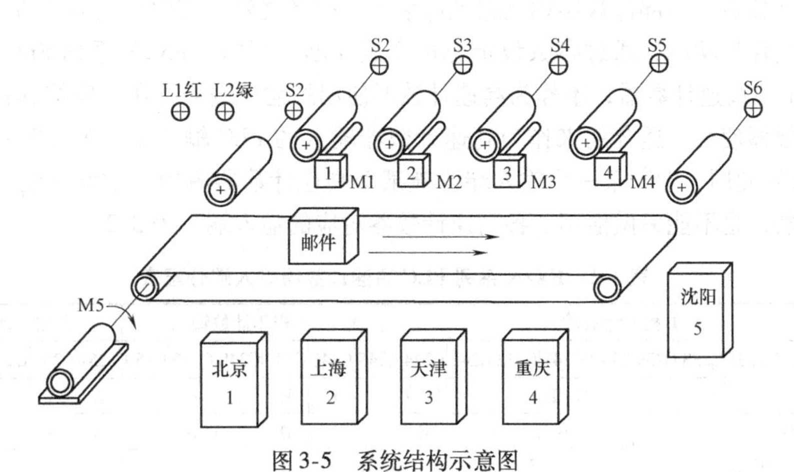

图 3-5　系统结构示意图

2. PLC 邮件分拣机演示单元的工作原理

L1、L2 分别为红、绿指示灯，开关 S2 为模拟读码器，M1 ~ M4 为模拟推进器，其上面的指示灯为等待，下面的指示灯为工作。电路原理如图 3-6 所示，当开关断开时 LED（上）亮，LED（下）灭；当开关闭合时 LED（上）灭，LED（下）亮。

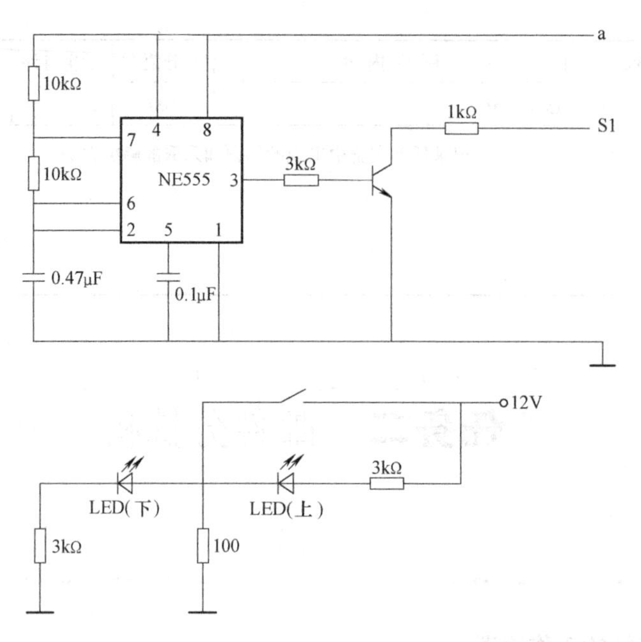

图 3-6 邮件分拣机演示单元的电路原理

M5 模拟传送带的驱动电动机，S1 模拟光码器，其脉冲电路如图 3-6 所示，当图 3-6 中 a 端接入电源后，NE555 开始振荡，脉冲信号经 S1 端可供 PLC 输入端采集。

相关知识

1. FX2N 系列 PLC 高速计数器（C235 ~ C255）的应用

高速计数器与内部计数器相比除允许输入频率高之外，应用也更为灵活，高速计数器均有断电保持功能，通过参数设定也可变成非断电保持。FX2N 系列 PLC 有 C235 ~ C255 共 21 点高速计数器，不作为高速计数器使用的输入编号可在顺序控制程序内作为普通的计数器使用。适合用来作为高速计数器输入的 PLC 输入端口有 X0 ~ X7。X0 ~ X7 不能重复使用，即若某一个输入端已被某个高速计数器占用，它就不能再用于其他高速计数器，也不能另做他用。各高速计数器对应的输入端见表 3-2。

表 3-2 FX2N 系列 PLC 高速计数器输入端分配表

	1 相 1 计数输入											1 相 2 计数输入					2 相 2 计数输入				
	C235	C236	C237	C238	C239	C240	C241	C242	C243	C244	C245	C246	C247	C248	C249	C250	C251	C252	C253	C254	C255
X000	U/D						U/D			U/D		U	U		U		A	A		A	
X001		U/D					R			R		D	D		D		B	B		B	
X002			U/D					U/D			U/D		R		R			R		R	
X003				U/D				R	U/D		R			U		U			A		A
X004					U/D				R					D		D			B		B
X005						U/D								R		R			R		R
X006										S					S					S	
X007											S					S					S

表3-2的阅读方法：

1）表中U表示增计数输入，D表示减计数输入，A表示A相输入，B表示B相输入，R表示复位输入，S表示起动输入。X6、X7只能用做起动信号，而不能用做计数信号。

2）输入X000，C235单相单输入计数，不具有中断复位与中断起动输入功能。如果使用C235，则不可使用C241、C244、C246、C247、C249、C251、C252、C254。

高速计数器按表3-2所示的方式，根据特定的输入执行动作。它根据中断处理进行高速动作，与PLC的扫描周期无关。各种高速计数器可通过中断输入来决定中断复位输入和计数开始的时刻。高速计数器的功能介绍见表3-3。

表3-3　高速计数器的功能介绍

项目	单相单计数输入	单相双计数输入	双相双计数输入
计数方向的指定方法	根据M8235～M8245的起动与否，C235～C245作增/减计数	对应于增计数输入或减计数输入的动作，计数器自动地增/减计数	A相输入处于ON同时，B相输入处于OFF→ON时增计数动作，ON→OFF时减计数动作
计数方向监控	—	通过监控M8246～M8255，可以知道增(OFF)减(ON)的情况	

每个高速计数器对应的特殊功能继电器的分配见表3-4和表3-5。

表3-4　增计数/减计数切换用的特殊功能继电器

种类	计数器编号	继电器编号	种类	计数器编号	继电器编号
单相单计数输入	C235	M8235	单相单计数输入	C241	M8241
	C236	M8236		C242	M8242
	C237	M8237		C243	M8243
	C238	M8238		C244	M8244
	C239	M8239		C245	M8245
	C240	M8240			

表3-5　计数方向监控用的特殊功能继电器

种类	计数器编号	继电器编号	种类	计数器编号	继电器编号
单相双计数输入	C246	M8246	双相双计数输入	C251	M8251
	C247	M8247		C252	M8252
	C248	M8248		C253	M8253
	C249	M8249		C254	M8254
	C250	M8250		C255	M8255

高速计数器可分为四类：

（1）单相单计数输入高速计数器（C235～C245）　此类计数器的触点动作与32位增/减计数器（可查阅编程手册）相同，可进行增计数或减计数（取决于M8235～M8245的状态）。

图3-7为单相单计数输入高速计数器的应用。X10断开，M8235为OFF，此时

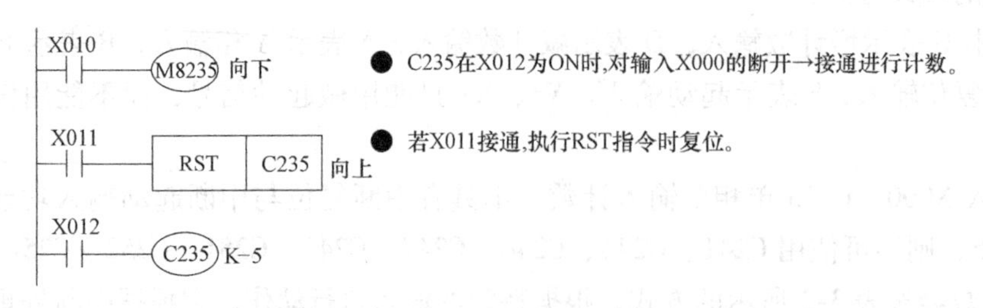

图3-7　单相单计数输入高速计数器的应用

C235为增计数方式（反之为减计数）。由X12选中C235，从表3-2中可知其输入信号来自于X0，C235对X0信号进行计数，当前值达到-5时，C235的常开触点接通。X11为复位信号，当X11接通时，C235复位。计数器C235的详细动作时序如图3-8所示。

如图3-8所示，C235利用计数输入X0，通过中断，进行增计数或减计数。计数器的当前值由-6增加到-5时，输出触点被置位，由-5减到-6时输出触点被复位；如果复位输入X11为ON，则在执行RST指令时，计数器的当前值为0，输出触点复位；对于供断电保持用的高速计数器，即使断开电源，计数器的当前值、输出触点动作、复位状态也被断电保持。

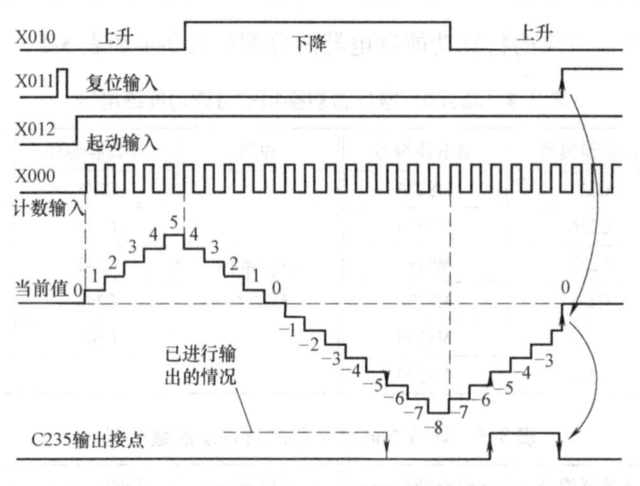

图3-8　计数器C235的详细动作时序图

（2）单相双计数输入高速计数器（C246～C250）　这类高速计数器具有两个输入端，一个为增计数输入端，另一个为减计数输入端。利用M8246～M8250的ON/OFF动作可监控C246～C250的增计数/减计数动作。如图3-9所示的实例中说明了其应用方法。

（3）双相高速计数器（C251～C255）　A相和B相信号决定计数器是增计数还是减计数。当A相为ON时，B相由OFF到ON，则为增计数；当A相为ON时，若B相由ON到OFF，则为减计数，其动作时序如图3-10所示。

双相高速计数器应用实例：

如图3-11所示，当X12接通时，C251通过中断，对输入A相和B相进行计数，

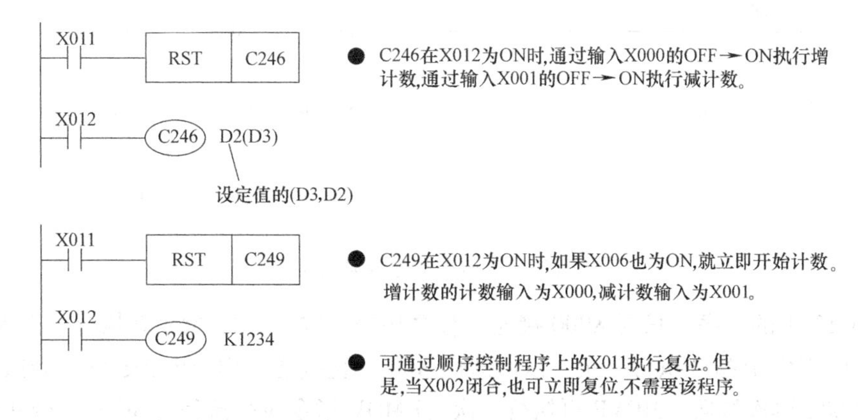

图 3-9　单相双计数输入高速计数器应用实例

由表 3-2 可知，其输入来自 X0（A 相）和 X1（B 相）。只有当计数使当前值超过设定值时，Y2 为 ON。如果 X11 接通，则计数器复位。Y3 用来监控计数器的计数方向，根据不同的计数方向，Y3 为 ON（增计数）或为 OFF（减计数），即用 M8251 ~ M8255，可监视 C251 ~ C255 的加/减计数状态。

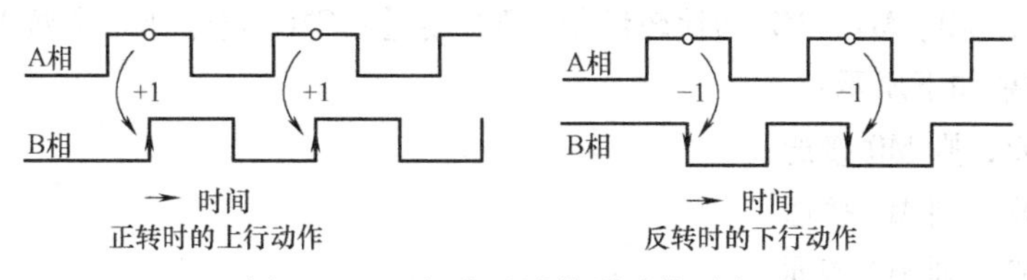

图 3-10　双相高速计数器动作时序图

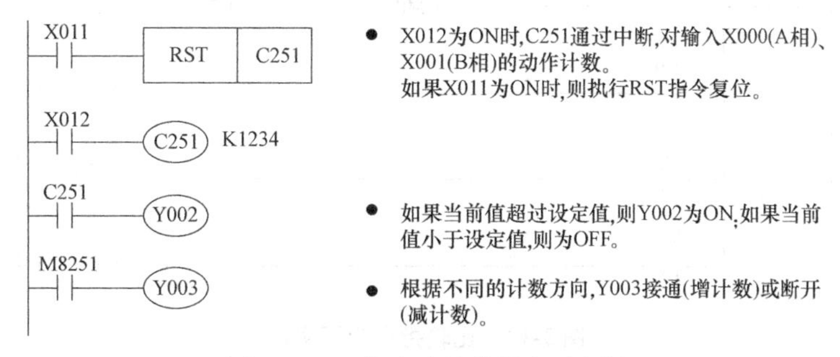

图 3-11　双相高速计数器应用实例

注意：高速计数器的计数频率较高，它们的输入信号的频率受两方面的限制。一是全部高速计数器的处理时间，因它们采用中断方式，所以计数器用的越少，则可计数频率就越高；二是输入端的响应速度，其中 X0、X2、X3 最高频率为 10kHz，X1、X4、X5 最高频率为 7kHz。

2. 应用指令的普遍规则

1）在应用指令后面可加字母 P，表示脉冲型指令；

2）在应用指令前面可加字母 D，表示双字数据指令。

程序举例：

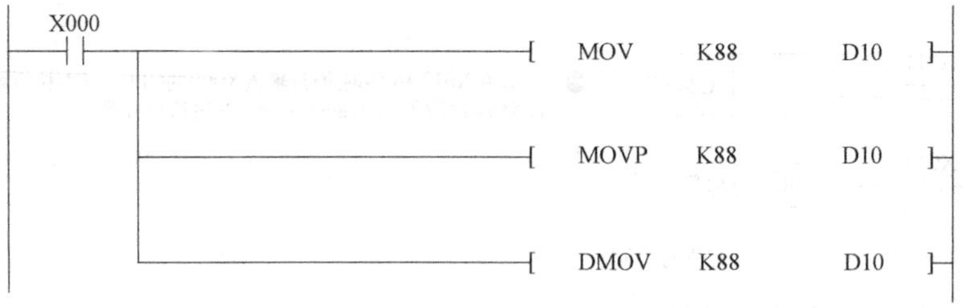

X000 MOV K88 D10
MOVP K88 D10
DMOV K88 D10

图 3-12 应用指令规则实例

图 3-12 中的程序，只要 X000 接通，程序扫描一次，MOV 指令就执行一次 X000 接通的瞬间，MOVP 指令执行一次，以后即使 X00 一直接通，MOVP 指令也不会执行，除非下次 X000 再次接通，MOVP 再执行一次。DMOV 指令执行流程与 MOV 指令相同，只不过是双字指令，是把数据 88 传送到 D10 及 D11 组合的数据存储器里面。

3. 比较指令

比较指令（CMP）是对两个数据进行比较的指令，将比较结果作为输出状态。

应用实例：

图 3-13 所示程序中 X1 是比较指令执行的条件，CMP 是比较指令，D1、D2 是要比较的两个数据，M0、M1、M2 为比较结果。X1 接通，CMP 指令让两个数 D1 与 D2 进行比较，运行结果如下所示：

若 D1 > D2，则 M0 接通；

若 D1 = D2，则 M1 接通；

若 D1 < D2，则 M2 接通。

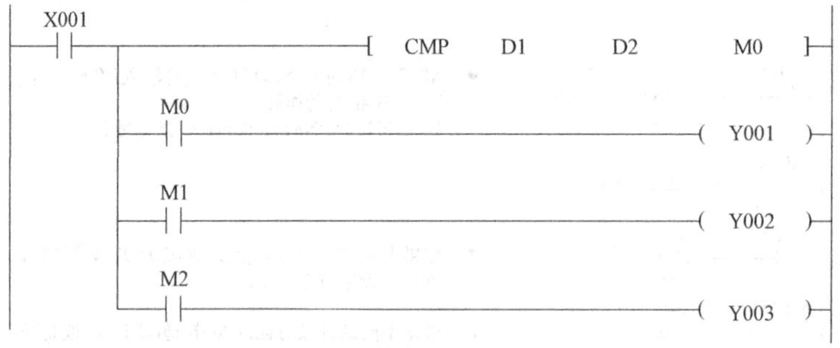

X001 CMP D1 D2 M0
M0 Y001
M1 Y002
M2 Y003

图 3-13 比较指令应用实例

当执行完指令后，即使条件 X0 断开，最后的比较结果 M0、M1、M2 还是保持上次的状态不变。指令不执行时，想要清除比较结果的话，可使用复位指令，用法如图 3-14 所示。

X001 RST M0
RST M1
RST M2

图 3-14 使用比较指令时清除比较结果的方法

注意：比较指令的结果在书写时只需写一位（上例程序中为 M0），但实际上占用了三位，如图 3-12 中的 M0、M1、M2。CMP 指令主要是用来比较两个数据大小的指令，两个数据需要进行比较时，可以使用此指令。

4. 区域比较指令

区域比较指令（ZCP）的功能是对三个数进行比较，比较的结果作为判断输出。

程序举例：

如图 3-15 所示，其中 D1、D5、D10 是三个要比较的数，M2、M3、M4 作为比较结果。具体的比较原则：

1）第一个比较数（上例中为 D1）要比第二个比较数（D5）小，这是这个比较指令的规则。然后通过第三个数（D10）与前两个数进行比较。

2）当 D10 < D1，即 D10 最小，则 M2 线圈接通。

3）当 D1 < D10 < D5，即 D10 在两个数中间，则 M3 线圈接通。

4）当 D10 > D50，即 D10 最大，则 M4 线圈接通。

5）当执行完指令后，即使条件 X001 断开，最后的比较结果 M3、M4、M5 还是保持上次的状态不变。指令不执行时，若要清除比较结果的话，同样可用复位指令。区域比较指令是三个数之间的比较，其中第一个比较数一定要小于第二个比较数，这是区域比较的基本规则。

注：CMP 与 ZCP 都是比较指令，其比较结果是位软元件，当在程序里使用 M7 作为比较结果时，跟在其后面的 2 位软元件 M8、M9 被占用，作为比较结果，为防止重复使用，在编写程序时务必要注意避开使用。ZCP 指令可以用在判断一个数值是否在规定的设定范围内。例如温度控制中，规定一个温度上限、一个温度下限，然后测出实际温度值，可以通过此指令来判断实际温度是否在规定的温度范围内。

图 3-15 区域比较指令 ZCP 应用实例

任务实施

1. 控制要求分析及提示

本任务中要用到部分高级功能指令，请认真学习并理解功能指令的通用规则及应用方法；同时涉及一些数据的处理，要求能够理解 PLC 程序中对数据的处理方法。

由于受到实验模块的设计限制，程序中使用的部分控制信号在硬件电路的设计中没有给出，但是在设备中已经给出，请根据后面的调试操作方法认真调试设备。

2. I/O 资源分配

表 3-6 邮件分拣机的 I/O 分配表

I/O 口	说明	I/O 口	说明
X0	模拟光码器 S1	Y1	模拟推进器 M1
X2	模拟读码器 S2	Y2	模拟推进器 M2
		Y3	模拟推进器 M3
		Y4	模拟推进器 M4
		Y5	驱动电动机 M5
		Y6	红灯 L1
		Y7	绿灯 L2

3. I/O 接线图设计

邮件分拣机的 I/O 接线图如图 3-16 所示。

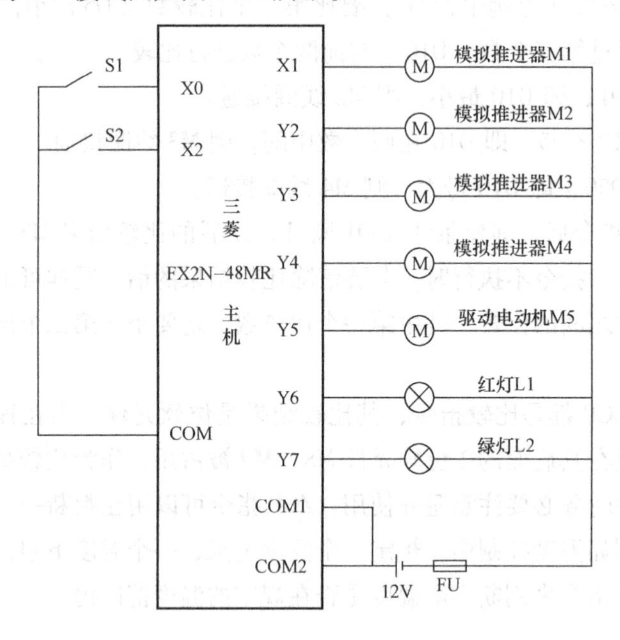

图 3-16 邮件分拣机的 I/O 接线图

4. 实训设备外部接线图

将电源置于关状态，严格按图 3-17 所示的实训设备外部接线图接线，注意 12V 电

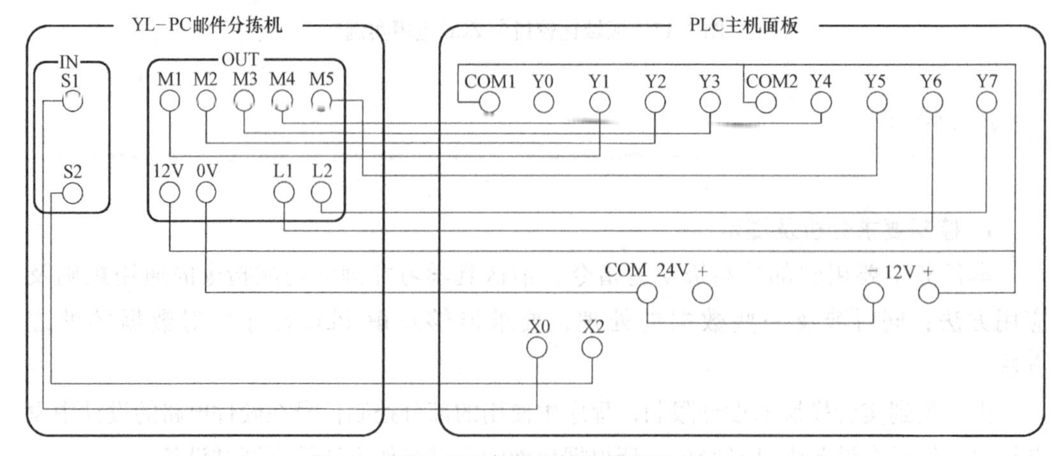

图 3-17 邮件分拣机接线图

源的正负极不要短接，电路不要短路，否则会损坏 PLC 触点。

先将 PLC 的电源线插进 PLC 正面的电源孔中，再将另一端插到 220V 电源插板。

5. PLC 应用程序的编写

实验参考程序如图 3-18 所示。

```
X001 (↑)                          [ RST   C235 ]
M15 (↓)                           [ RST   M8235 ]
                                  [ SET   Y007 ]
                                  [ ZRST  M0     M15 ]
                                  [ SET   Y005 ]
X002 (↑)                          [ SET   M15 ]
M15 (↓)                           [ BIN   K1X010 D0 ]
                                  [ ZRST  M0     M14 ]
                                  [ CMP   K1   D0   M0 ]
                                  [ CMP   K2   D0   M3 ]
                                  [ CMP   K3   D0   M6 ]
                                  [ CMP   K4   D0   M9 ]
                                  [ CMP   K5   D0   M12 ]

M0
M14                               [ RST   Y007 ]
                                  [ RST   Y005 ]
          M8013                   ( Y006 )
M1        M15                     [ RST   Y007 ]
M7                                [ SET   Y006 ]
M4
M10
M13
M1                                [ MOV   K400   D2 ]
M4                                [ MOV   K800   D2 ]
M7                                [ MOV   K1200  D2 ]
M10                               [ MOV   K1600  D2 ]
M13                               [ MOV   K2000  D2 ]
```

图 3-18　实验参考程序

```
M1↑ / M4↑ / M7↑ / M10↑ / M13↑ ─────────── [RST C235]
M1 / M4 / M7 / M10 / M13 ──────────────── (C235 D2)
M1  C235 ─────────────────────────────── (T0 K20)
T0(/)  M1  C235 ───────────────────────── (Y001)
T0↑  M1 ──────────────────────────────── [SET Y007]
                                          [RST Y006]
                                          [RST M15]
M4  C235 ─────────────────────────────── (T1 K20)
T1(/)  M4  C235 ───────────────────────── (Y002)
T1↑  M4 ──────────────────────────────── [SET Y007]
                                          [RST Y006]
                                          [RST M15]
M7  C235 ─────────────────────────────── (T2 K20)
T2(/)  M7  C235 ───────────────────────── (Y003)
T2↑  M7 ──────────────────────────────── [SRT Y007]
                                          [RST Y006]
                                          [RST M15]
M10  C235 ────────────────────────────── (T3 K20)
T3(/)  M10  C235 ──────────────────────── (Y004)
T3↑  M10 ─────────────────────────────── [SET Y007]
                                          [RST Y006]
                                          [RST M15]
M13  C235 ────────────────────────────── (T4 K20)
T4↑  M13 ─────────────────────────────── [SET Y007]
                                          [RST Y006]
                                          [RST M15]
───────────────────────────────────────── [END]
```

图 3-18　实验参考程序（续）

将电源置于开状态，PLC 置于 STOP 状态，用计算机或编程器将总程序输入 PLC，输好程序后将 PLC 置于 RUN 状态。

6. 系统整机调试

接通实训设备上的 X24、X25、X26，PLC 运行后，按照下列步骤进行实训操作：

1）拨上 X10 ~ X13 中任一个或两个，但二进制组合值必须在 1 ~ 5 范围内。

2）先拨上 X1、后拨下 X1，L2、M5 亮。

3）先拨上 S2，M1 ~ M4 有一组灯箭头交替亮灭，同时 L1 亮、L2 灭，然后恢复原状，最后 L2、L5 亮。

4）此时可重新检测邮件。

完成上述工作要求后，请增加邮件的计数功能，自行设计控制要求并完成调试。

考核评价

序号	评价指标	评 价 内 容	分值	学生自评	小组评分	教师评分
1	系统资源分配	能够合理的分配 PLC 内部资源	10			
2	实验电路设计与连接	电路设计正确	10			
		能正确进行电路设计及连接	10			
		电路的连接符合工艺要求	10			
3	PLC 内部资源及基本指令的掌握	能够理解各内部资源的功能	5			
		掌握本任务中用到的指令应用	5			
		能够选择合理的指令进行编程	10			
4	PLC 程序的编写	掌握识别控制 PLC 程序设计方法	5			
		掌握编程软件的使用，能够根据控制要求设计完整的 PLC 程序	15			
		能够完成程序的下载调试	5			
5	整机调试	能够根据实验步骤完成工作任务	10			
		能够在调试过程中完善系统功能	5			
总　分			100			
问题记录和解决方法	记录任务实施中出现的问题和采取的解决方法					

项目四 顺序控制的实现

学习目标

1. 掌握本项目涉及的三菱 FX2N 系列 PLC 的各软元件的功能、用法。
2. 掌握本项目涉及的三菱 FX2N 系列 PLC 步进指令的应用。
3. 掌握多输入量、多输出量及逻辑关系比较复杂的程序设计。
4. 掌握 PLC 顺序控制系统的设计方法。
5. 完成自控成型机控制系统的设计。
6. 完成电镀生产线控制系统的设计。

项目概述

梯形图是最常用的编程方式，使用中一般有经验设计法、逻辑设计法，继电器-接触器控制电路移植法和顺序控制设计法，其中顺序控制设计法也叫功能表图设计法，功能表图是一种用来描述控制系统的控制过程功能、特性的图形，它主要是由步、转换、转换条件、箭头线和动作组成。这是一种比较好的设计方法，对于顺序控制的复杂系统，可以节约60% ~90% 的设计时间。

本项目主要包括自控成型机系统和电镀生产线控制系统，两个项目都是典型的顺序控制，在实施过程中主要采用三菱 PLC 的步进指令实现步进控制。

任务一　自控成型机控制系统

任务描述

自控成型机系统是由工作台液压缸 A、B、C 及相应的电磁阀和信号灯等几部分组成。该自控成型机系统是利用液体的压力来传递能量，以实现材料加工工艺的要求。用

PLC 控制液压缸 A、B、C 的三个电磁阀有顺序的打开和关闭，即可实现动作的控制要求，其工作示意图如图 4-1 所示。

本任务中因为没有真实设备，采用实验台模拟设备动作和控制要求，其结构示意图如图 4-2 所示，控制要求如下：

初始状态，当原料放入成型机时，各液压缸的状态为 Y1、Y2、Y4 关闭（OFF），Y3 工作（ON）。位置开关 S1、S3、S5 分断（OFF），S2、S4、S6 闭合（ON）。

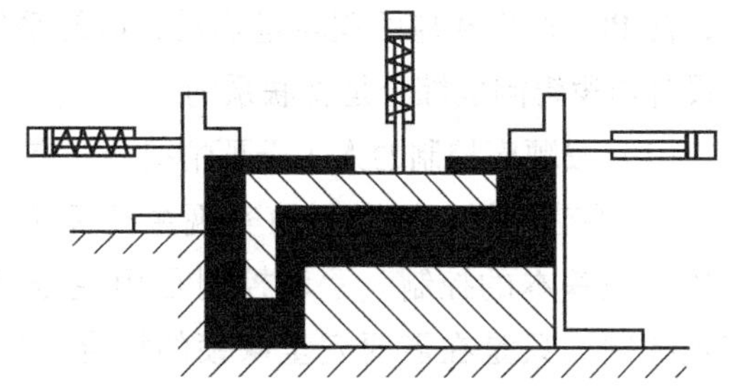

图 4-1 自控成型机工作示意图

按下起动按钮，Y2 为 ON，上液压缸的活塞向下运动，使开关 S4 为 OFF。当 S3 为 ON 时，起动左、右液压缸（Y3 为 OFF，Y1、Y4 为 ON），A 活塞向右运动，C 活塞向左运动，使位置开关 S2、S6 为 OFF。

当左、右液压缸的活塞达到终点，此时 S1、S5 为 ON，原料已成型。然后各液压缸开始退回原位，液压缸 A、B、C 返回（Y1、Y2、Y4 为 OFF，Y3 为 ON），使 S1、S3、S5 为 OFF。

当液压缸 A、B、C 回到原位（S2、S4、S6 为 ON）时，系统回到初始位置，取出成品。

放入原料后，按起动按钮可以重新开始工作。

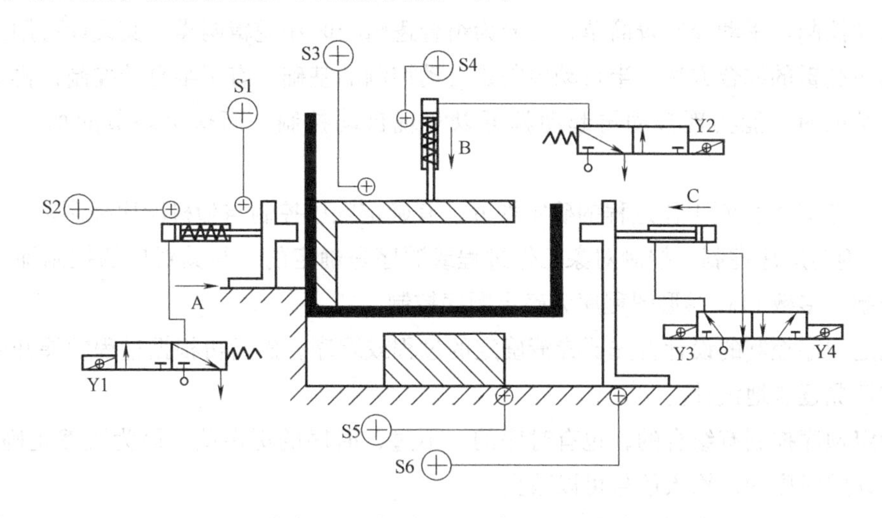

图 4-2 自控成型机结构示意图

相关知识

1. 顺序控制程序设计介绍

顺序控制是指：使系统的状态与行为按所希望的顺序变化，而加给系统的一系列作用。这一系列作用多是逻辑量。逻辑量也称开关量，仅有两个取值，即 0 或 1、ON 或

OFF、TRUE或FALSE。顺序控制常用于离散的生产过程。用PLC进行顺序控制是PLC的优势，也是PLC最基本的应用。

从逻辑问题的角度理解，顺序控制实质是根据逻辑量的当前输入组合与历史输入顺序，使PLC产生相应的逻辑量输出，以使系统能按一定顺序工作。因此，顺序控制程序设计与逻辑问题综合是相联系的。

（1）按顺序控制的人工干预情况分　有手动控制、半自动控制及自动控制。

1）手动控制。如控制的实现主要靠人工，则称这种控制为手动控制。它是最常用、最基本的控制。手动控制是用主令器件（如按钮）直接向系统发送命令来实现控制。只是在需要安全联锁的场合，要用到反馈器件，用相应的反馈信号实现联锁。

2）半自动控制。半自动控制是一旦系统人工起动，开始工作，其过程的展开是自动实现的，无需人工干预。但过程结束时，系统将自动停止工作，若需再使系统工作，还需人工起动。这种系统也很常见，它是自动控制的基础。

3）自动控制。自动控制是一旦系统人工起动，系统工作，其过程的展开是自动实现的，无需人工干预，而且可周而复始地循环进行。若需要使系统停止工作，则要人工另送入停车信号，或运用预设的停车信号。

一个系统，往往都具有这三种控制。有时系统较复杂，可能无自动控制，或者也无半自动控制，但手动控制总是有的。作为一种目标，总是要力求能对系统进行半自动，甚至自动控制。手动控制较简单，可分为组合逻辑与时序逻辑两类，其设计可用组合逻辑与时序逻辑的综合方法。半自动控制是自动控制的基础。有了半自动控制，再加上到了循环结束时，能实现自动再起动就可以实现自动控制，而这个环节的加入是不困难的。

（2）按顺序控制工作过程的确定性分　有确定顺序控制与随机顺序控制。

1）确定顺序控制。控制对象工作过程或顺序是确定的，与其对应的控制即为确定顺序控制。多数PLC梯形图程序为确定顺序控制。

确定顺序控制的设计首先要弄清确定的过程或顺序，然后再根据过程的展开或顺序的推进情况逐步地设计。

确定顺序控制有组合的，也有时序的。不过，时序的更多些，因为既然是确定的，把它设计成时序的，输入信号可以减少。

2）随机顺序控制。如果对象的工作过程或顺序不是确定的，其对应的控制即为随机顺序控制。

不确定也可理解为工作顺序是有分支的。它可依输入逻辑条件的不同，选择不同的分支。所以，随机顺序控制又可称为有分支的顺序控制。而确定顺序控制则可称为无分支的顺序控制。从逻辑的角度看，组合电路多为随机顺序控制。如设备的各种手动操作，多是随机的。但时序电路也有随机的，如控制电梯工作，某一时刻往第几层楼开，就是根据使用电梯的人的要求随机确定。

2. PLC 内部资源及指令介绍

（1）状态继电器的编号和功能　状态继电器 S 是对工序步进控制简易编程的一种常用软元件，经常与步进触点指令（STL）结合使用，其资源分配见表 4-1。

表 4-1　状态继电器资源分配

	一般用	初始化用	ITS 命令时的原点回归用	断电保持用	初始化用	ITS 命令时的原点回归用	报警器用
FX2N、FX2NC 系列	S0 ~ S499 500 点	S0 ~ S9（10 点）	S10 ~ S19（10 点）	—	—	S900 ~ S999 100 点	

状态继电器 S 与辅助继电器一样，有无数的常开、常闭触点，在顺序控制程序中可以随意使用。

此外，在不用于步进触点指令时，状态继电器 S 也与辅助继电器一样，可在一般的顺序控制程序中使用，如图 4-3 所示。

图 4-3　状态继电器应用实例

（2）步进指令　步进指令（STL/RET）是专为顺序控制而设计的指令。在工业控制领域，许多的控制过程都可用顺序控制的方式来实现，使用步进指令实现顺序控制既方便实现又便于阅读修改。

FX2N 系列 PLC 有两条步进指令：STL（步进触点指令）和 RET（步进返回指令），其功能见表 4-2。

表 4-2　步进指令功能说明

助记符、名称	功能	回路表示和可用软元件	程序步
STL 步进触点	步进梯形图开始	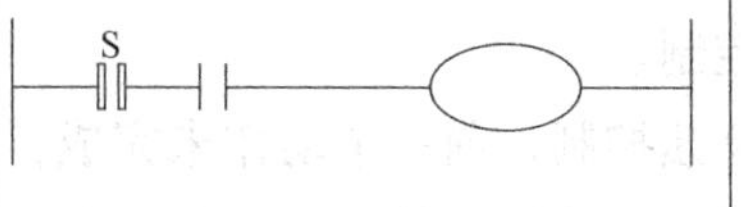 S	1
RET 步进返回	步进梯形图结束	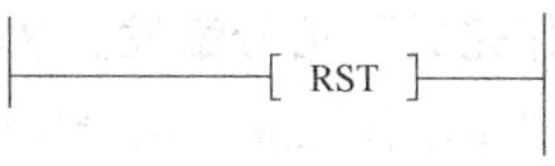 [RST]	1

步进触点指令（STL）是利用内部状态继电器，在顺序控制程序里进行工序步进控制的指令。步进返回指令（RET）是表示状态流程的结束，用于返回主程序的指令。

STL 和 RET 指令只有与状态继电器 S 配合才能具有步进功能。如 STL S200 表示状态常开触点，称为STL触点。我们用每个状态继电器S记录一个工作步，如STL S200有效（为ON），则进入S200表示的一步（类似于本步的总开关），开始执行本阶段该做的工作，并判断进入下一步的条件是否满足。一旦结束本步信号为ON，则关断S200进入下一步，如S201步。RET指令是用来复位STL指令的。执行RET后将重回母线，退出步进状态。

（3）步进指令的使用说明

1）STL触点是与左侧母线相连的常开触点，某STL触点接通，则对应的状态为活动步。

2）与STL触点相连的触点应用LD或LDI指令，只有执行完RET后才返回左侧母线。

3）STL触点可直接驱动或通过别的触点驱动Y、M、S、T等元件的线圈。

4）由于PLC只执行活动步对应的电路块，所以使用STL指令时允许双线圈输出（顺序控制程序在不同的步可多次驱动同一线圈）。

5）STL触点驱动的电路块中不能使用MC和MCR指令，但可以用CJ指令。

6）在中断程序和子程序内，不能使用STL指令。

7）从STL内的母线开始，一旦写入LD或LDI指令后，对不需要触点的指令就不能再编程。

8）不能从STL内的母线中直接使用MPS/MRD/MPP指令。

9）在STL内的母线中，对于状态继电器（S），OUT指令和SET指令具有同样的功能。

10）中断程序与子程序内不能使用STL指令。

3. 步进控制程序编程方法介绍

实现顺序控制的常见方法包括定时控制、动作控制、步进控制等，这几种方法也是进行PLC编程时经常要使用的，可以根据不同的系统和工艺要求酌情选择。下面对几种编程方法作简单比较。

定时控制比较简单，且能完成较复杂的控制，但它没有反馈，是开环控制。不论前一时间段的动作完成与否，后一时间段的控制命令照样发出。在工作可靠性要求很高的场合不适用此类控制。

动作控制是反馈控制，前一个动作未完成，后一个动作不会开始，较安全、可靠，但用它去实现较复杂的控制比较难。这里引入的步进程序，靠各步的推进实现控制，而步的推进则用“步动作完成”信号激发。这种控制可用步进行控制输出，能实现复杂动作。同时，它又有“步动作完成”信号反馈，是闭环控制，较为可靠。

三菱FX2N系列PLC具有强大的步进指令，可以方便地实现步进编程。

（1）顺序控制程序设计的步骤

1）步的划分。步是根据PLC输出量的状态划分，而PLC输出量的状态划分是根据工作过程中不同时间段的不同操作来划分的。

2）转换条件的确定。转换条件是系统从当前步进入下一步的条件，即从一个动作转换为另一个动作的条件。

3）顺序功能图的绘制。根据以上分析画出描述系统工作过程的顺序功能图（SFC）。每一步都用软元件状态（S）来表示。FX2N 系列 PLC 的软元件中共有 900 点状态（S0 ~ S899）可用于构成 SFC，其中 S0 ~ S9 用做初始状态，S10 ~ S19 用做回原点状态，S20 ~ S499 用做通用工作状态，S500 ~ S899 用做断电保持型工作状态。

4）梯形图的绘制。采用某种编程方式设计出梯形图。现在一般都采用步进梯形图指令来绘制梯形图。

（2）顺序功能图的组成要素

1）步与动作。当系统正工作于某一步时，该步处于活动状态，称为“活动步”。处于活动状态时，相应的动作被执行；处于不活动状态时，相应的非保持型动作被停止执行。

每一个顺序功能图至少应有一个初始步，它对应于系统等待起动的初始状态。（一般用要用特殊辅助继电器 M8002 来转换）

2）有向连线、转换和转换条件。有向连线上无箭头标注时，其进展方向是从上到下、从左到右。若不是上述方向，应在有向连线上用箭头标注。

转换用与有向连线垂直的短划线来表示，步与步之间用转换隔开，转换与转换之间用步隔开。

转换条件写在表示转换的短划线旁边。

3）步成为活动步应同时具备两个条件：前级步必须是活动步，并且对应的转换条件成立。

（3）顺序功能图的基本结构　根据具体的控制过程分，有单流程结构、选择性分支结构和并行分支结构。

1）单流程结构。当工作过程是一个简单的顺序动作过程时，只用单流程结构的 SFC 就足够了。

2）选择性分支结构。当工作过程需要根据当时条件的不同而进行不同的动作时，要用选择性分支结构。选择性分支在分流处的转换条件不能相同，并且转换的条件都应位于各分支中；在合流处，转换的条件也应该是在各分支中，但转换的条件不一定不同。

3）并行分支结构。当要求有几个工作流程同时进行时，要用并行分支结构。在并行分支结构中，分流处转换的条件一定是在分支之前，分支后的第一个状态前不能再有转换条件；在合流处转换的条件应该完全相同，并且不能放在分支中。

（4）顺序功能图的画法　一个顺序控制过程可分为若干个阶段，也称为步或状态，每个状态都有不同的动作。当相邻两状态之间的转换条件得到满足时，就将实现转换，即由上一个状态转换到下一个状态执行。我们常用状态转移图（功能表图）描述这种顺序控制过程。如图 4-4 所示，用状态器 S 记录每个状态，X 为转换条件。如当 X1 为

ON 时，则系统由 S20 状态转为 S21 状态。

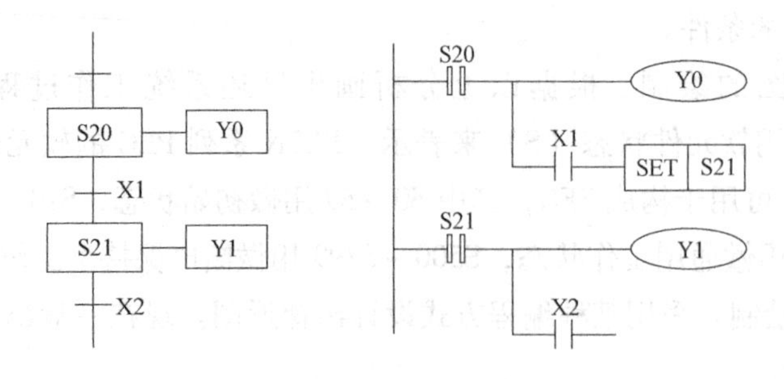

图 4-4 状态转移图与步进指令

顺序功能图中的每一步包含三个内容：本步驱动的内容、转移条件及指令的转换目标。如图 4-4 中 S20 步驱动 Y0，当 X1 有效（为 ON）时，则系统由 S20 状态转为 S21 状态，X1 即为转换条件，转换的目标为 S21 步。

（5）画顺序功能图的注意事项

1）两个步绝对不能直接相连，必须用一个转换将它们隔开。

2）两个转换也不能直接相连，必须用一个步将它们隔开。

3）顺序功能图中的初始步不能少。

4）在连续循环工作方式时，应从最后一步返回下一个工作周期开始运行的第一步。

5）无论是选择性分支结构还是并行分支结构，每次的分支数量不能超过 8 条，总计不超过 16 条。

任务实施

1. 控制要求分析及提示

注意，本任务中起动按钮 X0 不在实验模块上，所以在后面的任务实施过程中没有包括 X0 起动信号，但是在编写 PLC 程序中是要用到 X0 起动信号的，调试操作时请按照调试要求操作 X0 起动信号进行调试。

2. I/O 资源分配

自控成型机的 I/O 分配见表 4-3。

表 4-3 自控成型机的 I/O 分配表

I/O 口	说明	I/O 口	说明
X1	位置开关 S1	Y1	电磁阀 YV1
X2	位置开关 S2	Y2	电磁阀 YV2
X3	位置开关 S3	Y3	电磁阀 YV3
X4	位置开关 S4	Y4	电磁阀 YV4
X5	位置开关 S5		
X6	位置开关 S6		

3. I/O 接线图设计

自控成型机的 I/O 接线图如图 4-5 所示。

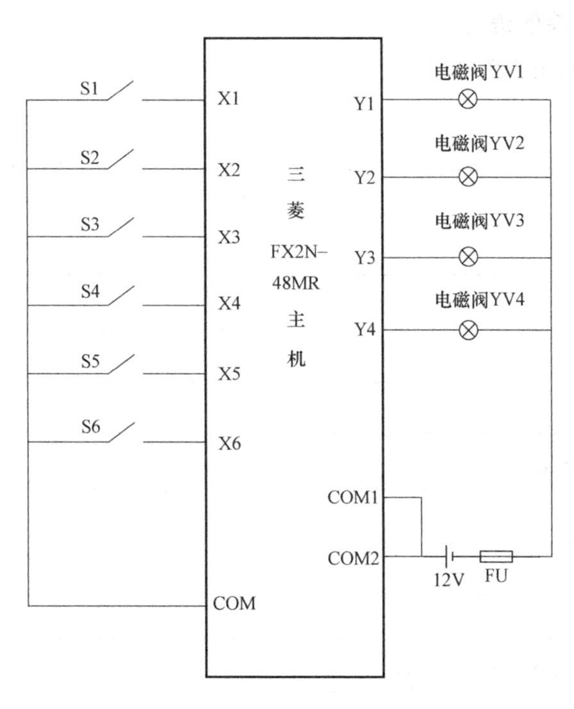

图 4-5 自控成型机的 I/O 接线图

4. 实训设备外部接线图

将电源置于关状态，严格按图 4-6 所示的实训设备外部接线图接线，注意 12V 电源

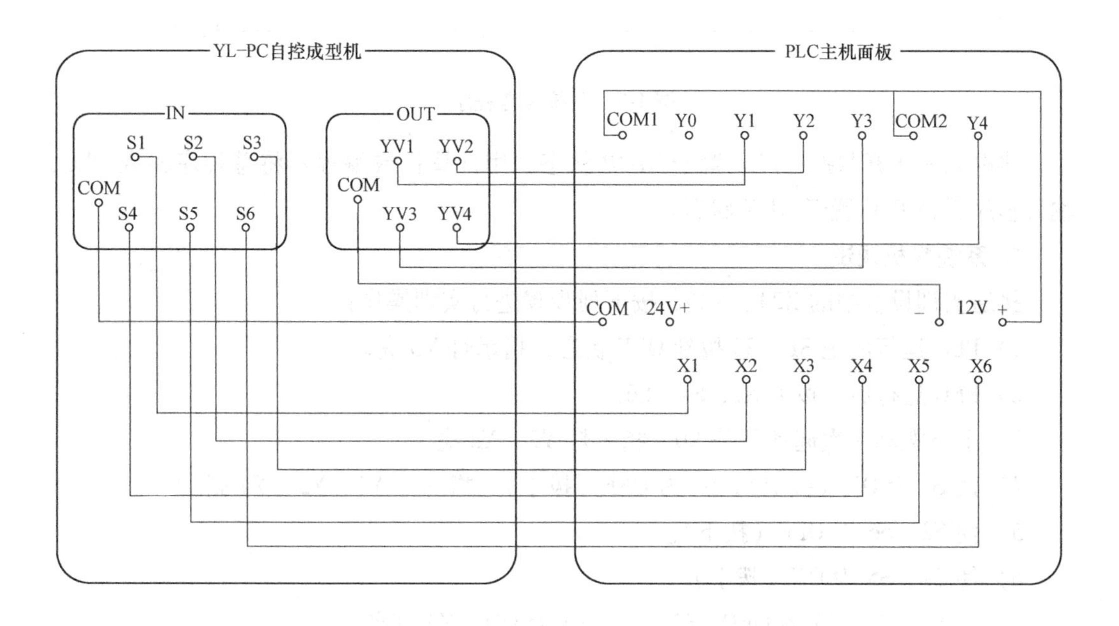

图 4-6 自控成型机的实训设备外部接线图

的正负极不要短接，电路不要短路，否则会损坏 PLC 触点。

先将 PLC 的电源线插进 PLC 正面的电源孔中，再将另一端插到 220V 电源插板。

5. PLC 应用程序的编写

系统参考程序如图 4-7 所示。

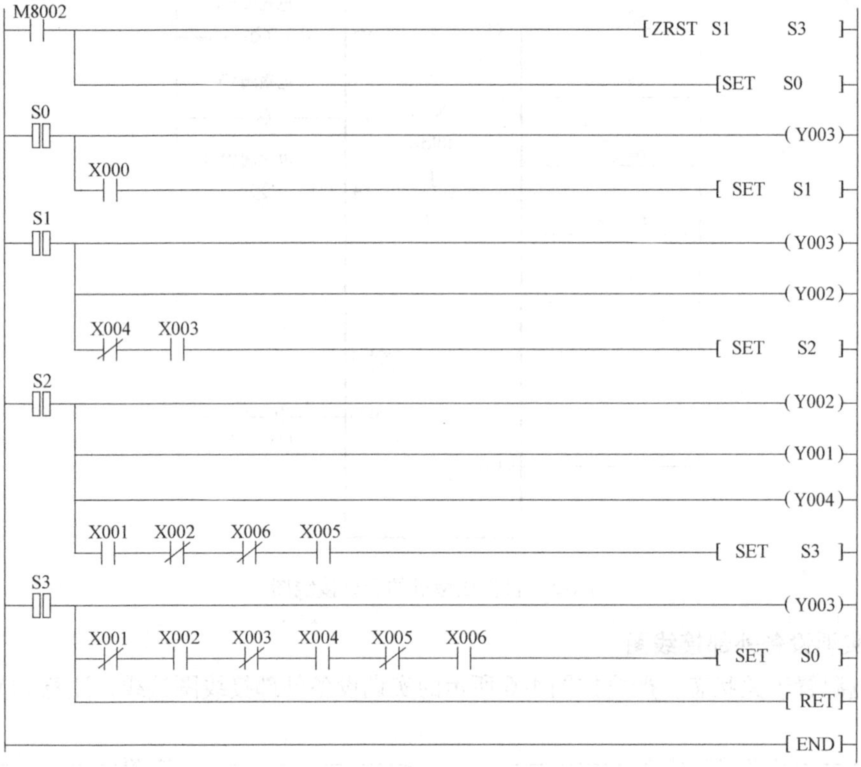

图 4-7 系统参考程序

将电源置于开状态，PLC 置于 STOP 状态，用计算机或编程器将总程序输入 PLC，输好程序后将 PLC 置于 RUN 状态。

6. 系统整机调试

接通实训设备中的 X24、X26，按下列步骤进行实训操作：

1）PLC 运行前把 S1～S6 拨到 OFF 状态，指示灯 Y3 亮。

2）PLC 运行后，拨上 S2、S4、S6。

3）上下拨动一次起动开关 X0，指示灯 Y2、Y3 亮。

4）使 S3 为 ON（拨上），S4 为 OFF（拨下），指示灯 Y1、Y2、Y4 亮。

5）使 S2、S6 为 OFF（拨下）。

6）使 S1、S5 为 ON（拨上）。

7）使 S1、S3、S5 为 OFF，S2、S4、S6 为 ON，Y3 灯亮。

8）S1～S6 均有指示灯，灯亮为 ON，灯灭为 OFF。

考核评价

序号	评价指标	评 价 内 容	分值	学生自评	小组评分	教师评分
1	系统资源分配	能够合理的分配 PLC 内部资源	10			
2	实验电路设计与连接	电路设计正确	10			
		能正确进行电路设计及连接	10			
		电路的连接符合工艺要求	10			
3	PLC 内部资源及基本指令的掌握	能够理解各内部资源的功能	5			
		掌握本任务中用到的指令应用	5			
		能够选择合理的指令进行编程	10			
4	PLC 程序的编写	掌握顺序控制 PLC 程序设计方法	5			
		掌握编程软件的使用,能够根据控制要求设计完整的 PLC 程序	15			
		能够完成程序的下载调试	5			
5	整机调试	能够根据实验步骤完成工作任务	10			
		能够在调试过程中完善系统功能	5			
总　分			100			
问题记录和解决方法	记录任务实施中出现的问题和采取的解决方法					

任务二　电镀生产线的控制

任务描述

在电镀生产线左侧，工人将零件装入行车的吊篮并发出自动起动信号，行车提升吊篮并自动前进，按工艺要求在需要停留的槽位停止，并自动下降。停留一段时间后吊篮自动上升，如此完成工艺规定的每一道工序直至生产线末端，行车便自动返回原始位置，并由工人装卸零件。

电镀生产线控制的工作过程如图 4-8 所示。

工作流程如下：

原位：表示设备处于初始状态，吊钩在下限位置，行车在左限位置。

自动工作过程：起动→吊钩上升→上限行程开关闭合→右行至 1 号槽→XK1 行程开关闭合→吊钩下降进入 1 号槽内→下限行程开关闭合→电镀延时→吊钩上升→……。吊钩从 3 号槽内上升，左行至左限位，最后下降至下限位（即原位）。

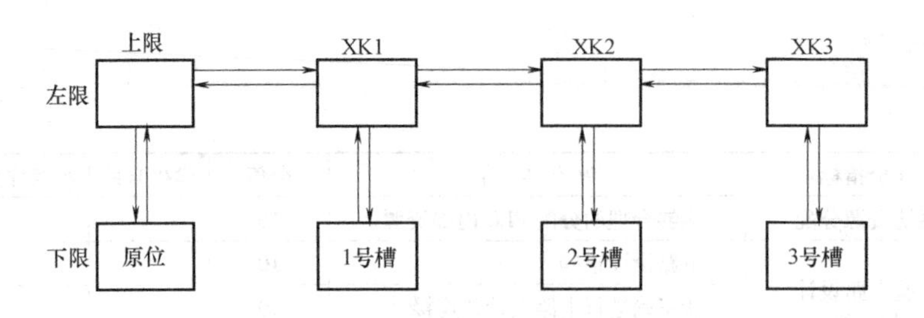

图4-8 电镀生产线控制的工作过程

连续工作：当吊钩回到原点后，延时一段时间（装卸零件），自动上升右行。按照工作流程要求不停地循环。按动停止按钮，设备并不立即停止工作，而是返回原点后停止工作。

单周期操作：设备始于原点，按下起动按钮后工作一个周期，然后停于原点。要重复第二个工作周期，必须再按一下起动按钮。按下停止按钮后，设备立即停车，按下起动按钮后，设备继续运行。

步进操作：每按下起动按钮，设备只向前运行一步。

相关知识

1. 电镀生产线简介

电镀生产线是指工业产品电镀工艺过程中所有电镀设备的统称，电镀工艺必须按照先后顺序来完成，也叫电镀生产流水线或电镀流水线。电镀生产线包括全自动电镀生产线和手动、半自动电镀生产线；按照电镀方式来又可以分为挂镀、滚镀、连续镀、刷镀生产线等。

电镀生产线适用于贵金属电镀，如镀镍、镀银、镀金等，包括整套工艺的电镀槽、水槽以及生产线周边的电镀设备，包括整流电源、高精度耐酸碱电镀过滤机、隧道烘干炉、燃油加热炉、工业纯水机、冷冻机以及废气处理抽风系统等。

2. 脉冲指令

脉冲指令包括脉冲上升沿指令（PLS）和脉冲下降沿指令（PLF）。触点也有上升沿、下降沿。

使用PLS指令时，仅在条件从OFF→ON的瞬间结果输出一个扫描周期。

使用PLF指令时，仅在条件从ON→OFF的瞬间结果输出一个扫描周期。

图4-9中，当X0由断开到接通，PLS指令使M0线圈接通一个扫描周期，即当X0接通，M0线圈只接通一个扫描周期，其常开触点接通一个扫描周期，使Y0置位。当X1接通时，M1线圈不会动作，只有当X1由接通到断开的时候，M1线圈才接通一个扫描周期，其触点也接通一个扫描周期，使Y0复位。图4-10所示为此程序动作的时序图。

例题：

要求：现有一个按钮X0，一个指示灯Y0，当第一次按下X0后，指示灯Y0长亮；当第二次按下X0后，Y0灭；第三次按下后，Y0又亮；如此循环动作，实现单按钮控制。

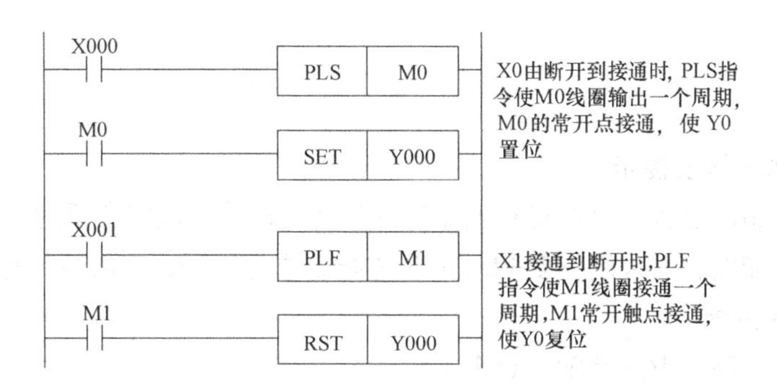

图4-9　脉冲指令示例

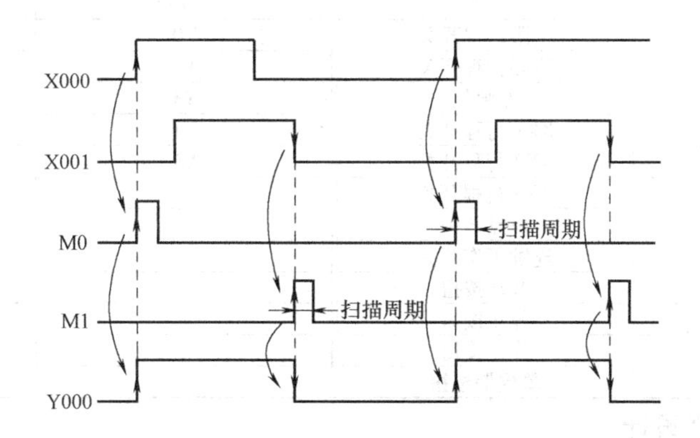

图4-10　图4-11所示程序的时序图

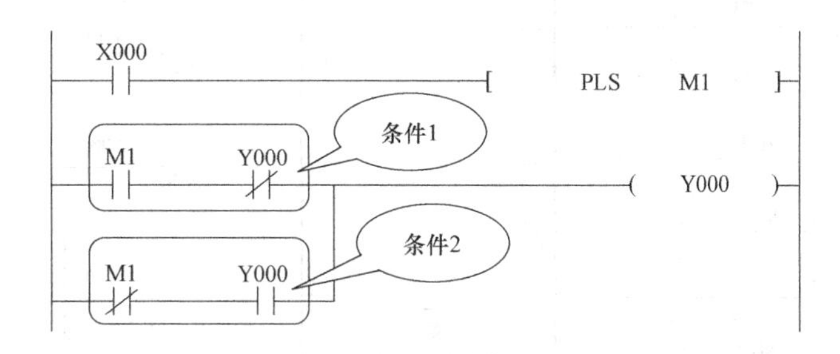

图4-11　例题程序

程序如图4-11所示。

图4-11所示程序中，驱动Y000接通的是“条件1”及“条件2”。只要“条件1”或“条件2”中满足一个，Y000则接通；“条件1”或“条件2”都不满足，Y000则断开。下面是根据程序分析的过程：

当Y000断开时，按下X000，则M1接通一个周期，M1接通后通过“条件1”驱动Y000接通，因此在第一个扫描周期内Y000接通，以后的扫描周期内M1为断开状态，则通过“条件2”把Y000接通的状态保持。

当Y000接通后，按下X000，则M1又接通一个周期，M1接通后，“条件1”不满足，“条件2”也不满足，因此Y000断开。

任务实施

1. 控制要求分析及提示

本任务在实施的过程中要注意对工作过程状态的代分，确定合适的工艺流程实现方案，画出顺序功能图，并采用三菱 PLC 的步进指令进行编程，完成整机程序的编写。

2. I/O 资源分配

电镀生产线控制的 I/O 分配见表 4-4。

表 4-4 电镀生产线控制的 I/O 分配表

I/O 口	说明	I/O 口	说明
X0	上限行程开关	Y0	上升
X1	下限行程开关	Y1	下降
X2	左限位	Y3	右行
X3	XK1 行程开关	Y4	左行
X4	XK2 行程开关	Y5	原位
X5	XK3 行程开关		
X6	原点开关		
X7	连续工作开关		
X10	起动按扭		
X11	停止按钮		
X12	步进按钮		
X13	单周期按扭		

3. I/O 接线图设计

电镀生产线控制的 I/O 接线图如图 4-12 所示。

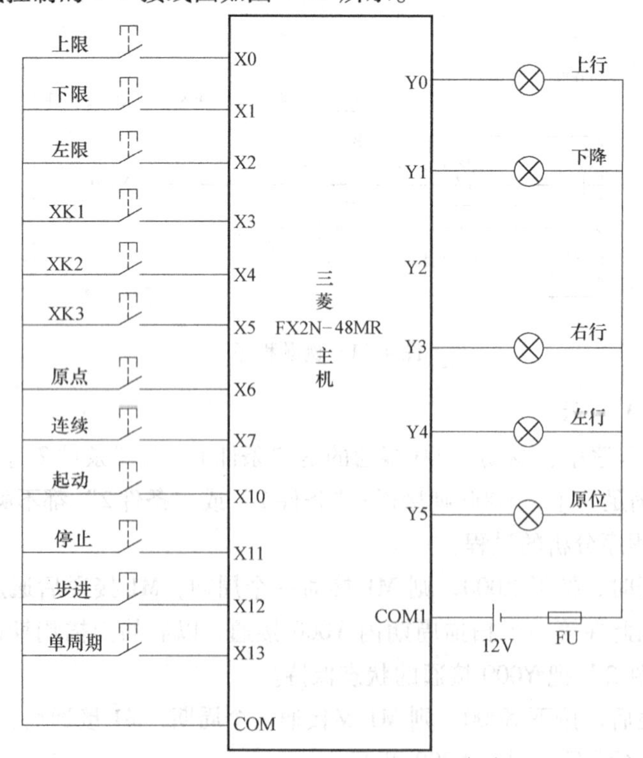

图 4-12 电镀生产线控制的 I/O 接线图

4. 实训设备外部接线图

将电源置于关状态，严格按图 4-13 所示的实训设备外部接线图接线，注意 12V 电源的正负极不要短接，电路不要短路，否则会损坏 PLC 触点。

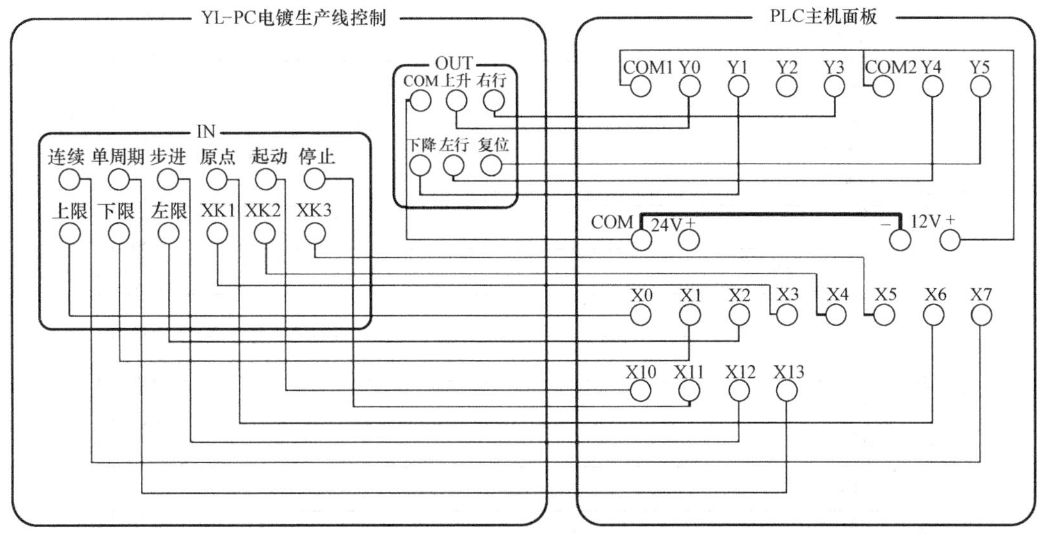

图 4-13　电镀生产线实训设备外部接线图

先将 PLC 的电源线插进 PLC 正面的电源孔中，再将另一端插到 220V 电源插板。

5. PLC 应用程序的编写

系统参考程序如图 4-14 所示。

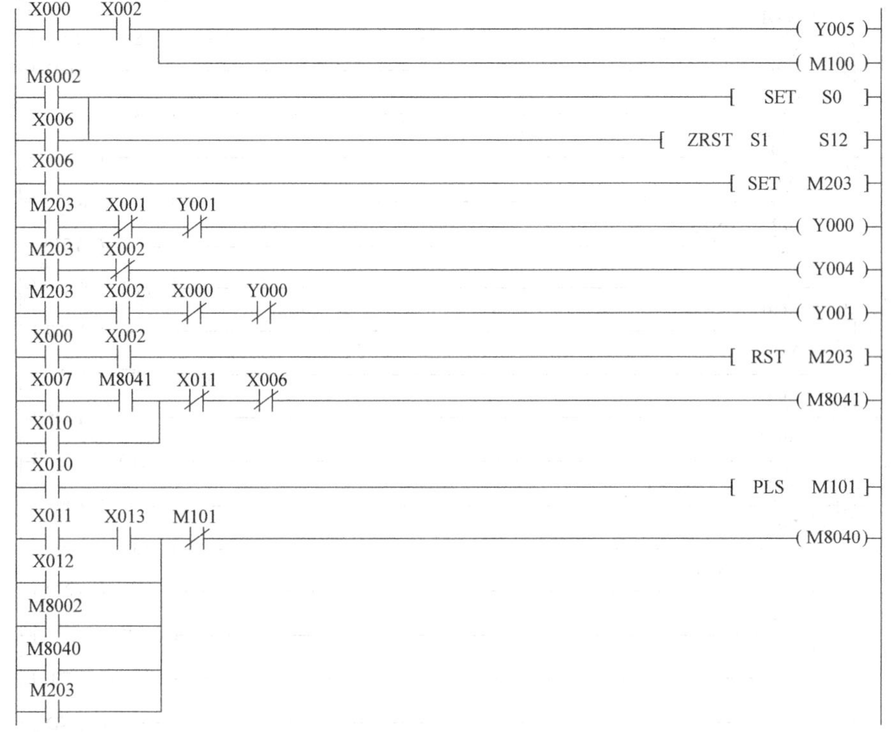

图 4-14　系统参考程序

X013 X011 X010 X006 (M8034)
M8034
S0 M8041 M100 [SET S1]
S1 X001 (Y000)
X001 [SET S2]
S2 X003 (Y003)
X003 [SET S3]
S3 X000 (Y001)
X000 (T0 K30)
T0 X000 (Y011)
T0 [SET S4]
S4 X001 (Y000)
X001 [SET S5]
S5 X004 (Y003)
X004 [SET S6]
S6 X000 (Y001)
X000 (T1 K30)
T1 X000 (Y012)
T1 [SET S7]
S7 X001 (Y000)
X001 [SET S8]
S8 X005 (Y003)
X005 [SET S9]
S9 X000 (Y001)
X000 (T2 K30)
T2 X000 (Y013)
T2 [SET S10]
S10 X001 (Y000)
X001 [SET S11]
S11 X002 (Y004)
X002 [SET S12]
S12 X000 (Y001)
X000 (T3 K40)
T3 X000 (Y010)
T3 [SET S0]
[RET]
[END]

图 4-14 系统参考程序（续）

将电源置于开状态，PLC 置于 STOP 状态，用计算机或编程器将总程序输入 PLC，输好程序后将 PLC 置于 RUN 状态。

6. 系统整机调试

接通实训设备中的 X25、X26，PLC 运行后，操作过程如下：

1）按下原点开关，使设备处于初始位置，即零件位于左下方，此时原点指示灯亮。

2）按下连续工作开关，再按“起动”按钮，使设备连续工作，观察设备的工作过程。按停止按钮，观察设备如何停止。

3）按下单周期按钮，选择单周期工作方式，按起动按钮，设备工作一个周期后，应停于原位，在设备工作过程中按停止按钮，观察设备是否立即停止，再按下起动按钮，观察设备是否继续工作。

4）按下步进开关，选择单步工作方式，每按一下起动按钮，设备只工作一步。

考核评价

序号	评价指标	评 价 内 容	分值	学生自评	小组评分	教师评分
1	系统资源分配	能够合理的分配 PLC 内部资源	10			
2	实验电路设计与连接	电路设计正确	10			
		能正确进行电路设计及连接	10			
		电路的连接符合工艺要求	10			
3	PLC 内部资源及基本指令的掌握	能够理解各内部资源的功能	5			
		掌握本任务中用到的指令应用	5			
		能够选择合理的指令进行编程	10			
4	PLC 程序的编写	掌握顺序控制 PLC 程序设计方法	5			
		掌握编程软件的使用，能够根据控制要求设计完整的 PLC 程序	15			
		能够完成程序的下载调试	5			
5	整机调试	能够根据实验步骤完成工作任务	10			
		能够在调试过程中完善系统功能	5			
总 分			100			
问题记录和解决方法	记录任务实施中出现的问题和采取的解决方法					

项目五
步进电动机控制的实现

学习目标

1. 掌握本项目涉及的三菱 FX2N 系列 PLC 的各软元件的功能、用法。
2. 掌握本项目涉及的三菱 FX2N 系列 PLC 高级功能指令的应用。
3. 掌握步进电动机的基础知识及工作原理。
4. 掌握 PLC 对步进电动机控制的基本应用。
5. 完成项目给出的步进电动机控制要求。

项目概述

本项目着重对步进电动机的 PLC 控制系统进行讲解。步进电动机的拍数控制采用步进指令，实现四相双四拍控制的独立模块，按照指令执行相应的模块即可。正、反转控制是用一个输出继电器实现输出脉冲顺序的控制。速度的控制就是对输出脉冲时间的控制，本设计用时间继电器指令、移位指令、步进指令等实现。采用 PLC 控制步进电动机可以用很低的成本实现很复杂的控制方案，而且由于 PLC 编程的灵活性，使修改控制方案成为轻而易举的事情，只要重新编程序即可。

任务　步进电动机的控制

任务描述

1. 步进电动机控制要求

步进电动机的控制方式是采用四相双四拍的控制方式，每步旋转 15°，每周走 24 步。

步进电动机反转供电时序图如图 5-1 所示。

步进电动机正转供电时序图如图 5-2 所示。

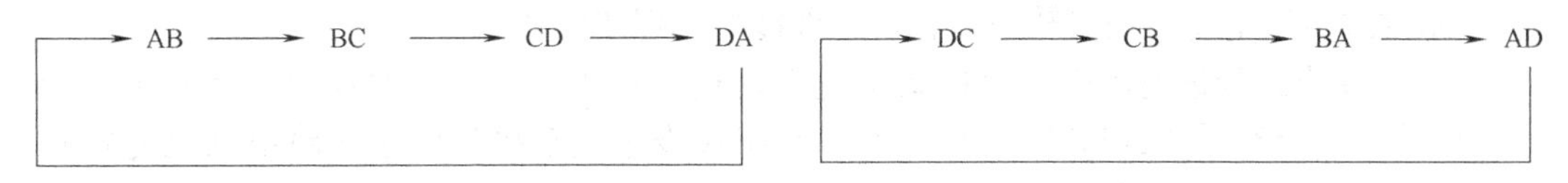

图 5-1 步进电动机反转供电时序图

图 5-2 步进电动机正转供电时序图

2. 步进电动机单元中一些开关的功能

(1) 起动/停止开关——控制步进电动机起动或停止。

(2) 正转/反转开关——控制步进电动机正转或反转。

(3) 速度开关——控制步进电动机连续运转，其中：

速度开关 S 的速度为 0（此状态为单步状态）。

速度开关 N1 的速度为 6. 25r/min（脉冲周期为 400ms）。

速度开关 N2 的速度为 15. 6r/min（脉冲周期为 160ms）。

速度开关 N3 的速度为 62. 5r/min（脉冲周期为 40ms）。

(4) 单步按钮，当速度开关置于速度Ⅳ档时，按一下手动按钮，电动机运行一步。

相关知识

一、步进电动机基础知识介绍

1. 认识步进电动机

步进电动机是将电脉冲信号转变为角位移或线位移的开环控制元步进电动机件。在非超载的情况下，电动机的转速、停止的位置只取决于脉冲信号的频率和脉冲数，而不受负载变化的影响，当步进驱动器接收到一个脉冲信号，它就驱动步进电动机按设定的方向转动一个固定的角度，称为“步距角”，它的旋转是以固定的角度一步一步运行的。可以通过控制脉冲个数来控制角位移量，从而达到准确定位的目的；同时可以通过控制脉冲频率来控制电动机转动的速度和加速度，从而达到调速的目的。

步进电动机是一种感应电动机，它的工作原理是利用电子电路，将直流电变成分时供电的多相时序控制电流，用这种电流为步进电动机供电，步进电动机才能正常工作，驱动器就是为步进电动机分时供电的多相时序控制器。

虽然步进电动机已被广泛地应用，但步进电动机并不能像普通的直流电动机、交流电动机在常规下使用。它必须由双环形脉冲信号、功率驱动电路等组成控制系统方可使用。因此用好步进电动机确非易事，它涉及机械、电动机、电子及计算机等许多专业知识。

步进电动机作为执行元件，是机电一体化的关键产品之一，广泛应用在各种自动化控制系统中。随着微电子和计算机技术的发展，步进电动机的需求量与日俱增，在各个国民经济领域都有应用。

2. 步进电动机的分类

现在比较常用的步进电动机包括永磁式步进电动机（PM）、反应式步进电动机（VR）、混合式步进电动机（HB）和单相式步进电动机等。

(1) 永磁式步进电动机 永磁式步进电动机一般为两相，转矩和体积较小，步进角一般为 7. 5°或 15°。

永磁式步进电动机输出转矩大，动态性能好，但步距角大。

（2）反应式步进电动机　反应式步进电动机一般为三相，可实现大转矩输出，步进角一般为1.5°，但噪声和振动都很大。反应式步进电动机的转子磁路由软磁材料制成，定子上有多相励磁绕组，利用磁导的变化产生转矩。

反应式步进电动机结构简单，生产成本低，步距角小；但动态性能差。

（3）混合式步进电动机　混合式步进电动机综合了永磁式、反应式步进电动机两者的优点，它的步距角小，输出转矩大，动态性能好，是目前性能最好的步进电动机。它有时也称为永磁感应子式步进电动机。它又分为两相和五相：两相步进角一般为1.8°，而五相步进角一般为0.72°。这种步进电动机的应用最为广泛。

3. 动态指标及术语

1）步距角精度：步进电动机每转过一个步距角的实际值与理论值的误差。用百分比表示：误差/步距角×100%。不同运行拍数其值不同，四拍运行时应在5%之内，八拍运行时应在15%以内。

2）失步：电动机运转时运转的步数，不等于理论上的步数。

3）失调角：转子齿轴线偏移定子齿轴线的角度，电动机运转必存在失调角，由失调角产生的误差，采用细分驱动是不能解决的。

4）最大空载起动频率：电动机在某种驱动形式、电压及额定电流下，在不加负载的情况下，能够直接起动的最大频率。

5）最大空载的运行频率：电动机在某种驱动形式、电压及额定电流下，不带负载的最高转速频率。

6）运行矩频特性：电动机在某种测试条件下测得运行中输出转矩与频率关系的曲线称为运行矩频特性，这是电动机诸多动态曲线中最重要的，也是电动机选择的根本依据。其他特性还有惯频特性、起动频率特性等。电动机一旦选定，电动机的静态转矩确定，而动态转矩却不然，电动机的动态转矩取决于电动机运行时的平均电流（而非静态电流），平均电流越大，电动机输出转矩越大，即电动机的频率特性越硬。

7）电动机的共振点：步进电动机均有固定的共振区域，二、四相感应子式的共振区一般在180～250pps之间（步距角1.8°）或在400pps左右（步距角为0.9°），电动机驱动电压越高，电动机电流越大，负载越轻，电动机体积越小，则共振区越向上偏移，反之亦然，为使电动机输出转矩大、不失步和整个系统的噪声降低，一般工作点均应偏移共振区较多。

8）电动机正反转控制：电动机绕组通电时序为AB-BC-CD-DA时为正转，通电时序为AD-DC-CB-BA时为反转。

4. 步进电动机的特点

1）一般步进电动机的精度为步进角的3%～5%，且不累积。

2）步进电动机外表允许的温度不能过高。

步进电动机温度过高首先会使电动机的磁性材料退磁，从而导致转矩下降乃至于失步，因此电动机外表允许的最高温度应取决于不同电动机磁性材料的退磁点；一般来讲，磁性材料的退磁点都在130℃以上，有的甚至高达200℃以上，所以步进电动机外表温度在80～90℃完全正常。

3）步进电动机的转矩会随转速的升高而下降。

当步进电动机转动时，电动机各相绕组的电感将形成一个反向电动势；频率越高，反向电动势越大。在它的作用下，电动机相电流随频率（或速度）的增大而减小，从而导致转矩下降。

4）步进电动机低速时可以正常运转，但若高于一定速度就无法起动，并伴有啸叫声。

步进电动机有一个技术参数：空载起动频率，即步进电动机在空载情况下能够正常起动的脉冲频率，如果脉冲频率高于该值，电动机不能正常起动，可能发生丢步或堵转。在有负载的情况下，起动频率应更低。如果要使电动机达到高速转动，脉冲频率应该有加速过程，即起动频率较低，然后按一定加速度升到所希望的高频（电动机转速从低速升到高速）。

步进电动机以其显著的特点，在数字化制造时代发挥着重大的用途。伴随着不同的数字化技术的发展以及步进电动机本身技术的提高，步进电动机将会在更多的领域得到应用。

二、三菱 PLC 数据组合的方法及应用

在 PLC 数据处理的编程中除了会用到数据寄存器 D 以外，还可能会用到其他数据结构，可以由各种单一的软元件组合构成。

三菱 FX 系列 PLC 常用的软元件，其中输入 X、输出 Y、辅助继电器 M、状态继电器 S 等只有通和断两种状态，我们把这些软元件称为“位软元件”。定时器 T、计数器 C、数据寄存器 D 等能处理不同数据数值的软元件，称为“字软元件”。一个字软元件由 16 位二进制数组成。其范围是 -32768 ~ 32767，其中最高位是符号位。1 表示负数，0 表示正数。位软元件的数据范围为 0 ~ 1。即使是位元件也可以通过组合使用，处理数值。在三菱 PLC 中，采用 4 位为单位，以位数 Kn 和起始的软元件号的组合来表示。例如：

K1X3 表示从 X3 开始的 4 位输入信号的组合，即 X3、X4、X5、X6 的组合。

K2Y1 表示从 Y1 开始的 8 位输出信号的组合，即 Y1、Y2、Y3、Y4、Y5、Y6、Y7、Y10 的组合。

K3M6 表示从 M6 开始的 12 位内部继电器的组合，即 M6、M7、M8、M9、M10、M11、M12、M13、M14、M15、M16、M17 的组合。

通过这样的组合，可以把几个连续的元件用一个表达式表示。可以简化程序，如图 5-3 所示的 PLC 程序可以化简为图 5-4 所示的程序。

X001　Y003
X002　Y004
X003　Y005
X004　Y006

图 5-3　程序梯形图

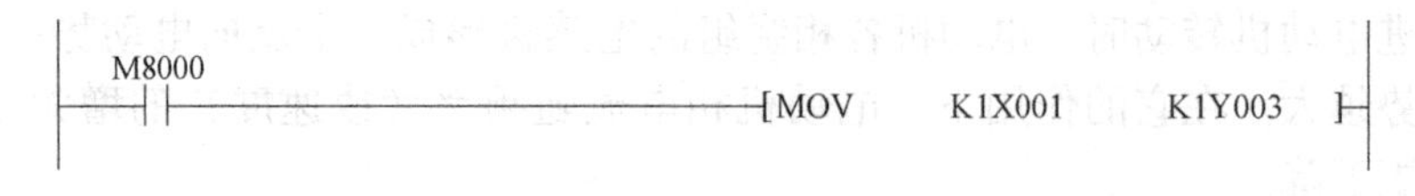

图 5-4 化简梯形图

如图 5-4 所示，其中 M8000 是一个特殊继电器，PLC 运行后一直接通 K1X001 即为 X1、X2、X3、X4，K1Y3 即为 Y3、Y4、Y5、Y6，程序［MOV K1X1 K1Y3］即把 X1、X2、X3、X4 传送到 Y3、Y4、Y5、Y6，传送过程，即把 X1 的状态传到 Y3，X2 的状态传到 Y4，X3 的状态传到 Y5，X4 的状态传到 Y6，也就与以上的程序等效。

三、PLC 应用指令介绍

1. ROR 右回转指令

程序举例：

ROR 右回转指令程序示例如图 5-5 所示。

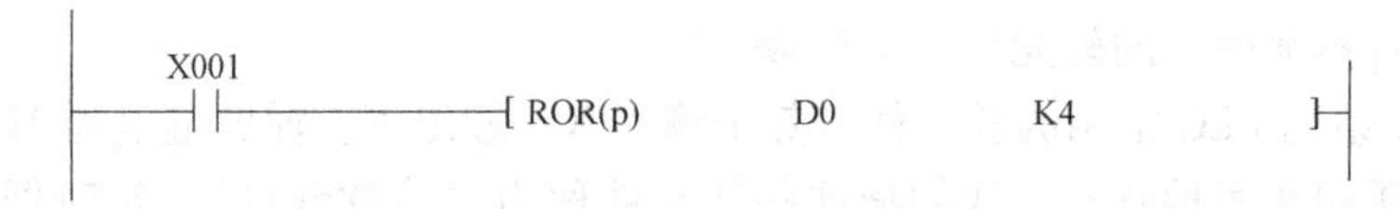

图 5-5 ROR 右回转指令程序示例

X001 每接通一次，则 D0 向右回转 4 位，最终位被存入进位标志中。右回转指令功能示意图如图 5-6 所示。

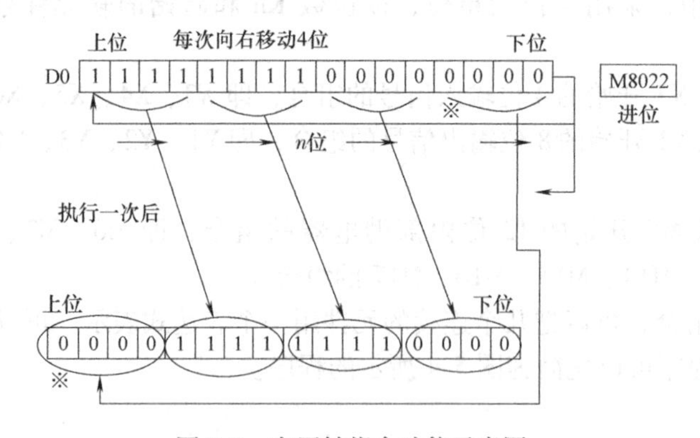

图 5-6 右回转指令功能示意图

连续执行型指令在每个扫描周期都进行回转动作，需务必注意。

2. ROL 左回转指令

程序举例：

ROL 左回转指令程序示例如图 5-7 所示。

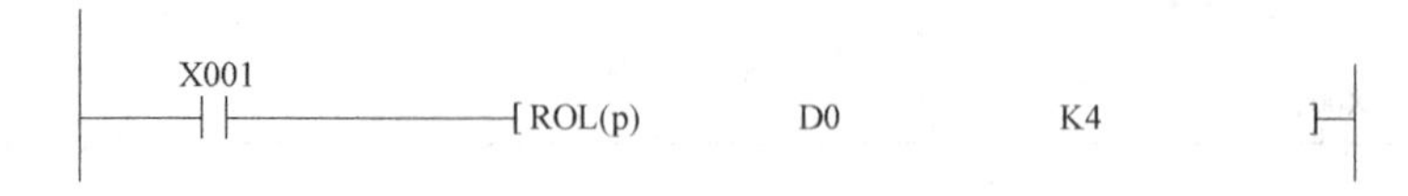

图 5-7 ROL 左回转指令程序示例

X001 每接通一次，则 D0 向左回转 4 位，最终位被存入进位标志中。左回转指令功能示意图如图 5-8 所示。

连续执行型指令在每个扫描周期都进行回转动作，需务必注意。

3. SFTR 位右移指令

可参照项目一任务一指令介绍。

4. SFTL 位左移指令

可参照项目一任务一指令介绍。

四、步进电动机控制方法

本节以 Kinco 三相步进电动机 3S57Q-04056 型号为基础，介绍步进电动机的使用方法。

1. 步进电动机应用的主要参数

（1）步进电动机的固有步距角　它表示控制系统每发一个步进脉冲信号，电动机所转动的角度。电动机出厂时给出了一个步距角的值，如 86BYG250A 型电动机给出的值为 0.9°/1.8°（表示半步工作时为 0.9°、整步工作时为 1.8°），这个步距角可以称为电动机固有步距角，它不一定是电动机实际工作时的真正步距角，真正的步距角和驱动器有关。

通常步进电动机步距角 β 按下式计算：

$$\beta = 360° / (Z \cdot m \cdot K)$$

式中　β——步进电动机的步距角；

Z——转子齿数；

m——步进电动机的相数；

K——控制系数，是拍数与相数的比例系数。

（2）步进电动机的相数　它是指电动机内部的线圈组数，目前常用的有二相、三相、四相、五相步进电动机。电动机相数不同，其步距角也不同，一般二相电动机的步距角为 0.9°/1.8°、三相的为 0.75°/1.5°、五相的为 0.36°/0.72°。在没有细分驱动器时，用户主要靠选择不同相数的步进电动机来满足自己步距角的要求。如果使用细分驱动器，则相数将变得没有意义，用户只需在驱动器上改变细分数，就可以改变步距角。

（3）保持转矩　它是指步进电动机通电但没有转动时，定子锁住转子的转矩。它是步进电动机最重要的参数之一，通常步进电动机在低速时的转矩接近保持转矩。由于步进电动机的输出转矩随速度的增大而不断衰减，输出功率也随速度的增大而变化，所以保持转矩就成为了衡量步进电动机最重要的参数之一。比如，当人们说 2N · m 的步进电动机，在没有特殊说明的情况下是指保持转矩为 2N · m 的步进电动机。

2. 步进电动机的工作原理

下面以最简单的三相反应式步进电动机为例，简介步进电动机的工作原理。

图 5-8 是一台三相反应式步进电动机的原理图。定子铁心为凸极式，共有三对（六个）磁极，每两个空间相对的磁极上绕有一相控制绕组。转子用软磁性材料制成，也是凸极结构，只有四个齿，齿宽等于定子的极宽。

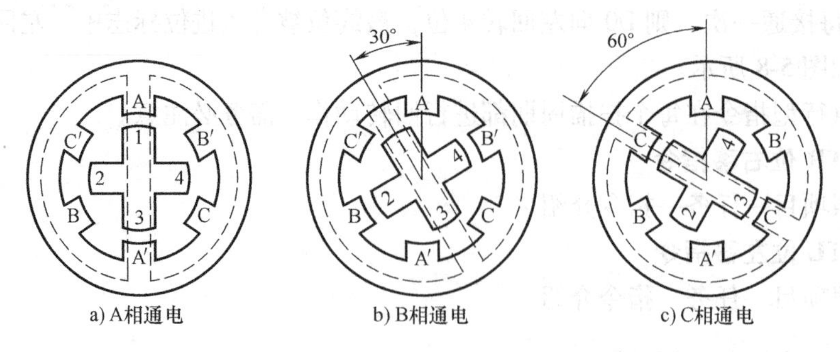

图 5-8 三相反应式步进电动机的原理图

当 A 相控制绕组通电，其余两相均不通电时，电动机内建立以定子 A 相极为轴线的磁场。由于磁通具有力图走磁阻最小路径的特点，使转子齿 1、3 的轴线与定子 A 相极轴线对齐，如图 5-8a 所示。若 A 相控制绕组断电、B 相控制绕组通电时，转子在反应转矩的作用下，逆时针转过 30°，使转子齿 2、4 的轴线与定子 B 相极轴线对齐，即转子走了一步，如图 5-8b 所示。若断开 B 相，使 C 相控制绕组通电，转子逆时针方向又转过 30°，使转子齿 1、3 的轴线与定子 C 相极轴线对齐，如图 5-8c 所示。如此按 A—B—C—A 的顺序轮流通电，转子就会一步一步地按逆时针方向转动。其转速取决于各相控制绕组通电与断电的频率，旋转方向取决于控制绕组轮流通电的顺序。若按 A—C—B—A 的顺序通电，则电动机按顺时针方向转动。上述通电方式称为三相单三拍。“三相”是指三相步进电动机；“单三拍”是指每次只有一相控制绕组通电；控制绕组每改变一次通电状态称为一拍，“三拍”是指改变三次通电状态为一个循环。把每一拍转子转过的角度称为步距角。三相单三拍运行时，步距角为 30°。显然，这个角度太大，不能付诸实用。

如果把控制绕组的通电方式改为 A→AB→B→BC→C→CA→A，即一相通电接着二相通电间隔地轮流进行，完成一个循环需要经过六次改变通电状态，称为三相单、双六拍通电方式。当 A、B 两相绕组同时通电时，转子齿的位置应同时考虑到两对定子极的作用，只有 A 相极和 B 相极对转子齿所产生的磁拉力相平衡的中间位置，才是转子的平衡位置。这样，单、双六拍通电方式下转子平衡位置增加了一倍，步距角为 15°。

进一步减少步距角的措施是采用定子磁极带有小齿、转子齿数很多的结构，分析表明，这样结构的步进电动机，其步距角可以做得很小。一般地说，实际的步进电动机产品，都采用这种方法实现步距角的细分。

例如 Kinco 三相步进电动机 3S57Q-04056，它的步距角是在整步方式下为 1.8°，半步方式下为 0.9°。除了步距角外，步进电动机还有例如保持转矩、阻尼转矩等技术参数，这些参数的物理意义请参阅有关步进电动机的专门资料。3S57Q-04056 的部分技术参数见表 5-1。

表 5-1 3S57Q-04056 的部分技术参数

参数名称	步距角	相电流/A	保持转矩	阻尼转矩	电动机惯量
参数值	1.8°	5.8	1.0N · m	0.04N · m	0.3kg · cm^2

3. 步进电动机的安装和接线

步进电动机的使用，一是要注意正确的安装，二是要注意正确的接线。

安装步进电动机，必须严格按照产品说明的要求进行。步进电动机是一种精密装置，安装时注意不要敲打它的轴端，更千万不要拆卸电动机。

不同的步进电动机的接线有所不同，3S57Q-04056 的接线图如图 5-9 所示，三个相绕组的六根引出线，必须按头尾相连的原则连接成三角形。改变绕组的通电顺序就能改变步进电动机的转动方向。

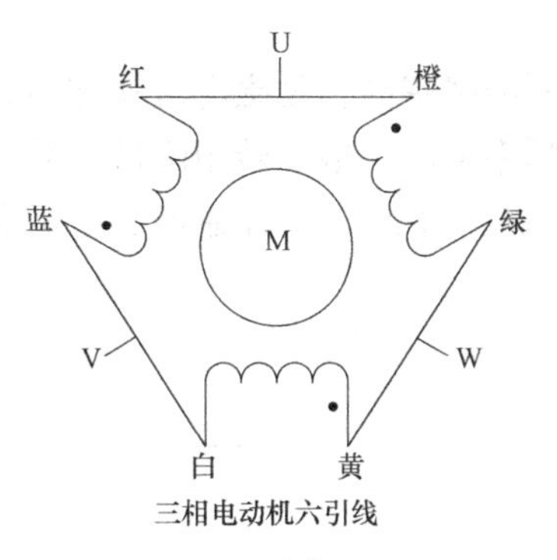

线色	电动机信号
红色	U
橙色	
蓝色	V
白色	
黄色	W
绿色	

图 5-9　3S57Q-04056 的接线图

4. 步进电动机的驱动装置介绍

步进电动机需要专门的驱动装置（驱动器）供电，驱动器和步进电动机是一个有机的整体，步进电动机的运行性能是电动机及其驱动器二者配合所反映的综合效果。

一般来说，每一台步进电动机大都有其对应的驱动器，例如，Kinco 三相步进电动机 3S57Q-04056 与之配套的驱动器是 Kinco 3M458 三相步进电动机驱动器。

步进电动机驱动器的功能是接收来自控制器（PLC）的一定数量和频率脉冲信号以及电动机旋转方向的信号，为步进电动机输出三相功率脉冲信号。

步进电动机驱动器的组成包括脉冲分配器和脉冲放大器两部分，主要解决向步进电动机的各相绕组分配输出脉冲和功率放大两个问题。

脉冲分配器能一个数字逻辑单元，它接收来自控制器的脉冲信号和转向信号，把脉冲信号按一定的逻辑关系分配到每一相脉冲放大器上，使步进电动机按选定的运行方式工作。由于步进电动机各相绕组是按一定的通电顺序并不断循环来实现步进功能的，因此脉冲分配器也称为环形分配器。实现这种分配功能的方法有多种，例如，可以由双稳态触发器和门电路组成，也可由可编程逻辑器件组成。

脉冲放大器能进行脉冲功率放大。因为从脉冲分配器能够输出的电流很小（毫安级），而步进电动机工作时需要的电流较大，因此需要进行功率放大。此外，输出的脉冲波形、幅度、波形前沿陡度等因素对步进电动机运行性能有重要的影响。

5. 使用步进电动机应注意的问题

控制步进电动机运行时，应注意考虑步进电动机运行中防止失步的问题。

步进电动机失步包括丢步和越步。丢步时，转子前进的步数小于脉冲数，越步时，转子前进的步数多于脉冲数。丢步严重时，将使转子停留在一个位置上或围绕一个位置振动；越步严重时，设备将发生过冲。

使机械手返回原点的操作中，常常会出现越步情况。当机械手装置回到原点时，原点开关动作，使指令输入 OFF。但如果到达原点前速度过高，惯性转矩将大于步进电动机的保持转矩而使步进电动机越步。因此回原点的操作应确保足够低速为宜；当步进电动机驱动机械手装配高速运行时紧急停止，出现越步情况不可避免，因此急停复位后应采取先低速返回原点重新校准，再恢复原有操作的方法。（注：所谓保持转矩是指电动机各相绕组通额定电流，且处于静态锁定状态时，电动机所能输出的最大转矩，它是步进电动机最主要的参数之一）

由于电动机绕组本身是感性负载，输入频率越高，励磁电流就越小。频率高，磁通量变化加剧，涡流损失加大。因此，输入频率增高，输出转矩降低。最高工作频率的输出转矩只能达到低频转矩的 40% ~50%。进行高速定位控制时，如果指定频率过高，会出现丢步现象。

任务实施

1. 控制要求分析及提示

注意本工作任务中使用的步进电动机作为控制方式演示功能来用，速度比较慢，每转步数也比较少，在 PLC 控制的过程中注重步进电动机运行状态和原理的体现，所以不需要用到高速脉冲指令，程序中采用移位指令实现。

2. I/O 资源分配（见表 5-2）

表 5-2 步进电动机控制的 I/O 分配表

I/O 口	说明	I/O 口	说明
X0	正反转按钮	Y10	A 相
X1	速度 3 档	Y11	B 相
X2	速度 2 档	Y12	C 相
X3	速度 1 档	Y13	D 相
X5	手动按钮		
X6	起动/停止按钮		
X7	单步按钮		

3. 电气原理图设计

步进电动机控制的 I/O 接线图如图 5-10 所示。

4. 实训外部接线图

步进电动机接线图如图 5-11 所示。

将电源置于关状态，严格按图 5-11 所示接线，注意 12V 电源的正负不要短接，电路不要短路，否则会损坏 PLC 触点。

先将 PLC 的电源线插进 PLC 正面的电源孔中，再将另一端插到 220V 电源插板。

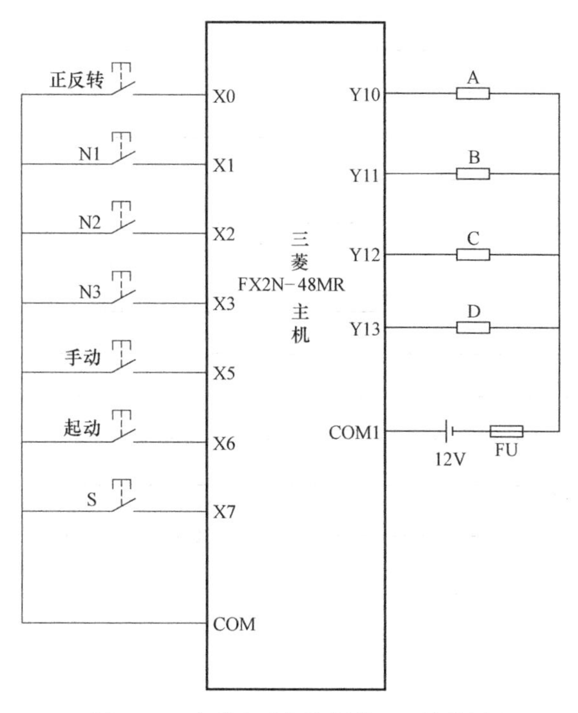

图 5-10 步进电动机控制的 I/O 接线图

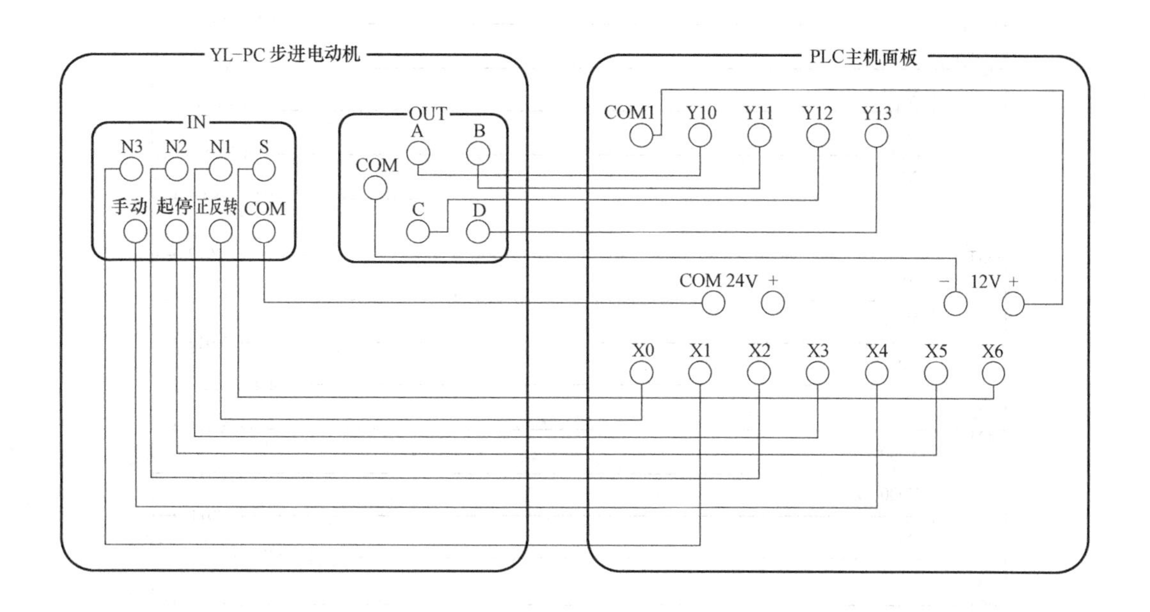

图 5-11 步进电动机接线图

5. PLC 应用程序的编写

将电源置于开状态，PLC 置于 STOP 状态，用计算机或编程器将总程序输入 PLC，输好程序后将 PLC 置于 RUN 状态。

系统参考程序如图 5-12 所示。

```
M8002                                           [RST    M8040]
X006                                            [ZRST   S0   S3]
X001   T201(NC)                                 (T200   K2)
T200                                            (T201   K2)
X002   T203(NC)                                 (T202   K8)
T202                                            (T203   K8)
X003   T205(NC)                                 (T204   K14)
T204                                            (T205   K14)
X004   T207(NC)                                 (T206   K20)
T206                                            (T207   K20)
M1(NC)   M2(NC)   M3(NC)                        (M0)

X005
X200
T202
T204
T206                                            [SFTLP  M0   M1   K3   K1]
X006                                            [ZRST   M0   M5]
M0                                              [SET    S0]
S0 [STL]                                        (Y010)
    X000                                        (Y011)
    X000(NC)                                    (Y013)
    M1                                          [SET    S1]
S1 [STL]                                        (Y012)
    X000                                        (Y011)
    X000(NC)                                    (Y013)
    M2                                          [SET    S2]
S2 [STL]                                        (Y012)
    X000                                        (Y013)
    X000(NC)                                    (Y011)
    M3                                          [SET    S3]
S3 [STL]                                        (Y010)
    X000                                        (Y013)
    X000(NC)                                    (Y011)
    M0                                          [SET    S0]
                                                [RET]
                                                [END]
```

图 5-12　系统参考程序

6. 系统整机调试

接通 X26、X27，按下列步骤进行实训操作：

1）将正转/反转按钮设置为正转。

2）分别选定速度Ⅰ、速度Ⅱ和速度Ⅲ，然后将起动/停止按钮置为“起动”，观察步进电动机如何运行。按停止按钮，使电动机停转。

3）将正转/反转按钮设置为“反转”，重复2）的操作。

4）选定速度单步档，进入手动单步方式，起动/停止按钮设置为起动时，每按一下手动按钮，电动机进一步。起动/停止开关设置为“停止”，使步进电动机退出工作状态，尝试正反转。

考核评价

序号	评价指标	评 价 内 容	分值	学生自评	小组评分	教师评分
1	系统资源分配	能够合理地分配 PLC 内部资源	10			
2	实验线路设计与连接	电路设计正确	10			
		能正确进行电路设计及连接	10			
		电路的连接符合工艺要求	10			
3	PLC 内部资源及基本指令的掌握	能够理解各内部资源的功能	5			
		掌握本任务中用到的指令应用	5			
		能够选择合理的指令进行编程	10			
4	PLC 程序的编写	掌握顺序控制 PLC 程序设计方法	5			
		掌握编程软件的使用，能够根据控制要求设计完整的 PLC 程序	15			
		能够完成程序的下载调试	5			
5	整机调试	能够根据实验步骤完成工作任务	10			
		能够在调试过程中完善系统功能	5			
总　分			100			
问题记录和解决方法	记录任务实施中出现的问题和采取的解决方法					

模　块　二

机电设备 PLC 控制综合应用

项目六 传感器的选用与检测

学习目标

1. 了解 YL-235A 光机电一体化实训装置中各种传感器的工作原理。
2. 掌握 YL-235A 光机电一体化实训装置中各类传感器的检测和调节方法。
3. 掌握 YL-235A 光机电一体化实训装置中各类传感器的接线方法和功能应用。
4. 能够对电感、电容及光电传感器的相关技术参数进行测量。

项目概述

YL-235A 光机电一体化实训装置中使用了电感传感器、电容传感器、光电传感器、磁性开关等各种类型的接近传感器，这些传感器对控制实训装置的动作起着极其重要的作用。本项目主要通过三个工作任务学习这些传感器的工作原理、功能、接线、调节和检测方法，请在老师的指导下完成以下工作：

✧ 学习电感、电容、光电等各类传感器的工作原理；
✧ 设计并连接各种传感器的实验电路；
✧ 填写工作任务中给出的各实验表格，并对各实验数据进行分析。

任务一　电感传感器应用

任务描述

学习电感传感器的工作原理，掌握其常规应用，完成下列工作：

1. 设计 YL-235A 光机电一体化实训装置中电感传感器的实验测量电路并按电气工艺要求连接电路。

2. 测量 YL-235A 光机电一体化实训装置中电感传感器的材质检测情况及信号输出类型。

3. 测量 YL-235A 光机电一体化实训装置中电感传感器检测金属工件时垂直及水平方向的最大检测距离。

4. 练习元件选型能力，识别你所用的设备上所使用的电感传感器的厂家、品牌及型号，并列举 3 种电感传感器，给出其厂家、品牌及型号，要求可以替换你正在使用的传感器。

相关知识

1. 电感传感器的工作原理

电感传感器是利用电磁感应原理将被测非电量如位移、压力、流量、重量、振动等转换成线圈自感量 L 或互感量 M 的变化，再由测量电路转换为电压或电流的变化量输出的装置，这种接近开关也称为涡流式接近开关。当导电物体在接近能产生电磁场的接近开关时，使物体内部产生涡流。这个涡流反作用到接近开关，使开关内部电路参数发生变化，并转换为开关信号输出，识别出有无导电物体靠近，这种接近开关所能检测的物体必须是导电体。电感传感器的工作原理如图 6-1 所示。

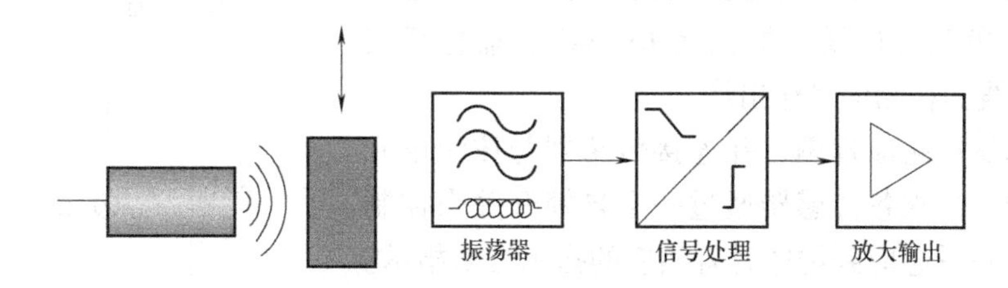

图 6-1　电感传感器的工作原理

优点：结构简单、可靠，寿命长，测量精度高，零点稳定，输出功率较大等。

缺点：灵敏度、线性度和测量范围相互制约，传感器自身频率响应低，不适用于快速动态测量。

电感传感器种类很多，有利用自感原理的自感式传感器，利用互感原理做成的差动变压器式传感器，还有利用涡流原理的涡流式传感器、利用压磁原理的压磁式传感器等。

2. 常见的电感传感器产品（见图 6-2）

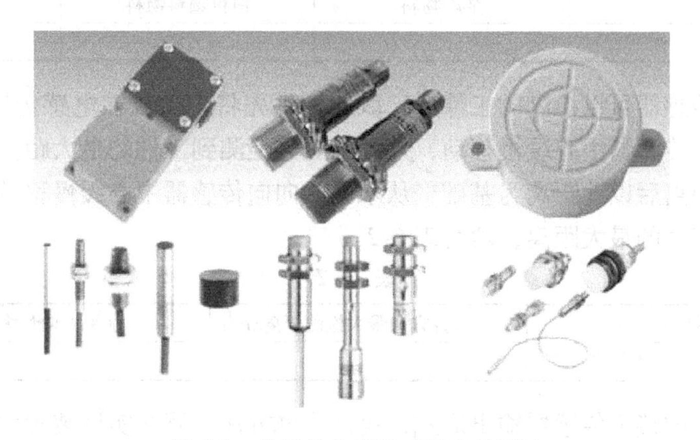

图 6-2　常见的电感传感器产品图片

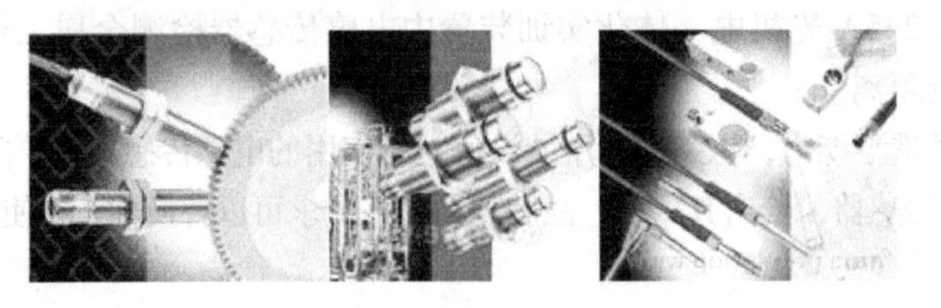

图 6-2 常见的电感传感器产品图片（续）

任务实施

1. 电感传感器的接线及实验电路设计

接近开关按供电方式可分为直流型和交流型，按输出形式又可分为直流两线制、直流三线制、直流四线制、交流两线制和交流三线制。在 YL-235A 实训装置中使用的电感传感器是直流三线制。其中两根电源线分别是棕色和蓝色线（棕色接 DC 24V，蓝色线接 0V），黑色线为检测信号输出线。

设计测试电路原理图，并连接传感器与按钮单元模块的接线。要求各传感器通过一个自锁开关来控制其供电，并在其感应到物体时有相应的指示灯来指示。参考电路如图 6-3 所示。

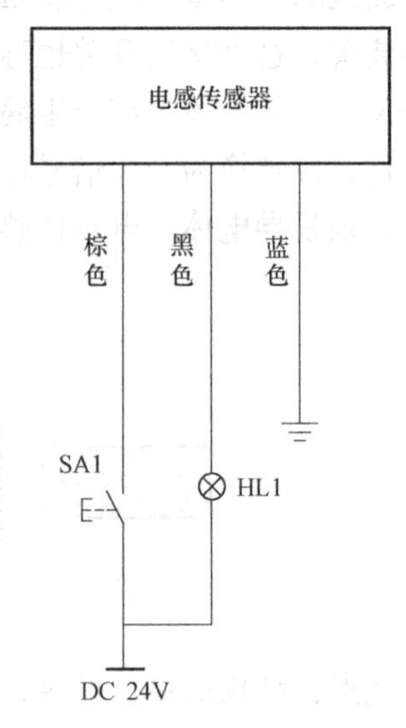

图 6-3 电感传感器实验原理图

2. 电感传感器输出信号测量

采用上述的接线原理连接电路并设计实验方法，检测实训装置中电感传感器对三种材质物料的检测情况有什么不同，填写表 6-1。

表 6-1

传感器型号	能否检测（是/否）		
	金属物料	白色塑料物料	黑色塑料物料

测出电感传感器可以检测的工件后，取此工件先将工件放在电感传感器的正下方，并从垂直方向向传感器中心缓慢移动，并记录能够检测到工件的最大距离。确定垂直方向的最大检测距离后以此距离为基础，从水平方向向传感器中心缓慢移动记录水平方向上能够检测到工件的最大距离，填写表 6-2。

表 6-2

传感器型号	垂直方向最大检测距离/mm	水平方向最大检测距离/mm

根据所介绍的接近传感器输出形式，设计测试方法，测试实训装置中各直流三线制传感器在感应到物体时，输出为高电平还是低电平，填写表 6-3。

表　6-3

传感器型号	输出电平/V		类型（PNP/NPN）
	没有感应到物体	感应到物体	

3. 写出本设备上所使用的电感传感器的型号、品牌及厂家，并给出替换产品（见表6-4）

表　6-4

项目	型号	品牌及厂家
本设备使用的电感传感器		
可替换产品 1		
可替换产品 2		
可替换产品 3		

注：上述所有实验在接线完成后，一定要指导教师检查无误才能上电。

考核评价

序号	评价指标	评价内容	分值	学生自评	小组评分	教师评分
1	传感器工作原理	能准确说出电感传感器的工作原理	10			
2	材质测试	测试方法设计合理	5			
		能正确进行电路设计及连接	5			
		测试结果正确	10			
3	检测距离测量	测试方法设计合理	5			
		能正确进行电路设计及连接	5			
		测试结果正确	10			
4	传感器的信号输出形式测试	测试方法设计合理	5			
		能正确进行电路设计及连接	5			
		测试结论正确	10			
5	传感器选型能力	传感器识别正确	5			
		给出足够的替换产品	10			
6	电感传感器在YL-235A实训装置中的作用认识	准确说出电感传感器在YL-235A中的作用	10			
		能够调节传感器位置保证YL-235A工作过程正常	5			
总　分			100			

问题记录和解决方法	记录任务实施中出现的问题和采取的解决方法

任务二 电容传感器应用

任务描述

学习电容传感器的工作原理，掌握其常规应用，完成下列工作：

1. 设计 YL-235A 光机电一体化实训装置中电容传感器的实验测量电路并按电气工艺要求连接电路。

2. 测量 YL-235A 光机电一体化实训装置中电容传感器的材质检测情况及信号输出类型。

3. 测量 YL-235A 光机电一体化实训装置中电容传感器检测金属工件时垂直及水平方向的最大检测距离。

4. 练习元件选型能力，识别你设备上所使用的电容传感器的厂家、品牌及型号，并列举 3 种电容传感器，给出其厂家、品牌及型号，要求可以替换你正在使用的传感器。

相关知识

1. 电容传感器的工作原理

电容传感器的感应面由两个同轴金属电极构成，可以将其看成“打开的”电容器电极。两个电极构成一个电容，串联在 *RC* 振荡回路内，其工作原理如图 6-4 所示。电源接通后，*RC* 振荡器不振荡，当物体朝着电容器的电极靠近时，电容器的容量增加，振荡器开始振荡。通过后级电路的处理，将不振和振荡两种信号转换成开关信号，从而起到了检测有无物体存在的目的。这种传感器能检测金属物体，也能检测非金属物体，对金属物体可以获得最大的动作距离。而对非金属物体，动作距离的决定因素之一是材料的介电常数。材料的介电常数越大，可获得的动作距离越大。材料的面积对动作距离也有一定影响。大多数电容传感器的动作距离都可通过其内部的电位器进行调节、设定。

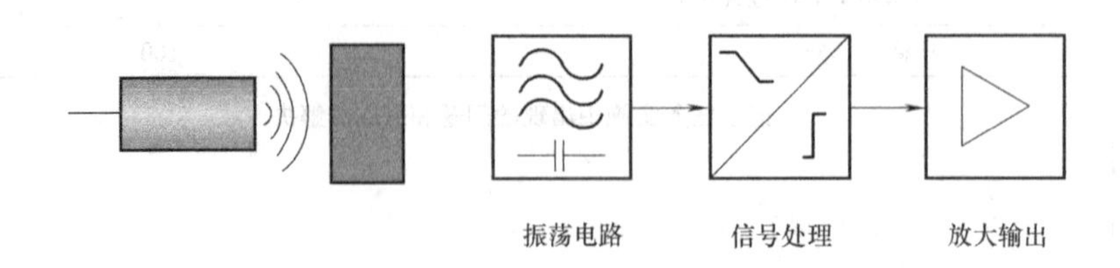

图 6-4 电容传感器的工作原理

2. 常见的电容传感器产品（见图 6-5）

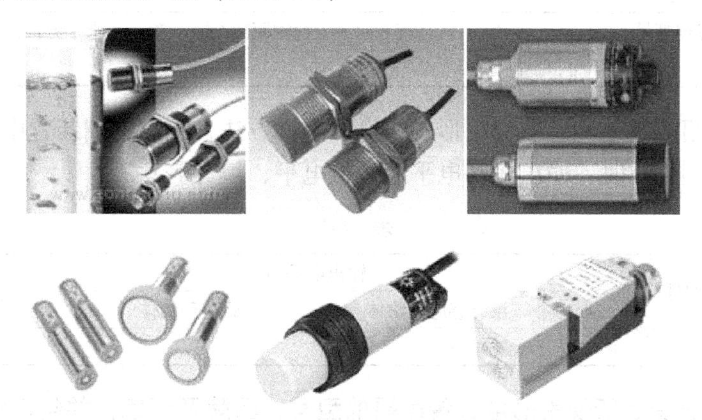

图 6-5　常见的电容传感器产品图片

任务实施

1. 电容传感器的接线及实验电路设计

接近开关按供电方式可分为直流型和交流型，按输出形式又可分为直流两线制、直流三线制、直流四线制、交流两线制和交流三线制。在 YL-235A 实训装置中使用的电容传感器是直流三线制。其中两根电源线分别是棕色和蓝色线（棕色接 DC24V，蓝色线接 0V），黑色线为检测信号输出线。

设计测试电路原理图，并连接传感器与按钮单元模块的接线。要求各传感器通过一个自锁开关来控制其供电，并在其感应到物体时有相应的指示灯来指示。参考电路如图 6-6 所示。

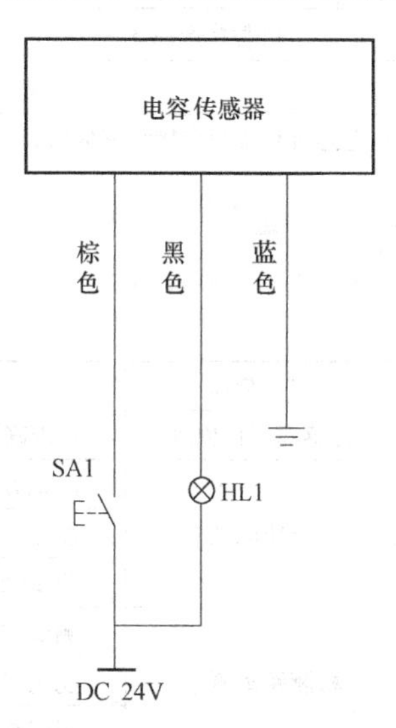

图 6-6　电容传感器实验原理图

2. 电容传感器输出信号测量

采用上述的接线原理连接电路并设计实验方法，检测实训装置中电容传感器对三种材质物料的检测情况有什么不同，填写表 6-5。

测出电容传感器可以检测的工件后，取此工件先将工件放在电容传感器的正下方，并从垂直方向向传感器中心缓慢移动，并记录能够检测到工件的最大距离。确定垂直方向的最大检测距离后以此距离为基础，从水平方向向传感器中心缓慢移动记录水平方向上能够检测到工件的最大距离，填写表 6-6。

表　6-5

传感器型号	能否检测(是/否)		
	金属物料	白色塑料物料	黑色塑料物料

表 6-6

传感器型号	垂直方向最大检测距离/mm	水平方向最大检测距离/mm

根据所介绍的接近传感器输出形式，设计测试方法，测试实训装置中各直流三线制传感器在感应到物体时，输出为高电平还是低电平，填写表 6-7。

表 6-7

传感器型号	输出电平/V		类型 (PNP/NPN)
	没有感应到物体	感应到物体	

3. 写出本设备上所使用的电容传感器的型号、品牌及厂家，并给出替换产品（见表 6-8）

表 6-8

	型号	品牌及厂家
本设备使用的电容传感器		
可替换产品 1		
可替换产品 2		
可替换产品 3		

注：上述所有实验在接线完成后，一定要指导教师检查无误才能上电。

考核评价

序号	评价指标	评价内容	分值	学生自评	小组评分	教师评分
1	传感器工作原理	能准确说出电容传感器的工作原理	10			
2	材质测试	测试方法设计合理	5			
		能正确进行电路设计及连接	5			
		测试结果正确	10			
3	检测距离测量	测试方法设计合理	5			
		能正确进行电路设计及连接	5			
		测试结果正确	10			
4	传感器的信号输出形式测试	测试方法设计合理	5			
		能正确进行电路设计及连接	5			
		测试结论正确	10			
5	传感器选型能力	传感器识别正确	5			
		给出足够的替换产品	10			
6	电容传感器在 YL-235A 实训装置中的作用认识	准确说出电容式传感器在 YL-235A 中的作用	10			
		能够调节传感器位置保证 YL-235A 工作过程正常	5			

（续）

序号	评价指标	评价内容	分值	学生自评	小组评分	教师评分
总　分			100			
问题记录和解决方法	记录任务实施中出现的问题和采取的解决方法					

任务三　光电传感器应用

任务描述

学习光电传感器的工作原理，掌握其常规应用，完成下列工作：

1. 设计 YL-235A 光机电一体化实训装置中各种光电传感器的实验测量电路并按电气工艺要求连接电路。

2. 测量 YL-235A 光机电一体化实训装置中光电传感器的材质检测情况及信号输出类型。

3. 测量 YL-235A 光机电一体化实训装置中光电传感器检测金属工件时垂直及水平方向的最大检测距离。

4. 练习元件选型能力，识别你设备上所使用的光电传感器的厂家、品牌及型号，并列举 3 种光电传感器，给出其厂家、品牌及型号，要求可以替换你正在使用的传感器。

相关知识

1. 光电传感器的工作原理

光电传感器是通过把光强度的变化转换成电信号的变化来实现检测的。光电传感器在一般情况下由发射器、接收器和检测电路三部分构成。发射器对准物体发射光束，发射的光束一般来源于发光二极管和激光二极管等半导体光源。光束不间断地发射，或者改变脉冲宽度。接收器由光敏二极管或晶体管组成，用于接收发射器发出的光线。检测电路用于滤出有效信号和应用该信号。常用的光电传感器又可分为漫射式、反射式、对射式、光纤式等几种，它们中大多数的动作距离都可以调节。

（1）漫射式光电传感器　漫射式光电传感器集发射器与接收器于一体，在前方无物体时，发射器发出的光不会被接收器所接收到。当前方有物体时，接收器就能接收到物体反射回来的部分光线，通过检测电路产生开关量的电信号输出。漫射式光电传感器的有效作用距离是由目标的反射能力决定的，即由目标表面性质和颜色决定。漫射式光电传感器的工作原理如图 6-7 所示。

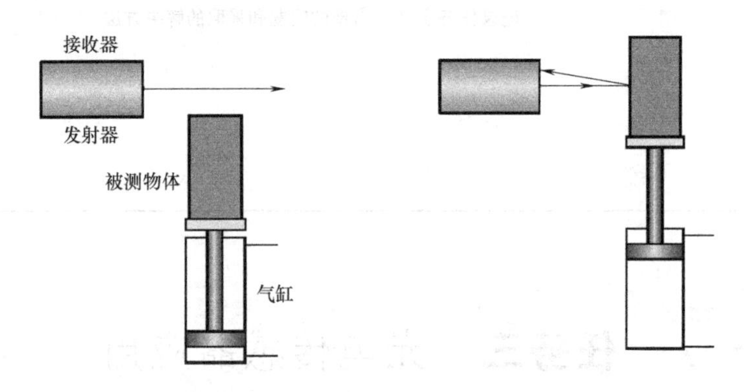

图 6-7　漫射式光电传感器的工作原理

（2）反射式光电传感器　反射式光电传感器也是集发射器与接收器于一体，但与漫射式光电传感器不同的是其前方装有一块反射板。当反射板与发射器之间没有物体遮挡时，接收器可以接收到光线。当被测物体遮挡住反射板时，接收器无法接收到发射器发出的光线，传感器产生输出。这种光电传感器可以辨别不透明的物体，借助反射镜部件，形成较大的有效距离范围，且不易受干扰，可以可靠地用于野外或者粉尘污染较严重的环境中。反射式光电传感器的工作原理如图 6-8 所示。

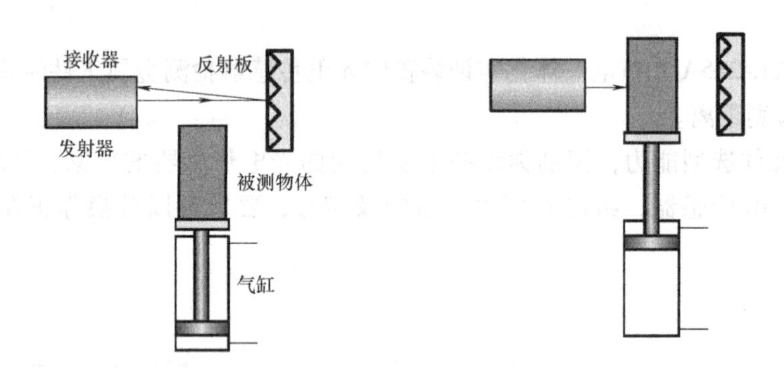

图 6-8　反射式光电传感器的工作原理

（3）对射式光电传感器　对射式光电传感器的发射器和接收器是分离的。在发射器与接收器之间如果没有物体遮挡，发射器发出的光线能被接收器接收到。当有物体遮挡时，接收器接收不到发射器发出的光线，传感器产生输出信号。这种光电传感器能辨别不透明的反光物体，有效距离大。因为发射器发出的光束只跨越感应距离一次，因此不易受干扰，可以可靠地用于野外或者粉尘污染较严重的环境中。对射式光电传感器的工作原理如图 6-9 所示。

（4）光纤式光电传感器（光纤式光电开关）　光导纤维是利用光的完全内反射原理传输光波的一种介质，它是由高折射率的纤芯和包层所组成。包层的折射率小于纤芯

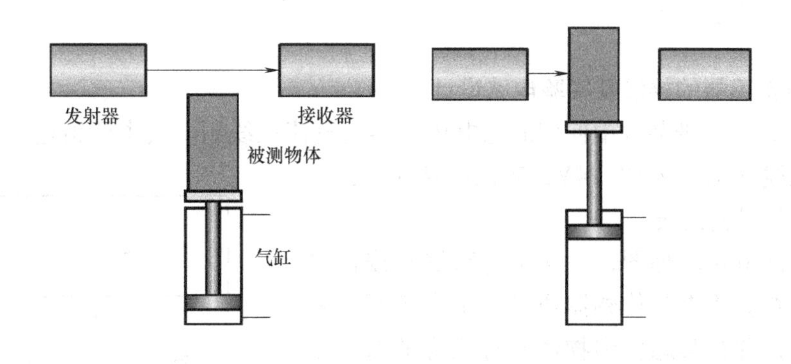

图 6-9　对射式光电传感器的工作原理

的折射率，直径为 0.1 ~ 0.2mm。当光线通过端面透入纤芯，在到达与包层的交界面时，由于光线的完全内反射，光线反射回纤芯层。这样经过不断的反射，光线就能沿着纤芯向前传播且只有很小的衰减。光纤式传感器就是把发射器发出的光线用光导纤维引导到检测点，再把检测到的光信号用光纤引导到接收器来实现检测的。按动作方式的不同，光纤式传感器也可分成对射式、漫反射式等多种类型。光纤式传感器可以实现被检测物体在较远区域的检测。由于光纤损耗和光纤色散的存在，在长距离光纤传输系统中，必须在线路适当位置设立中继放大器，以对衰减和失真的光脉冲信号进行处理及放大。

2. 常见的光电传感器产品（见图 6-10）

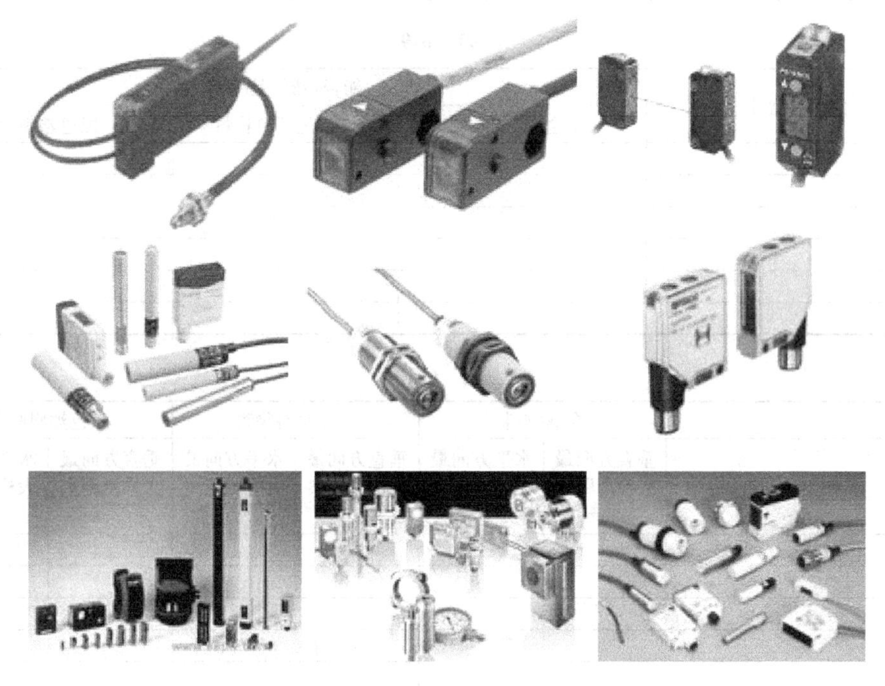

图 6-10　常见的光电传感器产品

任务实施

1. 光电传感器的接线及实验电路设计

在 YL-235A 实训装置中使用的光电传感器是直流三线制。其中两根电源线分别是棕色和蓝色线（棕色接 DC 24V，蓝色线接 0V），黑色线为检测信号输出线。

设计测试电路原理图，并连接传感器与按钮单元模块的接线。要求各传感器通过一个自锁开关来控制其供电，并在其感应到物体时有相应的指示灯来指示。参考电路如图 6-11 所示。

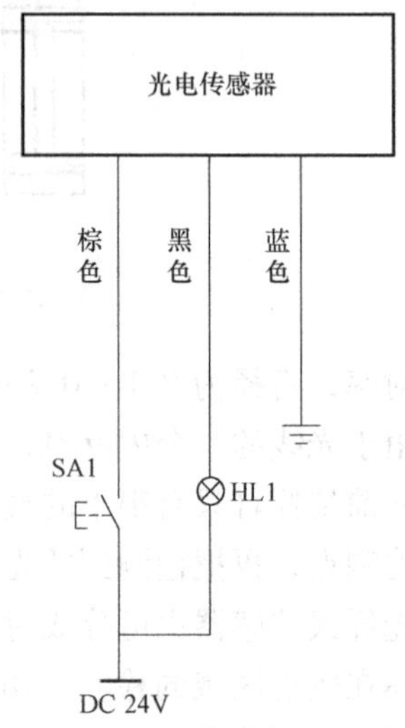

图 6-11 光电传感器实验原理图

2. 光电传感器输出信号测量

采用上述的接线设计实验方法，检测实训装置中各种光电传感器对三种材质物料的检测情况有什么不同，并填写表 6-9。

测出各种传感器可以检测的工件后，取此工件先将工件放在光电传感器的正下方，并从垂直方向向传感器中心缓慢移动，并记录能够检测到工件的最大距离。确定垂直方向的最大检测距离后以此距离为基础，从水平方向向传感器中心缓慢移动记录水平方向上能够检测到工件的最大距离，并填写表 6-10。

表 6-9

传感器型号	能否检测(是/否)		
	金属物料	白色塑料物料	黑色塑料物料

表 6-10

传感器型号	金属物料		白色塑料物料		黑色塑料物料	
	垂直方向最大检测距离 /mm	水平方向最大检测距离 /mm	垂直方向最大检测距离 /mm	水平方向最大检测距离 /mm	垂直方向最大检测距离 /mm	水平方向最大检测距离 /mm

根据所介绍的接近传感器输出形式，设计测试方法，测试实训装置中各直流三线制传感器在感应到物体时，输出为高电平还是低电平，并填写表6-11。

表 6-11

传感器型号	输出电平/V		类型（PNP/NPN）
	没有感应到物体	感应到物体	

3. 写出本设备上所使用的光电传感器的型号、品牌及厂家，并给出替换产品（见表6-12）

表 6-12

本设备使用的光电传感器		可替换产品	
型号	品牌及厂家	型号	品牌及厂家

注：上述所有实验在接线完成后一定要指导教师检查无误才能上电。

考核评价

序号	评价指标	评价内容	分值	学生自评	小组评分	教师评分
1	传感器工作原理	能准确说出各种光电传感器的工作原理	10			
2	材质测试	测试方法设计合理	5			
		能正确进行电路设计及连接	5			
		测试结果正确	10			
3	检测距离测量	测试方法设计合理	5			
		能正确进行电路设计及连接	5			
		测试结果正确	10			
4	传感器的信号输出形式测试	测试方法设计合理	5			
		能正确进行电路设计及连接	5			
		测试结论正确	10			

（续）

序号	评价指标	评价内容	分值	学生自评	小组评分	教师评分
5	传感器选型能力	传感器识别正确	5			
		给出足够的替换产品	10			
6	光电传感器在YL-235A实训装置中的作用认识	准确说出各种光电传感器在YL-235A中的作用	10			
		能够调节传感器位置保证YL-235A工作过程正常	5			
总　分			100			
问题记录和解决方法	记录任务实施中出现的问题和采取的解决方法					

情境设计

1. 设施设备

YL-235A 光机电一体化实习装置 1 台/2 人、计算机 1 台/2 人、课桌 1 张/2 人、安全插接线（实习装置配）、备用气管、备用电线、捆扎带、万用表 1 只/组、内六角扳手 1 套/组、十字螺钉旋具 1 把/人、一字螺钉旋具 1 把/人、仪表螺钉旋具 1 套/人、尖嘴钳 1 把/人、斜口钳 1 把/人、电烙铁 1 把/组，每台实训装置应提供 380V 交流电流和压缩空气。

2. 安全要求

- 应穿着工作服和电工绝缘鞋才能进入实习场所。
- 拆装任何部件都要在停电状态下进行。
- 一定要对电路进行检查后才能上电。
- 工具使用注意安全，防止发生伤人事故。
- 进行带电测量时，一定要按照仪表使用的安全规程进行操作。

3. 卫生要求

- 实习场所应定期、及时做好卫生清洁工作。
- 操作过程中工具与器材不得乱摆乱放，更不得随意地放在安装平台上。
- 工作结束后，要将工位整理好，收拾好器材与工具，清理地上杂物。
- 设备上的线头、灰尘、污物及时清除，注意不能造成元器件内部进水。

4. 环境要求

- 强电设备应有明显警示牌，安全操作规程应张贴在室内明显处。
- 每个实习装置均应可靠接地，并设置剩余电流保护开关。
- 实习场所在明显处设置急停开关，并放置消防灭火装置。

● 设备摆放整齐，各种工具、实习用品分类、分区摆放，并做好明确标识。

● 每个实训装置周围应有足够空间，方便进行设备安装和调试。

5. 职教文化

● 注重工作态度的培养，让学生知道态度决定行为，行为培养性格，性格决定命运。

● 注重团队合作精神和能力的培养，培养懂得合作的学生、团队。

● 注重沟通交流能力的培养，在操作练习中鼓励相互交流。

● 根据企业要求设置教学实习环境，并采用企业的5S管理制度，要求做到：

整理：在理论学习和操作实习时及时整理不需要的物品，物品根据不同用途、不同分类摆放。

整顿：工具、导线、气管等必需品分区放置，明确标识。

清扫：及时做好自己的实习岗位的清扫工作，不随意乱扔实习时产生的各种线头、杂物。

清洁：做好整理、整顿、清扫成果的维持工作，并制度化和规范化。

素养：长期坚持，教师带头，养成良好的习惯，提高整体素质。

注：上述内容适用于项目七~项目十三，后面章节不再重复。

项目七
气动控制技术的实现

学习目标

1. 了解气动控制技术的基础知识。
2. 熟悉 YL-235A 光机电一体化实训装置中各种气动元件的品牌、型号及功能。
3. 掌握 YL-235A 光机电一体化实训装置中各种气动元件的控制方法。
4. 熟练掌握 YL-235A 光机电一体化实训装置中各种气动元件的操作，能够设计简单的气动控制回路，实现项目要求的控制功能。

项目概述

YL-235A 光机电一体化实训装置中的气动装置主要分为两部分：气动执行元件部分包括单出杆气缸、单出双杆气缸、旋转气缸、气动手爪；气动控制元件部分包括单控电磁换向阀、双控电磁换向阀、节流阀、磁性限位传感器。本项目主要针对各种气动元件设计相关的实验，完成以下工作：

✧ 学习气动控制基础知识，认识各种气动元件并练习其应用；
✧ 按照给定的气动回路图，根据气路连接工艺连接设备气动回路；
✧ 利用设备的开关按钮模块设计工作任务中要求的控制电路；
✧ 根据项目实施过程填写相应的表格，并最终给出结论。

任务　气动机械手的手动控制

任务描述

1. 学习气动控制的基础知识，掌握各气动元件的常规应用，使用与气动机械手模块相关的气缸、磁性开关、电磁阀及设备的按钮模块，设计满足以下控制要求的机械手手动控制系统：

SB1：复位时机械手处于左摆位置，按下时机械手右摆；

SB2：复位时机械手处于水平缩回位置，按下时机械手水平伸出；

SB3：复位时机械手处于垂直缩回位置，按下时机械手垂直下降；

SA1：打在左边时机械手爪张开，打在右边时机械手爪闭合；

当机械手处于左摆、水平缩回、垂直上升、手爪张开的位置时，表示机械手处于初始安全位置，要求 HL1 红色指示灯亮，指示机械手原位。

注：本工作任务中不使用 PLC 模块，不允许使用程序实现。

2. 具有一定的元件选型能力，识别你设备上所使用的气动元件的厂家、品牌及型号，并列举 3 种替换产品，给出其厂家、品牌及型号。

相关知识

1. 气动技术基本知识

（1）气压传动的定义　气压传动与液压传动统称为流体传动，都是利用有压流体（液体或气体）作为工作介质来传递动力或控制信号的一种传动方式。它们的基本工作原理是相似的，都是执行元件在控制元件的控制下，将传动介质（压缩空气或液压油）的压力能转换为机械能，从而实现对执行机构运动的控制。

（2）气动技术中常用的单位　1 个大气压 = 760mmHg = 1.013bar = 101kPa

压力单位换算式子为

$$1\text{N/m}^2 = 10^{-5}\text{bar} = 1.02\times10^{-7}\text{kgf/mm}^2 = 1.02\times10^{-5}\text{kgf/cm}^2$$

$$1\text{kgf/cm}^2 = 0.1\text{MPa}$$

（3）气动控制装置的特点　空气廉价且不污染环境，用过的气体可直接排入大气；速度调整容易；元件结构紧凑，可靠性高；受湿度等环境影响小；使用安全便于实现过载保护；气动系统的稳定性差；工作压力低，功率重量比小。

（4）气动系统的组成　气动系统基本由下列装置和元件组成：

气源装置：为气动系统的动力源提供压缩空气，包括压缩机、储气罐 、后冷却器等。

空气处理装置：用于调节压缩空气的洁净度及压力，包括过滤器、油水分离器、减压阀、油雾器、空气净化单元、干燥器等。

控制元件：

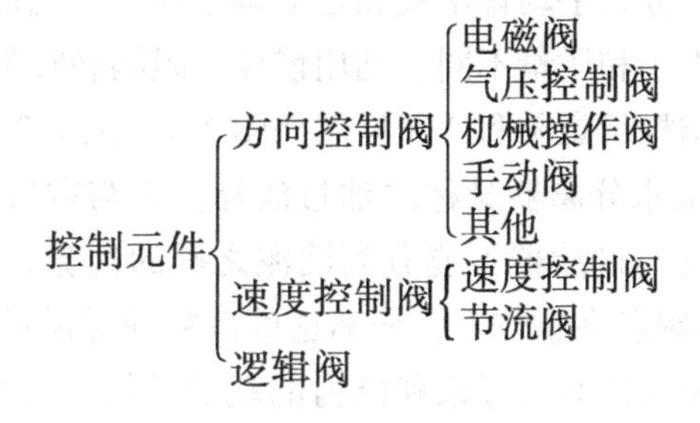

逻辑元件：用于实现与、或、非等逻辑功能。

执行元件：用于将压力能转换为机械功。

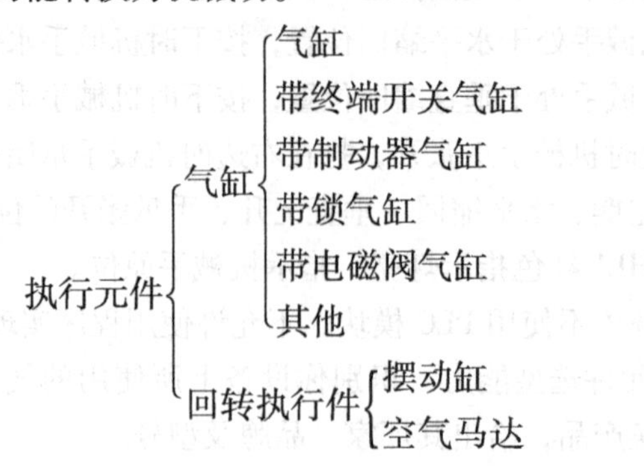

辅助元件：保证气动装置正常工作的一些元件，包括管子接头、消声器、压力计等。

2. 空气处理元件

压缩空气中含有各种污染物质，这些污染物质会降低气动元件的使用寿命，并且会造成元件的误动作和故障，因此需要定期进行清除。表 7-1 列出了各种空气处理元件对污染物质的清除能力。

表 7-1　各种空气处理元件对污染物质的清除能力

污染物质	过滤器	油雾分离器	干燥器
水蒸气	×	×	○
微小水雾	×	○	○
微小油雾	×	○	×
水滴	○	○	○
固体杂质	○	○	×

注：×表示不具备功能，○表示具备功能。

在气动系统中，由油雾器、空气过滤器和调压阀组合在一起构成的气源调节装置，通常被称为气动三联件，是气动系统中常用的气源处理装置。在采用无油润滑的回路中则不需要油雾器，在 TVT2000G 训练装置中的气源处理装置就是只有调压阀和过滤器构成的“二联件”。

（1）空气过滤器　空气过滤器又称为过滤器、分水过滤器或油水分离器，主要用于除去压缩空气中的固态杂质、水滴和油污等污染物，是保证气动设备正常运行的重要元件。它的作用在于分离压缩空气中的水分、油分等杂质，使压缩空气得到初步净化。按过滤器的排水方式，可分为手动排水式和自动排水式。空气过滤器的过滤原理是根据固体物质和空气分子的大小和质量不同，利用惯性、阻隔和吸附的方法将灰尘和杂质与空气分离。空气过滤器结构示意图和产品样图如图 7-1、图 7-2 所示。

（2）油水分离器　油水分离器又称除油过滤器。它与空气过滤器的不同之处仅在于所用过滤元件不同。空气过滤器不能分离油泥之类的油雾，原因是当油粒直径小于 2～3μm 时呈干态，很难附着在物体上，分离这些微粒油雾需用凝聚式过滤元件，过滤元件的材料有活性炭，用与油有良好亲和能力的玻璃纤维、纤维素等制成的多孔滤芯。油雾分离器产品样图如图 7-3 所示。

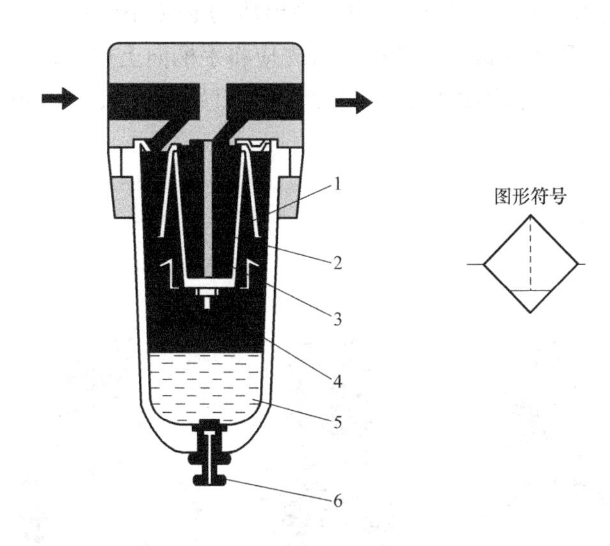

图 7-1 空气过滤器结构示意图

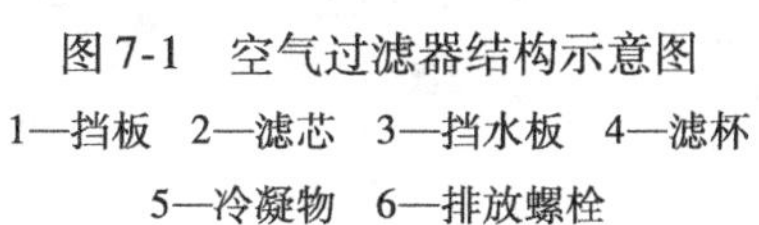

1—挡板 2—滤芯 3—挡水板 4—滤杯
5—冷凝物 6—排放螺栓

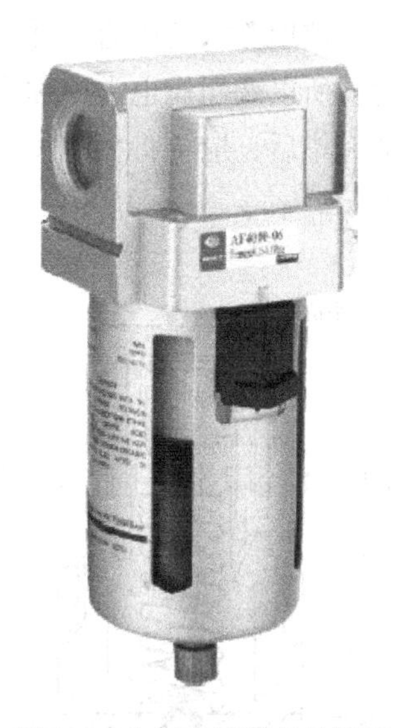

图 7-2 空气过滤器产品样图

(3) 空气干燥器 为了获得干燥的空气只用空气过滤器是不够的，空气中的湿度还是几乎达 100%。当湿度降低时，空气中的水蒸气就会变成水滴。为了防止水滴的产生，在很多情况下还需要使用干燥器。干燥器大致可分为冷冻式和吸附式两类。

(4) 油雾器 气动系统中有很多装置都有滑动部分，如气缸体与活塞、阀体与阀芯等。为了保证滑动部分的正常工作，需要设置润滑设备，油雾器是提供润滑油的装置。油雾器产品样图如图 7-4 所示。

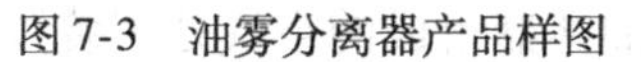

图 7-3 油雾分离器产品样图

图 7-4 油雾器产品样图

(5) 调压阀 在气动传动系统中，空压站输出的压缩空气压力一般都高于每台气动装置所需的压力，且其压力波动较大。调压阀的作用是将较高的输入压力调整到符合设备使用要求的压力，并保持输出压力稳定。由于调压阀的输出压力必然小于输入压力，所以调压阀也常被称为减压阀。调压阀在进行调节前，首先应将手柄向上拔起；调节完毕后，应再将手柄按下进行锁定。调压阀结构示意图和产品样图如图7-5、图7-6所示。

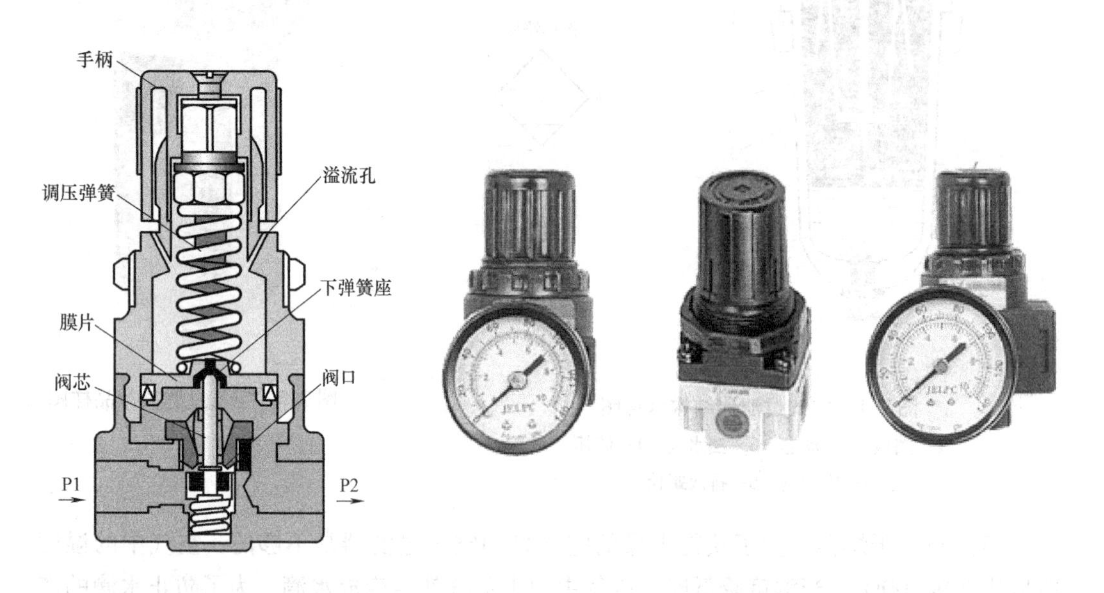

图7-5 调压阀结构示意图　　图7-6 调压阀产品样图

(6) 空气处理装置 空气处理三联件（FRL装置）：空气处理三联件俗称气动三大件，由过滤器、调压阀和油雾器三件组成，其结构和产品样图如图7-7所示。

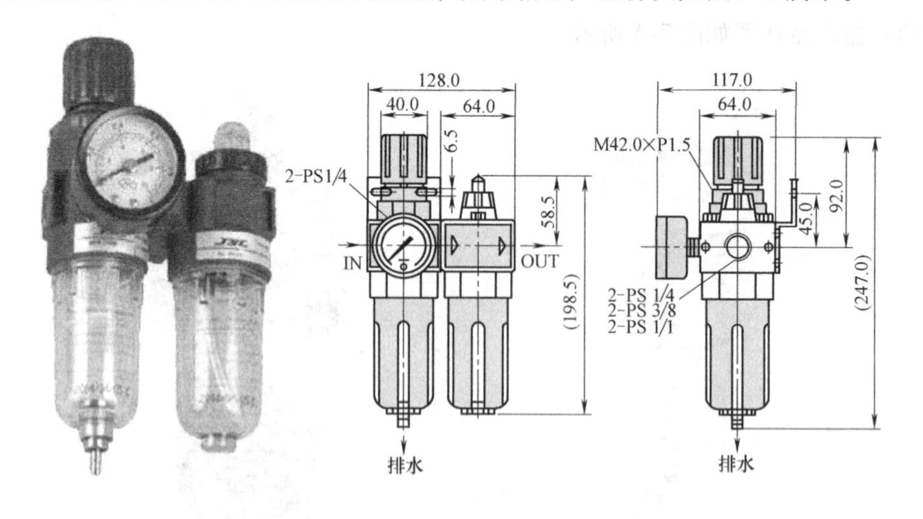

图7-7 空气处理三联件结构和产品样图

空气处理双联件：由组合式过滤器减压阀与油雾器组成的空气处理装置。

空气处理四联件：由过滤器、油雾分离器、调压阀和油雾器组成，用于需要优质压缩空气的地方。

3. 气动执行元件

在气动系统中将压缩空气的压力能转换为机械能，驱动工作机构作直线往复运动、摆动或者旋转的元件称为气动执行元件。按运动方式的不同，气动执行元件可以分为气缸、摆动缸和气马达。气动执行元件由于都是采用压缩空气作为动力源，其输出力（或转矩）都不可能很大。气缸是气压传动系统中最常用的一种执行元件，根据使用条件、场合的不同，其结构、形状也有多种形式。

（1）单作用和双作用气缸　要确切地对气缸进行分类是比较困难的，常见的分类方法有按结构分类、按缸径分类、按缓冲形式分类、按驱动方式分类和按润滑方式分类。其中最常用的是普通气缸，即在缸筒内只有一个活塞和一根活塞杆的气缸，主要有单作用气缸和双作用气缸两种。

1）单作用气缸。图7-8所示的单作用气缸只在活塞一侧可以通入压缩空气使其伸出或缩回，另一侧是通过呼吸孔开放在大气中的。这种气缸只能在一个方向上做功。活塞的反向动作则靠一个复位弹簧或施加外力来实现。由于压缩空气只能在一个方向上控制气缸活塞的运动，所以称为单作用气缸。

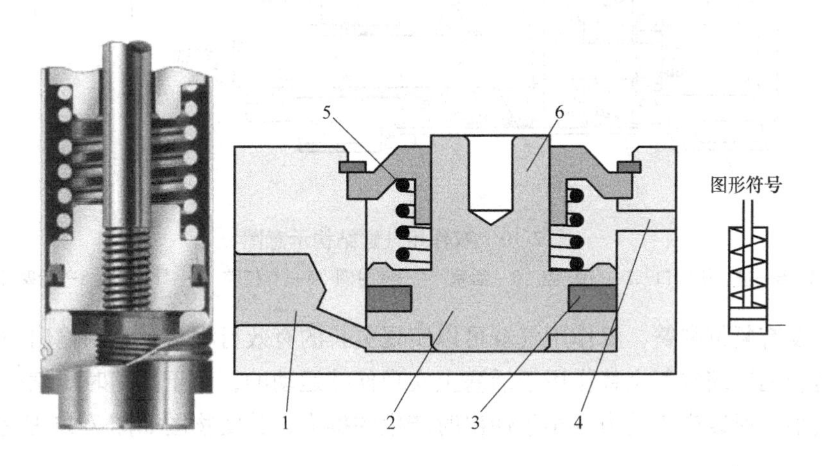

图7-8　单作用气缸结构示意图

1—进、排气口　2—活塞　3—活塞密封圈　4—呼吸口　5—复位弹簧　6—活塞杆

单作用气缸的特点是：

• 由于单边进气，因此结构简单，耗气量小。

• 缸内安装了弹簧，增加了气缸长度，缩短了气缸的有效行程，其行程受弹簧长度限制。

• 借助弹簧力复位，使压缩空气的能量有一部分用来克服弹簧张力，减小了活塞杆的输出力。而且输出力的大小和活塞杆的运动速度在整个行程中随弹簧的变形而变化。

因此单作用气缸多用于行程较短以及对活塞杆输出力和运动速度要求不高的场合，其实物图如图7-9所示。

2）双作用气缸。双作用气缸活塞的往返运动是依靠压缩空气从缸内被活塞分隔开的两个腔室（有杆腔、无杆腔）交替进入和排出来实现的，压缩空气可以在两个方向

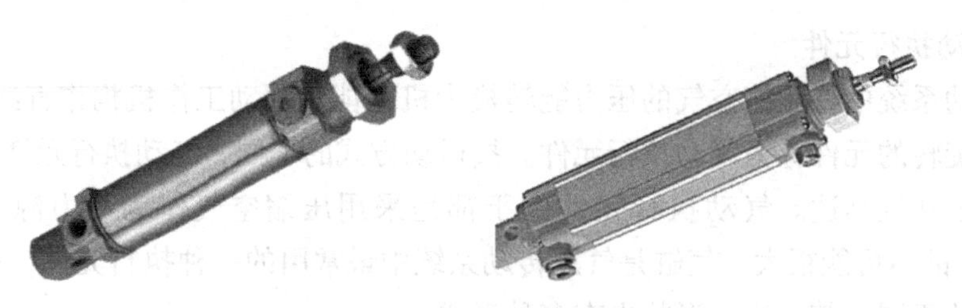

图 7-9 单作用气缸实物图

上做功。由于气缸活塞的往返运动全部靠压缩空气来完成，所以称为双作用气缸。双作用气缸结构示意图如图 7-10 所示。

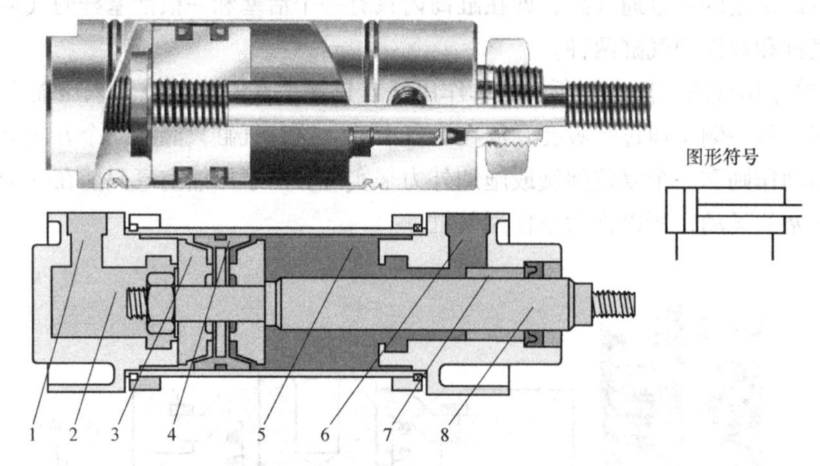

图 7-10 双作用气缸结构示意图

1、6—进、排气口 2—无杆腔 3—活塞 4—密封圈 5—有杆腔 7—导向环 8—活塞杆

由于没有复位弹簧，双作用气缸可以实现更长的有效行程和稳定的输出力。但双作用气缸是利用压缩空气交替作用于活塞上实现伸缩运动的，由于回缩时压缩空气有效作用面积较小，所以产生的力要小于伸出时产生的推力，其实物图如图 7-11 所示。

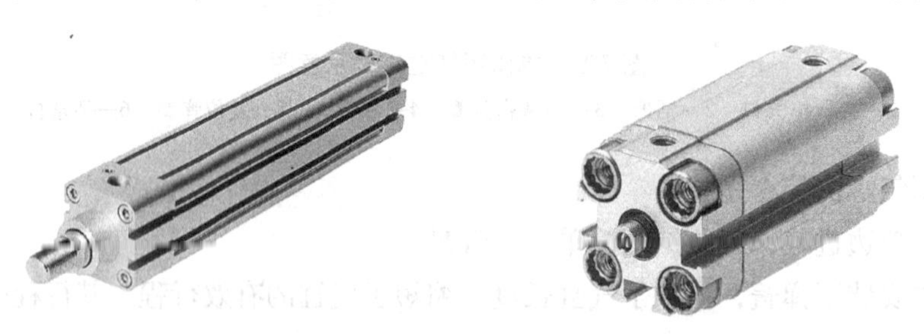

图 7-11 双作用气缸实物图

（2）导向气缸 导向气缸一般由一个标准双作用气缸和一个导向装置组成。其特点是结构紧凑、坚固，导向精度高，并能抗扭矩，承载能力强。导向气缸的驱动单元和导向单元被封闭在同一外壳内，并可根据具体要求选择安装滑动轴承或滚动轴承支承，其结构示意图如图 7-12 所示。

在导向气缸中，通过连接板将两个并列的活塞杆连接起来，在定位和移动工具或工

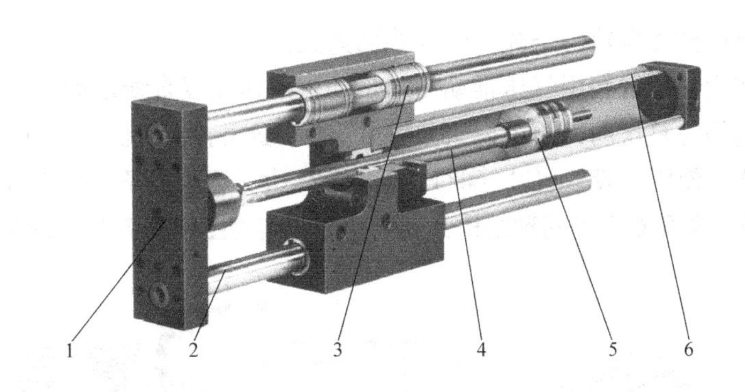

图 7-12　导向气缸结构示意图

1—端板　2—导杆　3—滑动轴承或滚动轴承支承　4—活塞杆　5—活塞　6—缸体

件时，这种结构可以抗扭转。与相同缸径的标准气缸相比，双活塞杆气缸可以获得两倍的输出力，其实物图如图 7-13 所示。

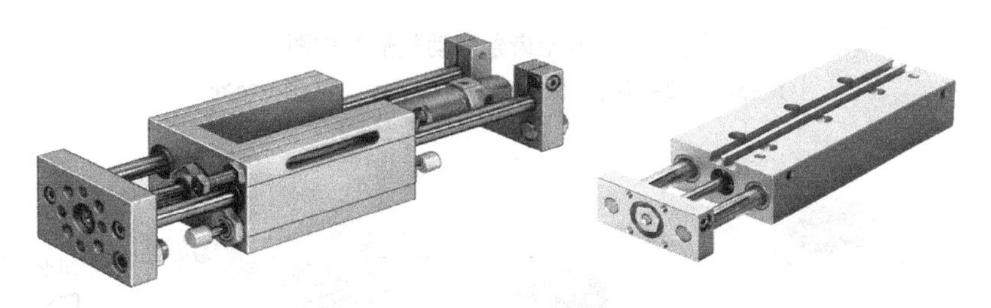

图 7-13　导向气缸实物图

（3）气动手指　气动手指（气爪）可以实现各种抓取功能，是现代气动机械手中一个重要部件。气动手指的主要类型有平行手指气缸、摆动手指气缸、旋转手指气缸和三点手指气缸等。

平行手指通过两个活塞工作。通常让一个活塞受压，另一活塞排气实现手指移动。平行气爪的手指只能轴向对心移动，不能单独移动一个手指，其结构与实物图如图7-14所示。

（4）摆动气缸　摆动气缸是利用压缩空气驱动输出轴在小于 360°的角度范围内作往复摆动的气动执行元件，多用于物体的转位、工件的翻转、阀门的开闭等场合。摆动

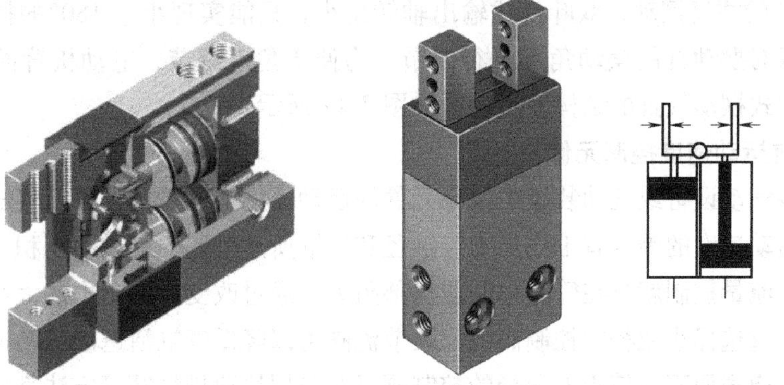

图 7-14　平行手指剖面结构与实物图

气缸按结构特点可分为齿轮齿条式、叶片式两大类。

齿轮齿条式摆动气缸利用气压推动活塞带动齿条作往复直线运动，齿条带动与之啮合的齿轮作相应的往复摆动，并由齿轮轴输出转矩。这种摆动气缸的回转角度不受限制，可超过360°（实际使用一般不超过360°），但不宜太大，否则齿条太长不合适。齿轮齿条式摆动气缸有单齿条和双齿条两种结构，其结构图和实物图如图7-15、图7-16所示。

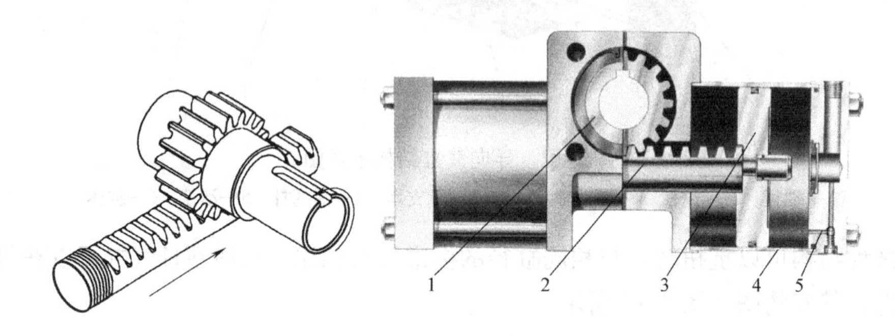

图7-15 齿轮齿条摆动气缸结构图

1—齿轮 2—齿条 3—活塞 4—缸体 5—端位缓冲

图7-16 齿轮齿条摆动气缸实物图

叶片式摆动气缸是利用压缩空气作用在装于气缸腔体内的叶片上来带动回转轴实现往复摆动的。当压缩空气作用在叶片的一侧时，叶片另一侧排气，就会带动转轴向一个方向转动；改变气流方向就能实现叶片转动的方向。叶片式摆动气缸具有结构紧凑、工作效率高的特点，常用于工件的分类、翻转、夹紧。

叶片式摆动气缸可分为单叶片式和双叶片式两种。单叶片式输出轴转角大，可以实现小于360°的往复摆动；双叶片式输出轴转角小，只能实现小于180°的摆动。通过挡块装置可以对摆动缸的摆动角度进行调节。为便于角度调节，电动机背面一般装有标尺。单叶片式摆动气缸的结构及实物图如图7-17所示。

4. 气缸运动速度控制元件

在很多气动设备或气动装置中执行元件的运动速度都是可调节的。气缸工作时，影响其活塞运动速度的因素有工作压力、缸径和气缸所连气路的最小截面积。从流体力学的角度看，流量控制就是在管路中制造局部阻力，通过改变局部阻力的大小来控制流量的大小。通过选择小通径的控制阀或安装节流阀可以降低气缸活塞的运动速度。通过增加管路的流通截面积或使用大通径的控制阀以及采用快速排气阀等方法都可以在一定程度上提高气缸活塞的运动速度。其中使用节流阀调节进入气缸或气缸排出的空气流量来

图 7-17　单叶片式摆动气缸的结构及实物图

1—转轴　2—叶片

实现速度控制是气动回路中最常用的速度调节方式。

单向节流阀是气压传动系统最常用的速度控制元件，也常称为速度控制阀。它是由单向阀和节流阀并联而成的，节流阀只在一个方向上起流量控制的作用，相反方向的气流可以通过单向阀自由流通。利用单向节流阀可以实现对执行元件每个方向上的运动速度的单独调节。单向节流阀的结构与实物图分别如图 7-18、图 7-19 所示。

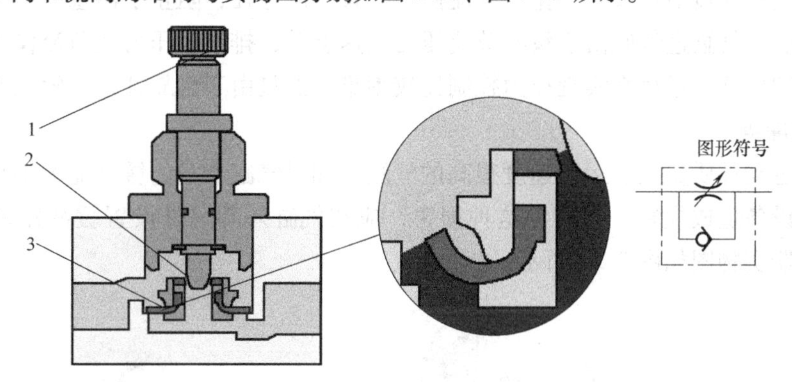

图 7-18　单向节流阀的结构

1—调节螺母　2—节流口　3—单向密封圈

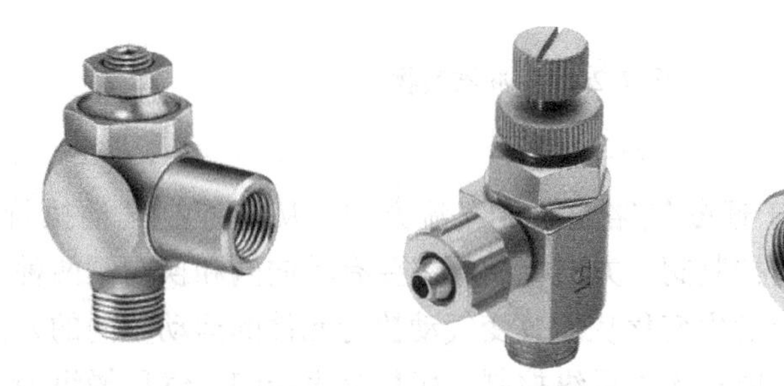

图 7-19　单向节流阀的实物图

如图 7-18 所示，压缩空气从单向节流阀的左腔进入时，单向密封圈 3 被压在阀体上，空气只能从由调节螺母 1 调整大小的节流口 2 通过，再由右腔输出。此时单向节流阀对压缩空气起到调节流量的作用。当压缩空气从右腔进入时，单向密封圈在空气压力的作用下向上翘起，使得气体不必通过节流口可以直接流至左腔并输出。此时单向节流阀没有节流作用，压缩空气可以自由流动。一般在单向节流阀的调节螺母下方还装有一个锁紧螺母，用于流量调节完成后的锁定。

根据单向节流阀在气动回路中连接方式的不同，可以将速度控制方式分为进气节流速度控制方式和排气节流速度控制方式。进气节流指的是压缩空气经节流阀调节后进入气缸，推动活塞缓慢运动；气缸排出的气体不经过节流阀，通过单向阀自由排出。排气节流指的是压缩空气经单向阀直接进入气缸，推动活塞运动；而气缸排出的气体则必须通过节流阀受到节流后才能排出，从而使气缸活塞的运动速度得到控制。

采用进气节流进行速度控制，活塞上微小的负载波动都会导致气缸活塞速度的明显变化，使得其运动速度稳定性变差；当负载的方向与活塞运动方向相同时（负值负载)，可能会出现活塞不受节流阀控制的前冲现象；当活塞杆碰到阻挡或到达极限位置而停止后，其工作腔由于受到节流压力而逐渐上升到系统最高压力，利用这个过程可以很方便地实现压力顺序控制。

采用排气节流进行速度控制，气缸排气腔由于排气受阻形成背压。排气腔形成的这种背压，减少了负载波动对速度的影响，提高了运动的稳定性，使排气节流成为最常用的调速方式；在负值负载时，排气节流由于有背压的存在，阻止了活塞的前冲；但活塞运动停止后，气缸进气腔由于没有节流压力迅速上升，排气腔压力在节流作用下逐渐下降到零，利用这一过程来实现压力控制比较困难，而且由于可靠性差一般也不被采用。

5. 缓冲器

对于运动件质量大、运动速度很高的气缸，如果气缸本身的缓冲能力不足，会对气缸端盖和设备造成损害，为避免这种损害，应在气缸外部另外设置缓冲器来吸收冲击能。缓冲器实物图如图 7-20 所示。

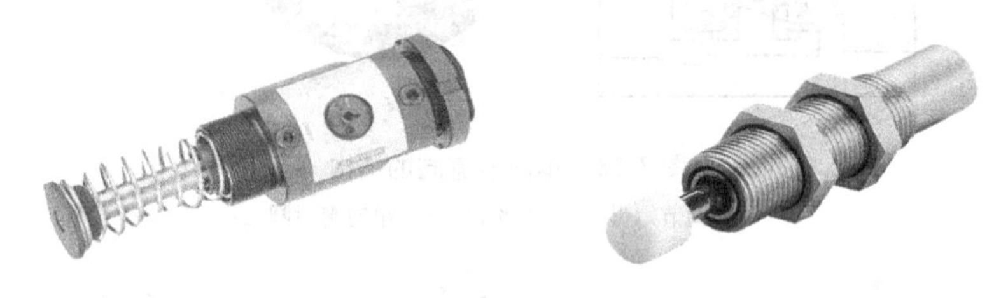

图 7-20　缓冲器实物图

6. 控制元件

（1）电磁换向阀　用于通断气路或改变气流方向，从而控制气动执行元件起动、停止和换向的元件称为方向控制阀。方向控制阀主要有单向阀和换向阀两种。用于改变气体通道，使气体流动方向发生变化从而改变气动执行元件的运动方向的元件称为换向阀。换向阀按操控方式分主要有人力操纵控制、机械操纵控制、气压操纵控制和电磁操纵控制四类。

电磁换向阀是利用电磁线圈通电时所产生的电磁吸力使阀芯改变位置来实现换向的，简称为电磁阀。电磁阀能够利用电信号对气流方向进行控制，使得气压传动系统可以实现电气控制，是气动控制系统中最重要的元件。

1）直动式电磁换向阀：直动式电磁阀是利用电磁线圈通电时，静铁心对动铁心产生的电磁吸力直接推动阀芯移动实现换向的，其结构如图 7-21 所示。

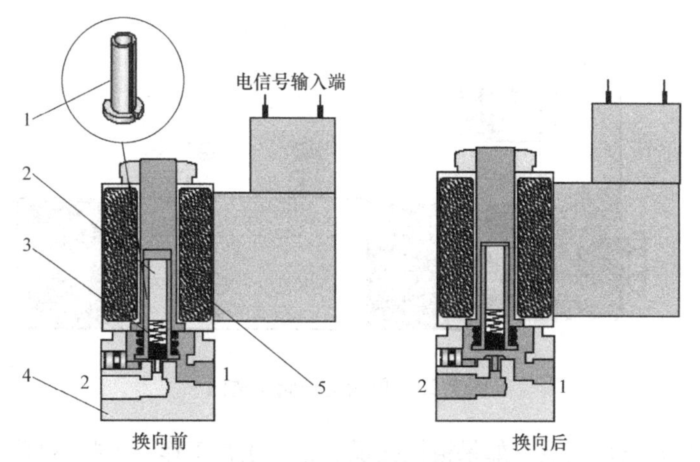

图 7-21 直动式电磁换向阀的结构

1—阀芯 2—动铁心 3—复位弹簧 4—阀体 5—电磁线圈

2）先导式电磁换向阀：直动式电磁阀由于阀芯的换向行程受电磁吸合行程的限制，只适用于小型阀。先导式电磁换向阀则是由直动式电磁阀（导阀）和气控换向阀（主阀）两部分构成的。其中直动式电磁阀在电磁先导阀线圈得电后，导通产生先导气压。先导气压再来推动大型气控换向阀阀芯动作，从而实现换向，其结构示意图如图 7-22 所示。

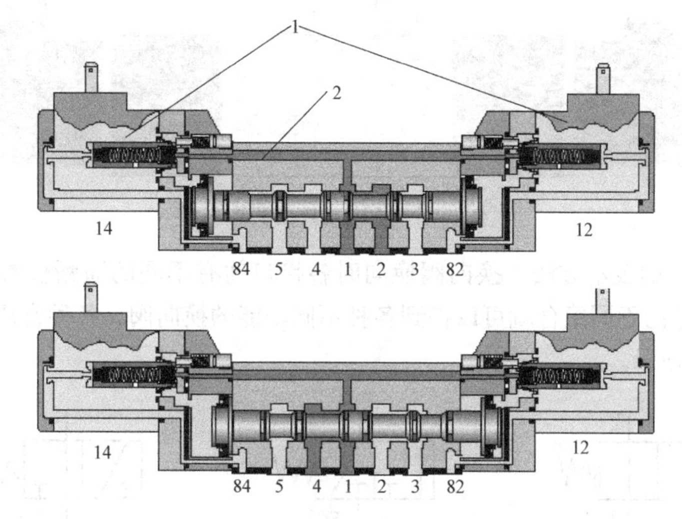

图 7-22 先导式电磁换向阀结构示意图

1—导阀 2—主阀

单向电控阀用来控制气缸单个方向的运动，实现气缸的伸出、缩回动作。单向电控阀与双向电控阀区别在于，双向电控阀的初始位置是任意的，可以随意控制两个位置，而单向电控阀的初始位置是固定的，只能控制一个方向，其实物图如图 7-23 所示。

双向电控阀用来控制气缸进气和出气，从而实现气缸的伸出、缩回动作。电控阀内

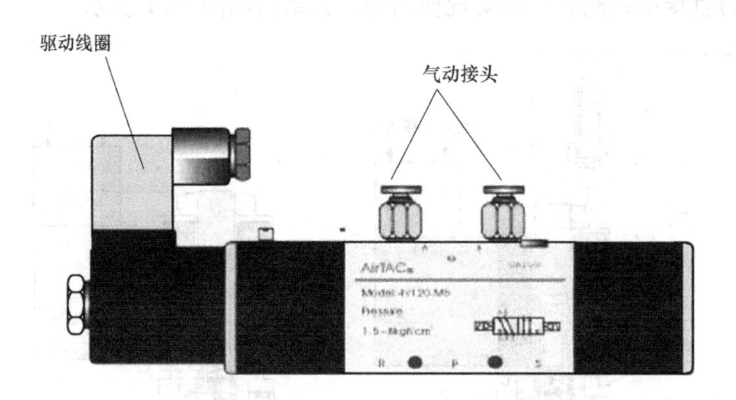

图 7-23 单向电控阀实物图

装的红色指示灯有正负极性，如果极性接反了也能正常工作，但指示灯不会亮，其实物图如图 7-24 所示。

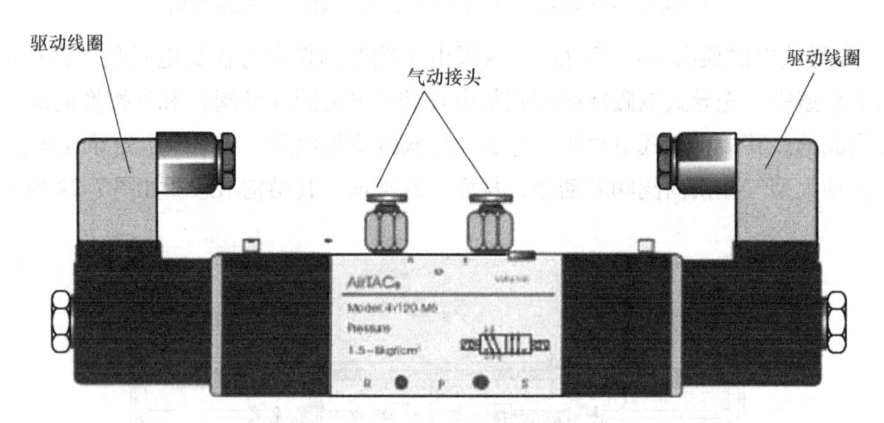

图 7-24 双向电控阀实物图

（2）换向阀的表示方法 换向阀换向时各接口间有不同的通断位置，换向阀这些位置和通路符号的不同组合就可以得到各种不同功能的换向阀，各种常用换向阀的图形符号如图 7-25 所示。

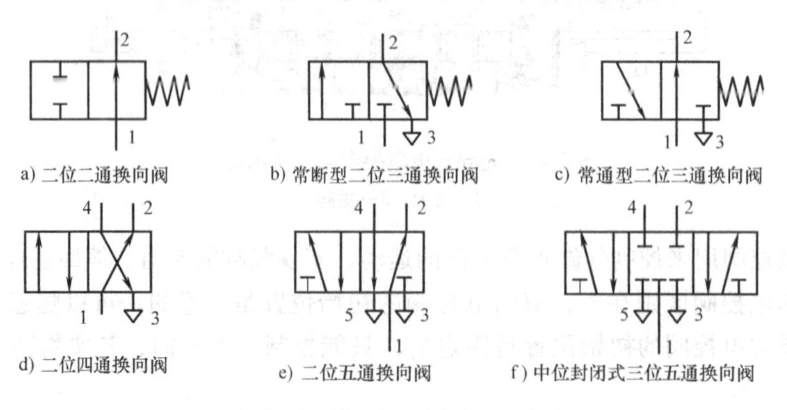

图 7-25 常用换向阀的图形符号

图中所谓的“位”指的是为了改变流体方向，阀芯相对于阀体所具有的不同的工作位置，表现在图形符号中，即为图形中有几个方格就有几位；所谓的“通”指的是换向阀与系统相连的通口，有几个通口即为几通。“⊤”和“⊥”表示各接口互不相通。

换向阀的接口为便于接线应进行标号，标号应符合一定的规则，标号方法如下：

压缩空气输入口：　1

排气口：　3、5

信号输出口：　2、4

使接口1和2导通的控制管路接口：　12

使接口1和4导通的控制管路接口：　14

使阀门关闭的控制管路接口：　10

7. 磁性开关的使用

气缸的正确动作使物料分到相应的位置，只要交换进出气的方向就能改变气缸的伸出（缩回）动作，气缸两侧的磁性开关可以识别气缸是否已经动作到位，磁性开关的安装和接线示意图如图7-26所示。

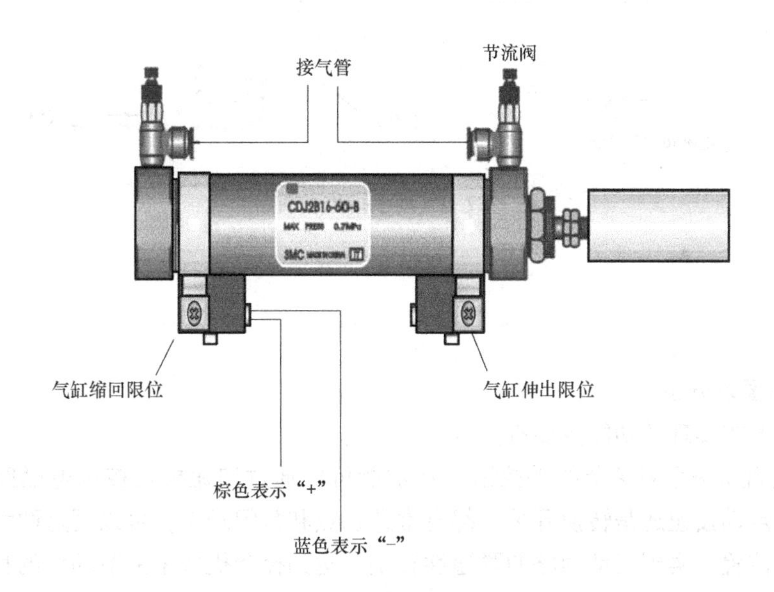

图7-26　磁性开关的安装和接线示意图

磁性开关是用来检测气缸活塞位置的，即检测活塞的运动行程的。它可分为有触点式和无触点式两种。本装置上用的磁性开关均为有触点式的。它通过机械触点的动作进行开关的通（ON）断（OFF）。

用磁性开关来检测活塞的位置，从设计、加工、安装、调试等方面，都比使用其他限位开关方式简单、省时。响应快，动作时间为1.2ms。耐冲击，冲击加速度可达300m/s^2，无漏电流存在。触点电阻小，一般为50～200mΩ，吸合功率小，过载能力较差，只适合于低压电路。使用注意事项如下：

1）安装时，不得让开关承受过大的冲击力，如将开关打入、抛扔等。

2）不要把连接导线与动力线（如电动机等）、高压线并在一起。

3）磁性开关不能直接接到电源上，必须串接负载。且负载绝不能短路，以免开关烧坏。

4）带指示灯的有触点磁性开关，当电流超过最大电流时，发光二极管会损坏；若电流在规定范围以下，发光二极管会变暗或不亮。

8. 单气缸控制回路实例

当手爪由单向电控阀控制时，电控阀得电，手爪夹紧；电控阀断电后手爪张开。当手爪由双向电控阀控制时，手爪抓紧和松开分别由一个线圈控制，在控制过程中不允许两个线圈同时得电。图 7-27 以气动手指为例说明了气缸控制回路的设计方法。

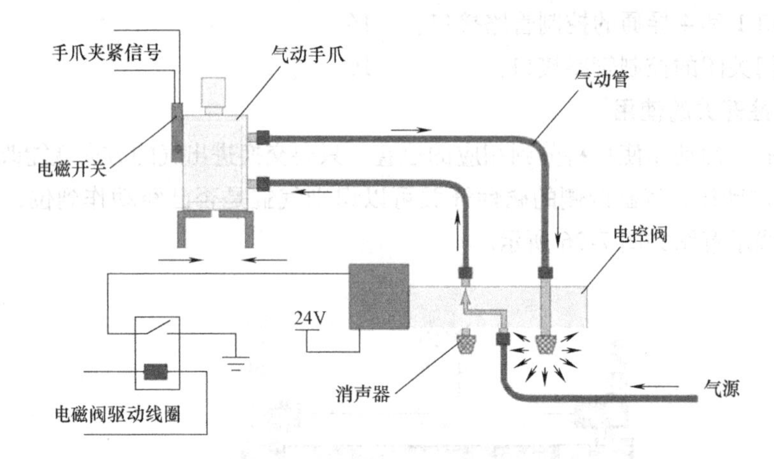

图 7-27　气动手指控制回路

任务实施

1. 控制要求分析

本任务要求实现的功能主要有两点：

（1）实现机械手各关节的手控制　本功能可以通过按钮模块控制电磁阀实现，无论是自锁、点动按钮还是转换开关，都有常开触点和常闭触点，可以用这两种触点来控制电磁阀的位置，实现气动回路的联通性转换，达到控制机械手关节动作的目的。

（2）机械手复位指示　本工作任务中不使用 PLC 模块，不允许使用程序实现相关功能，但是每个控制机械手关节的气缸上都有相关的磁性开关作为位置检测，所以当机械手处于左摆、水平缩回、垂直上升、手爪张开的位置时，各位置上的磁性开关就会接通，可以通过将这些磁性开关串联后来控制信号指示灯亮，由此来指示机械手的初始位置。

此外，本任务要求具有一定的元件选型能力，所以完成工作任务的同时需仔细观察机械手上的每个元件，识别你设备上所使用的气动元件的厂家、品牌及型号，并列举 3 种替换产品，给出其厂家、品牌及型号，填写好相应表格便可以完成工作任务。

2. 系统气路与电路原理图设计

（1）气动回路设计　图 7-28 给出了机械手控制气动回路的参考原理图，请根据所学知识分析理解气动回路的工作原理，并能够自己设计机械手的气动回路。

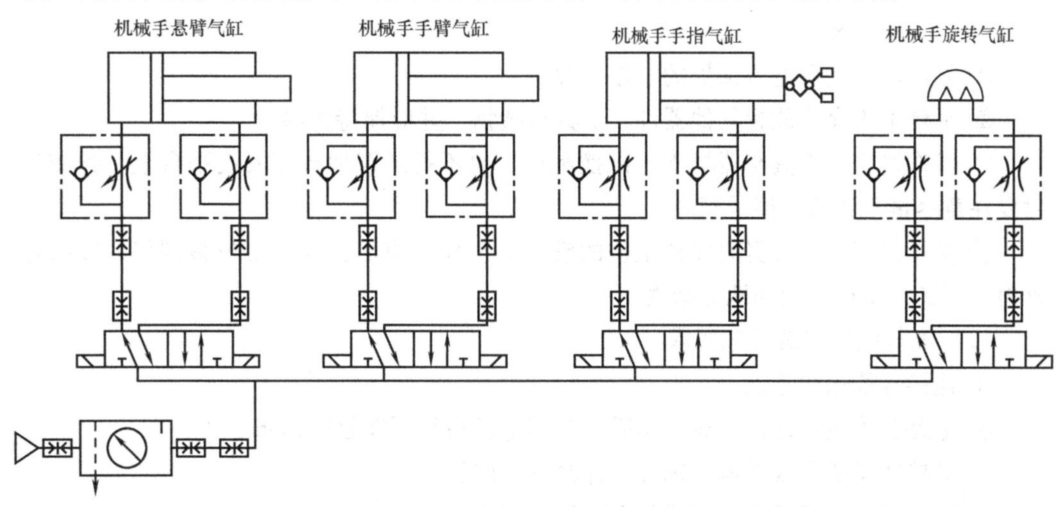

图 7-28　机械手控制气动回路原理图

（2）电路设计　请根据下面提示，结合工作任务要求设计电气控制原理图：

1）机械手的每只气缸使用一个按钮控制动作，用按钮的常闭触点控制电磁阀让气缸复位，用按钮的常开触点控制电磁阀让气缸动作。

2）将机械手监测左摆、水平缩回、垂直上升、手爪张开的磁性开关（位置开关）串联起来，控制一个 24V 的红色信号指示灯，当灯亮时表示机械手在原位状态。

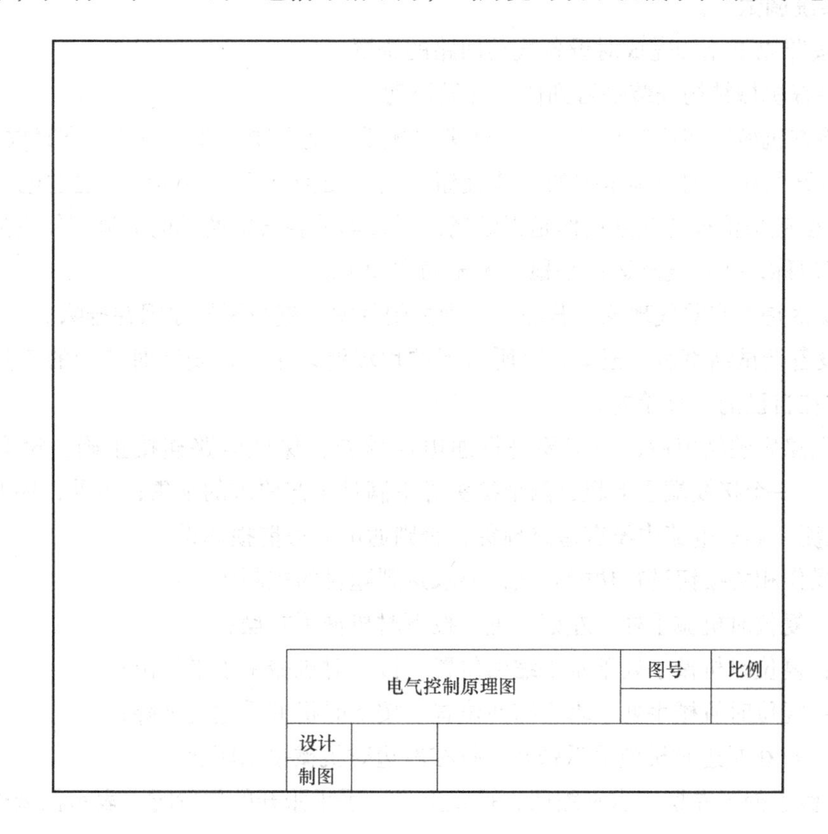

3. 根据原理图连接气路和电路

（1）环境要求

① 需使用带剩余电流保护的三相电源。

② 平台上不允许放置其他器件、工具与杂物，并应保持整洁。

③ 操作过程中工具与器材不得乱摆乱放，更不得随意地放在安装平台上。拧螺钉时要注意尽量不让螺钉掉进槽内。

④ 操作过程中，要努力保持工位的整洁。工作结束后，要将工位整理好，收拾好器材与工具，清理台面和地上杂物。

（2）电气线路安装工艺要求

① 连接导线选用正确。

② 电路各连接点连接可靠、牢固，外露铜丝最长不能超过 2mm。

③ 进接线排的导线都需要编号，并套好号码管。

④ 同一接线端子的连接导线最多不能超过 2 根。

（3）安全要求

① 要正确使用电工工具，防止在操作中发生螺钉旋具或钳子伤手的事故。

② 器材要小心搬放，防止在搬放过程中发生掉落造成器材损坏或伤人事故。

③ 动态检测时要使用 AC 380V 电源，使用时必须遵守安全用电规程。

④ 使用仪表带电测量时，一定要按照仪表使用的安全规程进行。

4. 系统调试

1）按照以下流程完成对设备气动回路的调试：

① 检查机械结构安装是否到位，有无松动。

② 检查机械安装位置是否准确，保证机械手准确取物、准确搬运、准确放物。

③ 打开气源，调节调压阀的调节旋钮，使气压为 0.4 ~ 0.6MPa。通过电磁阀上的手动控制按钮来检查各气缸动作是否顺畅，通过调节各气缸两端的截流阀使它的动作平稳、速度匀称，使各气缸运动平稳，无振动和冲击。

④ 观察是否有漏气现象，若漏气，则关闭气源，查找漏气原因并排除。

⑤ 设备调试结束后，把安装时所留下的垃圾清理干净，安装时使用的工具整理整齐，摆放在自己的工具箱内。

2）电路安装结束后，一定要进行通电前检查，保证电路连接正确，没有外露铜丝、过长、一个接线端子上超过两个接头等不满足工艺要求的现象；另外，还要进行通电前的检测，确保电路中没有短路现象，否则通电后可能损坏设备。

3）操作相关按钮进行功能测试，要求达到题目的控制要求：

SB1：复位时机械手处于左摆位置，按下时机械手右摆；

SB2：复位时机械手处于水平缩回位置，按下时机械手水平伸出；

SB3：复位时机械手处于垂直缩回位置，按下时机械手垂直下降；

SA1：打在左边时机械手爪张开，打在右边时机械手爪闭合。

当机械手处于左摆、水平缩回、垂直上升、手爪张开的位置时，表示机械处于初始安全位置，要求 HL1 红色指示灯亮，指示机械手原位。

5. 识别你设备上所使用的气动元件的厂家、品牌及型号，并列举 3 种替换产品，给出其厂家、品牌及型号（见表 7-2）

本设备机械手使用的元件		可替换产品	
型　号	品牌及厂家	型　号	品牌及厂家

考核评价

序号	评价指标	评价内容	分值	学生自评	小组评分	教师评分
1	机械手的工作原理	能准确说出机械手的工作原理	10			
2	机械手动作控制	机械手左右摆控制	15			
		机械手水平伸缩控制	15			
		机械手垂直伸缩控制	15			
		气动抓手的控制	15			
3	机械手复位指示	机械手复位指示	20			
4	元件选型及识别	元件选型及识别表格的填写	10			
总　分			100			

问题记录和解决方法	记录任务实施中出现的问题和采取的解决方法

项目八

气动机械手的自动控制

学习目标

1. 了解气动机械手的基本工作原理及功能。

2. 掌握气动机械手的基本调试方法，能够将机械手调整到最佳工作状态。

3. 掌握采用 PLC 对气动机械手控制的编程方法并能够编写较为复杂的机械手控制程序。

项目概述

气动机械手用于将物料从物料平台搬运到带式输送机上，由摆动汽缸、气动手爪、提升汽缸、伸缩汽缸、缓冲器、限位器、节流阀、磁性开关、左右限位传感器和安装支架等构成。整个气动机械手利用摆动汽缸、伸缩汽缸、提升汽缸和气动手爪可以实现四个自由度的动作：手臂伸缩、手臂摆动、手爪升降、手爪松紧。气动机械手结构图如图 8-1 所示。

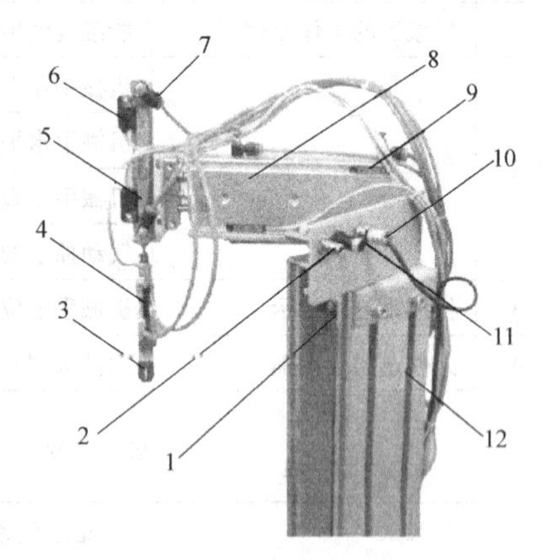

图 8-1 气动机械手结构图

1—摆动汽缸 2—限位器 3—气动手爪 4—爪手闭合检测磁性开关 5—提升汽缸 6—提升检测磁性开关 7—单向节流阀 8—伸缩汽缸 9—伸缩检测磁性开关 10—左右限位传感器 11—缓冲器 12—安装支架

摆动汽缸在双电控电磁阀控制下可以实现机械手的左右摆动，其左右两侧各装有 1 个限位器、1 个具有减速缓冲作用的缓冲器和 1 个检测是否摆动到位的电感传感器；机械手的伸缩则通过一个双出杆气缸来实现，其缸体侧面的前端和后端各装有一个磁性开关，用于检测伸缩动作是否完成；提升汽缸用于实现手爪的上升和下降动作，其缸体上端和下端各固定了一个磁性开关，用于检测手爪升降动作是否完成；气动手爪用于物料的抓取，手爪的夹紧也是通过一个磁性开关来检测的；单向节流阀用于调节机械手各个动作的速度。

本项目要求实现 PLC 对气动机械手的整体控制，根据气动机械手的控制要求分配 PLC 资源、设计电气线路，按照电气工艺要求连接线路，编写 PLC 应用程序，完成本项目要求的机械手控制功能。

任务一 气动机械手的搬运控制

任务要求

一、工作过程要求

起动前，设备的运动部件必须在规定的位置，这些位置称为初始位置。机械手部件的初始位置是：机械手的手臂处于左位，伸缩气缸和升降汽缸的活塞杆缩回，手指夹紧；上述部件在初始位置时，指示灯 HL4 常亮，这时才能起动设备运行。

系统起动后，机械按手臂平伸→手松开→手下降→手夹紧→手上升→手平缩→手右转→手平伸→手下降→手松开→手上升→手夹紧→手平缩→手左转的工作过程进行搬运工作。

二、技术要求

1. 对系统的起动、停止及状态控制

1）起动按钮 SB5：系统起动机械手按照工作过程要求中的动作进行循环工作，HL5 作为系统运行指示灯，当系统正常运行时，此灯常亮。

2）停止按钮 SB6：物料搬运不再进行循环，但是如果在一个搬运过程还没有结束时给出停止信号，系统要将本次搬运过程做完才能停止，停止按钮只在连续运行工作状态下有效。

3）复位按钮 SB4：设备运行前，系统要求自动检查位置，当机械手在初始位置时指示灯 HL4 常亮，不在初始位置时 HL4 熄灭。如果机械手不在初始位置，则需要进行复位，复位过程由复位按钮 SB3 起动。

2. 对电气线路及系统动作的设计要求

电气线路的设计要符合工艺要求，系统动作设计要符合工业现场的应用需要和安全规范。

相关知识

一、机械手知识介绍

1. 机械手的构成

机械手主要由手部、运动机构和控制系统三大部分组成。手部是用来抓持工件（或工具）的部件，根据被抓持物件的形状、尺寸、重量、材料和作业要求而有多种结构形式，如夹持型、托持型和吸附型等。运动机构使手部完成各种转动（摆动）、移动或复合运动来实现规定的动作，改变被抓持物件的位置和姿势。运动机构的升降、伸缩、旋转等独立运动方式，称为机械手的自由度。为了抓取空间中任意位置和方位的物体，需有6个自由度。自由度是机械手设计的关键参数。自由度越多，机械手的灵活性越大，通用性越广，其结构也越复杂。一般专用机械手有2~3个自由度。

2. 机械手的种类

机械手按驱动方式可分为液压式、气动式、电动式、机械式；按适用范围可分为专用机械手和通用机械手两种；按运动轨迹控制方式可分为点位控制和连续轨迹控制机械手等。

3. 气动技术与气动机械手的发展过程

气动技术是以空气压缩机为动力源，以压缩空气为工作介质，进行能量传递或信号传递的工程技术，是实现各种生产控制、自动控制的重要手段之一。20世纪30年代初，气动技术成功地应用于自动门的开闭及各种机械的辅助动作上。至20世纪50年代初，大多数气压元件从液压元件改造或演变过来，体积很大。20世纪60年代，开始构成工业控制系统，自成体系，不再与风动技术相提并论。在20世纪70年代，由于气动技术与电子技术的结合应用，在自动化控制领域得到了广泛的推广。20世纪80年代气动技术进入集成化、微型化的时代。20世纪90年代至今，气动技术突破了传统的死区，有了飞跃性的发展，人们克服了阀的物理尺寸局限，真空技术日趋完美，高精度模块化气动机械手问世，智能气动这一概念业已产生，气动伺服定位技术使汽缸高速下实现任意点自动定位，智能阀岛十分理想地解决了整个自动生产线的分散与集中控制问题。气动机械手强调模块化的形式，现代传输技术的气动机械手在控制方面采用了先进的阀岛技术（可重复编程等）、气动伺服系统（可实现任意位置上的精确定位），在执行机构上全部采用模块化的拼装结构。

4. 气动机械手的工业应用

由于气压传动系统使用安全、可靠，可以在高温、振动、易燃、易爆、多尘埃、强磁、辐射等恶劣环境下工作。而气动机械手作为机械手的一种，具有结构简单、重量轻、动作迅速、平稳、可靠、节能环保、容易实现无级调速、易实现过载保护、易实现复杂动作等优点。目前，气动机械手被广泛应用于汽车制造业、半导体及家电行业、化肥和化工，食品和药品的包装、精密仪器和军事上。

5. 气动机械手的特点

（1）重复精度高　精度是指机械手到达指定点的精确程度，它与驱动器的分辨率以及反馈装置有关。重复精度是指如果动作重复多次，机械手到达同样位置的精确程度。重复精度比精度更重要，如果一个机器人定位不够精确，通常会显示一个固定的误差，这个误差是可以预测的，因此可以通过编程予以校正。重复精度限定的是一个随机误差的范围，它通过一定次数地重复运行机器人来测定。随着微电子技术和现代控制技术的发展，以及气动伺服技术走出实验室和气动伺服定位系统的成套化，气动机械手的重复精度将越来越高，它的应用领域也将更广阔。

（2）模块化 有的公司把带有系列导向驱动装置的气动机械手称为简单传输技术，而把模块化拼装的气动机械手称为现代传输技术。模块化拼装的气动机械手比组合导向驱动装置更具灵活的安装体系。它集成电接口和带电缆及气管的导向系统装置，使机械手运动自如。由于模块化气动机械手的驱动部件采用了特殊设计的滚珠轴承，使它具有高刚性、高强度及精确的导向精度。

（3）节能化（无给油化） 为了适应食品、医药、生物工程、电子、纺织、精密仪器等行业的无污染要求，不加润滑脂的不供油润滑元件已经问世。随着材料技术的进步、新型材料（如烧结金属石墨材料）的出现，构造特殊、用自润滑材料制造的无润滑元件，不仅节省润滑油、不污染环境，而且系统简单、摩擦性能稳定、成本低、寿命长。

（4）机电气一体化 由“可编程序控制器、传感器、气动元件”组成的典型的控制系统仍然是自动化技术的重要方面；发展与电子技术相结合的自适应控制气动元件，使气动技术从“开关控制”进入到高精度的“反馈控制”；节省配线的复合集成系统，不仅减少配线、配管和元件，而且拆装简单，大大提高了系统的可靠性。而今，电磁阀的线圈功率越来越小，而 PLC 的输出功率在增大，由 PLC 直接控制线圈变得越来越有可能。气动机械手、气动控制越来越离不开 PLC，而阀岛技术的发展，又使 PLC 在气动机械手、气动控制中变得更加得心应手。

二、PLC 系统常用起停程序的编写方法

任何设备都有使其工作或使其停止工作的问题，处理好这个问题是保证正常运行的一个基本条件，下面介绍设备起、停控制的常见要求和实现这些要求的基本编程方法。

1. 单按钮起、停程序

图 8-2 所示为单按钮起、停梯形图程序，操作数为符号地址。从图 8-2 知，当“按钮按”OFF 时，“按钮按脉冲”及“控制脉冲生成”均为 OFF。而“按钮按”ON 时，则“按钮按脉冲”、“控制脉冲生成”均为 ON。但在下一个扫描周期时，因“控制脉冲生成”的常闭触点，将使“按钮按脉冲”OFF。即当“按钮按”ON 时，“按钮按脉冲”仅 ON 一个扫描周期。脉冲信号也因此得名。

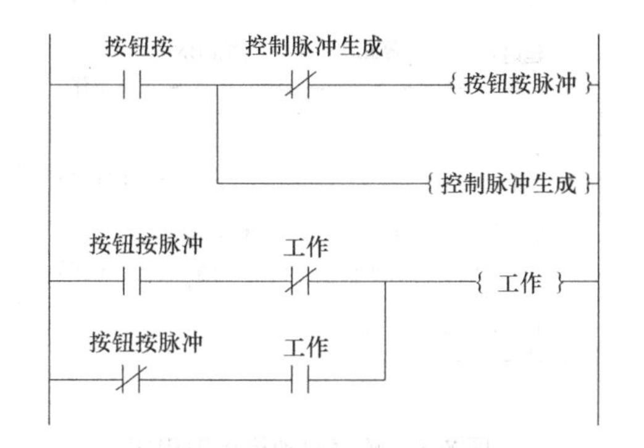

图 8-2 单按钮起停梯形图程序 a

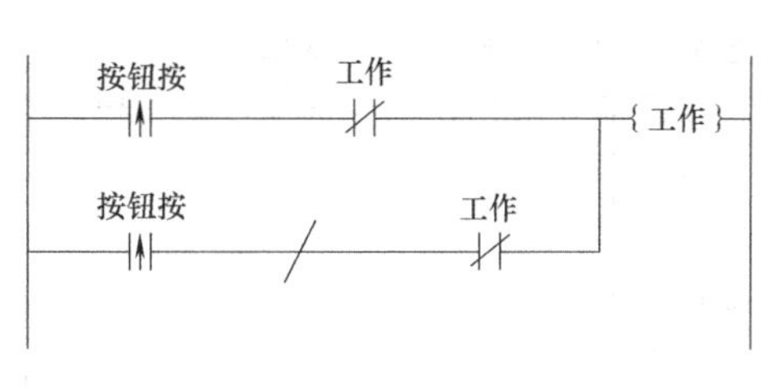

图 8-3 单按钮起停梯形图程序 b

当无脉冲信号时，其“工作”的状态不会改变。因为这里的“工作”状态是“双稳”的，其为ON或OFF均成立。不妨看一下它的逻辑关系就清楚了。但一旦有脉冲信号作用，则其状态将改变。若开始为OFF，将改变为ON。反之，将改变为OFF。也正因此，即可用这里的“按钮按”对这里的“工作”做“单按钮起停”控制。

如果所用的PLC有生成脉冲的指令，则可直接用它生成脉冲。图8-3中的上升箭头就是三菱PLC中直接产生脉冲的操作。当然也可如图8-2所示，先由“按钮按”生成“按钮按脉冲”，然后再如图8-2那样处理有关指令。图8-3的短斜线为“取反”逻辑运算。因为这里脉冲是直接生成的，故必须这么处理。此外，三菱PLC还可以用ALTP指令实现。

用单按钮起、停设备，可节省PLC的输入点与按钮，还可简化操作面板的布置，而实现它的PLC程序也不复杂（如单纯用继电器实现这个控制，则较复杂），故这是目前较常用的起、停控制方法之一。

2. 多点起、停程序

图8-4所示为多点起、停梯形图程序，图中操作数使用符号地址。

从图8-4可知，初始状态（所有输入、输出均没有工作，下同）时，从梯形图逻辑知，“工作”为OFF。这时，当“起动1”或“起动2”ON，而“停止1”与“停止2”又同为OFF时，则“工作”将ON。一旦“工作”ON后，即使“起动1”或“起动2”OFF，由于“工作”触点的“自保持”（它与“起动1”、“起动2”并联）作用，“工作”仍将保持ON。

而“工作”ON后，如“起动1”与“起动2”同为OFF，而“停止1”或“停止2”ON，则“工作”将OFF。

由于“起动1”、“起动2”及“停止1”、“停止2”可布置在不同的位置，因而可用它在不同的地点对“工作”作起、停控制。

3. 顺序起动程序

图8-5所示为顺序起动梯形图程序，图中操作数使用符号地址。

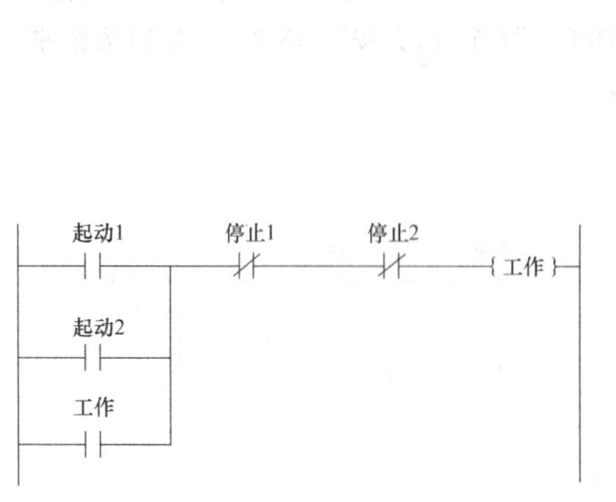

图8-4 多点起、停梯形图程序

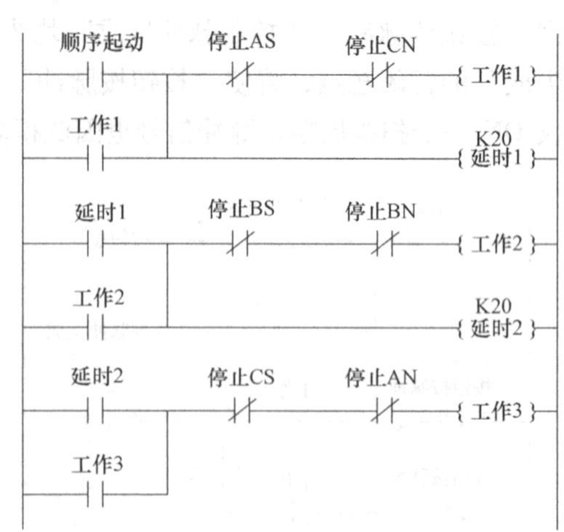

图8-5 顺序起动梯形图程序

从图 8-5 知，初始状态时，“工作 1”、“工作 2”及“工作 3”均未工作。这时，当“顺序起动”ON，则“工作 1”将 ON。先实现“工作 1”的起动。

一旦，“工作 1”ON，即使“顺序起动”OFF，由于“工作 1”触点的自保持作用，可保证“工作 1”仍将保持 ON。“工作 1”ON 后，定时器 T001 将开始计时。一旦计时到（这里定时值设为 20。按指令的含义，其单位 100ms，故为 2s），其触点“延时 1”ON 。

“延时 1”ON，将使“工作 2”ON，起动工作。进而还使定时器 T002 开始计时。一旦计时到（这里定时值设定同上，也可设为不同），其触点“延时 2”ON。而“延时 2”ON，将使“工作 3”ON，起动工作。到此即完成了“顺序起动”。

任务实施

一、控制要求分析及提示

利用 YL-235A 光机电一体化实训装置实现工作任务一的控制要求，首先应根据设备动作过程和技术要求找出需要用到哪些输入量，有哪些输出量；然后根据输入、输出量的数量分配 PLC 的输入、输出地址，并列出 PLC 的输入、输出地址分配表；在地址分配表确定后，才能根据地址分配表和其他的指示要求画出电气控制原理图。这样在安装时，才能根据电气控制原理图进行电气接线。

本工作任务中要求完成设备机械手最基本的控制要求，越是基本的东西我们越是应该做得最好、最可靠，同时对基本功能控制方法的掌握也是我们实现更多、更复杂控制要求的一个基本条件，掌握了解决问题的方法，一切难题都将迎刃而解。

由于在 YL-235A 设备中基本动作都是顺序控制，所以在设计动作的时候可以选择采用基本指令实现的动作控制法（用时间控制法来实现动作控制不是很可靠，在真正的工业应用中很少使用。而且我们设备上每个动作都有对应的位置检测传感器，所以不采用时间控制法），可以选择采用三菱 PLC 的步进梯形图指令，采用顺序功能图法，作为程序设计方法。

二、完成自动搬运分拣系统的组装和气路连接

任何软件都是建立在硬件的基础上的，首先需完成下面三项工作：

1）按照 YL-235A 设备的工艺要求以及前面所学的知识调整机械结构，要求各部件位置准确，安装可靠。

2）根据前面项目中所学知识，按照图 8-6 所示机械手控制气动回路原理图，连接气动回路。

3）完成对设备的调试，要求动作平稳、流畅，并经过手动测试保证可以稳定运行。

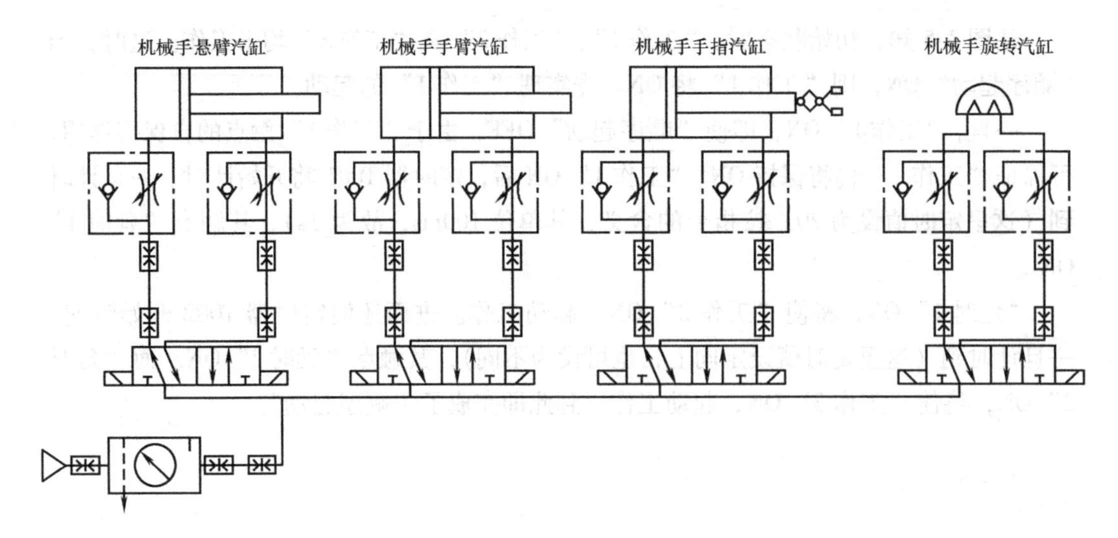

图 8-6 机械手控制气动回路原理图

1. 气动回路设计

图 8-6 给出了机械手气动回路的参考原理图，请你根据所学知识分析理解气动回路的工作原理，并能够自己设计机械手的气动回路。

2. 连接气路

根据气动系统图连接气路，并达到以下工艺要求：

1）气管切口平整，切面与气管轴线垂直。

2）走线应避开设备工作区域，防止对设备动作产生干扰。

3）各汽缸与换向阀连接气管的走线方向、方式一致。

4）气管避免过长或过短。过长会影响美观并影响设备动作；过短会造成气管弯曲半径过小而发生弯折。

5）气管应利用塑料捆扎带进行捆扎，捆扎不宜过紧，防止造成气管受压变形。捆扎间距为 50～80mm，捆扎间距均匀统一。

3. 气路检查

气路连接结束后，进行通气前检查。具体检查以下几个方面：

1）汽缸所用电磁阀与图样是否相符。

2）是否有漏接、脱落或连接不牢固等现象。

3）是否有不符合气路连接工艺要求的地方。

三、完成自动搬运分拣系统电气回路的设计和连接

1. 根据任务要求分配输入、输出地址（见表 8-1、表 8-2）

2. 设计电气控制原理图

根据 PLC 的输入、输出地址分配表，绘制 PLC 的电气控制原理图，如图 8-7 所示，在绘制电气控制原理图要求正确外，所用元器件的符号都必须用标准符号，绘制的电气控制原理图要规范，还必须有元件说明。

表 8-1 PLC 输入地址分配表

序号	输入地址	说 明	序 号	输入地址	说 明
1	X0	起动按钮	7	X7	机械手夹紧检测
2	X1	停止按钮	8	X10	机械手垂伸检测
3	X3	机械手左摆检测	9	X11	机械手垂缩检测
4	X4	机械手右摆检测	10	X25	复位按钮
5	X5	机械手平伸检测	11	X26	急停开关
6	X6	机械手平缩检测			

表 8-2 PLC 输出地址分配表

序号	输出地址	说 明	序 号	输出地址	说 明
1	Y1	机械手放松控制	7	Y7	机械手垂伸控制
2	Y2	机械手夹紧控制	8	Y10	机械手垂缩控制
3	Y3	机械手左摆控制	9	Y14	原位指示灯
4	Y4	机械手右摆控制	10	Y15	运行指示灯
5	Y5	机械手平伸控制			
6	Y6	机械手平缩控制			

3. 接线要求及相关注意事项

1）通电之前必须确认三相电的进线和模块的连接没有错误。

2）连接线路过程中不应该有短路、断路现象。

3）三线制传感器的使用说明：棕色接 PLC 本身的 24V，蓝色接输入端的公共端 COM，黑色接控制输入端（以三菱主机为例）。

4）两线制磁性开关的使用说明：棕色的接控制输入端，蓝色的接输入的公共端 COM（以三菱主机为例）。

5）警示灯：共有绿色和红色两种颜色。引出线五根，其中并在一起的两根粗线是电源线（红线接“+24”，黑红双色线接“GND”），其余三根是信号控制线（棕色线为控制信号公共端，如果将控制信号线中的红色线和棕色线接通，则红灯闪烁，将控制信号线中的绿色线和棕色线接通，则绿灯闪烁）。

4. 电路连接

根据绘制的电气控制原理图进行电路的连接，达到以下工艺要求：

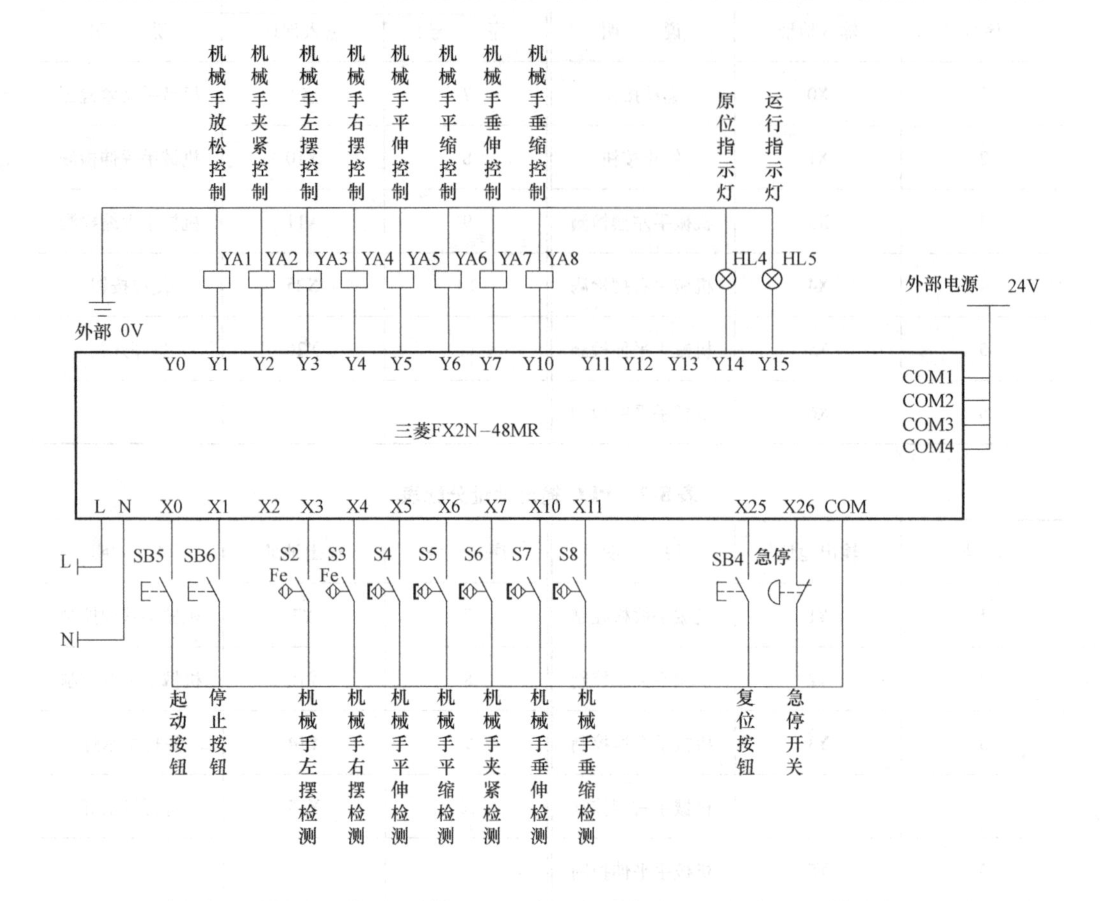

图 8-7　PLC 的电气控制原理图

1）连接导线型号、颜色选用正确。

2）电路各连接点连接可靠、牢固，外露铜丝最长不能超过 2mm。

3）进接线排的导线都需要编号，并套好号码管。

4）号码管长度应一致，编号工整、方向一致。

5）同一接线端子的连接导线最多不能超过 2 根。

5. 电路检查

电路安装结束后，进行通电前检查，保证电路连接正确，没有外露铜丝过长、一个接线端子上超过两个接头等不满足工艺要求的现象；另外，还要进行通电前的检测，确保电路中没有短路现象，否则通电后可能损坏设备。

6. 动态检查

气路的可靠性、汽缸动作和检测汽缸动作限位的传感器的检查可以参照以下步骤进行：

1）打开气源，调节调压阀的调节旋钮，使气压为 0.4～0.6MPa。

2）观察是否有漏气现象，若漏气，则关闭气源，查找漏气原因并排除。

3）利用电磁换向阀的手动按钮，逐一操控各汽缸动作，调节相应汽缸的节流阀，使各汽缸动作速度适中。

4）利用电磁换向阀的手动按钮，操控各汽缸按工作过程依次动作，检查每个汽缸的动作是否准确到位，特别是机械手抓物和放物是否准确。

5）操控各汽缸动作时，观察相应的检测传感器是否动作，传感器对应的输入指示灯指示是否正确。

四、编写 PLC 应用程序

1. 分析系统工作流程

系统要求起动前保证系统的各个部件在原位，按下起动按钮，接通一个 PLC 的内部辅助继电器（自锁）作为系统开始运行第一个动作的状态标志，此状态标志用于控制送料电动机的起停，用这个状态标志与料台的物料检测信号串联，作为下一动作的触发条件，并用下一个动作去复位上一动作的状态标志。依照着这样的规律设计机械手的其余动作，整个机械手动作的触发信号顺序为：

第 1 步	按下起动按钮，系统开始运行	
第 2 步	手平伸	伸出到位
第 3 步	手松开	松开到位（机械手夹紧信号的常闭触点）
第 4 步	手下降	下降到位
第 5 步	手夹紧	夹紧到位
第 6 步	手上升	上升到位
第 7 步	手平缩	平缩到位
第 8 步	手右转	右转到位
第 9 步	手平伸	伸出到位
第 10 步	手下降	下降到位
第 11 步	手松开	松开到位
第 12 步	手上升	上升到位
第 13 步	手夹紧	夹紧到位
第 14 步	手平缩	平缩到位
第 15 步	手左转	左转到位

机械手动作结束

机械手的动作没有任何的分支，每个动作只有对应一个信号可使其转入下一步动作。系统在运行过程中，机械手的有些动作要重复两次，但每次必须用不同的状态继电器，再根据状态继电器的作用找到对应的输出点进行输出转换。

2. 绘制工作状态流程图

采用三菱 PLC 的步进梯形图指令控制的主程序工作状态流程图如图 8-8 所示。

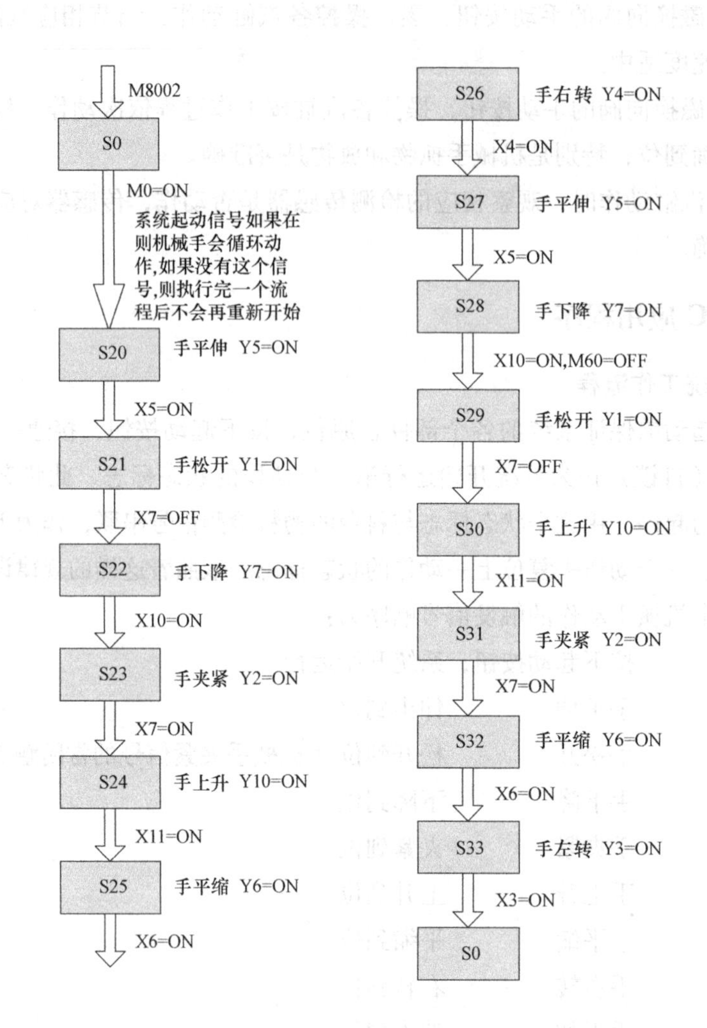

图 8-8　工作状态流程图

3. 根据流程图写出 PLC 应用程序

机械手动作控制用步进梯形图来编写，只要根据前面画出的工作状态流程图和输入、输出地址分配表，用步进梯形图的基本编程方法就可以实现。

1）系统起停控制程序的编写

图 8-9 给出了系统起动、停止信号的控制程序，程序中要注意 M3 为机械手的原位信号，当机械手不在原位的时候系统不能起动。

2）复位信号程序的编写

如图 8-10 所示，如果机械手在原位则 Y14 控制的原位指示灯会亮，如果不在原位则原位指示灯不亮，当 X25 按下时产生复位信号 M1，在整机程序中可以通过 M1 信号控制机械手顺序复位。

3）机械手完整动作流程的 PLC 程序编写（见图 8-11）

X000　M3　X001　(M0)
起动信号　原位信号　停止信号　系统运行
M0
系统运行
M0　(Y015)
系统运行　运行指示

图 8-9　起动、停止信号产生程序

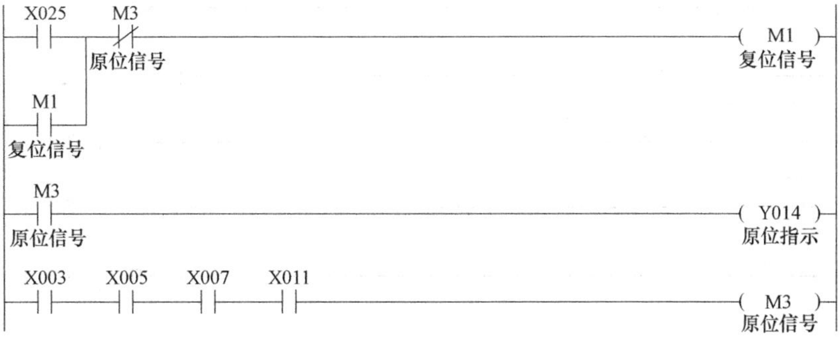

X025　M3　(M1)
原位信号　复位信号
M1
复位信号
M3　(Y014)
原位信号　原位指示
X003　X005　X007　X011　(M3)
原位信号

图 8-10　复位信号产生程序

M8002　[SET　S0]
[STL　S0]
M0　[SET　S20]
M1　[SET　S50]
[STL　S20]
(Y005)
X005　[SET　S21]
[STL　S21]
(Y001)

图 8-11　机械手动作参考程序

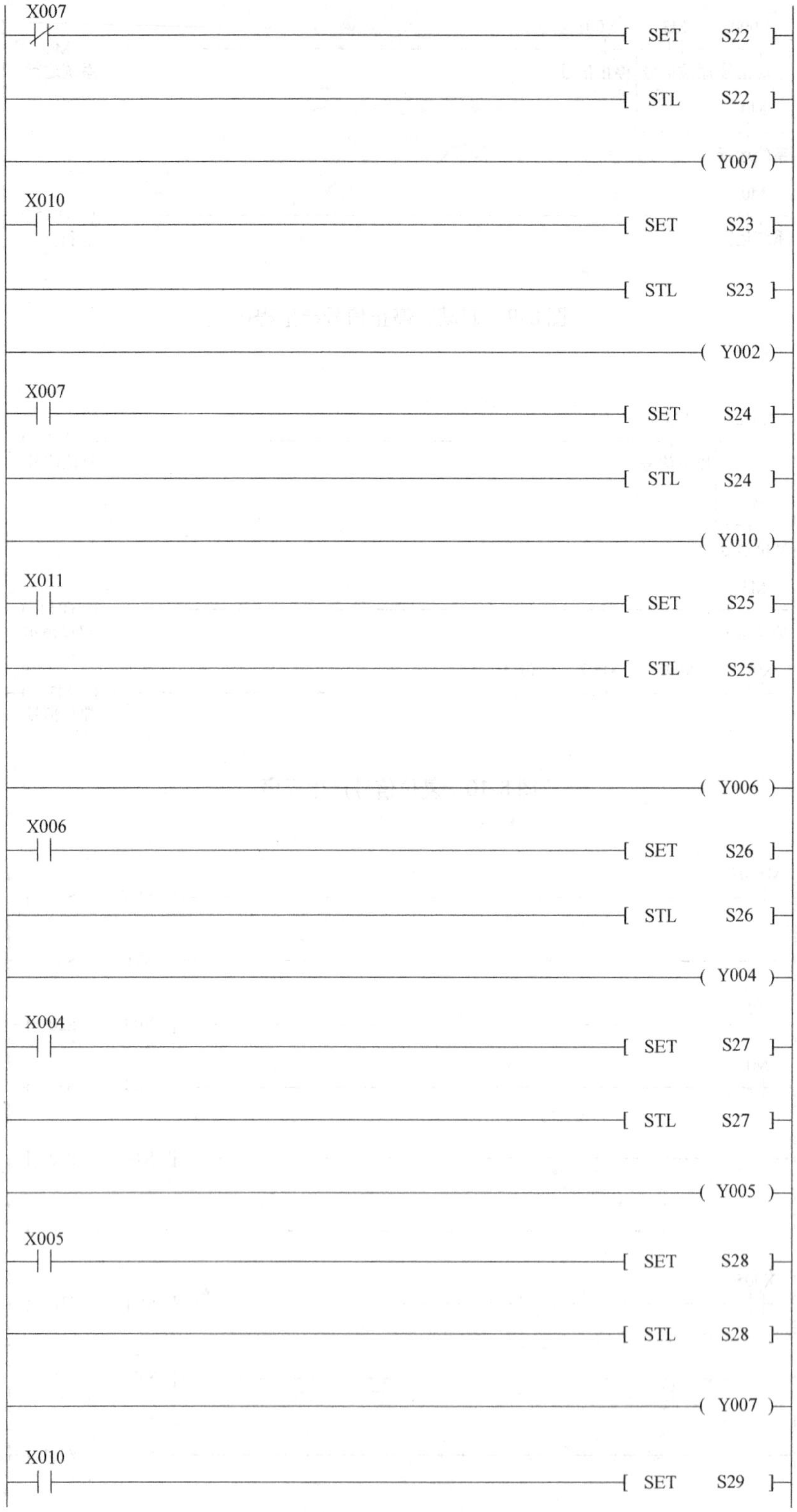

X007 SET S22
STL S22
Y007
X010 SET S23
STL S23
Y002
X007 SET S24
STL S24
Y010
X011 SET S25
STL S25
Y006
X006 SET S26
STL S26
Y004
X004 SET S27
STL S27
Y005
X005 SET S28
STL S28
Y007
X010 SET S29

图 8-11 机械手动作参考程序（续）

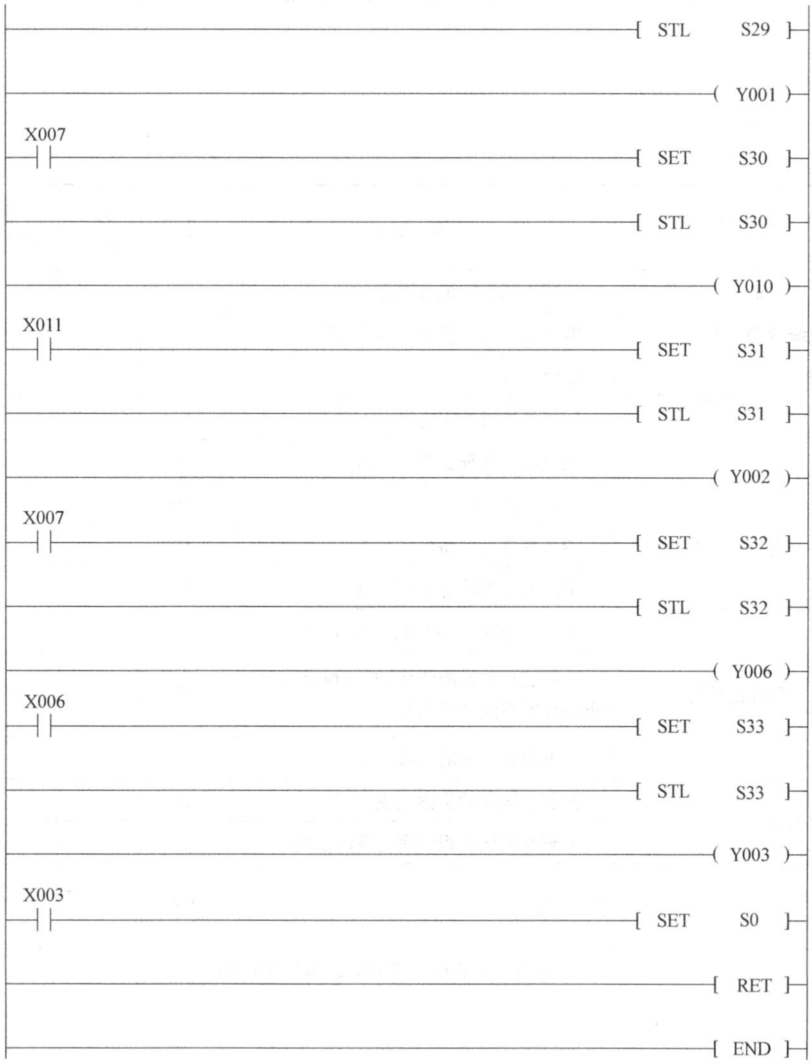

```
—————————————————————[ STL  S29 ]—
—————————————————————( Y001 )—
X007
—| |—————————————————[ SET  S30 ]—
—————————————————————[ STL  S30 ]—
—————————————————————( Y010 )—
X011
—| |—————————————————[ SET  S31 ]—
—————————————————————[ STL  S31 ]—
—————————————————————( Y002 )—
X007
—| |—————————————————[ SET  S32 ]—
—————————————————————[ STL  S32 ]—
—————————————————————( Y006 )—
X006
—| |—————————————————[ SET  S33 ]—
—————————————————————[ STL  S33 ]—
—————————————————————( Y003 )—
X003
—| |—————————————————[ SET  S0 ]—
—————————————————————[ RET ]—
—————————————————————[ END ]—
```

图 8-11　机械手动作参考程序（续）

五、调试过程

程序编写结束后，将程序下载到 PLC，把 PLC 的状态转换到 RUN。按下起动按钮，观察机械手的动作顺序，有没有出现运行到中途停止或错误动作的情况。如果机械手运行到中途停止不动，应先检查输入信号是否正常，是否接错，如都正常则查看程序中有没有写错。如果出现错误动作，此时不应立即改变 PLC 状态，而是要通过监控程序来找出程序中的错误。如机械手在不应该平伸的时候伸出了，则要先找到平伸的输出端（因为是顺序控制，所以一个动作错误后，以后的动作将全部混乱，此时应找到产生第一个错误动作的原因，待解决第一个错误动作的问题后，以后的动作会随着此问题的解决而得到解决）。仔细观察是哪一个中间继电器让输出口错误动作（每一个动作输出基本都有对应的两个中间继电器来控制），找到产生错误动作的中间继电器后，再找到此中间继电器的输出端，并结合上下程序找出原因，修改程序，修改完成后重新下载调试。

考核评价

序号	评价指标	评价内容	分值	学生自评	小组评分	教师评分
1	机械手的工作原理	机械手基本知识及原理	5			
2	系统资源分配	能够合理地分配 PLC 内部资源	5			
3	实验气动回路设计与连接	回路设计正确	5			
		能正确进行气路连接	10			
		气路的连接符合工艺要求	5			
4	实验电路设计与连接	电路设计正确	10			
		能正确进行线路设计及连接	10			
		电路的连接符合工艺要求	10			
5	PLC 程序的编写	掌握步进控制 PLC 程序设计方法	5			
		掌握编程软件的使用,能够根据控制要求设计完整的 PLC 程序	15			
		能够完成程序的下载调试	5			
6	整机调试	能够根据实验步骤完成工作任务	10			
		能够在调试过程中完善系统功能	5			
总分			100			
问题记录和解决方法	记录任务实施中出现的问题和采取的解决方法					

任务二　气动机械手复杂控制功能的实现

任务描述

请你在完成工作任务一的基础上加入系统要求的有条件起动和停止功能，达到此任务拟订的工作要求与技术要求。具体要求为：

1. 系统起动要求

此功能中增设系统上电按钮和系统复位按钮，有电源指示灯，要求系统开机时要先按系统上电按钮，上电后复位指示灯进行频率的1Hz闪烁，表示此时可按系统复位按钮，按下复位按钮5s后（以保证给机械手足够的复位时间，在此时间段内复位指示灯一直在闪烁），如果系统复位成功，各动作部件都处于复位状态，则复位指示灯长亮2s后，起动指示灯进行频率1Hz闪烁，此时可按起动按钮起动系统运行，系统起动后起动指示灯灭；如有故障系统不能复位，则系统故障指示灯进行频率1Hz闪烁，起动指示灯不亮，系统不能起动。只有故障解除后，各动作部件都处于复位状态，起动指示灯进行频率1Hz闪烁时系统才可进行起动操作。

2. 系统停止要求

此功能要求停止物料搬运分拣不再进行循环，但是如果在一个搬运分拣过程还没有结束时给出停止信号，系统要将本次搬运分拣过程做完，并且系统各环节回到复位状态才能停机。

3. 急停控制要求

当按下急停按钮时系统立即停止，急停恢复后接着原来的动作继续运行。

另外，电源要有指示信号，电气线路的设计要符合工艺要求，系统动作设计要符合工业现场的应用需要和安全规范。本任务中主要的按钮及指示灯功能列表见表8-3。

表8-3　按钮及指示灯功能列表

序　号	元器件名称	作　用
	按钮 SB4	复位按钮
1	按钮 SB5	起动按钮
2	按钮 SB6	停止按钮
3	按钮 SB3	系统上电按钮
4	指示灯 HL1	复位指示灯
5	指示灯 HL2	起动指示灯
6	指示灯 HL3	系统故障指示灯

相关知识

一、起动功能控制知识介绍

首先应该明确这里讲的设备起动不等同于设备上电，也不等同于设备有动作，而是指设备开始完整的工作过程，大多数情况下指的是设备处于半自动或全自动的工作模式下，不包括设备在手动操作、测试、自检等功能下进行的一些动作。

对于起动功能这里分为无条件起动和有条件起动两种情况来讨论。

无条件起动是指不管设备在什么样的情况下，只要按下起动按钮设备就进入运行状态，而通常来讲机电一体化设备为了保证能够可靠的运行，避免出现安全隐患，在运行之前都会进行一些如自检、测试、复位等操作，当设备的状态满足一定起动条件的时候才能够进行正常运行。这种不考虑设备当前状态的起动方式在工业现场没有太大的实际应用价值，所以这里不作过多讨论。

有条件起动包含的情况很多，根据设备的具体需要、不同的用途、不同的工作环境等，起动条件、起动方式都可能不一样。在 YL-235A 机电一体化设备中也可以体现出多种有条件起动方式，最常见的如：

设备在起动之前必须完成一定的任务或操作，并满足一定的条件才能起动；

设备各个环节如果不在原位状态，则设备不能起动；

如果检测到设备出现故障，在故障恢复前设备不能起动等。

这些起动方式在实际应用的机电一体化设备中都可以找到应用的实例，如：

常见的各类数控机床，在上电的时候系统要进行自检，在写好加工程序进行工件自动加工之前要进行工作台的回参考点操作、对刀操作等；

机床中经常见到的主轴不起动工作台不能动作、油泵不工作主轴不可以起动等；

工业应用的一些自动生产线设备，有些设备在起动时各个环节需要顺序起动，设备在上电后具有自检功能、设备正式起动之前要保证各环节都处于准备好状态等。

除此之外在实际的机电一体化设备中有时还要从控制方便、可操作性强、节省资源等方面去考虑起动停止的控制方式，如在一些设备中经常出现的单按钮起停控制、多点起动控制等。

所以设备的起动功能不只是按一下起动按钮让设备动作这么简单，不同的控制要求可能使得在对设备的控制程序编写上难度也不相同。

对于 YL-235A 机电一体化设备来讲，也可能结合实际的工业设备提出各种不同的起动控制要求，以下作举例分析：

1）按下按钮后延时起动程序如图 8-12 所示。

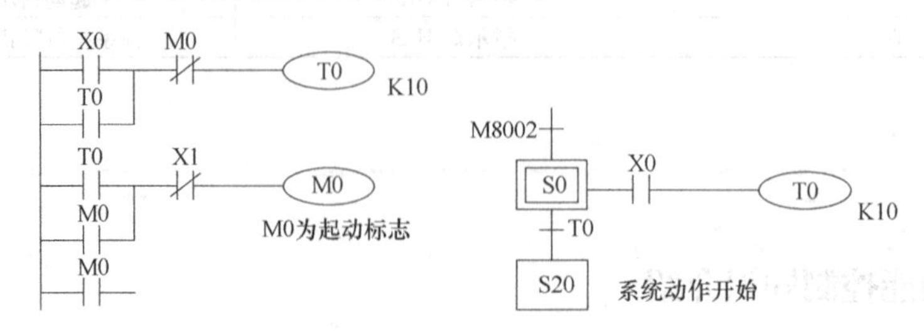

图 8-12 延时起动程序

2）用按钮控制进入系统待机状态（S0），其示例程序如图 8-13 所示。

系统通电后，按下起动按钮（X0），系统就进入待机状态；在各部件都处于复位状态后，绿色指示灯发光，指示可以下料。

3）受设备原位限制的起动，只有原位条件全部满足后，才能起动，其程序示例如图 8-14 所示。

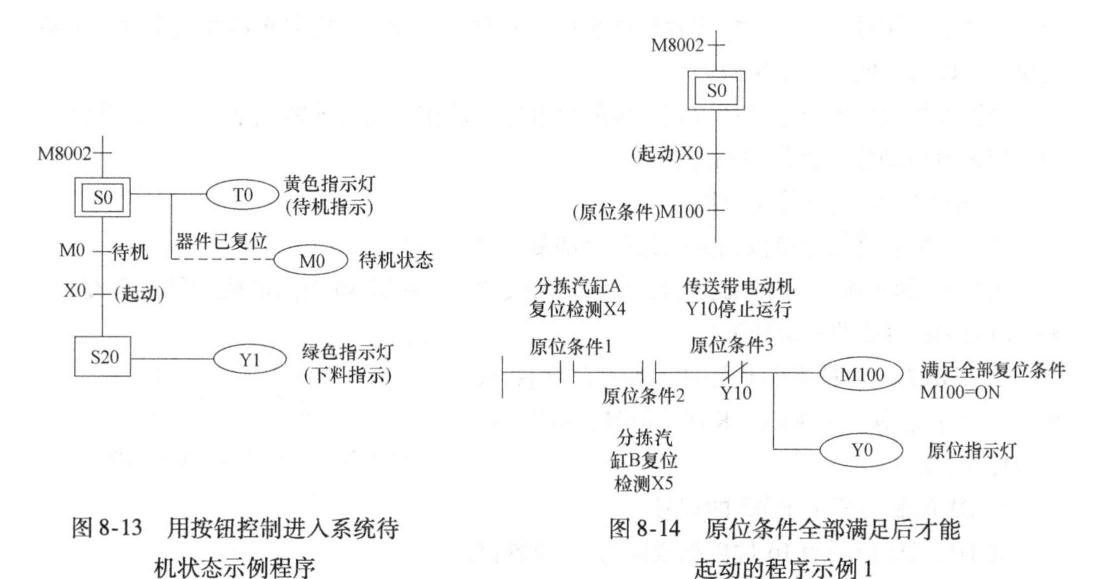

图 8-13 用按钮控制进入系统待机状态示例程序

图 8-14 原位条件全部满足后才能起动的程序示例 1

进入初始状态，若有设备满足复位条件，就强迫其自动复位。只有全部满足原位条件后，才能执行顺序控制程序，其程序示例如图 8-15 所示。

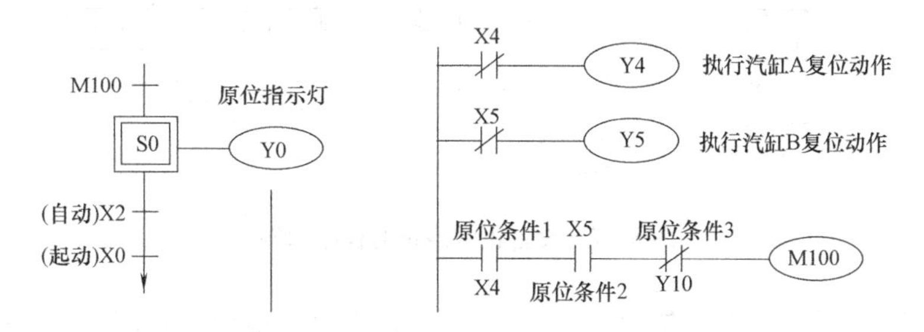

图 8-15 原位条件全部满足后才能起动的程序示例 2

二、停止功能控制知识介绍

关于设备的停止功能在这里讨论立即停止和有条件停止两种情况。立即停止控制方式比较简单，在进行程序控制的时候直接用停止按钮将各种输出信号全部清除就能够实现。而有条件停止方式则相对比较复杂，在控制的时候要讲究一定的方法，以免错误的操作导致整个系统处于混乱状态。

在 YL-235A 设备中可要求的有条件停止方式有多种，但是考虑到实用性，并且以可能在真实的机电一体化设备上出现为前提，这里主要介绍两种情况：

当设备接收到停止信号时要考虑设备当前的运行状态。对于加工型设备，当设备正在加工工件的时候，如果设备立即停止，要考虑工件会不会报废、加工的刀具或其他工具会不会损坏、对下次设备的重新运行会不会有影响等；对于搬运类的机械设备，要考虑如果是正在搬运工件的半途中要立即停止，那么工件会不会掉下来，搬运机构此时怎么处理，是不是就停在半空中，如果停在半空中下次重新开始工作的时候怎么处理等。解决这些问题的方法要根据具体的工作环境和控制要求来定，我们可以举个例子，比如当设备处于工作过程的半途中接收到停止信号的时候，设备一定要将本次工作过程完整地执行完以后才能停止下来。

当设备接收到停止信号后要按一定的要求完成动作，然后才能完全停止。以下针对 YL-235A 设备的停止控制举例分析。

1）用 FNC40 实现停止控制。

指令功能：将指令范围内的软元件全部复位（清零）。

图 8-16 的实例中，X1 接通后，FNC40 指令将 D1 ~ D2 范围内的软元件全部复位。编写时对 D1、D2 的要求如下：

① 指定为同一种类的软元件。如位软元件 S、M、X、Y 及字软元件 KnX、KnY、KnM、KnS、T、C、D、V、Z。

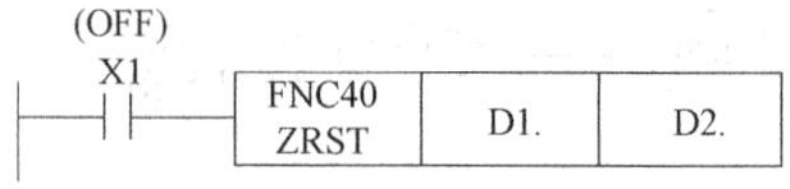

图 8-16　FNC40 指令编程示例

② D1 的编号要小于 D2 的编号。

③ D1、D2 应同为 16 位数据或同为 32 位数据。

2）设备正常停止的实现。设备正常停止的程序示例如图 8-17 所示。

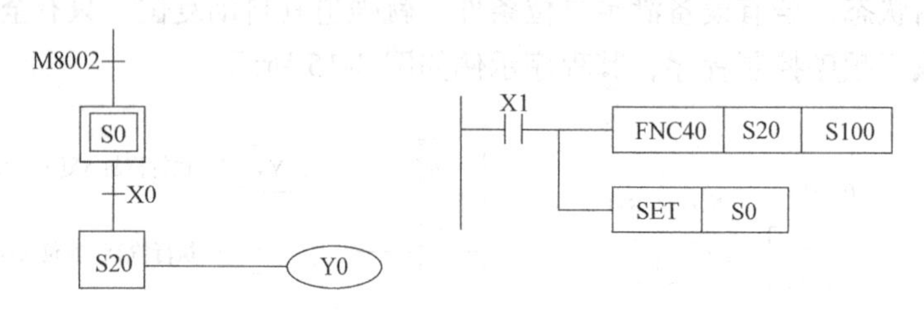

图 8-17　设备正常停止的程序示例

注意：程序中若有置位的元件（Y0），停止时要同时将其复位，如图 8-18 所示。

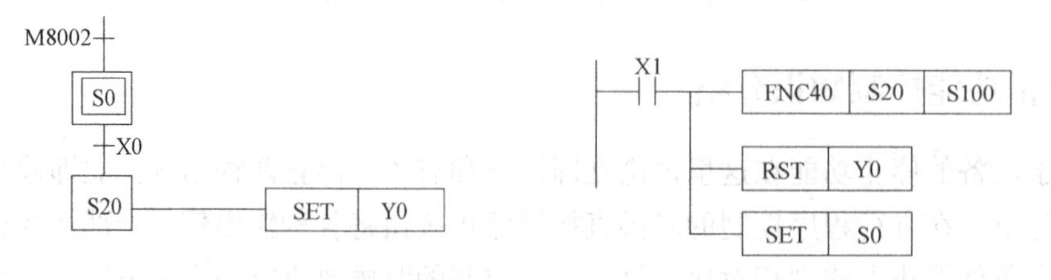

图 8-18　设备中有输出控制时正常停止的程序示例

3）用特殊辅助继电器 M8031 实现停止控制。

M8031 被驱动时，可清除以下元件：X、Y、M（普通）、S（普通）的 ON/OFF 影像；T、C（普通）当前值寄存器；T、C（普通）接点、计数线圈及 T 的复位线圈；D

（普通）的当前值寄存器。

图 8-19 的程序中，X0：起动，X1：停止，X2：复位，完成正常运行，可按 X0 重新起动运行；运行中停止按 X1；运行中停止后要再起动，须先按 X2 进行复位，再按 X0 才能起动运行。如要停止后自动进入待机状态，可在 X1 按下后同时置位 S0。

注意：对无保持元件的程序，可用 M8031 清零来实现停止。但同时要将程序置位 S0，以实现再次起动。

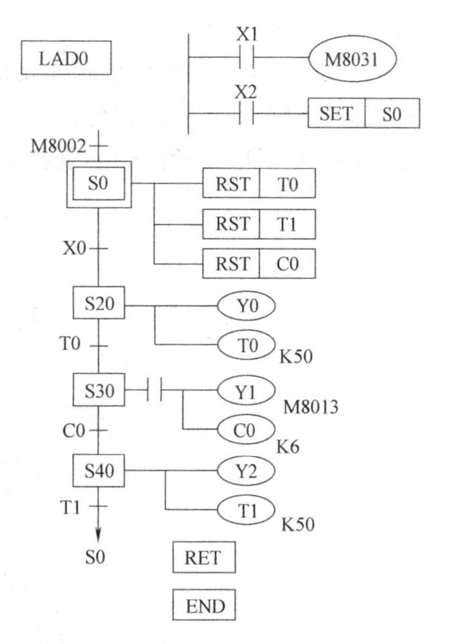

图 8-19 用特殊辅助继电器 M8031 实现停止控制

4）按下停止按钮后，完成一周期的工作后才停止的程序示例如图 8-20 所示。

在连续循环方式的运行过程中，只要按下停止按钮 X1，系统立刻提示停止下料（红色指示灯 Y10 发光），由于停止时已置位 M0，因此，不管停止时系统正在哪个状态工作，也需要完成本周期全部工作任务后，才能通过 M0 转移到 S0 停止运行。

5）按下停止按钮后，完成指定工作后才停止的程序示例如图 8-21 所示。

6）按下停止按钮后，需判断系统的工作状态，再根据工作状态选择停机方式，其程序示例如图 8-22 所示。

发出停止指令后，只有下料工件数（D1）与出料工件数（D2）相等且传送带无工

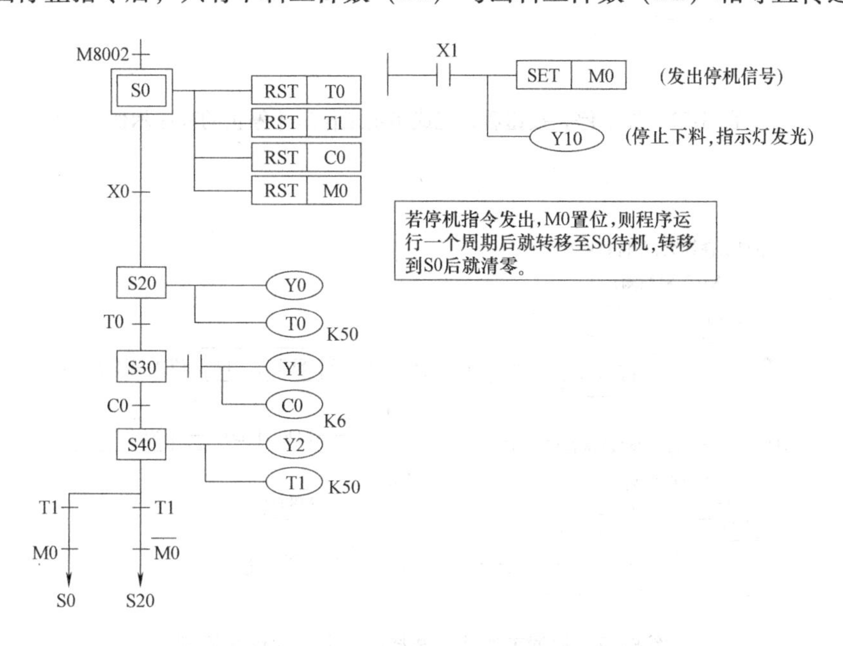

图 8-20 按下停止按钮后，完成一周期的工作后才停止的程序示例

件时，才可停机。

按下按钮 X2，则发出正常停止信号，此时，若传送带输送机尚有物料，则系统需完成物料的分拣后才停止运行；若传送带输送机已无物料，则系统立刻停止运行。系统正常停止运行后应自动回到待机状态。

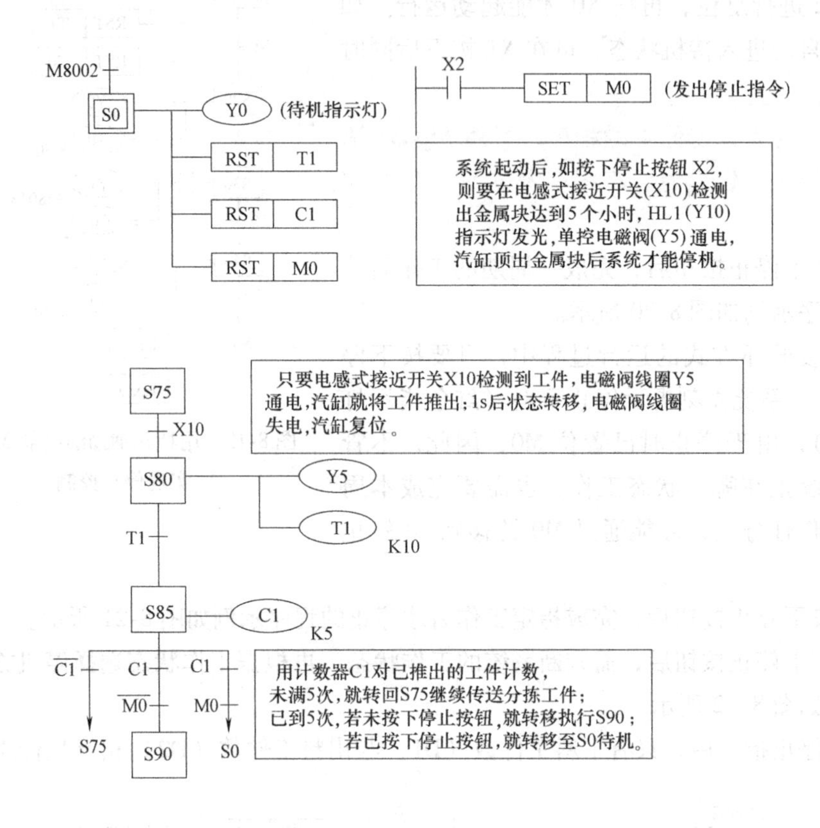

图 8-21 按下停止按钮后，完成指定工作后才停止的程序示例

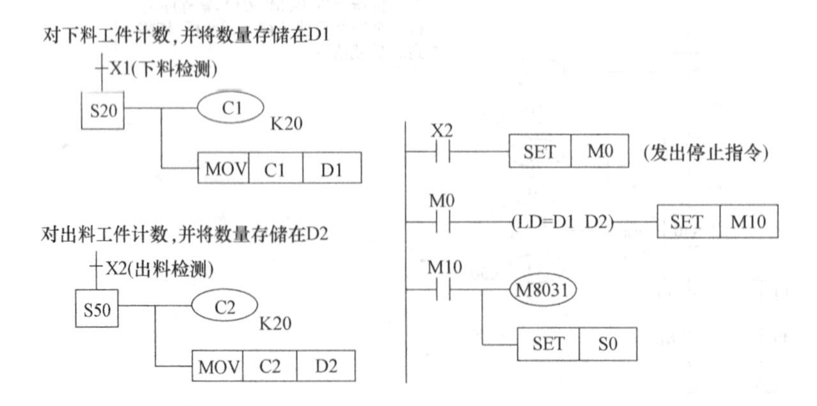

图 8-22 根据工作状态选择停机方式的程序示例

任务实施

一、完成自动搬运分拣系统电路的设计和连接

1. 根据任务要求分配输入、输出地址

表 8-4 PLC 输入地址分配表

序号	输入地址	说　明	序　号	输入地址	说　明
1	X0	起动按钮	7	X7	机械手夹紧检测
2	X1	停止按钮	8	X10	机械手垂伸检测
3	X3	机械手左摆检测	9	X11	机械手垂缩检测
4	X4	机械手右摆检测	10	X24	上电按钮
5	X5	机械手平伸检测	11	X25	复位按钮
6	X6	机械手平缩检测		X26	急停开关

表 8-5 PLC 输出地址分配表

序号	输出地址	说　明	序　号	输出地址	说　明
1	Y1	机械手放松控制	7	Y7	机械手垂伸控制
2	Y2	机械手夹紧控制	8	Y10	机械手垂缩控制
3	Y3	机械手左摆控制	9	Y14	复位指示灯
4	Y4	机械手右摆控制	10	Y15	起动指示灯
5	Y5	机械手平伸控制	11	Y16	系统故障指示灯
6	Y6	机械手平缩控制			

2. 设计电气控制原理图

根据 PLC 的输入、输出地址分配表，绘制 PLC 的电气控制原理图，如图 8-23 所示，在绘制电气控制原理图要求正确外，所用元器件的符号都必须用标准符号，绘制的电气控制原理图要规范，还必须有元件说明。

二、编写 PLC 应用程序

题目要求在开机时要先按系统上电，也就是每有一次初始脉冲，就需要而且必须按系统上电按钮。从系统开机到复位 5s 时没有任何分支的顺序控制。在复位 5s 后，可根据现在的机械位置确定是否已回到原位。如原位要求的输入信号都接通，说明复位完成，否则作为故障处理。当复位完成时，接通一个状态（复位指示灯长亮 2s），2s 后接通下一状态（起动指示闪烁）。如有故障，故障指示灯闪烁。当故障解除后，也要让起动指示灯闪烁。这里的闪烁可用 PLC 的特殊内部继电器来完成。

在起动指示灯闪烁的情况下，按下起动按钮，置位一个中间继电器，这个中间继电器也就是循环信号，此信号让起动指示灯闪烁停止，当此信号不断开时，系统连续运行，当此信号复位时，系统停止循环运行。因为系统要自动运行，所以在循环时驱动料台电动机旋转的信号要有两个，一个是起动时，另一个是循环动作中要求电动机旋转时。起动时可用循环信号的上升沿，而循环运行时可用机械手运行结束信号来驱动。

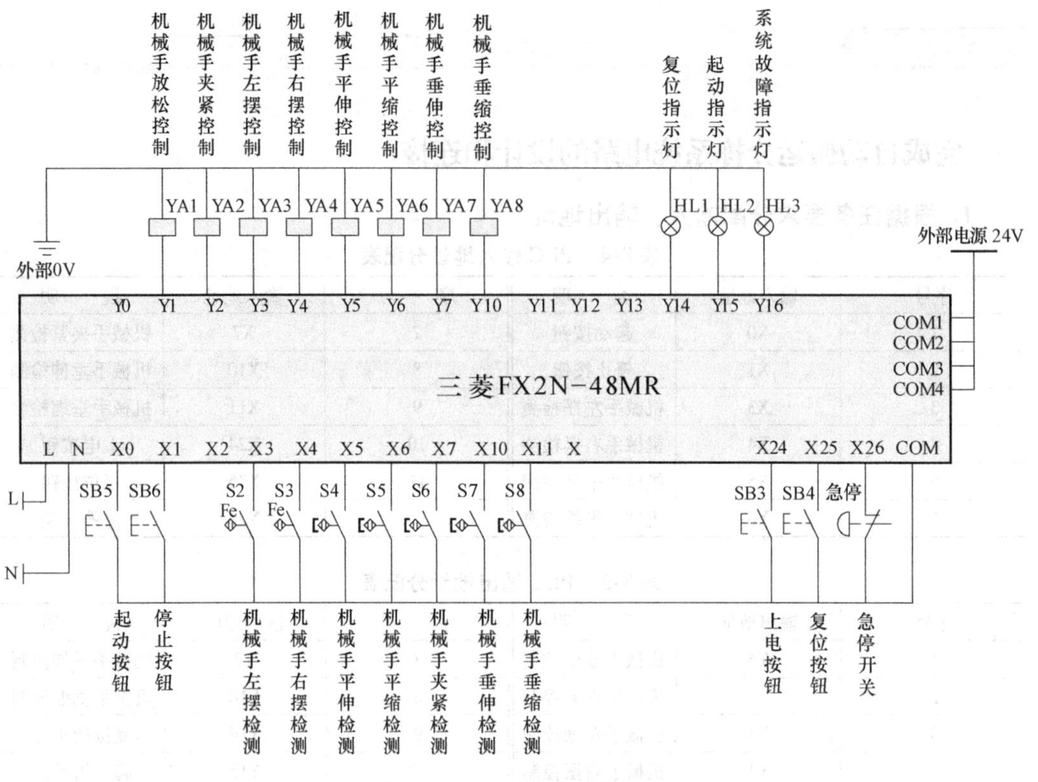

图8-23 电气控制原理图

完成本工作任务中的起动功能的工作状态流程图如图8-24所示。

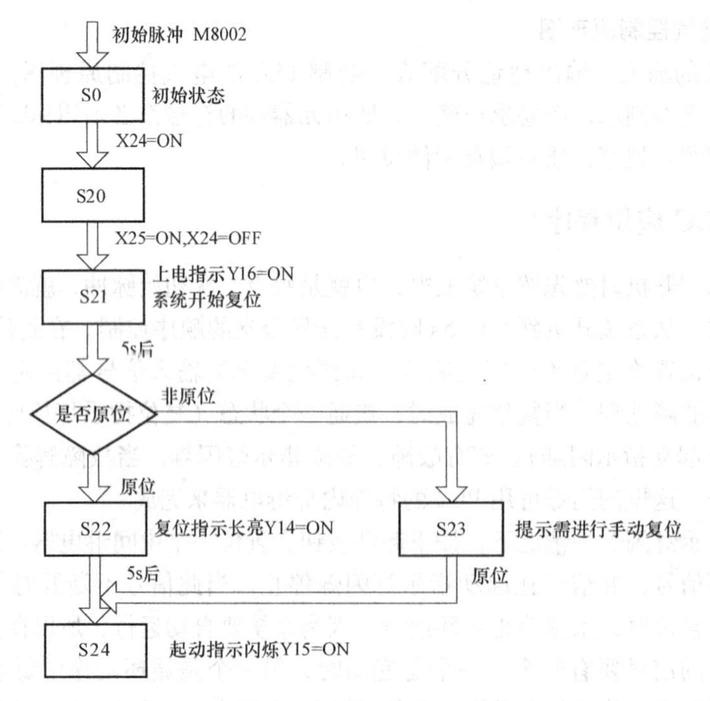

图8-24 起动功能的工作状态流程图

不论何时，按下停止按钮都要让循环信号断开，而循环信号的下降沿也要断开料台电动机旋转的状态。这样，当按下停止按钮时，只有循环信号和料台电动机直接受停止按钮的控制，其余的动作只与它的上一步有关系，所以，在搬运过程中按下停止按钮，系统会在结束此次分检完并回到原位后停止。

本任务的起动功能和停止功能参考程序分别如图8-25、图8-26所示。

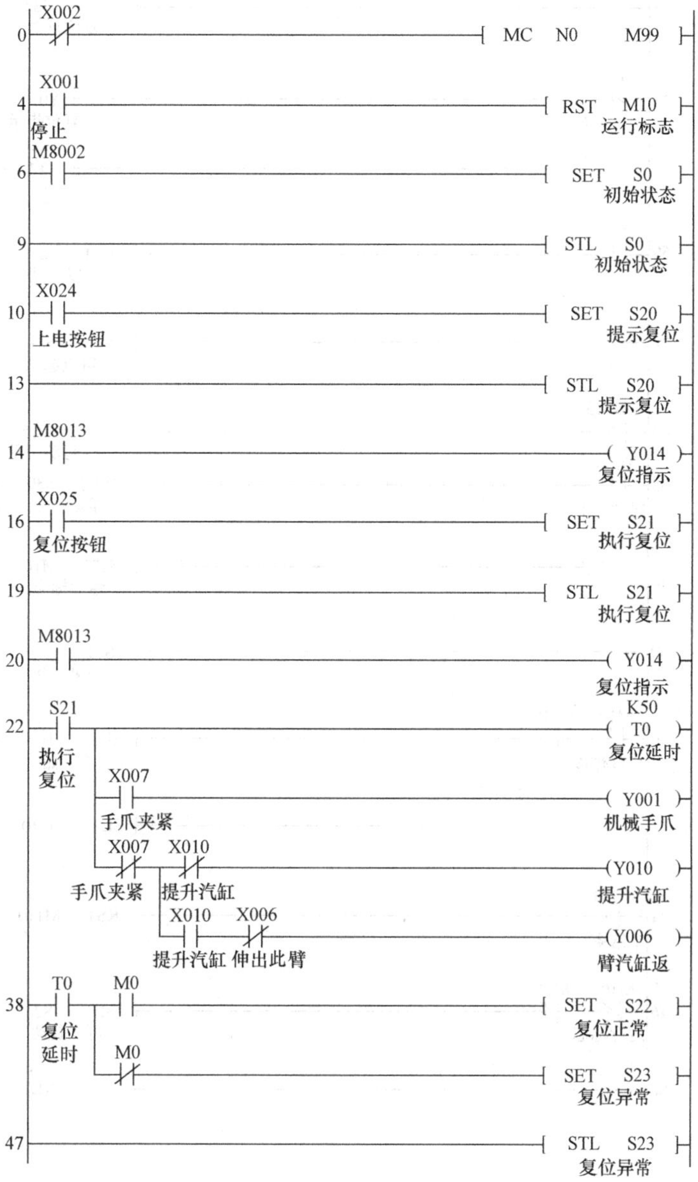

```
0   X002(常闭)                                   [MC N0 M99]
4   X001 停止                                     [RST M10 运行标志]
6   M8002                                         [SET S0 初始状态]
9                                                 [STL S0 初始状态]
10  X024 上电按钮                                 [SET S20 提示复位]
13                                                [STL S20 提示复位]
14  M8013                                         (Y014 复位指示)
16  X025 复位按钮                                 [SET S21 执行复位]
19                                                [STL S21 执行复位]
20  M8013                                         (Y014 复位指示)
22  S21 执行复位                                  (T0 K50 复位延时)
      ├ X007 手爪夹紧                             (Y001 机械手爪)
      └ X007(常闭) 手爪夹紧 ┬ X010(常闭) 提升汽缸   (Y010 提升汽缸)
                            └ X010 提升汽缸  X006(常闭) 伸出此臂   (Y006 臂汽缸返)
38  T0 复位延时 ┬ M0                              [SET S22 复位正常]
                └ M0(常闭)                        [SET S23 复位异常]
47                                                [STL S23 复位异常]
```

图8-25　起动功能参考程序

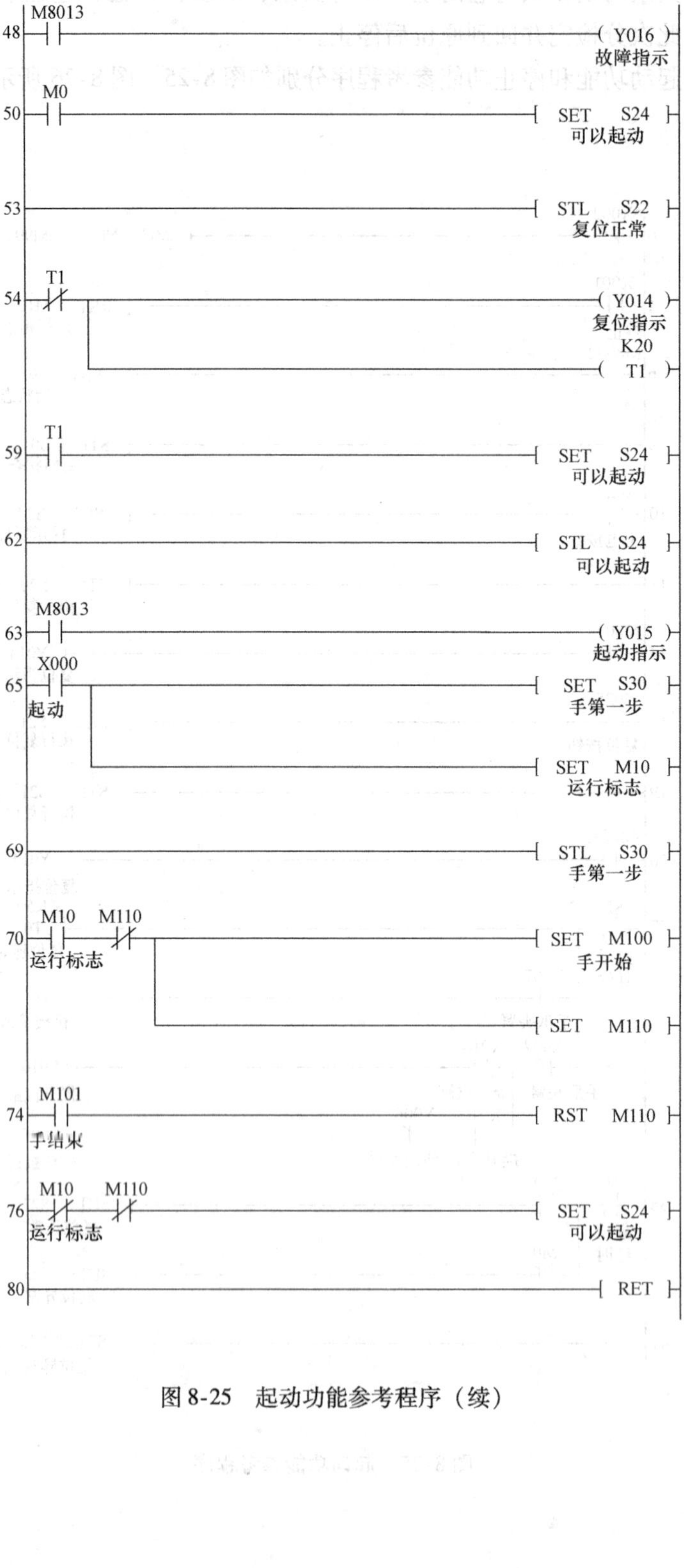

```
48  M8013 ——————————————— ( Y016 )  故障指示
50  M0 ——————————————— [ SET S24 ]  可以起动
53  ——————————————— [ STL S22 ]  复位正常
54  T1(常闭) ———————— ( Y014 )  复位指示
              └——————— ( T1 K20 )
59  T1 ——————————————— [ SET S24 ]  可以起动
62  ——————————————— [ STL S24 ]  可以起动
63  M8013 ——————————————— ( Y015 )  起动指示
65  X000 起动 ———————— [ SET S30 ]  手第一步
              └——————— [ SET M10 ]  运行标志
69  ——————————————— [ STL S30 ]  手第一步
70  M10 运行标志  M110(常闭) ——— [ SET M100 ]  手开始
              └——————— [ SET M110 ]
74  M101 手结束 ———————— [ RST M110 ]
76  M10(常闭) 运行标志  M110(常闭) ——— [ SET S24 ]  可以起动
80  ——————————————— [ RET ]
```

图 8-25　起动功能参考程序（续）

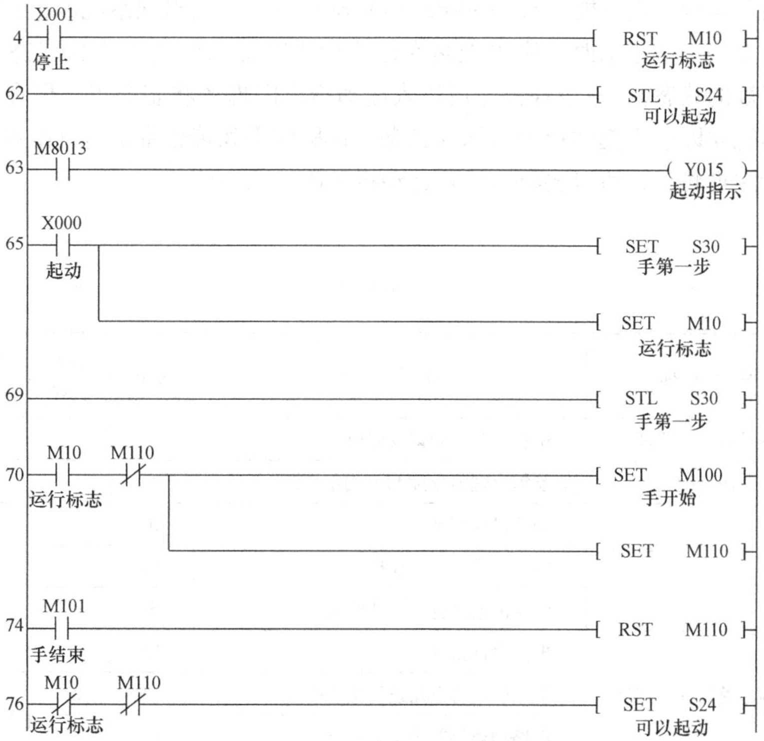

```
    X001
4 ──┤├──────────────────────────[ RST  M10 ]
    停止                              运行标志
62 ─────────────────────────────[ STL  S24 ]
                                      可以起动
    M8013
63 ──┤├─────────────────────────( Y015 )
                                      起动指示
    X000
65 ──┤├──┬──────────────────────[ SET  S30 ]
    起动  │                           手第一步
         └──────────────────────[ SET  M10 ]
                                      运行标志
69 ─────────────────────────────[ STL  S30 ]
                                      手第一步
    M10   M110
70 ──┤├───┤/├──┬────────────────[ SET  M100 ]
    运行标志     │                     手开始
               └────────────────[ SET  M110 ]
    M101
74 ──┤├─────────────────────────[ RST  M110 ]
    手结束
    M10   M110
76 ──┤/├──┤/├───────────────────[ SET  S24 ]
    运行标志                           可以起动
```

图 8-26　任务二停止功能参考程序

当按下停止按钮后，M10 会断开，这样执行完当前机械手动作过程后就不会再循环执行了，便可达到项目要求。这里要注意的是，停止按钮清除的是系统的循环运行标志，使系统不再循环，而不是立刻停机。

三、调试过程

程序编写结束后，将程序下载到 PLC，把 PLC 的状态转换到 RUN。按下起动按钮，观察机械手的动作顺序，有没有出现运行到中途停止以及错误动作的情况。如果机械手运行到中途停止不动，应先检查输入信号是否正常，是否接错，如都正常则查看程序中有没有写错。如果出现错误动作，此时不应立即改变 PLC 状态，而是要通过监控程序来找出程序中的错误。如机械手在不应该平伸的时候伸出了，则要先找到平伸的输出端（因为是顺序控制，所以一个动作错误后，以后的动作将全部混乱，此时应找到产生第一个错误动作的原因，待解决第一个错误动作的问题后，以后的动作会随着此问题的解决而得到解决）。仔细观察是哪一个中间继电器让输出口错误动作（每一个动作输出基本都有对应的两个中间继电器来控制），找到产生错误动作的中间继电器后，再找到此中间继电器的输出端，并结合上下程序找出原因，修改程序，修改完成后重新下载调试。

在调试时先调试机械手的动作，调试系统的循环运行，这些部分的调试和上面的调试过程一样。当系统在正常运行时不出错，即可调试停止部分。在按下停止按钮后，如系统继续循环运行，则可能是程序中循环信号没有断开。当出现系统能正常停止，但停止之后系统无法正常起动时，则可能是在停止后没有让系统进入待机状态（没有回到启动指示闪烁的状态），只要在停止后进入起动指示闪烁的状态即可。但在按下停止按钮后，并不能立即进入起动指示闪烁的状态，在机械手和传送带运行都结束后，才能进入起动指示闪烁状态，所以要特别注意起动指示闪烁的时间。

考核评价

序号	评价指标	评价内容	分值	学生自评	小组评分	教师评分
1	机械手的工作原理	机械手基本知识及原理	5			
2	系统资源分配	能够合理地分配PLC内部资源	5			
3	实验气动回路设计与连接	回路设计正确	5			
		能正确进行气路连接	10			
		气路的连接符合工艺要求	5			
4	实验电路设计与连接	电路设计正确	10			
		能正确进行电路设计及连接	10			
		电路的连接符合工艺要求	10			
5	PLC程序的编写	掌握步进控制PLC程序设计方法	5			
		掌握编程软件的使用，能够根据控制要求设计完整的PLC程序	15			
		能够完成程序的下载调试	5			
6	整机调试	能够根据实验步骤完成工作任务	10			
		能够在调试过程中完善系统功能	5			
总分			100			
问题记录和解决方法	记录任务实施中出现的问题和采取的解决方法					

项目九 带式输送机的变频调速控制

学习目标

1. 了解带式输送机的基本工作原理及功能。

2. 掌握带式输送机的基本调试方法，能够将带式输送机调整到最佳工作状态。

3. 掌握变频器的基本知识、硬件结构、参数设置及功能应用。

4. 完成本项目要求的带式输送机的控制功能，并从安全性、可靠性方面考虑将其调试、完善到最佳工作状态。

项目概述

带式输送机是一种应用广泛的机电设备，电动机的调速控制是进行机电设备控制设计的过程中必须掌握的一项重要技术，本项目以 YL-235A 光机电一体化设备中的带式输送机为例，学会如何用 PLC 和变频器来实现带式输送机的手动和自动调速控制。

从图 9-1 中可以看到，物料传送分拣系统主要包括物料检测传感器、落料口、带式

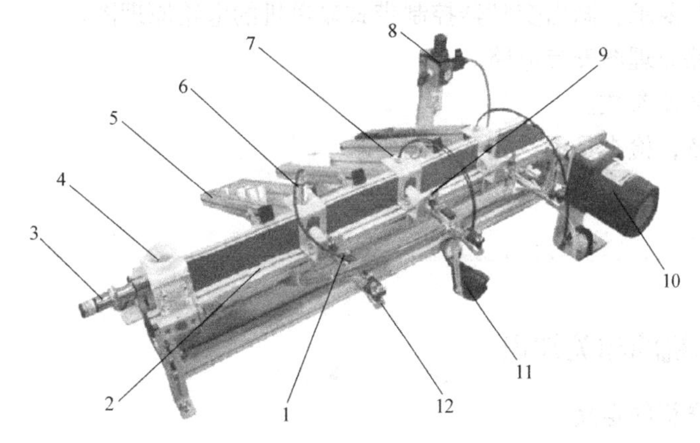

图 9-1　物料传送分拣系统

1—磁性开关　2—带式输送机　3—物料检测传感器　4—落料口　5—滑槽　6—电感传感器　7—光纤传感器　8—调压阀与过滤器　9—单向节流阀　10—三相异步电动机　11—光纤放大器　12—推料气缸

输送机、拖动电动机、物料滑槽、电感传感器、2个光纤传感器、2个光纤放大器、3个推料气缸（含单向节流阀、磁性开关）及3个电磁换向阀等。

本项目主要针对变频调速控制设计相关的实验，完成以下工作：

1）学习变频器控制的基础知识，掌握变频器的硬件电路原理、端子功能、基本参数设置，并练习应用。

2）利用设备的开关、按钮模块设计工作任务中要求的控制电路。

3）根据项目实施过程填写相应的表格，并最终给出结论。

任务一　带式输送机的手动控制

任务描述

控制一条通过带式输送机传送物料的流水线，当传送物料A时用低速，传送物料B时用中速，传送物料C时用高速，由人根据传送的物料种类手动控制输送机的转速。根据传送物料的位置不同，要求带式输送机能正向传送，也能反向传送。设置变频器参数，通过处部端子实现变频器的外部手动控制，使带式输送机按下列要求运行：

1）按钮SB1：控制变频器的STF端子。

2）按钮SB2：控制变频器的STR端子。

3）按钮SB3：控制变频器的RH端子。

4）按钮SB4：控制变频器的RM端子。

5）按钮SB5：控制变频器的RL端子。

6）带式输送机能以15Hz、25Hz、35Hz三种频率正转或反转运行。

7）带式输送机能平稳起动，起动时间2s，还能准确定位停止，停止时间0.5s。

请按照以上控制要求完成下列工作：

1. 分析控制要求，画出变频器控制带式输送机的电路原理图。

2. 根据电路原理图安装电路。

3. 设置变频器参数。

4. 调试设备，检查是否达到了控制要求。

相关知识

一、带式输送机的相关知识

1. 带式输送机的定义

带式输送机是一种摩擦驱动的，以连续方式运输物料的机械。利用它可以在一定的输送线上，从最初的供料点到最终的卸料点间形成一种物料的输送流程。它既可以进行碎散物料的输送，也可以进行成件物品的输送。除进行纯粹的物料输送外，还可以与各工业企业生产流程中的工艺过程的要求相配合，形成有节奏的流水作业运输线。

常见的带式输送机如图 9-2 所示。

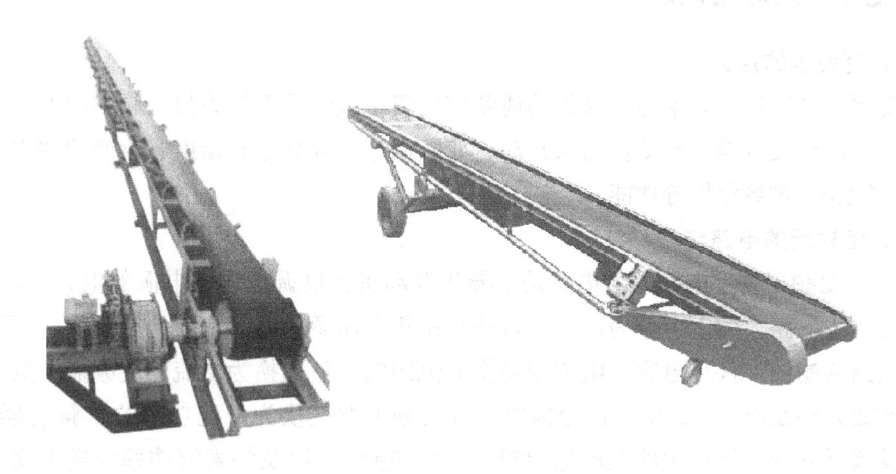

图 9-2　常见的带式输送机

2. 带式输送机的主要特点

带式输送机的主要特点是机身可以很方便地伸缩，设有储带仓，机尾可随工作面的推进伸长或缩短，结构紧凑，可不设基础，直接在巷道底板上铺设，机架轻巧，拆装十分方便。当输送能力和运距较大时，可配中间驱动装置来满足要求。根据输送工艺的要求，可以单机输送，也可多机组合成水平或倾斜的运输系统来输送物料。

带式输送机广泛地应用在冶金、煤炭、交通、水电、化工等部门，是因为它具有输送量大、结构简单、维修方便、成本低、通用性强等优点。带式输送机还应用于建材、电力、轻工、粮食、港口、船舶等部门。

3. 带式输送机的组成

通用带式输送机由输送带、托辊、滚筒及驱动、制动、张紧、改向、装载、卸载、清扫装置等组成。

（1）输送带　输送带常用的有橡胶带和塑料带两种。橡胶带工作环境温度在 -15 ~ 40℃之间，物料温度不超过 50℃，向上输送散粒料的倾角为 12° ~ 24°，对于大倾角输送可用花纹橡胶带。塑料带具有耐油、酸、碱等优点，但对于气候的适应性差，易打滑和老化。

（2）托辊　托辊分单滚筒（胶带对滚筒的包角为 210° ~ 230°）、双滚筒（包角达 350°）和多滚筒（用于大功率）等，有槽形托辊、平形托辊、调心托辊、缓冲托辊。槽形托辊（由 2 ~ 5 个辊子组成）支承承载分支，用以输送散粒物料；调心托辊用以调整带的横向位置，避免跑偏；缓冲托辊装在受料处，以减小物料对带的冲击。

（3）滚筒　滚筒分驱动滚筒和改向滚筒。驱动滚筒是传递动力的主要部件，分单滚筒、双滚筒（包角达 350°）和多滚筒（用于大功率）等。

（4）张紧装置　张紧装置的作用是使输送带达到必要的张力，以免在驱动滚筒上打滑，并使输送带在托辊间的挠度保持在规定范围内。

二、变频器的应用知识

1. 变频器的定义

变频器是利用电力半导体器件的通断作用将工频电源变换为另一频率的电能控制装置，能实现对交流异步电动机的软起动、变频调速、提高运转精度、改变功率因数、过电流/过电压/过载保护等功能。

2. 变频器的电路结构

（1）变频器的主电路　主电路是给异步电动机提供调压调频电源的电力变换部分，变频器的主电路大体上可分为两类：电压型是将电压源的直流变换为交流的变频器，其直流回路的滤波元件是电容；电流型是将电流源的直流变换为交流的变频器，其直流回路的滤波元件是电感。它由三部分构成，将工频电源变换为直流功率的“整流器”，吸收在整流器和逆变器产生的电压脉动的“平波电路”，以及将直流功率变换为交流功率的“逆变器”。

1）整流器。最近大量使用的是二极管的整流器，它把工频电源变换为直流电源。也可用两组晶体管整流器构成可逆整流器，由于其功率方向可逆，可以进行再生运转。

2）平波电路。在整流器整流后的直流电压中，含有电源6倍频率的脉动电压，此外逆变器产生的脉动电流也使直流电压变动。为了抑制电压波动，采用电感和电容吸收脉动电压（电流）。装置容量较小时，如果电源和主电路构成器件有余量，可以省去电感采用简单的平波回路。

3）逆变器。与整流器相反，逆变器是将直流功率变换为所要求频率的交流功率，以所确定的时间使6个开关器件导通、关断就可以得到三相交流输出。

（2）控制电路　控制电路是给异步电动机供电（电压、频率可调）的主电路提供控制信号的电路，它由频率、电压的“运算电路”，主电路的“电压、电流检测电路”，电动机的“速度检测电路”，将运算电路的控制信号进行放大的“驱动电路”，以及逆变器和电动机的“保护电路”组成。

1）运算电路：将外部的速度、转矩等指令同检测电路的电流、电压信号进行比较运算，决定逆变器的输出电压、频率。

2）电压、电流检测电路：与主电路电位隔离检测电压、电流等。

3）驱动电路：驱动主电路器件的电路。它与控制电路隔离使主电路器件导通、关断。

4）速度检测电路：以装在异步电动机轴上的速度检测器的信号为速度信号，送入运算回路，根据指令和运算可使电动机按指令速度运转。

5）保护电路：检测主电路的电压、电流等，当发生过载或过电压等异常时，为了防止逆变器和异步电动机损坏，使逆变器停止工作或抑制电压、电流值。

三、FR-E700通用变频器的基础知识

1. FR-E700通用变频器端子功能详细介绍（见图9-3）

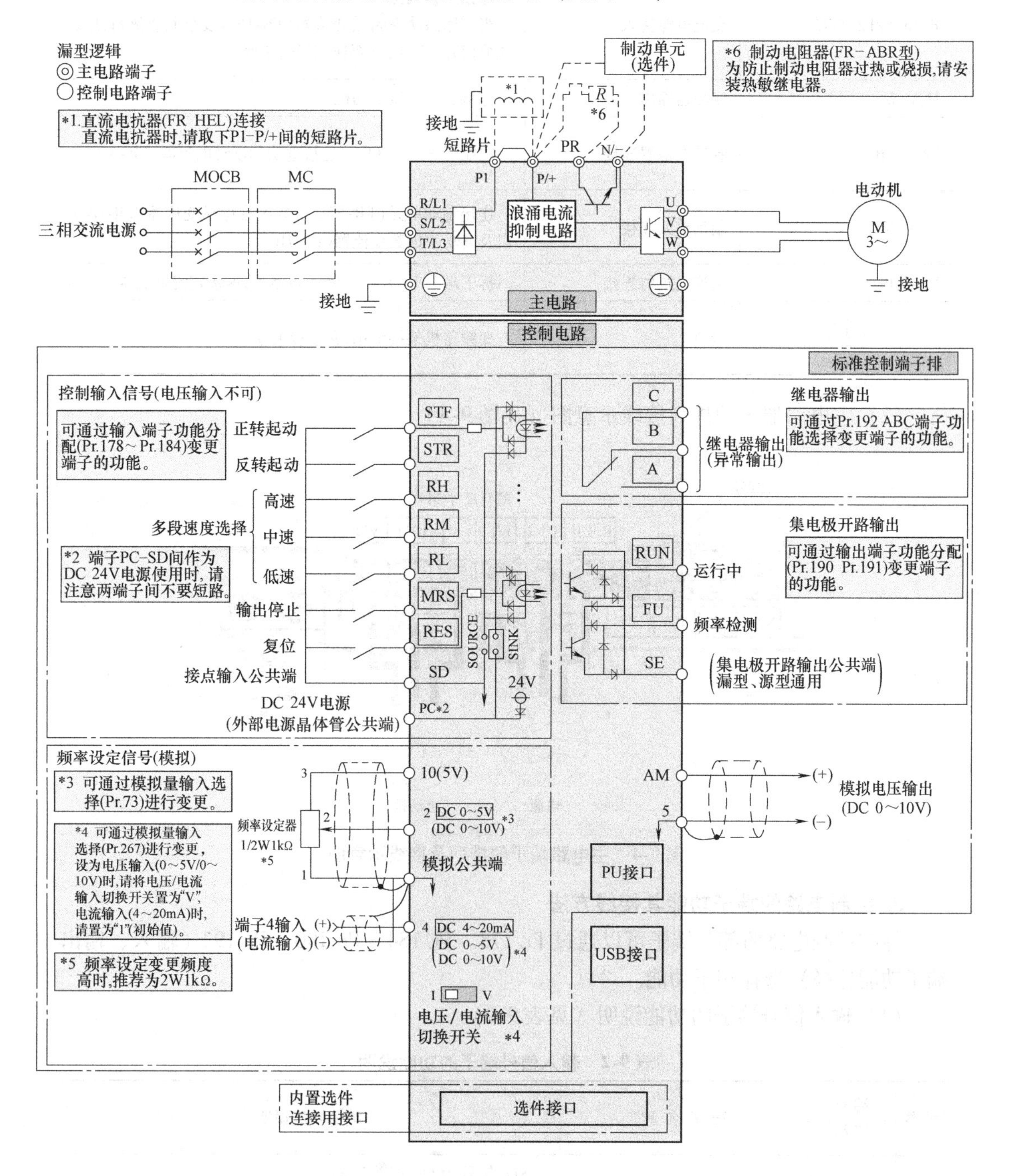

图9-3　FR-E700通用变频器端子功能介绍

2. 主电路的端子功能及其接线方法

（1）主电路端子说明（见表9-1）

表 9-1 主电路端子说明

端子记号	端子名称	端子功能说明
R/L1、S/L2、T/L3	交流电源输入	连接工频电源 当使用高功率因数变流器(FR-HC)及公共直流母线变流器(FR-CV)时不要连接任何东西
U、V、W	变频器输出	连接三相笼型电动机
P/+、PR	制动电阻器连接	在端子 P/+ -PR 间连接选购的制动电阻器(FR-ABR)
P/+、N/-	制动单元连接	连接制动单元(FR-BU2)、共直流母线变流器(FR-CV)以及高功率因数变流器(FR-HC)
P/+、P1	直流电抗器连接	拆下端子 P/+ -P1 间的短路片,连接直流电抗器
⏚	接地	变频器机架接地用,必须接大地

(2) 主电路端子的排列接线示意图（见图 9-4）

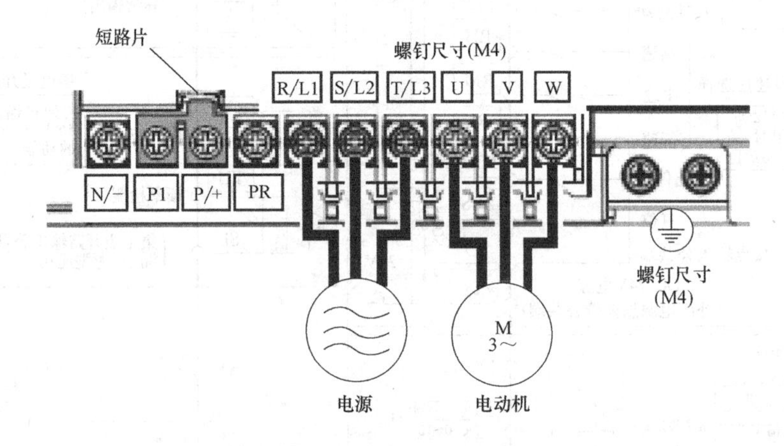

图 9-4 主电路端子的排列及接线示意图

3. 控制电路的端子功能其接线方法

标准控制电路的部分端子可以通过 Pr. 178 ~ Pr. 184、Pr. 190 ~ Pr. 192（输入、输出端子功能选择）选择端子功能。

(1) 输入信号端子的功能说明（见表 9-2）

表 9-2 输入信号端子的功能说明

种类	端子记号	端子名称	端子功能说明	
接点输入	STF	正转起动	STF 信号为 ON 时为正转、为 OFF 时为停止指令	STF、STR 信号同时为 ON 时变成停止指令
	STR	反转起动	STR 信号为 ON 时为反转、为 OFF 时为停止指令	

（续）

种类	端子记号	端子名称	端子功能说明
接点输入	RH、RM、RL	多段速度选择	用 RH、RM 和 RL 信号的组合可以选择多段速度
	MRS	输出停止	MRS 信号为 ON(20ms 或以上)时,变频器输出停止 用电磁制动器停止电动机时用于断开变频器的输出
	RES	复位	用于解除保护电路动作时的报警输出。请使 RES 信号处于 ON 状态保持 0.1s 或以上,然后断开 初始设定为始终可进行复位。但进行了 Pr.75 的设定后,仅在变频器报警发生时可进行复位。复位所需时间约为 1s
	SD	接点输入公共端(漏型)(初始设定)	接点输入端子(漏型逻辑)的公共端子
		外部晶体管公共端(源型)	源型逻辑时应当连接晶体管输出(集电极开路输出),例如可编程序控制器(PLC)时,将晶体管输出用的外部电源公共端接到该端子时,可以防止因漏电引起的误动作
		DC 24V 电源公共端	DC 24V、0.1A 电源(端子 PC)的公共输出端子 与端子 5 及端子 SE 绝缘
	PC	外部晶体管公共端(漏型)	漏型逻辑时应当连接晶体管输出(集电极开路输出),例如可编程序控制器(PLC)时,将晶体管输出用的外部电源公共端接到该端子时,可以防止因漏电引起的误动作
		接点输入公共端(源型)(初始设定)	接点输入端子(源型逻辑)的公共端子
		DC 24V 电源	可作为 DC 24V、0.1A 的电源使用
频率设定	10	频率设定用电源	作为外接频率设定(速度设定)用电位器时的电源使用(参照 Pr.73 模拟量输入选择)
	2	频率设定(电压)	如果输入 DC 0～5V(或 0～10V),在 5V(10V)时为最大输出频率,输入、输出成正比。通过 Pr.73 进行 DC 0～5V(初始设定)和 DC 0～10V 输入的切换操作
	4	频率设定(电流)	如果输入 DC 4～20mA(或 0～5V,0～10V),在 20mA 时为最大输出频率,输入、输出成正比。只有 AC 信号为 0V 时端子 4 的输入信号才会有效(端子 2 的输入将无效)。通过 Pr.267 进行 4～20mA(初始设定)和 DC 0～5V、DC 0～10V 输入的切换操作。电压输入(0～5V/0～10V)时,请将电压/电流输入切换开关切换至“V”
	5	频率设定公共端	频率设定信号(端子 2 或 4)及端子 AN 的公共端子,请勿接大地

（2）输出信号端子的功能说明（见表 9-3）

表 9-3　输出信号端子的功能说明

<table>
<tr><th>种类</th><th>端子记号</th><th>端子名称</th><th colspan="2">端子功能说明</th></tr>
<tr><td>继电器</td><td>A、B、C</td><td>继电器输出(异常输出)</td><td colspan="2">指示变频器因保护功能动作时输出停止的 1c 接点输出。异常时:B-C 间不导通(A-C 间导通),正常时:B-C 间导通(A-C 间不导通)</td></tr>
<tr><td rowspan="3">集电极开路</td><td>RUN</td><td>变频器正在运行</td><td colspan="2">变频器输出频率大于或等于起动频率(初始值 0.5Hz)时为低电平,已停止或正在直流制动时为高电平</td></tr>
<tr><td>FU</td><td>频率检测</td><td colspan="2">输出频率大于或等于任意设定的检测频率时为低电平,未达到时为高电平</td></tr>
<tr><td>SE</td><td>集电极开路输出公共端</td><td colspan="2">端子 RUN、FU 的公共端子</td></tr>
<tr><td>模拟</td><td>AM</td><td>模拟电压输出</td><td>可以从多种监视项目中选一种作为输出。变频器复位中不被输出
输出信号与监视项目的大小成比例</td><td>输出项目:输出频率(初始设定)</td></tr>
</table>

(3) 控制电路的接线　变频器控制电路的接线方法如下：

1）剥开导线的外皮进行控制导线的接线。外皮剥开过长会有与邻线发生短路的危险，剥开过短导线可能会脱落。对导线进行良好的接线处理，避免散乱。请勿采用焊接处理。必要时可使用冷压端子。

2）旋松端子螺钉，将导线插入端子。

3）按规定的紧固转矩拧紧螺钉。如果没拧紧会导致导线脱落或误动作。拧得过紧会损坏螺钉或单元，导致短路或误动作。

(4) 控制电路的公共端端子（SD、SE、5）　端子 SD、SE 以及端子 5 是输入、输出信号的公共端端子（任何一个公共端端子都是互相绝缘的）。请不要将该公共端端子接大地。在接线时应避免端子 SD-5、端子 SE-5 互相连接的接线方式。

端子 SD 是接点输入端子（STF、STR、RH、RM、RL、MRS、RES）。集电极开路电路和内部控制电路采用光耦合器隔离。

端子 SE 为集电极开路输出端子（RUN、FU）的公共端端子。接点输入电路和内部控制电路采用光耦合器隔离。

端子 5 为频率设定信号（端子 2 或 4）的公共端端子及模拟量输出端子（AM）的公共端端子。采用屏蔽线或双绞线避免受外来噪声干扰。

4. 变频器操作面板功能说明（见图 9-5）

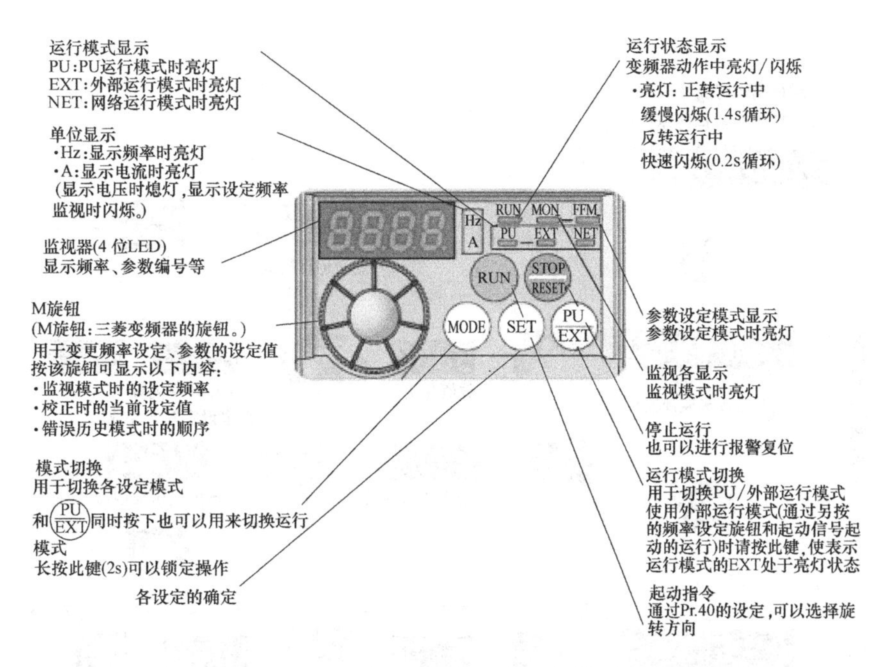

图 9-5　变频器操作面板功能说明

5. 变频器的试运行操作

变频器需要设置频率指令与起动指令。将起动指令设为 ON 后电动机便开始运转，同时根据频率指令（设定频率）来决定电动机的转速。请参照图 9-6 所示的流程图，进行操作。

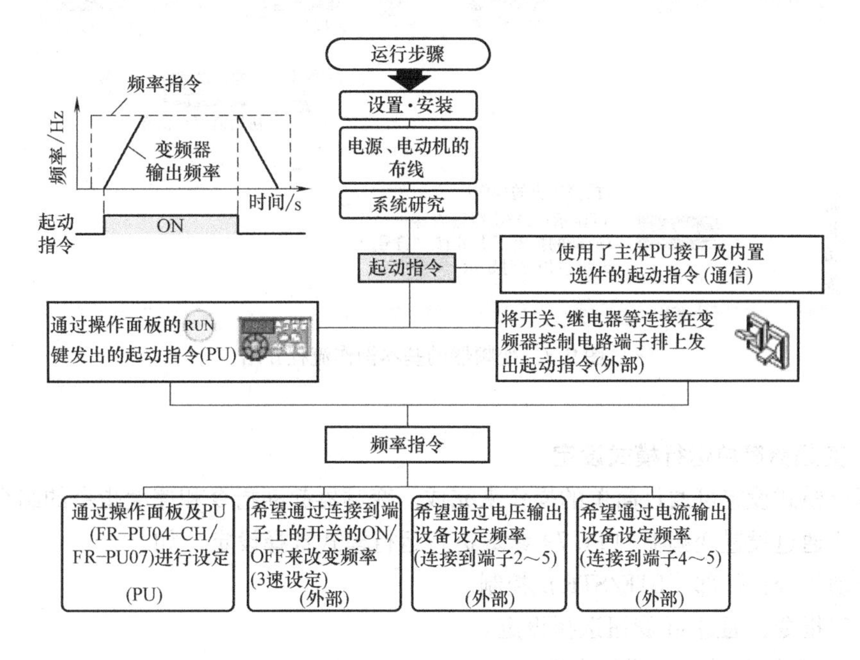

图 9-6　变频器的试运行操作流程

6. 变频器的基本操作流程介绍（见图 9-7）

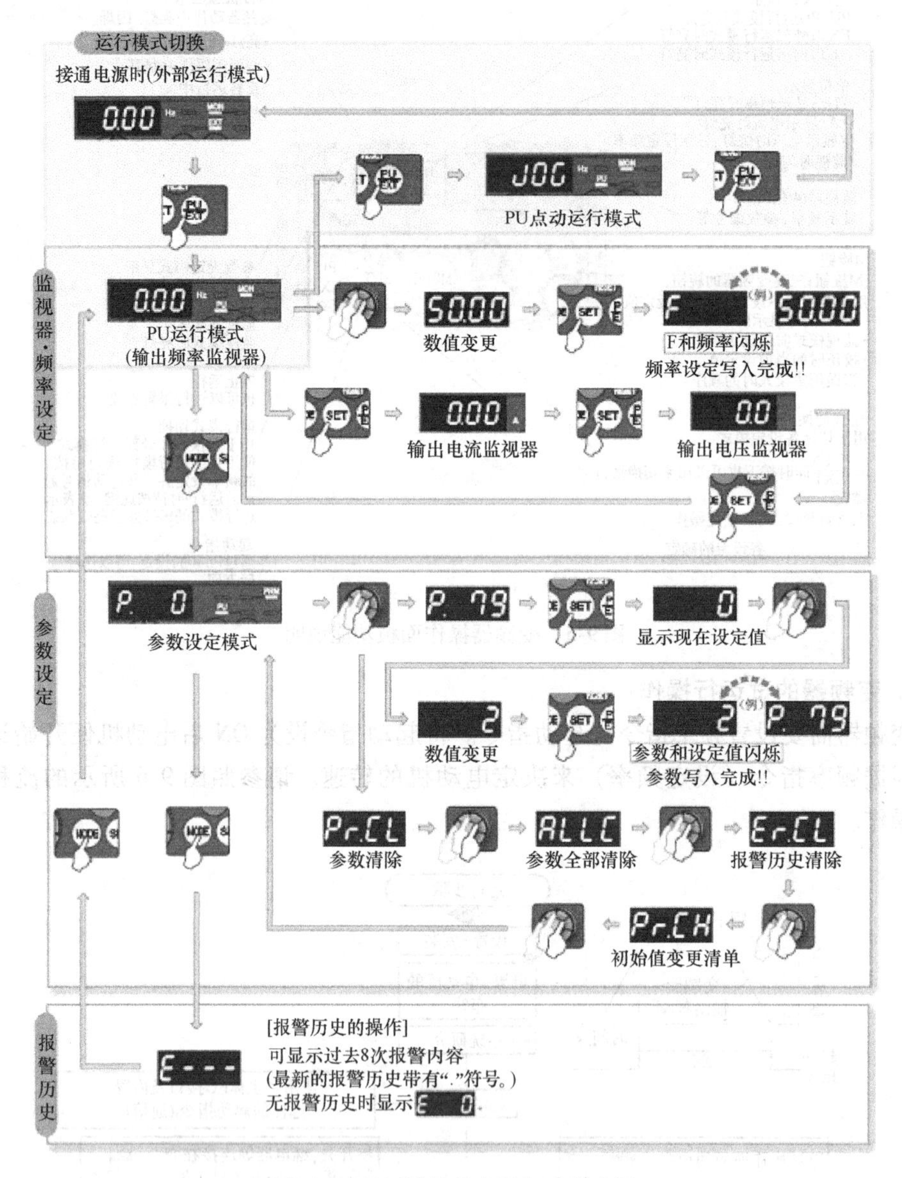

图 9-7　变频器的基本操作流程介绍

7. 变频器简单运行模式设定

运行模式设定可通过简单的操作来完成。变频器起动指令和速度指令的组合控制功能，主要通过设置变频器的 Pr. 79 参数进行运行模式选择设定。如：

起动指令：外部（STF/STR）控制。

频率指令：通过 M 旋钮选择设定。

Pr. 79 参数的功能说明见表 9-4。

表 9-4　Pr. 79 参数的功能说明

<table>
<tr><th>参数编号</th><th>名称</th><th>初始值</th><th>设定范围</th><th colspan="2">内　容</th><th>LED 显示
▭：灭灯
▭：亮灯</th></tr>
<tr><td rowspan="12">79</td><td rowspan="12">运行模式选择</td><td rowspan="12">0</td><td>0</td><td colspan="2">PU/外部切换模式
（通过 PU/EXT 可切换 PU、外部运行模式）
电源接通时为外部运行模式</td><td>外部运行模式
EXT
PU运行模式
PU</td></tr>
<tr><td>1</td><td colspan="2">PU 运行模式固定</td><td>PU</td></tr>
<tr><td>2</td><td colspan="2">外部运行模式固定
可以切换外部、网络运行模式进行运行</td><td>外部运行模式
EXT
网络运行模式
NET</td></tr>
<tr><td rowspan="3">3</td><td colspan="2">PU/外部组合运行模式 1</td><td rowspan="6">PU　EXT</td></tr>
<tr><td>运行频率</td><td>起动信号</td></tr>
<tr><td>用操作面板、PU（FR-PU04-CH/FR-PU07）设定或外部信号输入（多段速设定，端子 4-5 间（AU 信号 ON 时有效））</td><td>外部信号输入
（端子 STF、STR）</td></tr>
<tr><td rowspan="3">4</td><td colspan="2">PU/外部组合运行模式 2</td></tr>
<tr><td>运行频率</td><td>起动信号</td></tr>
<tr><td>外部信号输入（端子 2、4、JOG、多段速选择等）</td><td>通过操作面板的 RUN 键、PU（FR-PU04-CH/FR-PU07）的 FWD 、REV 键输入</td></tr>
<tr><td>6</td><td colspan="2">切换模式
可以一边继续运行状态，一边实施 PU 运行、外部运行、网络运行的切换</td><td>PU运行模式
PU
外部运行模式
EXT
网络运行模式
NET</td></tr>
<tr><td>7</td><td colspan="2">外部运行模式（PU 运行互锁）
X12 信号 ON *
可切换到 PU 运行模式（外部运行中输出停止）
X12 信号 OFF *
禁止切换到 PU 运行模式</td><td>PU运行模式
PU
外部运行模式
EXT</td></tr>
</table>

变频器的起动指令和速度指令的组合功能介绍如图 9-8 所示。

下面以设置 Pr. 1 参数为例来说明变频器的参数设置操作流程，如图 9-9 所示。

8. 操作面板锁定功能（长按［MODE］2s）

为了防止参数变更、意外起动或停止，可以通过设置使操作面板的 M 旋钮和键盘操作无效，具体操作如下：

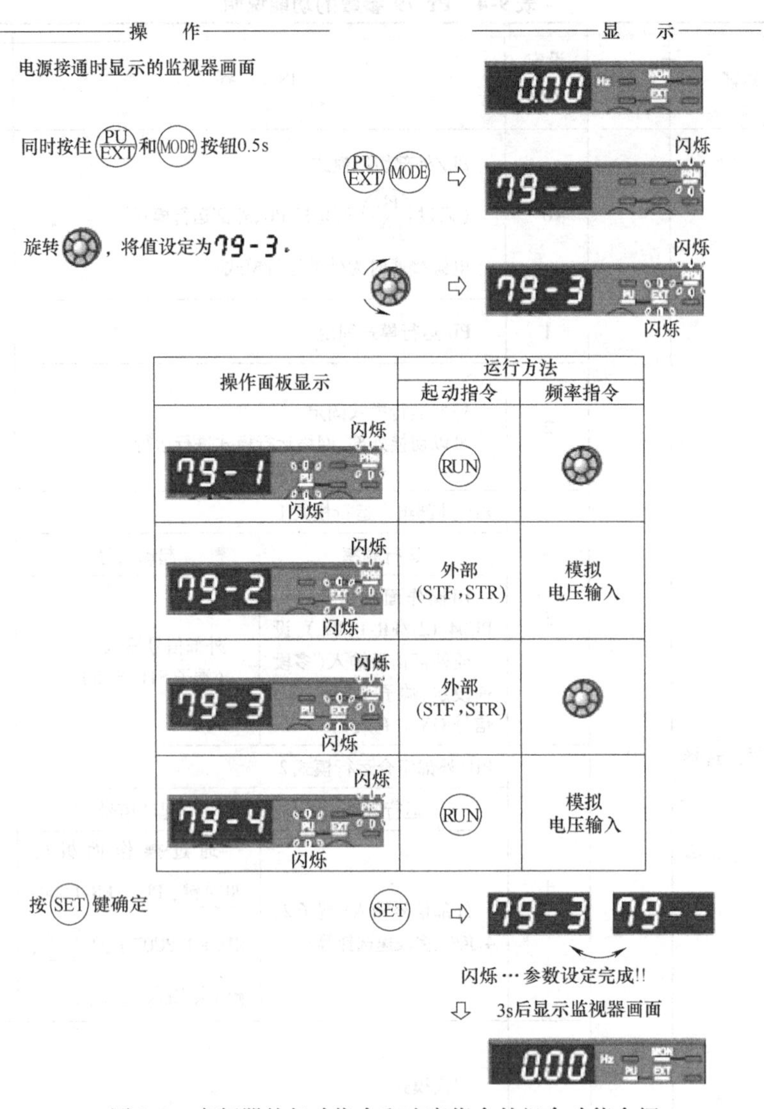

操作面板显示	运行方法	
	起动指令	频率指令
79-1 闪烁 闪烁	RUN	（旋钮）
79-2 闪烁 闪烁	外部 (STF,STR)	模拟 电压输入
79-3 闪烁 闪烁	外部 (STF,STR)	（旋钮）
79-4 闪烁 闪烁	RUN	模拟 电压输入

图 9-8 变频器的起动指令和速度指令的组合功能介绍

1）Pr. 161 设置为“10 或 11”，然后按住 M 旋钮键 2s 左右，此时 M 旋钮与键盘操作均变为无效。

2）M 旋钮与键盘操作无效后操作面板会显示“HOLD”字样。在 M 旋钮、键盘操作无效的状态下，旋转 M 旋钮或者进行键盘操作将显示“HOLD”（2s 之内无 M 旋钮及键盘操作时则回到监视画面）。

3）如果想再次使 M 旋钮与键盘操作有效，请按住 M 旋钮键 2s 左右。

请一定要设置 Pr. 161 频率设定/键盘锁定操作选择 = “10” 或 “11” （键锁模式有效）。

9. 参数清除、全部清除功能的操作

设定 Pr. CL 参数清除，ALLC 参数全部清除 = “1”，可使参数恢复为初始值，如果设定 Pr. CL 参数写入选择 = “1”，则无法清除。参数清除功能的操作流程如图 9-10 所示。

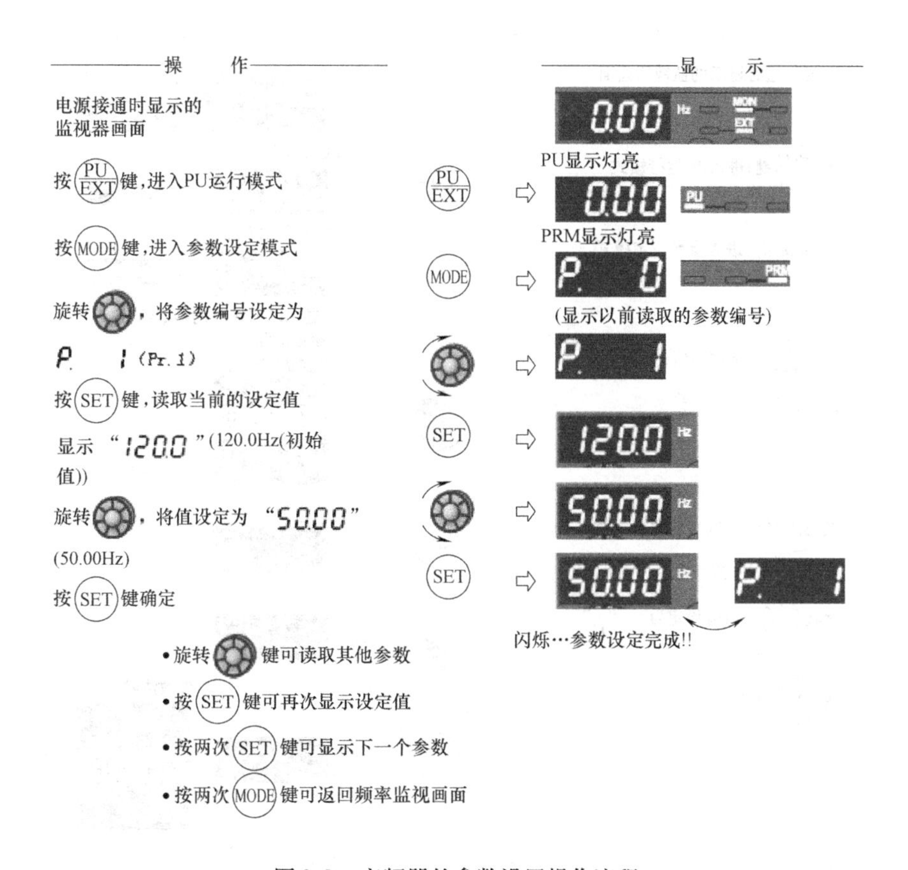

图 9-9　变频器的参数设置操作流程

10. 常用的变频器参数介绍（见表 9-5）

11. 改变电动机的加速时间与减速时间（Pr. 7、Pr. 8）

通过 Pr. 7 设定加速时间。如果想慢慢加速就把时间设定的长些，如果想快点加速就把时间设定的短些。

通过 Pr. 8 设定减速时间。如果想慢慢减速就把时间设定的长些，如果想快点减速就把时间设定的短些。

加减速时间设定参数功能说明见表 9-6。

根据 Pr. 21 加减速时间单位的设定值进行设定。初始值设定范围为"0～3600s"，设定单位为"0. 1s"。加减速时间设定操作流程如图 9-11 所示。

12. 通过开关设定三段速频率

可通过设置 Pr. 79 设定三段速频率。起动指令通过面板 RUN 按键发出。

1）必须设置 Pr. 79 运行模式选择 ="4"（PU/外部组合运行模式 2）。

2）关于初始值，端子 RH 为 50Hz、RM 为 30Hz、RL 为 10Hz，变更通过 Pr. 4、Pr. 5、Pr. 6 进行。

3）2 个（或 3 个）端子同时设置为 ON 时可以以 7 速运行。

具体的操作流程如图 9-12 所示。

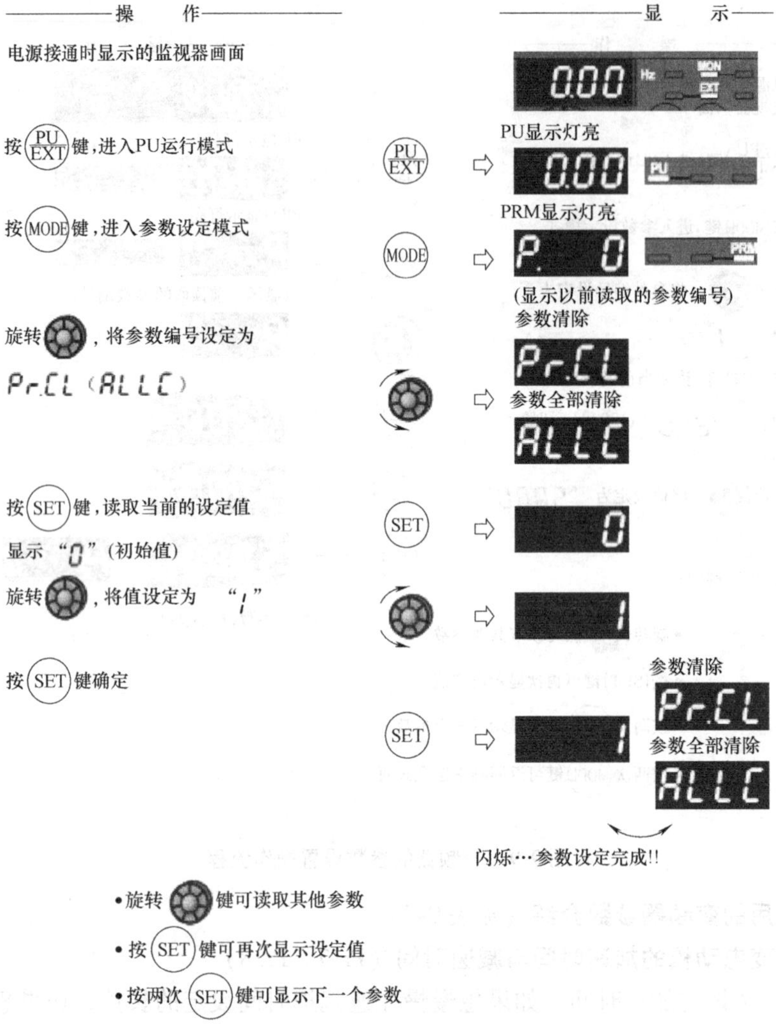

——操　作——　　　　——显　示——

电源接通时显示的监视器画面　　0.00 Hz MON EXT

按(PU/EXT)键，进入PU运行模式　　(PU/EXT) ⇨ PU显示灯亮 0.00 PU

按(MODE)键，进入参数设定模式　　(MODE) ⇨ PRM显示灯亮 P. 0 PRM

(显示以前读取的参数编号)

旋转[旋钮]，将参数编号设定为 Pr.CL (ALLC)　　⇨ 参数清除 Pr.CL　参数全部清除 ALLC

按(SET)键，读取当前的设定值　　(SET) ⇨ 0

显示"0"(初始值)

旋转[旋钮]，将值设定为"1"　　⇨ 1

按(SET)键确定　　(SET) ⇨ 1　参数清除 Pr.CL　参数全部清除 ALLC

闪烁…参数设定完成!!

- 旋转[旋钮]键可读取其他参数
- 按(SET)键可再次显示设定值
- 按两次(SET)键可显示下一个参数

图 9-10　参数清除功能的操作流程

表 9-5　常用的变频器参数介绍

参数编号	名　称	单位	初始值	范 围	用　途
0	转矩提升	0.1%	6%/4%/3%	0~30%	*V/F* 控制时，在需要进一步提高起动时的转矩以及带负载后电动机不转动、输出报警(OL)Ⅱ(OC1)发生跳闸的情况下使用 初始值根据变频器容量不同而不同，(0.75kW 以下/2.5kW ~ 3.7kW/5.5kW、7.5kW)
1	上限频率	0.01Hz	120Hz	0~120Hz	想设置输出频率的上限时使用
2	下限频率	0.01Hz	0Hz	0~120Hz	想设置输出频率的下限时使用
3	基准频率	0.01Hz	50Hz	0~400Hz	请确认电动机的额定铭牌

（续）

参数编号	名　称	单位	初始值	范　围	用　途
4	3 速设定(高速)	0.01Hz	50Hz	0～400Hz	想用参数预先设定运转速度,用端子切换速度时使用
5	3 速设定(中速)	0.01Hz	30Hz	0～400Hz	
6	3 速设定(低速)	0.01Hz	10Hz	0～400Hz	
7	加速时间	0.1s	5s/10s *	0～3600s	可以设定加减速时间 * 初始值根据变频器容量不同而不同 (3.7kW 以下/5.5kW、7.5kW)
8	减速时间	0.1s	5s/10s *	0～3600s	
9	电子过电流保护	0.01A	变频器额定电流	0～500A	用变频器对电动机进行热保护 设定电动机的额定电流
79	操作模式选择	1	0	0、1、2、3、4、6、7	选择起动指令场所和频率设定场所
125	端子 2 频率设定增益	0.01Hz	50Hz	0～400Hz	改变电位器最大值(5V 初始值)的频率
126	端子 4 频率设定增益	0.01Hz	50Hz	0～400Hz	可变更电流最大输入(20mA 初始值)时的频率
160	用户参数组读取选择	1	0	0、1、9999	可以限制通过操作面板或参数单元读取的参数

表 9-6　加减速时间设定参数功能说明

参数编号	名称	初始值		设定范围	内　容
7	加速时间	3.7kW 以下	5s	0～3600/360s	设定电动机的加速时间
		5.5kW、7.5kW	10s		
8	减速时间	3.7kW 以下	5s	0～3600/360s	设定电动机的减速时间
		5.5kW、7.5kW	10s		

13. 通过开关发出起动指令、三段速频率指令（Pr.4～Pr.6）

用端子 STF（STR)-SD 发出起动指令，通过端子 RH、RM、RL-SD 进行频率设定。步骤如下：

1）[EXT] 须亮灯，如果 [PU] 亮灯，请进行切换。

2）端子初始值，RH 为 50Hz、RM 为 30Hz、RL 为 10Hz，变更通过 Pr.4、Pr.5、Pr.6 进行。

3）2 个（或 3 个）端子同时设置为 ON 时可以以 7 速运行。

具体操作流程如图 9-13 所示。

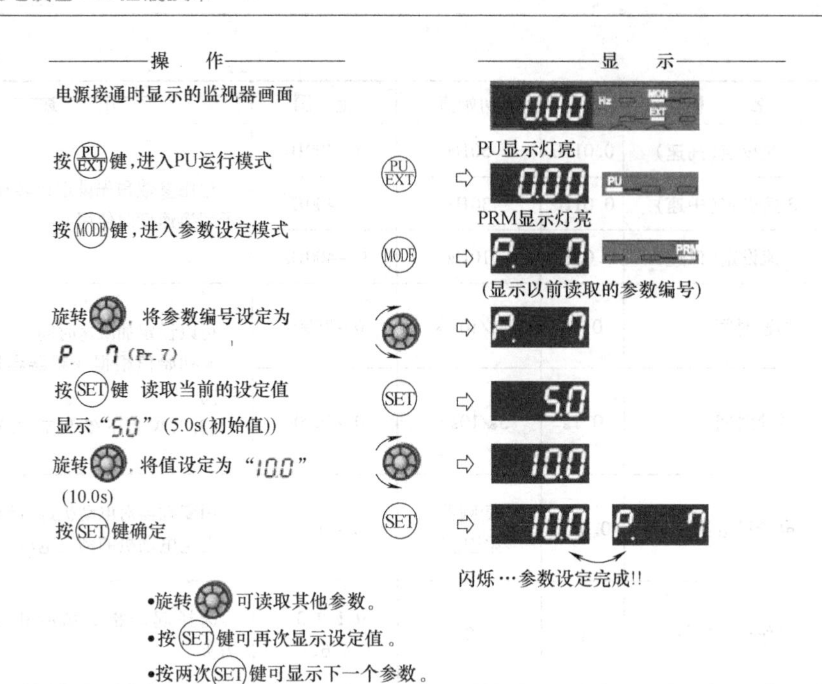

图 9-11 加减速时间设定操作流程

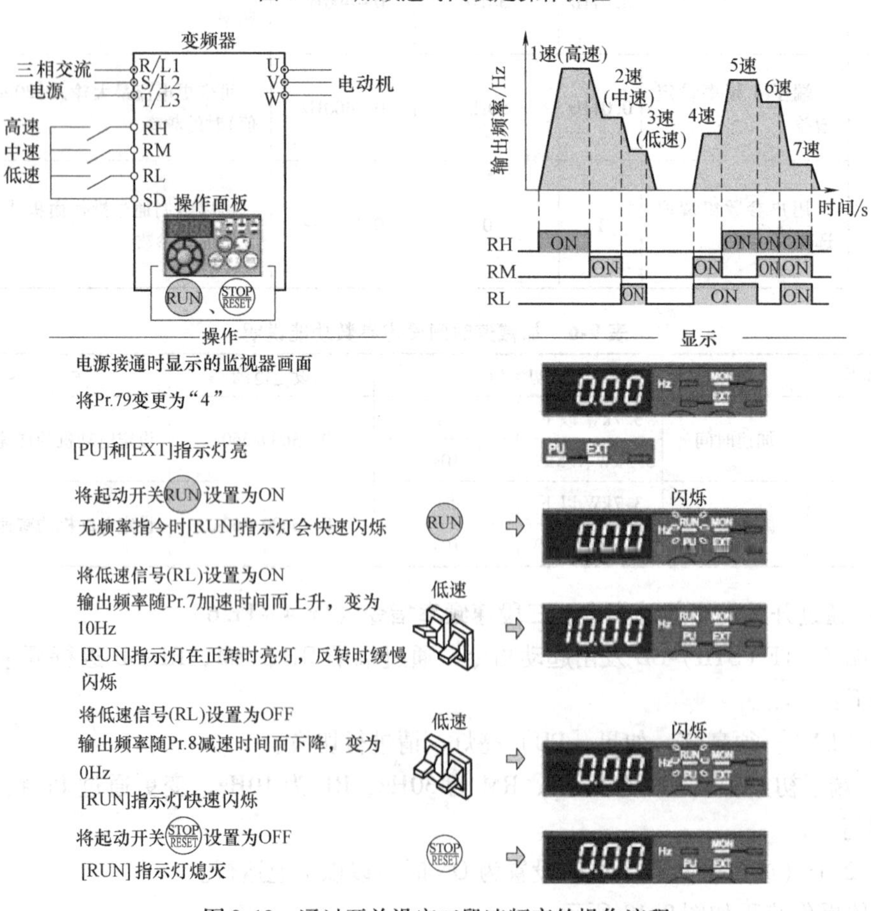

图 9-12 通过开关设定三段速频率的操作流程

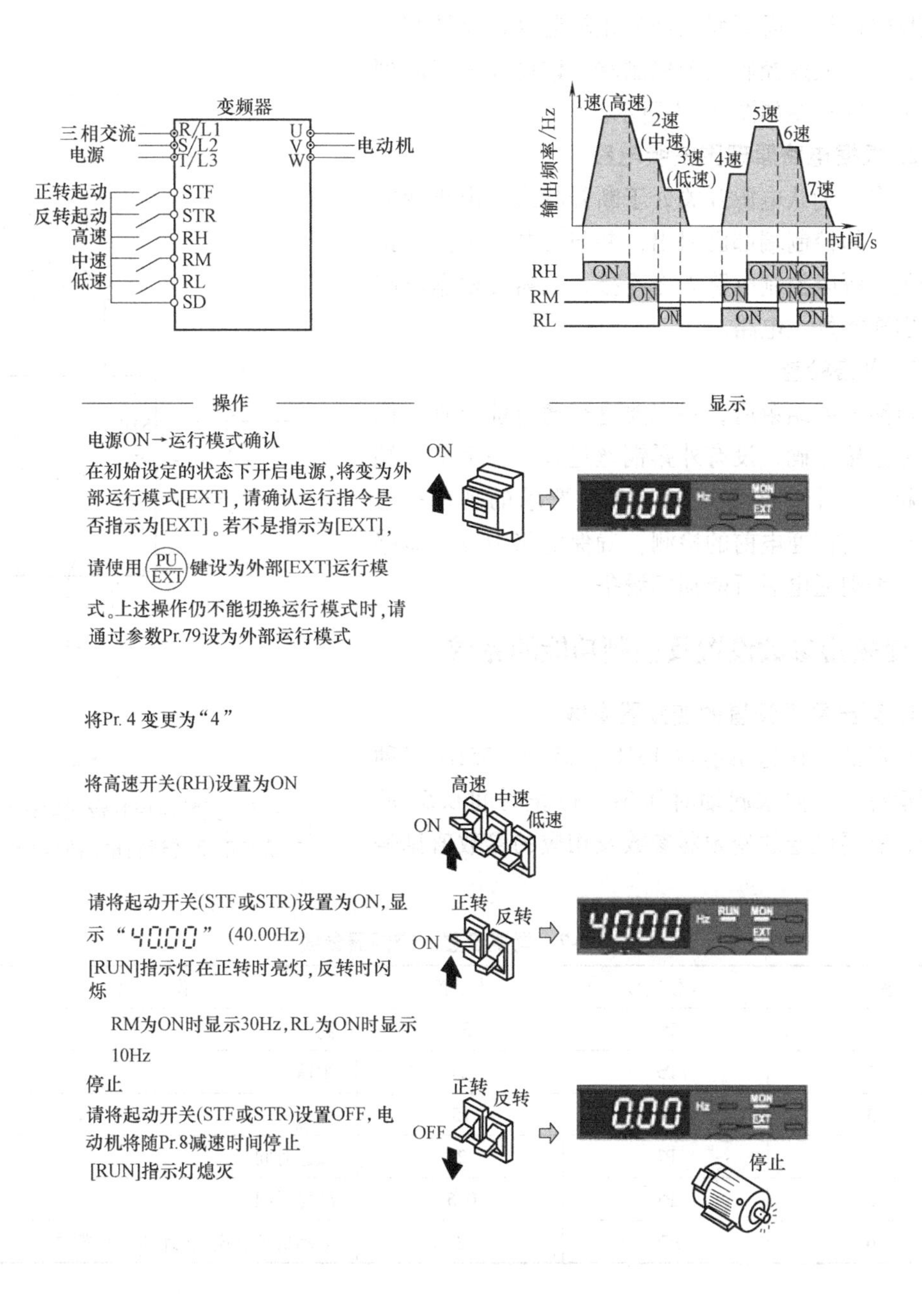

图 9-13　通过开关发出起动指令、三段速频率指令

任务实施

一、系统硬件的设计与安装

1. 绘制系统电路原理图

根据工作任务的控制要求，由变频器控制带式输送机运行，带式输送机要求三种速

度正反转运行，需要变频器的正转起动、反转起动和高、中、低速控制五个控制端。请设计电路原理图，参考原理图如图9-14所示。

2. 根据电路原理图安装电路

首先要确认电源开关处于断开状态。由于变频器模块上的控制端都已引出，并与公共端之间连接了开关，所以控制电路无需连接，只需要根据电路原理图连接好主电路。

3. 电路检查

电路安装结束后，一定要进行通电前检查，保证电路连接正确，没有外露铜丝过长、一个接线端子上超过两个接头等不满足工艺要求的现象；另外，还要进行通电前的检测，确保电路中没有短路现象，否则通电后可能损坏设备。

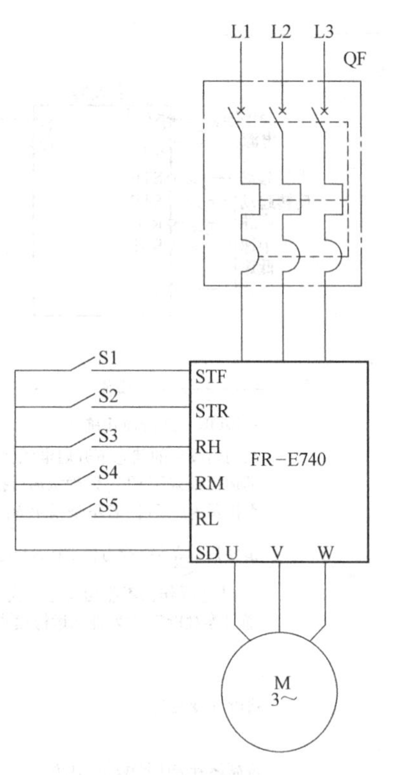

图9-14 变频器控制带式输送机三段速正反转运行电路原理图

二、变频器参数设置及控制功能的完成

1. 列出需要设置的变频器参数

根据带式输送机能以15Hz、25Hz、35Hz三种频率运行，且要求起动时间3s，停止时间0.5s的要求，需要设定的变频器参数及相应的参数值见表9-7。

表9-7 需要设置的变频器参数

序号	参数代号	参数值	说明
1	P4	35	高速
2	P5	25	中速
3	P6	15	低速
4	P7	2	加速时间
5	P8	0.5	减速时间
6	P79	2	电动机控制模式(外部操作模式)

2. 接通变频器电源

由于变频器负载电路已连接好，如果在接通电源时未将控制电路输入端断开，则变频器可能会输出信号使电动机运行，可能造成危险，所以需要先将控制电路输入端都置于断开位置，再接通变频器电源，电源接通后，变频器电源指示灯亮，此时才可以进行下一步工作。

在接通电源前必须确保电路的连接正确无误，电源接通后，调试过程中身体不能直接接触带电部分，每一项操作都要符合安全操作规程。如遇电动机堵转（电动机在转速为0时，仍然输出转矩的情况即为堵转），则要立刻断开电源。

3. 恢复出厂设置

由于变频器已被使用过，变频器的某些参数进行过修改，但却并不知道是哪些参数进行过修改，也就不知道这些参数是否符合现在需要的控制要求，所以在设置变频器参数前一般先将其参数恢复至出厂设置。

4. 设置变频器参数

按照参数设定模式的操作方法，依次将表9-7列出的需要设置的变频器参数设置好。所有参数设置完成后，再逐一进行检查，以确认设置是否有效。在确认变频器参数设置正确后再将变频器设置为频率监视模式。

三、调试设备

按表9-8所示要求依次调节各开关状态，观察带式输送机的运行速度和方向，以及起动、停止时间，并做好记录。

表9-8　调试记录表

开关名称 \ 开关状态 \ 序号	1	2	3	4	5	6	7	8	9	10	11	12
正转起动	通	通	通	通	通	断	断	断	通	通	断	断
反转起动	断	断	通	断	断	通	通	通	通	通	通	断
高速	断	断	断	断	通	通	断	断	断	通	断	通
中速	断	断	断	通	断	断	通	断	通	断	断	断
低速	断	通	通	断	断	断	断	通	断	断	断	断
带式输送机运行速度和方向												
起动时间												
停止时间												

根据调试结果，说明变频器设置能否让带式输送机达到工作任务中的调速要求，总结变频器开关的状态与带式输送机运行状态之间的关系，完成表9-9。

完成表9-9后，再次按开关状态进行调试，检验整体是否正确。

表9-9　变频器控制端开关状态和带式输送机运行状态关系表

开关名称 \ 开关状态 \ 运行状态	35Hz 正转	35Hz 反转	25Hz 正转	25Hz 反转	15Hz 正转	15Hz 反转
正转起动						
反转起动						
高速						
中速						
低速						

考核评价

序号	评价指标	评价内容	分值	学生自评	小组评分	教师评分
1	变频器的工作原理	变频器的基本知识及原理	10			
2	实验电路设计与连接	电路设计正确	10			
		能正确进行电路设计及连接	15			
		电路的连接符合工艺要求	5			
3	变频器应用	变频器的硬件电路	10			
		变频器的端子功能	10			
		变频器的参数设置及功能	25			
4	整机调试	能够根据实验步骤完成工作任务	10			
		能够在调试过程中完善系统功能	5			
总　分			100			
问题记录和解决方法	记录任务实施中出现的问题和采取的解决方法					

任务二　调试自动控制的带式输送机

任务描述

某生产设备上的带式输送机接通电源，按下起动按钮后，以 20Hz 的速度正转起动，5s 后，带式输送机转为以 40 Hz 的速度正转；再过 5s，带式输送机变为以 10 Hz 的速度正转；3s 后，带式输送机变为以 20Hz 的速度反转，反转 5s 后自动停止。停止后再次按下起动按钮后，带式输送机重复以上运行过程。带式输送机运行加速时间为 2s，停止时间为 0.5s。

任务实施

1. 控制要求分析及提示

1）控制要求：起动——20Hz 正转——40Hz 正转——10Hz 正转——20Hz 反转。

2）变频器应用：起停控制、正反转控制、多段速控制，根据控制要求变频器需要三个控制速度，所以可以通过高、中、低速三个控制按钮实现。

3）PLC 应用：PLC 主要用作输入、输出开关量控制，实现对变频器控制端子的自动控制。

2. 输入、输出资源分配

系统需要一个起动按钮，不需要停止按钮，所以只有一个输入信号。PLC 的控制对象为变频器，变频器需要正反转运行及三种速度控制，所以输出需要正转、反转、高速、中速、低速五个信号。表 9-10 列出了一种 PLC 的输入、输出地址分配表。

表 9-10　PLC 输入、输出地址分配表

序　号	输　入		输　出	
	输入信号	PLC 输入地址	输出信号	PLC 输出地址
1	起动信号 SB4	X0	变频器 STF	Y0
2			变频器 STR	Y1
3			变频器 RH	Y2
4			变频器 RM	Y3
5			变频器 RL	Y4

3. 绘制电气控制原理图

根据控制要求和 PLC 的输入、输出地址分配表绘制电气控制原理图。参考的原理图如图 9-15 所示。

4. 根据电气控制原理图安装电路

（1）根据电气控制原理图安装电路　首先要确认电源开关处于断开状态，然后按以下的安装步骤和方法来完成电路的安装。

① 断开电源开关。

② 将电动机电源线和地线接至接线排上。

③ 连接 PLC 输入端子的连线。

④ 连接 PLC 输出端子的连线。

⑤ 连接电动机和变频器之间的连线。

⑥ 连接变频器、PLC 的电源线和地线。

（2）电路检测　电路安装结束后，一定要进行通电前检查，保证电路连接正确，没有外露铜丝过长、一个接线端子上超过两个接头等不满足工艺要求的现象；另外，还要进行通电前的检测，确保电路中没有短路现象，否则通电后可能损坏设备。

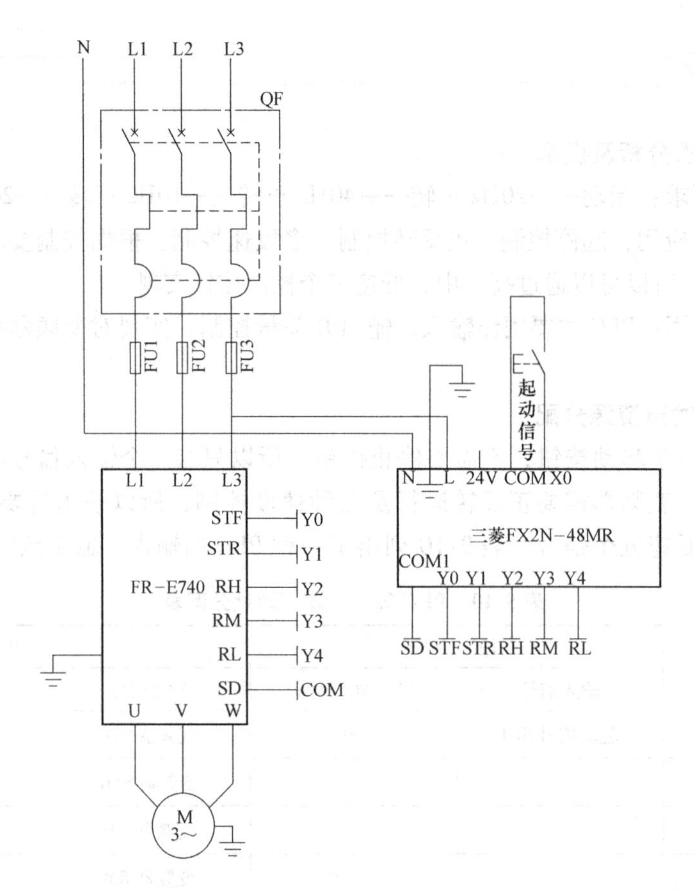

图9-15 自动控制带式输送机三段速正反转运行的电路原理图

在完成PLC电路连接过程中，必须确保输入端的连接正确，千万不可将DC 24V电源直接接入输入端。PLC内部提供的DC 24V电源工作电流较小，最好不要用作负载电源。

5. 设置变频器参数

1）列出需要设置的变频器参数。根据带式输送机能以10Hz、20Hz、40Hz三种速度运行，但没有加减速时间要求。需要设定的变频器参数见表9-11。

表9-11 需要设定的变频器参数

序 号	参数代号	参 数 值	说 明
1	P01	2	加速时间
2	P02	0.5	减速时间
3	P4	40 Hz	高速
4	P5	20 Hz	中速
5	P6	10 Hz	低速
6	P79	2	电动机控制模式(外部操作模式)

2）设置变频器参数。先将变频器模块上的各控制开关置于断开位置，接通变频器电源，将变频器参数恢复为出厂设置，再依次设置表9-11所列出的参数，最后恢复到频率监视模式，操作各控制开关，检查各参数设置是否正确。

6. 根据工作任务控制要求编写PLC梯形图程序

（1）分析控制要求画出自动控制的工作流程图　分析控制要求，可以发现，要求的控制过程是按时间顺序依次进行的，并且完成一次工作过程后设备就自动停止。可以先画出自动控制的工作流程图，工作流程图如图9-16所示。然后根据前面学习过的PLC编程方法来实现。

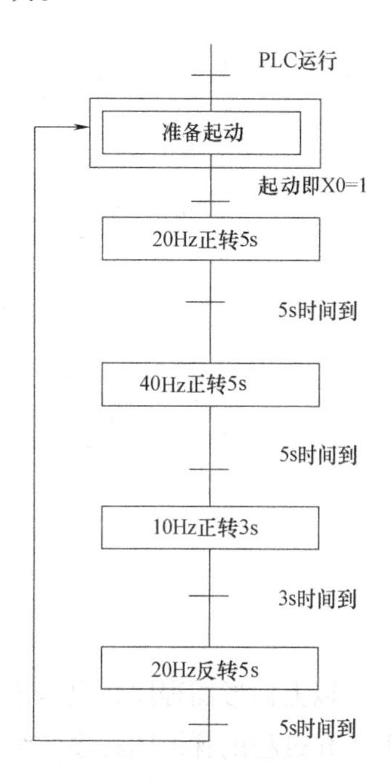

图9-16　工作流程图

（2）编写PLC控制程序　根据工作过程的特点，确定编程思路。本任务中要求的工作过程是由时间来控制带式输送机依次以不同的速度运行，可以抓住时间控制这一特点来编程，先编写起动停止控制梯形图程序，再编写定时控制梯形图程序，最后根据工作过程要求编写控制输出的梯形图程序。

1）起动、停止控制梯形图程序。

起动、停止控制梯形图程序和一般的起动、停止控制梯形图程序结构完全一样，只是在本任务中，停止是由时间来控制的，所以停止的常闭触点要用定时器的常闭触点。起停控制梯形图程序如图9-17所示。

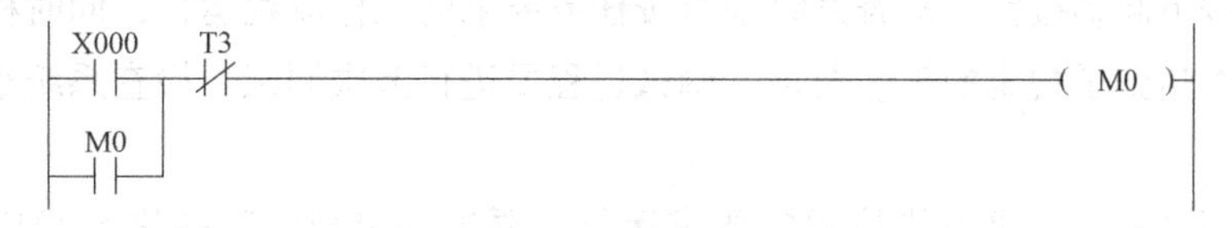

图9-17　起停控制梯形图程序

2）定时控制梯形图程序。

根据工作流程图，要求的时间间隔依次为5s、5s、3s、5s，所以需要4个定时器，分别定时5s、10s、13s、18s，而定时是在起动之后才开始的，设起动的辅助继电器为M0，则可编写出图9-18所示的定时控制梯形图程序。

图9-18　定时控制梯形图程序

3）控制输出的梯形图程序。

根据工作流程图，列出各输出有信号的时间段，找到各输出有信号的条件，即可编写出控制输出的梯形图程序。控制输出的梯形图程序如图 9-19 所示。

图 9-19　控制输出的梯形图程序

以上梯形图程序，只是依据按时间顺序来控制的工作过程特点来编写的，实现本任务工作过程的梯形图程序的编写方法还有很多，可以试着用其他方法进行编程。

7. 调试及检测

在检查电路正确无误，各机械部件安装符合要求，写入 PLC 程序后，使 PLC 处于运行状态，按下起动按钮，检查系统是否按任务要求的工作流程运行，同时检查各机械传动部件是否达到了规定的工艺要求。调试过程要进行多次调试，检查系统重复运行状况是否稳定。

如果发现带式输送机不能按规定要求运行，要根据出现的问题进行相应的调整或修改。

1）如果带式输送机的运行速度符合控制要求，但运行过程不符合要求，则可能是程序问题。

2）如果带式输送机不能运行，不一定是程序错误，也可能是电路连接错误或者带式输送机机械传动部分出现故障。是否是程序错误，可以通过观察 PLC 是否有输出及输出信号是否正确来判断，若 PLC 没有输出信号或输出信号错误，则说明是程序问题，如果 PLC 输出信号正常，则说明是电路或机械部件故障。

3）如果是带式输送机的运行速度不符合要求，可能是变频器参数设置不正确。可通过手动调试变频器，检查变频器的参数是否正确，若不正确则需要重新设置变频器参数。如果变频器参数设置正确，则可能是变频器和 PLC 之间的电路连接错误，需要检查电路并改正。如果变频器和 PLC 之间的电路也没有错误，就有可能是程序错误引起的。

考核评价

序号	评价指标	评价内容	分值	学生自评	小组评分	教师评分
1	带式输送机的工作原理	带式输送机的基本知识及原理	5			
2	系统资源分配	能够合理地分配 PLC 内部资源	5			
3	实验电路设计与连接	电路设计正确	10			
		能正确进行电路设计及连接	10			
		电路的连接符合工艺要求	5			
4	变频器应用	变频器的硬件电路	5			
		变频器的端子功能	5			
		变频器的参数设置及功能	15			
5	PLC 程序的编写	掌握本项目 PLC 程序设计方法	5			
		掌握编程软件的使用，能够根据控制要求设计完整的 PLC 程序	15			
		能够完成程序的下载调试	5			
6	整机调试	能够根据实验步骤完成工作任务	10			
		能够在调试过程中完善系统功能	5			
总　分			100			

问题记录和解决方法	记录任务实施中出现的问题和采取的解决方法

项目十

工件检测分拣系统的自动控制

学习目标

1. 了解工件检测分拣系统的基本工作原理及功能。

2. 掌握工件检测分拣系统的基本调试方法，能够将工件检测分拣机构调整到最佳状态。

3. 掌握采用 PLC 对工件检测分拣系统控制的编程方法并能够编写较为复杂的工件检测分拣系统控制程序。

4. 完成本项目要求的工件检测分拣系统的控制功能，并从安全性、可靠性方面考虑将其调试、完善到最佳工作状态。

项目概述

工件传送分拣系统主要用于实现带式输送机上工件材质的检测，并根据控制要求将工件推入 3 个不同的滑槽。工件传送分拣系统主要包括工件检测传感器、落料口、带式输送机、拖动电动机、物料滑槽、电感传感器、两个光纤传感器、两个光纤放大器、3 个推料气缸（含单向节流阀、磁性开关）及 3 个电磁换向阀。在工件传送分拣系统中落料口用于机械手搬运来的工件落料定位；落料口工件检测传感器是一个漫反射式光传感器，用于检测是否有工件从落料口放置到传送带上；带式输送机可以在三相异步电动机驱动下正、反向运行，实现工件的输送；安装在传送带上方的光纤传感器、电感传感器用来检测工件的材质和颜色；3 个推料气缸在 3 个电磁换向阀的控制下可以将不同材质或颜色的工件推入指定滑槽，其推出速度和缩回速度均可以通过安装在气缸进、出气口的单向节流阀进行调节；安装在推料气缸缸体前端和后端的磁性开关用于检测推料气缸的伸缩动作是否完成。

本项目要求实现 PLC 对工件检测分拣系统的整体控制，完成以下工作：

1）分析在控制过程中可能遇到的问题，并从安全性、可靠性方面分析应该采取的措施，设计项目方案。

2）根据工件检测分拣系统的控制要求分配 PLC 资源、设计电气电路，按照电气工艺要求连接电路。

3）编写 PLC 应用程序，并调试完善。

4）根据调试过程和结果完善项目。

任务　工件检测分拣系统的设计

任务描述

本工作任务要求完成一个由带式输送机组成的工件检测分拣系统的设计，通过 YL-235A 设备的传送带装置实现系统功能，采用手动放料供料方式。要求当传送带入口处的光敏传感器检测到有工件后，传送带开始输送工件，根据工件性质（金属、白色塑料、黑色塑料）及技术要求，分别控制相应气缸动作，对工件进行分拣。设备结构如图 10-1 所示。

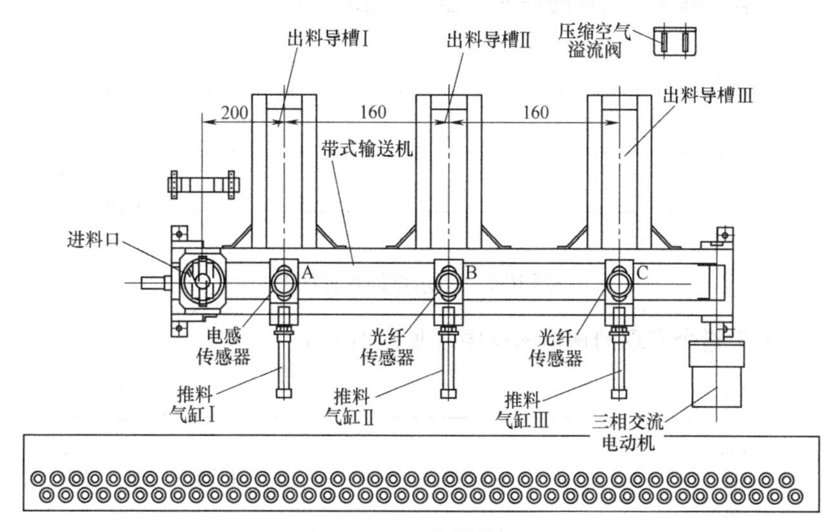

图 10-1　设备结构图

若带式输送机输送的工件为金属圆柱形工件，在位置 A 处停止，并由推料气缸Ⅰ的活塞杆伸出，将圆柱形工件推进出料导槽Ⅰ。金属圆柱形工件推进出料导槽后，推料气缸Ⅰ的活塞杆缩回。若带式输送机输送的工件为白色塑料圆柱形工件，则在位置 B 处停止，由推料气缸Ⅱ的活塞杆伸出，将白色塑料圆柱形工件推进出料导槽Ⅱ，白色塑料圆柱形工件推进出料导槽后，推料气缸Ⅱ的活塞杆缩回。若带式输送机输送的工件为黑色塑料圆柱形工件，则在位置 C 处停止，由推料气缸Ⅲ的活塞杆伸出，将黑色塑料圆柱形工件推进出料导槽Ⅲ，黑色塑料圆柱形工件推进出料导槽后，推料气缸Ⅲ的活塞杆缩回。分拣过程中推料气缸的活塞杆缩回，表示系统完成一个工作周期。

传送带电动机通过变频器以 25Hz 的频率控制其运行，电动机起动时的加速时间为 1s，停车 0.5s 必须准确停止。根据控制要求自行设计参数，实现控制功能。

带式输送机在工作时只能处理一个工件，所以在系统工作的过程中，当传送带上没有工件时要求指示灯 HL4 常亮指示等待放料，当传送带上有工件时要求指示灯 HL5 以 2Hz 的频率闪烁，指示不可以放料。

相关知识

一、指示灯控制的典型梯形图程序

指示灯作为一种信号指示，在机电一体化设备中应用非常多，指示灯可以作为各种工作状态或工作方式的指示，可以作为设备保护的指示，可以作为带式输送机允许下料或禁止下料的指示，可以作为时间间隔的指示，还可以作为各种异常情况的指示等，并且通常一盏指示灯会被要求有多种指示功能，这就要通过不同的闪烁方式来实现，所以指示灯控制程序的编写是很重要的。以下实例中，Y0 为指示灯。

1. 1 个指示灯 0.5s 闪光 1 次

（1）用基本逻辑指令实现的梯形图程序（见图 10-2）

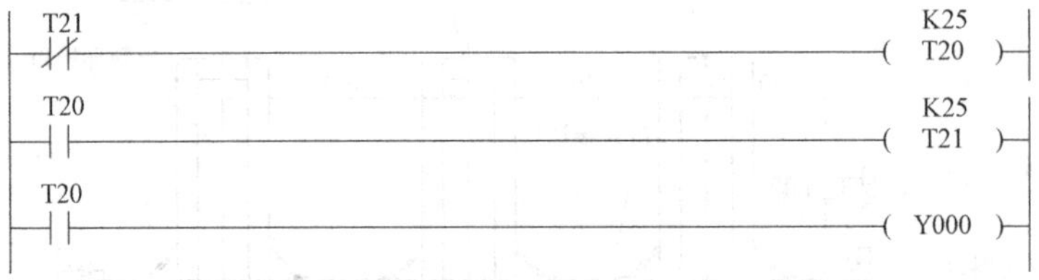

图 10-2　指示灯闪烁程序 1

（2）用 ALT 指令实现的梯形图程序（见图 10-3）

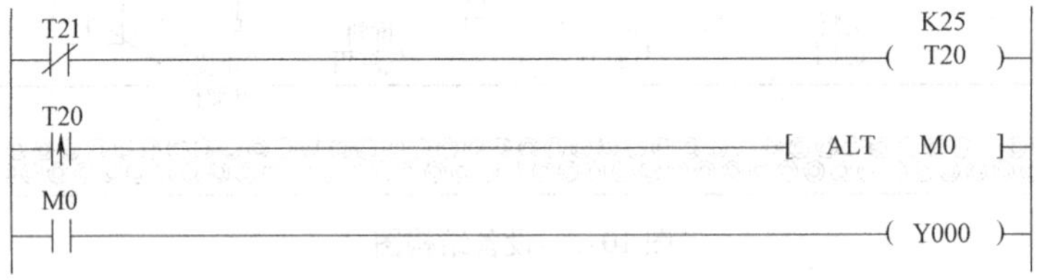

图 10-3　指示灯闪烁程序 2

2. 两灯交替发光 0.25s 的梯形图程序（见图 10-4）

图 10-4　指示灯闪烁程序 3

3. 指示灯发光 1s，熄灭 1s 的梯形图程序（见图 10-5）

图 10-5　指示灯闪烁程序 4

4. 指示灯 1s 闪烁 2 次，熄灭 1s 的梯形图程序（见图 10-6）

图 10-6　指示灯闪烁程序 5

二、分支结构 PLC 程序的编程方法

1. 选择性分支分流示例（见图 10-7）

2. 选择性分支汇合示例（见图 10-8）

在分支与汇合的转移处理程序中，不能使用 MPS、MRD、MPP、ANB、ORB 指令。图 10-8 中，即使负载驱动回路也不能直接在 STL 指令后面使用 MPS 指令。

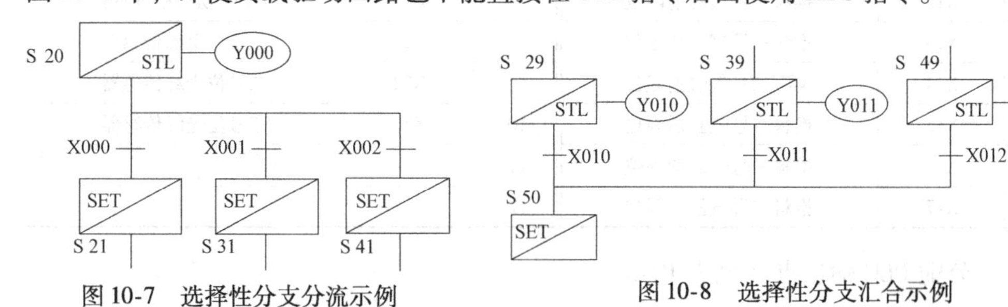

图 10-7　选择性分支分流示例　　图 10-8　选择性分支汇合示例

3. 并行分支分流示例（见图 10-9）

4. 并行分支汇合示例（见图 10-10）

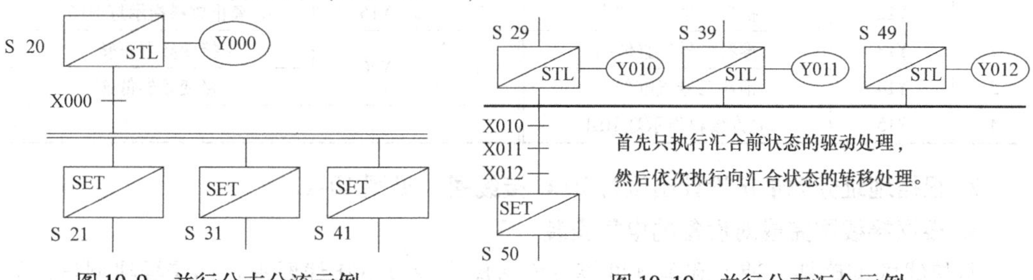

图 10-9　并行分支分流示例　　图 10-10　并行分支汇合示例

任务实施

一、完成气动回路的安装和调试

按图 10-11 完成带式输送机上气动回路的安装并进行调试，要求设备各环节安装位置准确，动作平稳、流畅。

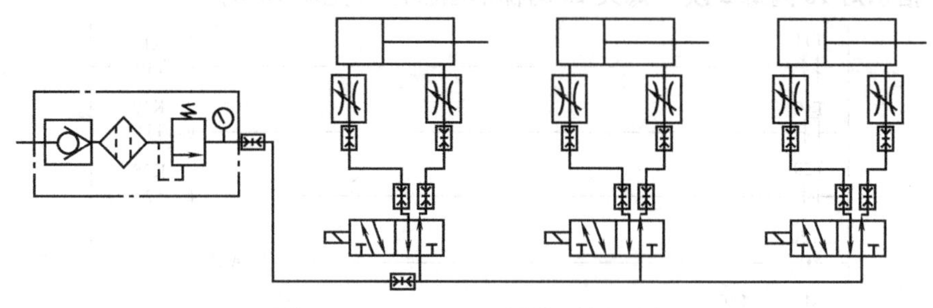

图 10-11　YL-235A 系统气动原理图

二、完成自动搬运分拣系统电气回路的设计和连接

1. PLC 输入/输出点分配

（1）分配 PLC 输入点（见表 10-1）

表 10-1　PLC 输入地址分配表

序号	输入地址	说　明	序号	输入地址	说　明
1	X12	推料一号气缸前限位	7	X20	传送带物料检测感器
2	X13	推料一号气缸后限位	8	X21	一号位电感传感器
3	X14	推料二号气缸前限位	9	X22	二号位光纤传感器
4	X15	推料二号气缸后限位	10	X23	三号位光纤传感器
5	X16	推料三号气缸前限位	11		
6	X17	推料三号气缸后限位	12		

（2）分配 PLC 输出点（见表 10-2）

表 10-2　PLC 输出地址分配表

序号	输出地址	说　明	序号	输出地址	说　明
1	Y12	推料一号气缸伸出	5	Y16	禁止放料指示灯 HL5
2	Y13	推料二号气缸伸出	6	Y20	接变频器正转
3	Y14	推料三号气缸伸出			接变频器低速
4	Y15	允许放料指示灯 HL4			

2. 根据地址分配情况设计出设备 PLC 接线图（见图 10-12）

3. 根据接线图完成对设备的电气安装

从接线的准确性、速度和美观度等方面考虑推荐以下接线要求：连接导线型号、颜

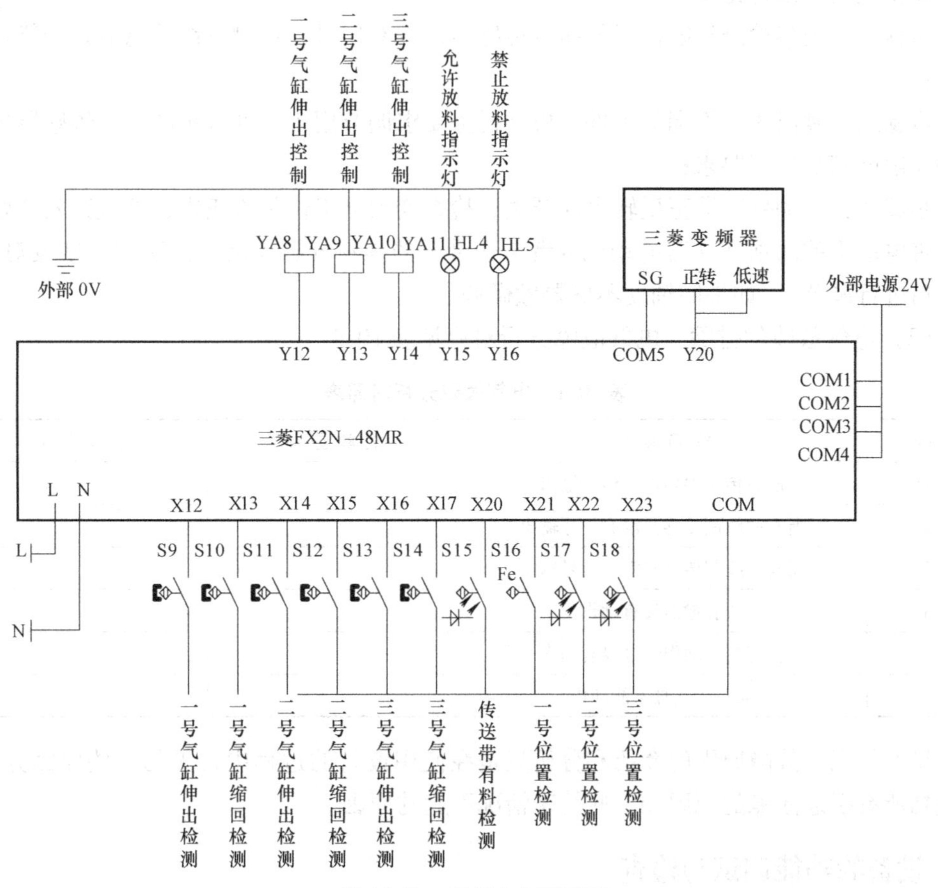

图 10-12　系统电气原理图

色选用正确；电路中各连接点连接可靠、牢固，外露铜丝最长不能超过 2mm；接入接线排的导线都需要编号，并套好号码管；号码管长度应一致，编号工整、方向一致；同一接线端子的连接导线最多不能超过两根。

4. 设置变频器参数

根据本项目对带式输送机的控制要求，列出需要设置的变频器参数及相应的值，并填写表 10-3。在设置参数时如果不知道变频器原来的参数情况可先将参数恢复为出厂设置，然后按表 10-3 所示依次设置参数，参数设置结束后再将变频器设为运行模式。

表 10-3　变频器设置参数表

序　号	参数代号	参数值	说　明
1	P4	25Hz	高速
2	P7	1s	加速时间
3	P8	0.5s	减速时间
4	P79	2	电动机控制模式(外部操作模式)

5. 电气检查与调试

（1）检查步骤　步骤一：接线完成后，接通电源，检查按钮模块、PLC 模块以及变频器模块电源是否正常；

步骤二：观察检测气缸位置的两线传感器是否有信号，检测三线传感器是否能正常工作；

步骤三：拿出3个不同的工件，根据任务要求调节用于工件分拣的3个传感器的位置和灵敏度满足分拣要求；

步骤四：拨动变频器正反转手动开关，检查变频器工作是否正常，并观察安装好的传送带电动机的同轴度（若电动机或者传送带上的推料气缸晃动，说明同轴度没对好，断电后进行调节），如果同轴度不好要做微调。

（2）电气故障的排除 电气故障分析对照见表10-4。

表10-4 电气故障分析对照表

序号	故障现象	故障原因	排除方法
1	所有传感器均没有信号输出		
2	所有两线制传感器没有信号输出		
3	所有三线制传感器没有信号输出		
4	所有输出没有动作		
5	执行器件动作气缸没有动作		
6	某一个气缸不能动作		

说明：以上故障原因的介绍和分析只是在使用设备的过程中常见的一些原因分析，不包括所有引起故障的原因和一些特殊情况引起的原因。

三、设备的功能调试与检查

1. 气路检查

1）打开气源，调节调压阀的调节旋钮，使气压为0.4～0.6MPa。

2）检查通气后所有气缸能否回到项目要求的初始位置。

3）观察是否有漏气现象，若漏气，则关闭气源，查找漏气原因并排除。

4）调节气缸运动速度，使各推料气缸运动平稳无振动和冲击；推料动作可靠，且伸缩速度基本保持一致。

2. 传感器检查

1）检查落料口的光敏传感器能否可靠检测从落料口放下来的工件。

2）检查电感传感器能否检出所有从传送带上通过的金属工件；第一个光纤传感器能否检出所有从传送带上通过的白色工件；第二个光纤传感器能否检出所有从传送带上通过的黑色工件。

3）检查各磁性开关能否在推料气缸动作到位时按要求准确发出信号。

对于工作不符合要求的传感器应及时进行位置和灵敏度调节，确保其符合设备检测的需要。

3. 带式输送机运行检查

1）操作变频器模块上的手动开关，检查带式输送机的运行和变频器的参数设置是否正确。

2）带式输送机运行顺畅平稳、无振动和噪声，电动机无严重发热现象。

四、确定系统功能的实现方法

1. 程序设计思路

本工作任务中要求完成设备最基本的控制要求，越是基本的东西越是应该做得最好、最可靠。同时，对基本功能控制方法很好的掌握也是实现更多更复杂的控制要求的一个基本条件，只要掌握了解决问题的方法，一切难题都将迎刃而解。

由于在 YL-235A 设备中的基本动作都是顺序控制，所以在设计动作的时候可以选择采用基本指令实现的动作控制法（用时间控制法来实现动作控制不是很可靠，在真正的工业应用中很少使用，而且设备上每个动作都有对应的位置检测传感器，所以不采用时间控制法），也可以选择采用三菱 PLC 的步进梯形图指令控制法，作为设计动作的向导。

2. 系统的功能分析

传送带部分的控制可与机械手动作分开，但必须有连接的环节。当机械手放下工件后，就可以开始传送带的运行。传送带的动作只有 4 步：传动带正转、传送带停止、推料气缸伸出和推料气缸缩回。唯一不同的是不同材质的物料由不同的推料气缸推入不同的滑槽。

在这个任务中，人们可以很方便地利用 SET 和 RST 指令来编写控制程序：当传送带检测到有料时，传送带正常运行。因为任务要求设备从左到右第一个料库（一号料库）分出金属工件，第二个料库（二号料库）分出白色工件，第三个料库（三号料库）分出黑色工件，所以把电感传感器安装在一号料库位置，光纤传感器安装在二号料库和三号料库位置。之后，调节光纤传感器的灵敏度，使第二料库光纤传感器检测不到黑色工件，但必须能检测到白色工件，第三料库光纤传感器灵敏度调节到能检测到黑色工件。当传送带运行并且电感传感器检测到工件后，驱动一号气缸伸出，伸出到位后缩回，并用一号气缸的缩回继电器和缩回到位信号确定传送带上的工件已分拣结束，并开始计时。当时间到时，让传送带停止运行。二号料库以及三号料库的分拣方法和一号料库一样。这里的一号料库、二号料库和三号料库是一个简单的分支关系。

当然，对于一些复杂的传送带处理功能程序，也可以采用步进指令进行编程，在后面的项目里会对传送带上可能出现的各种复杂的处理功能进行分析。

采用三菱 PLC 的步进梯形图指令控制的状态示意图如图 10-13 所示。

五、PLC 程序的编写

图 10-14 给出了部分参考程序，包括金属工件的处理程序以及前文的一些控制程序，可以用图中的 M20 标志，结合前文给出的指示灯闪烁程序方法，编写完整的系统程序，并进行调试。

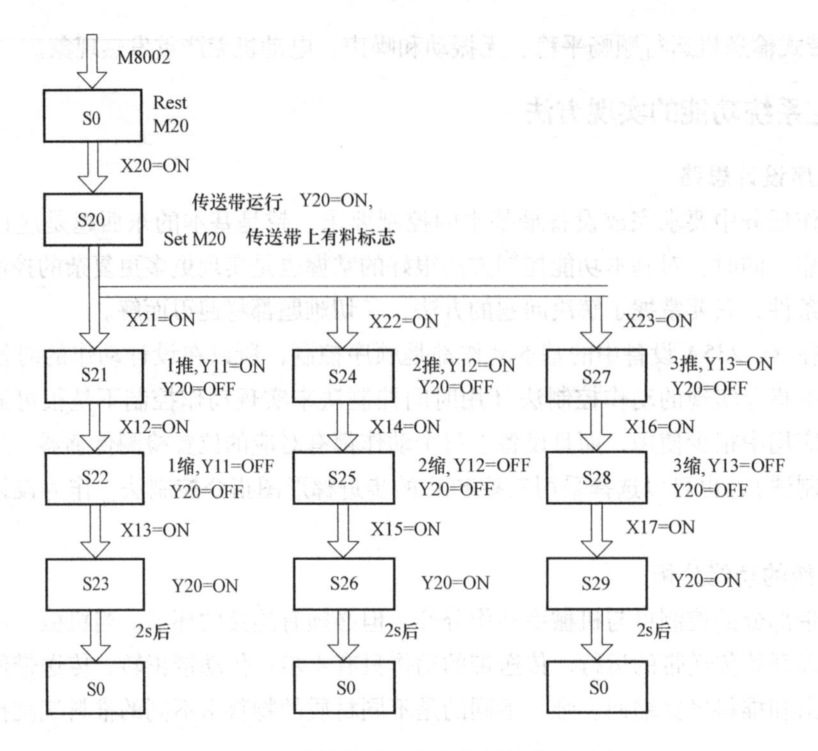

图 10-13 步进梯形图指令控制的状态示意图

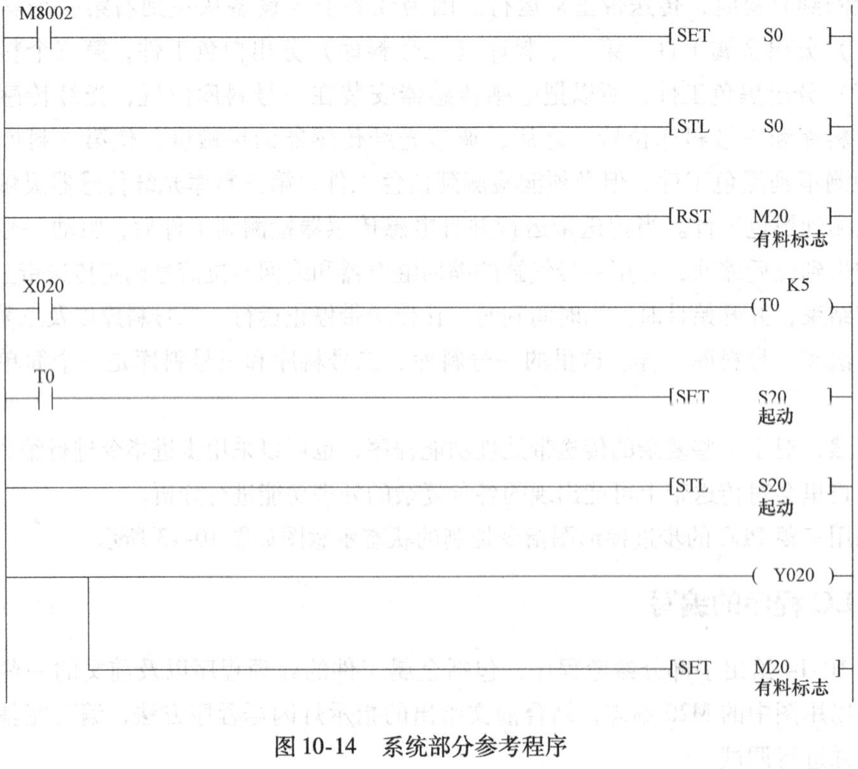

```
 M8002
──┤ ├──────────────────────────[SET   S0  ]
──────────────────────────────────[STL   S0  ]
──────────────────────────────────[RST   M20 ]
                                        有料标志
 X020                                    K5
──┤ ├──────────────────────────(T0      )
 T0
──┤ ├──────────────────────────[SET   S20 ]
                                        起动
──────────────────────────────────[STL   S20 ]
                                        起动
──────┬───────────────────────( Y020 )
      └───────────────────────[SET   M20 ]
                                        有料标志
```

图 10-14 系统部分参考程序

```
  T1
──┤ ├──────────────────────────[SET    S21   ]
                                       金属处理
  X022                                  K2
──┤ ├──────────────────────────(T2         )
  T2
──┤ ├──────────────────────────[SET    S24   ]
                                       白色处理
  X023                                  K2
──┤ ├──────────────────────────(T3         )
  T3
──┤ ├──────────────────────────[SET    S27   ]
                                       黑色处理
───────────────────────────────[STL    S21   ]
                                       金属处理
  X013
──┤/├──────────────────────────[SET    Y011  ]
  X012
──┤ ├──────────────────────────[SET    S22   ]
───────────────────────────────[STL    S22   ]
───────────────────────────────[RST    Y011  ]
  X013
──┤ ├──────────────────────────[SET    S23   ]
───────────────────────────────[STL    S23   ]
──────┬────────────────────────(Y020       )
      │                                 K20
      └────────────────────────(T4         )
  T4
──┤ ├──────────────────────────[SET    S0    ]
```

图 10-14　系统部分参考程序（续）

考核评价

序号	评价指标	评价内容	分值	学生自评	小组评分	教师评分
1	分拣系统	分拣系统的工作原理	5			
2	系统资源分配	能够合理地分配PLC内部资源	5			
3	实验电路设计与连接	电路设计正确	10			
		能正确进行电路设计及连接	10			
		电路的连接符合工艺要求	5			
4	变频器应用	变频器的硬件电路	5			
		变频器的端子功能	5			
		变频器的参数设置及功能	10			
5	PLC程序的编写	掌握本项目PLC程序设计方法	5			
		掌握编程软件的使用，能够根据控制要求设计完整的PLC程序	20			
		能够完成程序的下载调试	5			
6	整机调试	能够根据实验步骤完成工作任务	10			
		能够在调试过程中完善系统功能	5			
总分			100			
问题记录和解决方法	记录任务实施中出现的问题和采取的解决方法					

项目十一 人机界面的应用

学习目标

1. 了解触摸屏的基本应用知识。

2. 掌握触摸屏与 PLC 联机控制的方法。

3. 掌握采用触摸屏控制带式输送机工作的方法。

4. 完成本项目要求的触摸屏控制要求，并从安全性、可靠性方面考虑将其调试、完善到最佳工作状态。

项目概述

触摸屏作为一种新型的人机界面，从一出现就受到广泛的关注，它的简单易用、功能强大及稳定性优异等特点使它非常适合用于工业环境，日常生活所用，比如：自动化停车设备、自动洗车机、天车升降控制、生产线监控等，甚至可以用于智能大厦管理、会议室声光控制、温度调整等。

通过完成触摸屏控制变频器的多段速相互转换和触摸屏对物料个数的监控控制两个工作任务，学会触摸屏的简单操作，会用触摸屏控制或监控简单的机电一体化设备。

本项目主要介绍 MCGS 嵌入版全中文工控组态软件的基本功能和主要特点，并对软件系统的构成和各个组成部分的功能进行详细的说明，帮助用户认识 MCGS 嵌入版组态软件系统的总体结构框架；同时介绍本软件运行的硬件和软件需求，以及安装过程和工作环境。

MCGS 嵌入版是在 MCGS 通用版的基础上开发的，专门应用于嵌入式计算机监控系统的组态软件。MCGS 嵌入版包括组态环境和运行环境两部分，它的组态环境是基于 Microsoft 的各种 32 位 Windows 平台，运行环境则是实时多任务嵌入式操作系统 Windows CE，适应于应用系统对功能、可靠性、成本、体积、功耗等综合性能有严格要求的专用计算机系统。它通过对现场数据的采集处理，以动画显示、报警处理、流程控制和报表输出等多种方式向用户提供解决实际工程问题的方案，在自动化领域有着广泛的应用。此外，MCGS 嵌入版还带有一个模拟运行环境，用于对组态后的工程进行模拟测试，方便用户对组态过程的调试。

任务一　用触摸屏控制带式输送机运行

任务描述

设计一个工件传输系统，带式输送机通过触摸屏控制，在触摸屏上设置点动按钮可以控制带式输送机的点动、连续、正/反转运行，以及高速、中速、低速的相互转换，带式输送机的高、中、低速分别对应的频率为35Hz、25Hz、15Hz。带式输送机运行时要求有正、反转运行的指示灯，同时选择某种速度后要求有相应的指示灯指示当前输送机工作在什么速度。为了保证带式输送机能平稳起动，准确定位停止，要求起动时间2s，停止时间0.5s。

相关知识

一、触摸屏的基础知识

触摸屏在人们身边已经随处可见了，在PDA（Persond Digital Assistent，个人掌上计算机）等个人便携式设备领域中，触摸屏可以节省空间、便于携带，同时，还有更好的人机交互性。

目前主要有几种类型的触摸屏，它们分别是电阻式（双层）、表面电容式、感应电容式、表面声波式、红外式、弯曲波式、有源数字转换器式和光学成像式。它们又可以分为两类，一类需要ITO，比如前三种触摸屏，另一类的结构中不需要ITO，比如后几种屏。目前市场上，使用ITO材料的电阻式触摸屏和电容式触摸屏应用最为广泛。

1. 电阻式触摸屏

ITO是铟锡氧化物的英文缩写，它是一种透明的导电体。通过调整铟和锡的比例、沉积方法、氧化程度以及晶粒的大小可以调整这种物质的性能。薄的ITO材料透明性好，但是阻抗高；厚的ITO材料阻抗低，但是透明性会变差。在PET（聚酯薄膜）上沉积时，反应温度要下降到150℃以下，这会导致ITO氧化不完全，之后的应用中ITO会暴露在空气或空气隔层里，它的单位面积阻抗因为自氧化而随时间变化，这使得电阻式触摸屏需要经常校正。

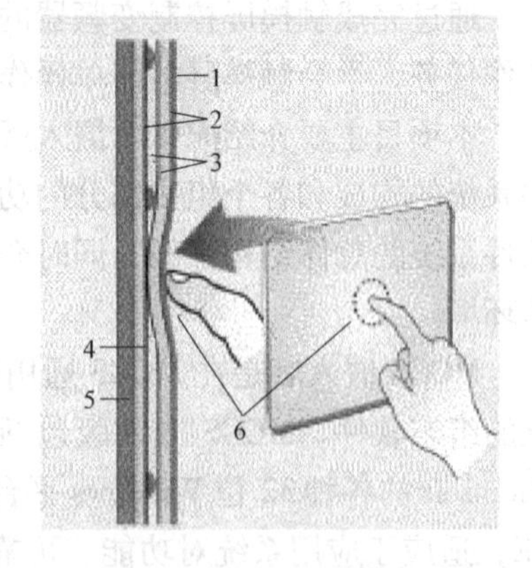

图11-1　电阻式触摸屏结构示意图
1—表面硬涂层　2—聚酯薄膜（PET）　3—ITO陶瓷层　4—间隔点　5—玻璃底层　6—压力触摸点

图11-1所示是电阻触摸屏的一个侧面剖视图。手指触摸的表面是一个硬涂层，用以保护下面的PET层。PET层很薄、有弹性，当表面被触摸时它

会向下弯曲，并使得下面的两个ITO涂层能够相互接触并在该点连通电路。两个ITO层之间是约1/1000in厚的一些隔离支点使两层分开。最下面是一个透明的硬底层用来支撑上面的结构，通常是玻璃或者塑料。

电阻触摸屏的多层结构会导致很大的光损失，对于手持设备通常需要加大背光源来弥补透光性不好的问题，但这样也会增加电池的消耗。电阻式触摸屏的优点是它的屏和控制系统都比较便宜，反应灵敏度也很好。

2. 电容式触摸屏

电容式触摸屏也需要使用ITO材料，它的功耗低、寿命长，但是较高的成本使它之前不太受关注。Apple公司推出的iPhone采用电容屏提供友好的人机界面，流畅操作性能使电容式触摸屏受到了市场的追捧，各种电容式触摸屏产品纷纷面世。而且随着工艺进步和批量化生产，它的成本不断下降，开始显现逐步取代电阻式触摸屏的趋势。

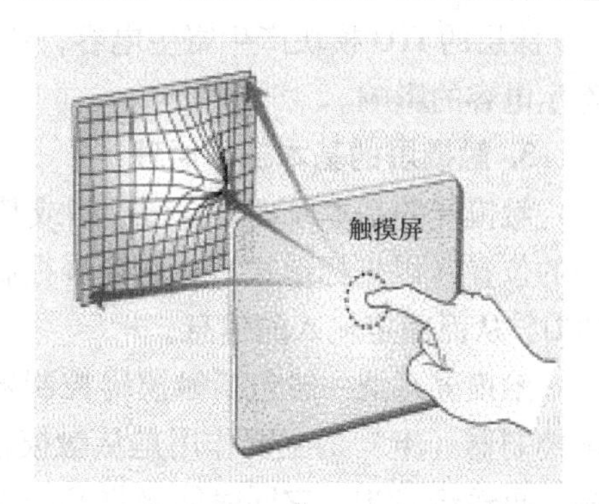

图11-2　电容式触摸屏结构示意图

电容式触摸屏的结构如图11-2所示。表面电容触摸屏只采用单层的ITO，当手指触摸屏表面时，就会有一定量的电荷转移到人体。为了恢复这些电荷损失，电荷从屏幕的四角补充进来，各方向补充的电荷量和触摸点的距离成比例，人们可以由此推算出触摸点的位置。

表面电容ITO涂层通常需要在屏幕的周边加上线性化的金属电极，以减小角落边缘效应对电场的影响。有时，ITO涂层下面还会有一个ITO屏蔽层，用来阻隔噪声。表面电容触摸屏至少需要校正一次才能使用。

感应电容触摸屏与表面电容触摸屏相比，可以穿透较厚的覆盖层，而且不需要校正。感应电容式在两层ITO涂层上蚀刻出不同的ITO模块，需要考虑模块的总阻抗、模块之间连接线的阻抗、两层ITO模块交叉处产生的寄生电容等因素。而且为了检测到手指触摸，ITO模块的面积应该比手指面积小，当采用菱形图案时，对角线长通常控制在4~6mm。

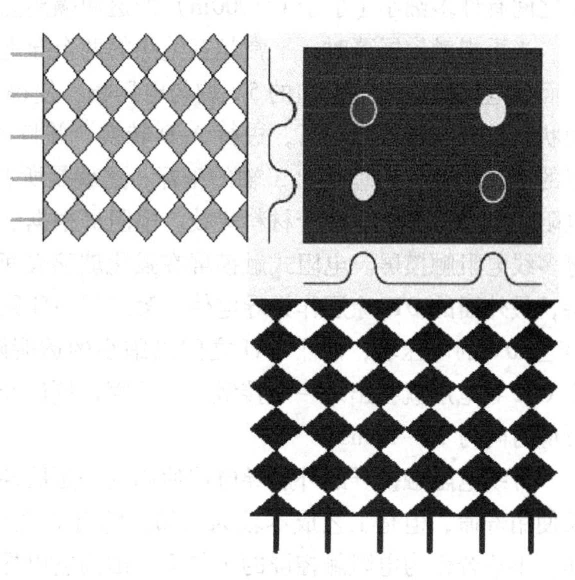

图11-3　感应电容式触摸屏结构

图11-3为感应电容式触摸屏的结构。图中，绿色（图中左侧）和蓝色（图中下方）的ITO模块位于两个ITO涂层上，可以把它们看做是X和Y方向的连续变化的滑条，需要对X和Y方向上不同的ITO模块分别扫描以获得触摸点位

置和触摸轨迹。两个 ITO 涂层之间是 PET 或玻璃隔离层，后者透光性更好，可以承受更大的压力，成品率更高，而且通过特殊工艺可以直接镀在 LCD 表面，质量更大。这层隔离层越薄，透光性越好，但是两层 ITO 之间的寄生电容也越大。

感应电容式触摸屏检测到的触摸位置对应于感应到最大电容变化值的交叉点，对于 *X* 轴或 *Y* 轴来说，则是对不同 ITO 模块的信号量取加权平均得到位置量，系统然后在触摸屏下面的 LCD 上显示出触摸点或轨迹。

当有两个手指触摸（红色的两点）时，每个轴上会有两个最大值，这时存在两种可能的组合，系统就无法准确定位判断了，这就是人们通常所称的镜像点（蓝色的两点）。

另外，触摸屏的下面是 LCD 显示屏，它的表面也是传导性的，这样就会和靠近的 ITO 涂层的 ITO 模块产生寄生电容，通常还需要在这两层之间保留一定的空气层以降低寄生电容的影响。

3. 触摸屏的基本工作原理

触摸屏的基本原理是，用手指或其他物体触摸安装在显示器前端的触控屏时，所触摸的位置（以坐标形式）由触摸屏控制器检测，并通过接口（如 RS232 串行口）送到 CPU，从而确定输入的信息。

触摸屏系统一般包括触摸屏控制器（卡）和触摸检测装置两个部分。其中，触摸屏控制器（卡）的主要作用是从触摸检测装置上接收触摸信息，并将它转换成触点坐标，再送给 CPU，它同时能接收 CPU 发来的命令并加以执行：触摸检测装置一般安装在显示器的前端，主要作用是检测用户的触摸位置，并传送给触摸屏控制器（卡）。

（1）电阻触摸屏　电阻触摸屏的屏体部分是一块与显示器表面相匹配的多层复合薄膜，由一层玻璃或有机玻璃作为基层，表面涂有一层透明的导电层，上面再盖有一层外表面硬化处理、光滑防刮的塑料层，它的内表面也涂有一层透明导电层，在两个导电层之间有许多细小（小于 1/1000in）的透明隔离点把它们隔开绝缘。

当手指触摸屏幕时，平常相互绝缘的两个导电层就在触摸点位置有了接触，因其中一面导电层接通 *Y* 轴方向的 5V 均匀电压场，使得侦测层的电压由零变为非零，这种接通状态被控制器侦测到后，进行 A-D 转换，并将得到的电压值与 5V 相比即可得到触摸点的 *Y* 轴坐标，同理得出 *X* 轴的坐标，这就是所有电阻技术触摸屏共同的最基本原理。电阻类触摸屏的关键在于材料科技。电阻屏根据引出线数多少，分为四线、五线、六线等多线电阻触摸屏。电阻式触摸屏在强化玻璃表面分别涂上两层 OTI 透明氧化金属导电层，最外面的 OTI 涂层作为导电体，第二层 OTI 则经过精密的网络附上横竖两个方向的 5V 至 0V 的电压场，两个 OTI 之间以细小的透明隔离点隔开。当手指接触屏幕时，两个 OTI 导电层就会出现一个接触点，计算机同时检测电压及电流，计算出触摸的位置，反应时间为 10～20ms。

五线电阻触摸屏的外层导电层使用的是延展性好的镍金涂层材料，其目的是为了延长使用寿命，但是工艺成本较为高昂。镍金导电层虽然延展性好，但是只能作透明导体，不适合作为电阻触控屏的工作面，因为它电导率高，而且金属不易做到厚度非常均匀，不宜作电压分布层，只能作为探层。

电阻触摸屏是一种对外界完全隔离的工作环境，不怕灰尘和水汽，它可以用任何物体来触摸，可以用来写字画画，比较适合工业控制领域及办公室内有限人的使用。电阻触摸屏共同的缺点是因为复合薄膜的外层采用塑胶材料，不知道的人太用力或使用锐器触摸可能划伤整个触控屏而导致报废。不过，在限度之内，划伤只会伤及外导电层，外导电层的划伤对于五线电阻触摸屏来说没有关系，而对四线电阻触摸屏来说是致命的。

(2) 电容技术触摸屏　电容技术触摸屏是利用人体的电流感应进行工作的。电容式触摸屏是一块四层复合玻璃屏，玻璃屏的内表面和夹层各涂有一层 ITO，最外层是一薄层矽土玻璃保护层，夹层 ITO 涂层作为工作面，4 个角上引出 4 个电极，内层 ITO 为屏蔽层以保证良好的工作环境。当手指触摸在金属层上时，由于存在人体电场，用户和触控屏表面形成以一个耦合电容，对于高频电流来说，电容是直接导体，于是手指从接触点吸走一个很小的电流。这个电流分从触控屏的四角上的电极中流出，并且流经这 4 个电极的电流与手指到四角的距离成正比，控制器通过对这 4 个电流比例的精确计算，得出触摸点的位置。电容触控屏的特点为：对大多数的环境污染物有抗力；人体成为电路的一部分，因而漂移现象比较严重；带手套不起作用；需经常校准；不适用于金属机柜；当外界有电感和磁感的时候，会使触摸屏失灵。

(3) 红外触摸屏　红外触摸屏是利用 X、Y 方向上密布的红外线矩阵来检测并定位用户的触摸的。红外触摸屏在显示器的前面安装一个电路板外框，电路板在屏幕四边排布红外发射管和红外接收管，一一对应形成横竖交叉的红外线矩阵。用户在触摸屏幕时，手指就会挡住经过该位置的横竖两条红外线，因而可以判断出触摸点在屏幕的位置。任何触摸物体都可改变触点上的红外线而实现触摸屏操作。红外触摸屏不受电流、电压和静电干扰，适宜恶劣的环境条件，红外线技术是触摸屏产品最终的发展趋势。

二、昆仑通态触摸屏硬件基础

TPC7062K 是一套以嵌入式低功耗 CPU 为核心（ARM CPU，主频为 400MHz）的高性能嵌入式一体化触摸屏。该产品设计采用了 10.2in 高亮度 TFT 液晶显示屏（分辨率为 800×480）和四线电阻式触摸屏（分辨率为 1024×1024）。其接口示意图如图 11-4 所示。

1. TPC7062K 外部接口

(1) 接口说明　TPC7062K 触摸屏接口功能介绍见表 11-1。

表 11-1　TPC7062K 触摸屏接口功能介绍

项　目	TPC7062K	项　目	TPC7062K
LAN(RJ45)	以太网接口	USB2	从口,用于下载工程
串口(DB9)	1×RS232,1×RS485	电源接口	DC 24V(1±20%)
USB1	主口,USB1.1 兼容		

(2) 串口引脚定义　TPC7062K 串口结构图如图 11-5 所示。串口端子功能介绍见表 11-2。

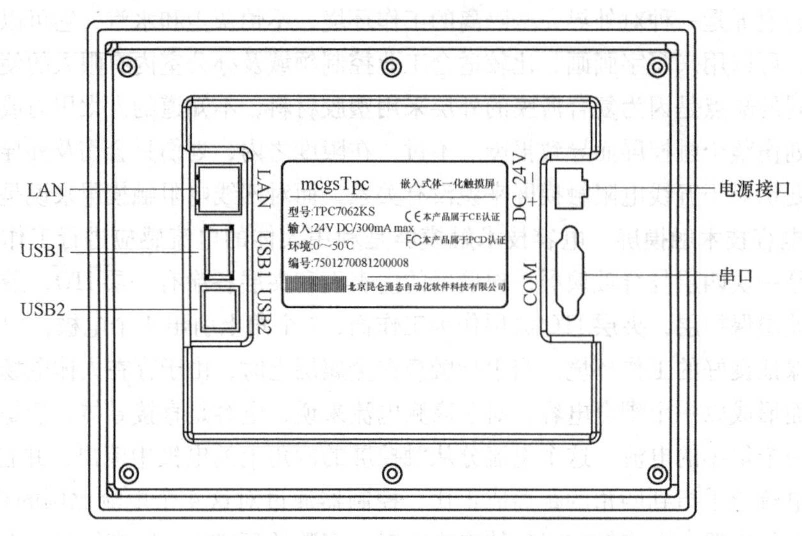

图 11-4　TPC7062K 触摸屏接口示意图

表 11-2　串口端子功能介绍

接口	PIN	引 脚 定 义
COM1	2	RS232 RXD
	3	RS232 TXD
	5	GND
COM2	7	RS485 +
	8	RS485 −

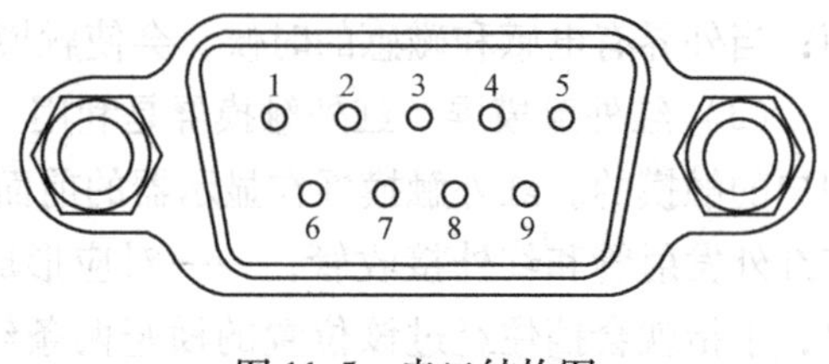

图 11-5　串口结构图

（3）串口扩展设置：终端电阻　COM2 口 RS485 终端匹配电阻跳线设置说明如图 11-6 所示。

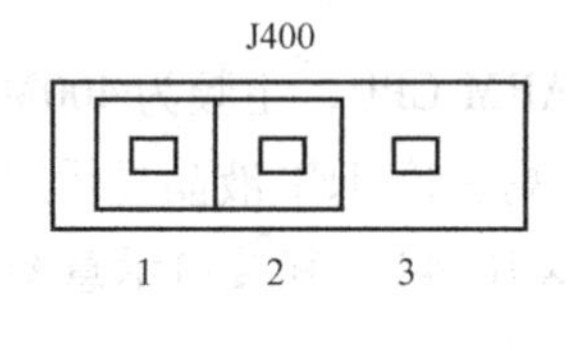

跳线设置	终端匹配电阻
	无
	有

图 11-6　RS485 终端匹配电阻跳线设置说明

跳线设置步骤如下：

步骤一：关闭电源，取下产品后盖；

步骤二：根据所需使用的 RS485 终端匹配电阻需求设置跳线开关；

步骤三：盖上后盖；

步骤四：开机后相应的设置生效。

默认设置：无匹配电阻模式。当 RS485 通信距离大于 20m，且出现通信干扰现象时，才考虑对终端匹配电阻进行设置。

2. TPC7062K 产品维护

（1）更换电池　电池位置：TPC 产品内部的电路板上，触摸屏内的电池位置及更换方法如图 11-7 所示。

电池规格：CR2032 3V 锂电池。

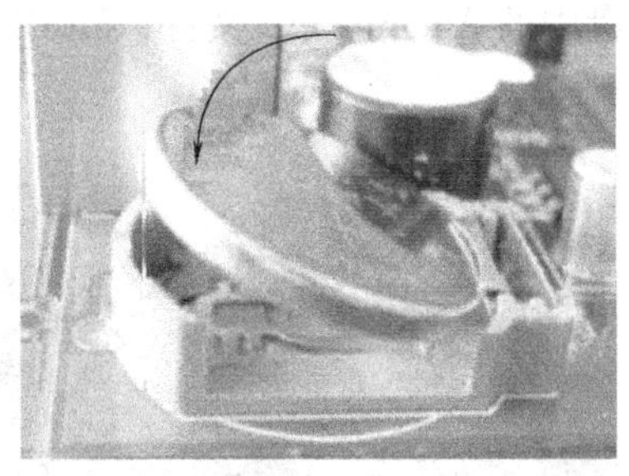

图 11-7　触摸屏内电池位置及更换方法

（2）触摸屏校准　进入触摸屏校准程序：TPC 开机启动后屏幕出现“正在启动”提示进度条，此时使用触摸笔或手指轻点屏幕任意位置，进入启动属性界面。等待 30s，系统将自动运行触摸屏校准程序。

触摸屏校准：使用触摸笔或手指轻按十字光标中心点不放，当光标移动至下一点后抬起；重复该动作，直至提示“新的校准设置已测定”，轻点屏幕任意位置退出校准程序，其操作界面如图 11-8 所示。

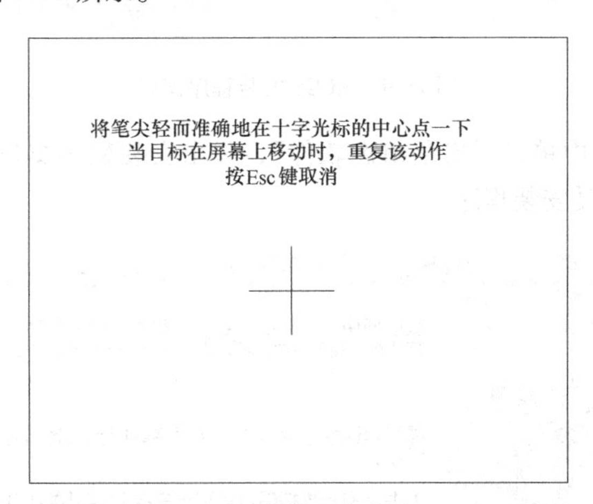

图 11-8　触摸屏校准界面

三、MCGS 嵌入版软件的安装

嵌入版的组态环境与通用版基本一致，是专为 Microsoft Windows 系统设计的 32 位应用软件，可以运行于 Windows95、98、NT4.0 、2000 或以上版本的 32 位操作系统中，其模拟环境也同样运行在 Windows95、98、NT4.0 、2000 或以上版本的 32 位操作系统中。推荐使用中文 Windows95、98、NT4.0 、2000 或以上版本的操作系统。而嵌入版的运行环境则需要运行在 Windows CE 嵌入式实时多任务操作系统中。

安装 MCGS 嵌入版组态软件之前，必须安装好 Windows95、98、NT4.0 或 2000，详细的安装指导请参见相关软件的软件手册。MCGS 嵌入版只有一张安装光盘，具体安装步骤如下：

启动 Windows，在相应的驱动器中插入光盘；插入光盘后，从 Windows 的光驱驱动器运行光盘中的 Autorun.exe 文件，MCGS 安装程序窗口如图 11-9 所示。

图 11-9　MCGS 安装程序窗口

在安装程序窗口中单击“安装组态软件”，弹出安装程序窗口，如图 11-10 所示，单击“下一步”，启动安装程序。

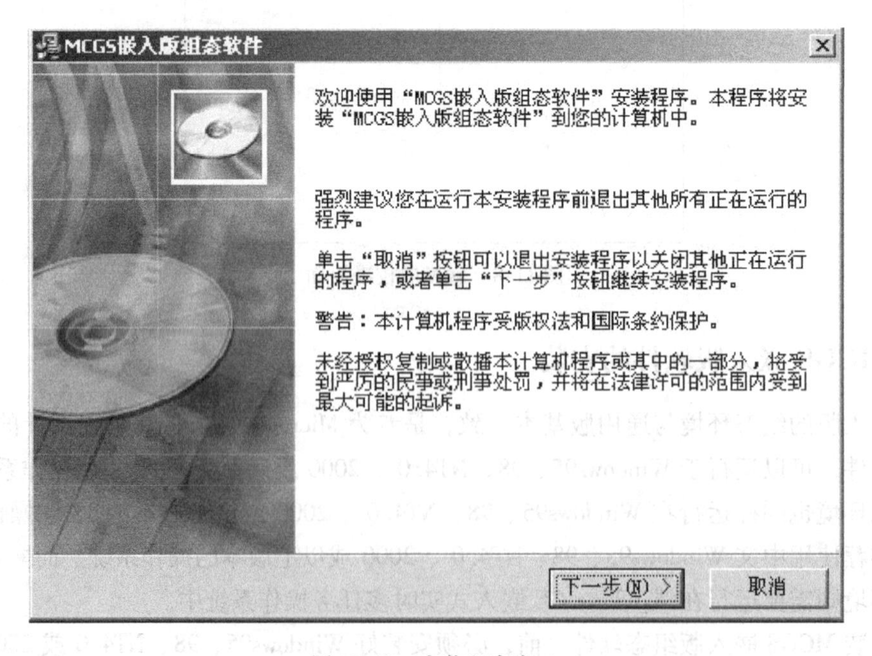

图 11-10　安装程序窗口

按提示步骤操作，随后，安装程序将提示指定安装目录，用户不指定时，系统默认安装到 D:\ MCGSE 目录下，建议使用默认目录，如图 11-11 所示，系统安装大约需要几分钟。

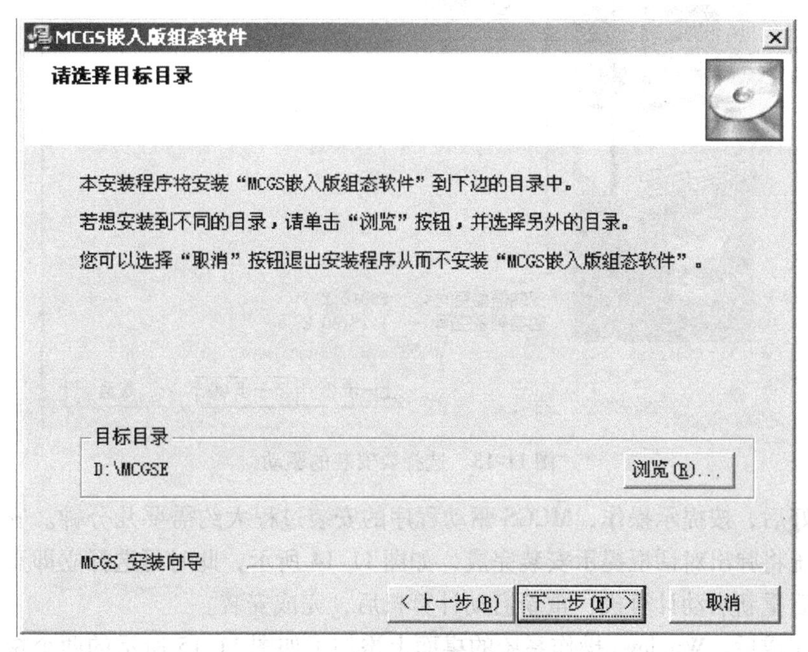

图 11-11　安装目录选择界面

MCGS 嵌入版主程序安装完成后，继续安装设备驱动，选择“是”，如图 11-12 所示。

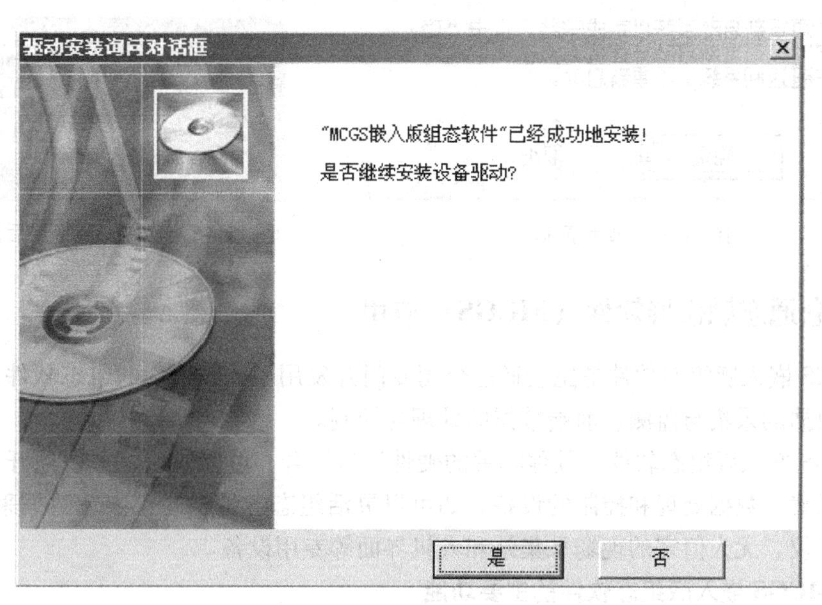

图 11-12　驱动安装进入界面

单击下一步，进入驱动安装程序，选择所有驱动，单击下一步进行安装，如图 11-13 所示，可以选择需要安装的驱动。

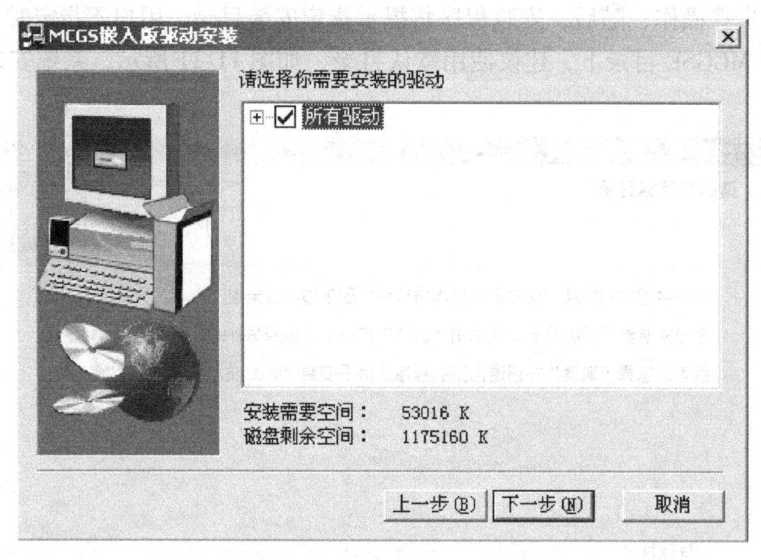

图 11-13　选择要安装的驱动

选择好后，按提示操作，MCGS 驱动程序的安装过程大约需要几分钟。安装过程完成后，系统将弹出对话框提示安装完成，如图 11-14 所示，此时可选择立即重新启动计算机或稍后重新启动计算机，重新启动计算机后，完成安装。

安装完成后，Windows 操作系统的桌面上添加了如图 11-15 所示的两个快捷方式图标，两个图标分别用于启动 MCGS 嵌入式组态环境和模拟运行环境。

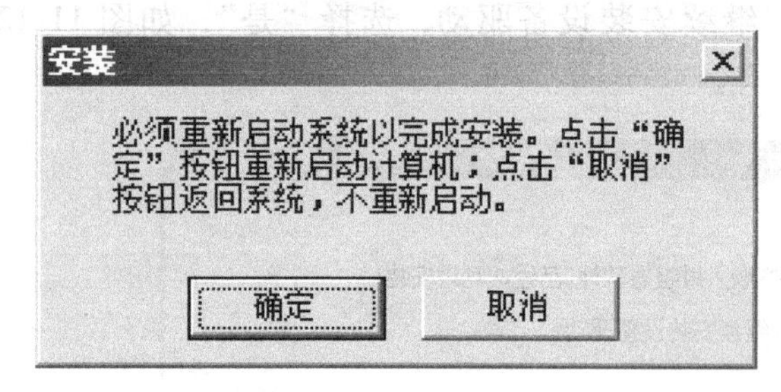

图 11-14　提示窗口

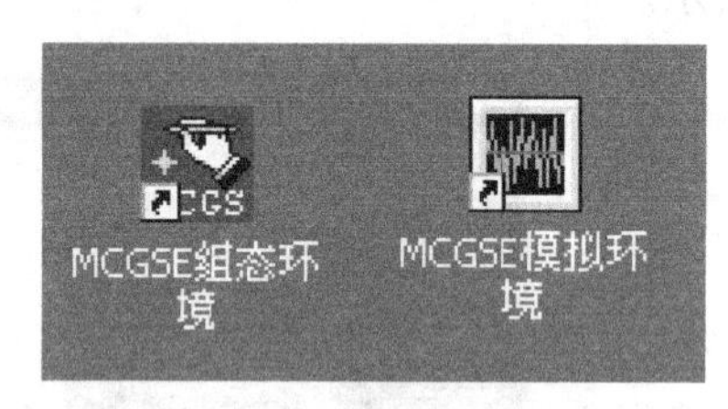

图 11-15　软件安装完成后的图标

四、昆仑通态触摸屏软件（MCGS）应用

MCGS 嵌入版组态软件是昆仑通态公司专门开发用于 mcgsTpc 的组态软件，主要用于现场数据的采集与监测、前端数据的处理与控制。

MCGS 嵌入版组态软件与其他相关的硬件设备结合，可以快速、方便地开发各种用于现场采集、数据处理和控制的设备，如可以灵活组态各种智能仪表、数据采集模块、无纸记录仪、无人值守的现场采集站和人机界面等专用设备。

1. MCGS 嵌入版组态软件的主要功能

1）简单灵活的可视化操作界面：采用全中文、可视化的开发界面，符合人们的使用习惯和要求。

2）实时性强、有良好的并行处理性能：是真正的 32 位系统，以线程为单位对任务进行分时并行处理。

3）丰富、生动的多媒体画面：以图像、图符、报表和曲线等多种形式，为操作员及时提供相关信息。

4）完善的安全机制：提供了良好的安全机制，可以为多个不同级别用户设定不同的操作权限。

5）强大的网络功能：具有强大的网络通信功能。

6）多样化的报警功能：提供多种不同的报警方式，具有丰富的报警类型，方便用户进行报警设置。

7）支持多种硬件设备。

总之，MCGS 嵌入版组态软件具有与通用组态软件一样强大的功能，并且操作简单，易学易用。

2. MCGS 嵌入版组态软件的组成

MCGS 嵌入版生成的用户应用系统由主控窗口、设备窗口、用户窗口、实时数据库和运行策略五个部分构成，如图 11-16 所示。

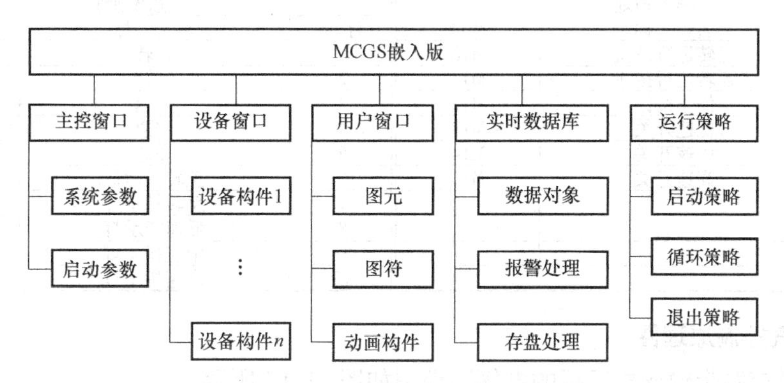

图 11-16 MCGS 嵌入版软件组态结构

主控窗口构造了应用系统的主框架，确定了工业控制中工程作业的总体轮廓以及运行流程、特性参数和启动特性等内容，是应用系统的主框架。

设备窗口是 MCGS 嵌入版系统与外部设备联系的媒介，专门用来放置不同类型和功能的设备构件，实现对外部设备的操作和控制。设备窗口通过设备构件把外部设备的数据采集进来，送入实时数据库，或把实时数据库中的数据输出到外部设备。

用户窗口实现了数据和流程的“可视化”，可以放置 3 种不同类型的图形对象：图元、图符和动画构件。通过在用户窗口内放置不同的图形对象，用户可以构造各种复杂的图形界面，用不同的方式实现数据和流程的“可视化”。

实时数据库是 MCGS 嵌入版系统的核心，相当于一个数据处理中心，同时也起到公共数据交换区的作用。从外部设备采集来的实时数据送入实时数据库，系统其他部分操作的数据也来自于实时数据库。

运行策略是对系统运行流程实现有效控制的手段，其本身是系统提供的一个框架，其里面放置由策略条件构件和策略构件组成的“策略行”，通过对运行策略的定义，使系统能够按照设定的顺序和条件操作任务，实现对外部设备工作过程的精确控制。

任务实施

一、根据控制要求分配 I/O 地址，并画出电气控制原理图

工作任务一是通过触摸屏上的组态按钮来控制变频器的运行，所以不需要外部控制按钮，触摸屏与 PLC 控制器通过串口进行通信，用 PLC 内部的辅助继电器传递触摸屏的控制信号，通过程序对 PLC 控制器的输出进行控制，进而对外部设备进行控制。

1. PLC 内部资源分配

本任务中为了更好地体现触摸屏对 PLC 内部资源的读写功能，触摸屏的指示灯不直接读取输出点 Y，使用 M20 ~ M24 作为指示灯信号，如果简化处理可以不用 M20 ~ M24。PLC 内部资源分配见表 11-3。

表 11-3　PLC 内部资源分配

输入地址			输出地址		
序号	名　称	地址	序号	名　称	地址
1	正转运行按钮	M10	1	正转	Y0
2	反转运行按钮	M11	2	反转	Y1
3	停止按钮	M12	3	低速	Y2
4	低速开关	M13	4	中速	Y3
5	中速开关	M14	5	高速	Y4
6	高速开关	M15	6	正转指示灯	M20
			7	反转指示灯	M21
			8	低速指示灯	M22
			9	中速指示灯	M23
			10	高速指示灯	M24

2. 电气控制原理图

触摸屏控制带输送机运行的电气原理图如图 11-17 所示。

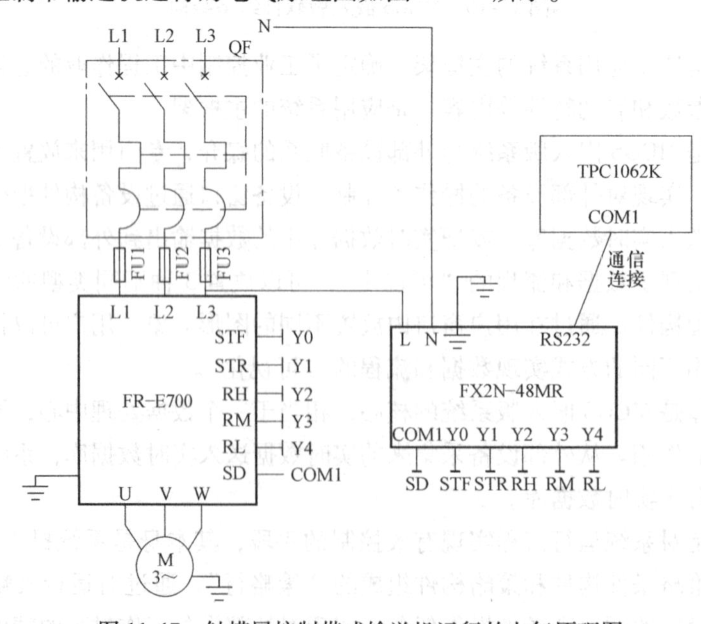

图 11-17　触摸屏控制带式输送机运行的电气原理图

二、编写相关示例程序

1. 编写参考程序

根据控制要求以及上述的 I/O 地址分配，编写参考程序如图 11-18 所示。

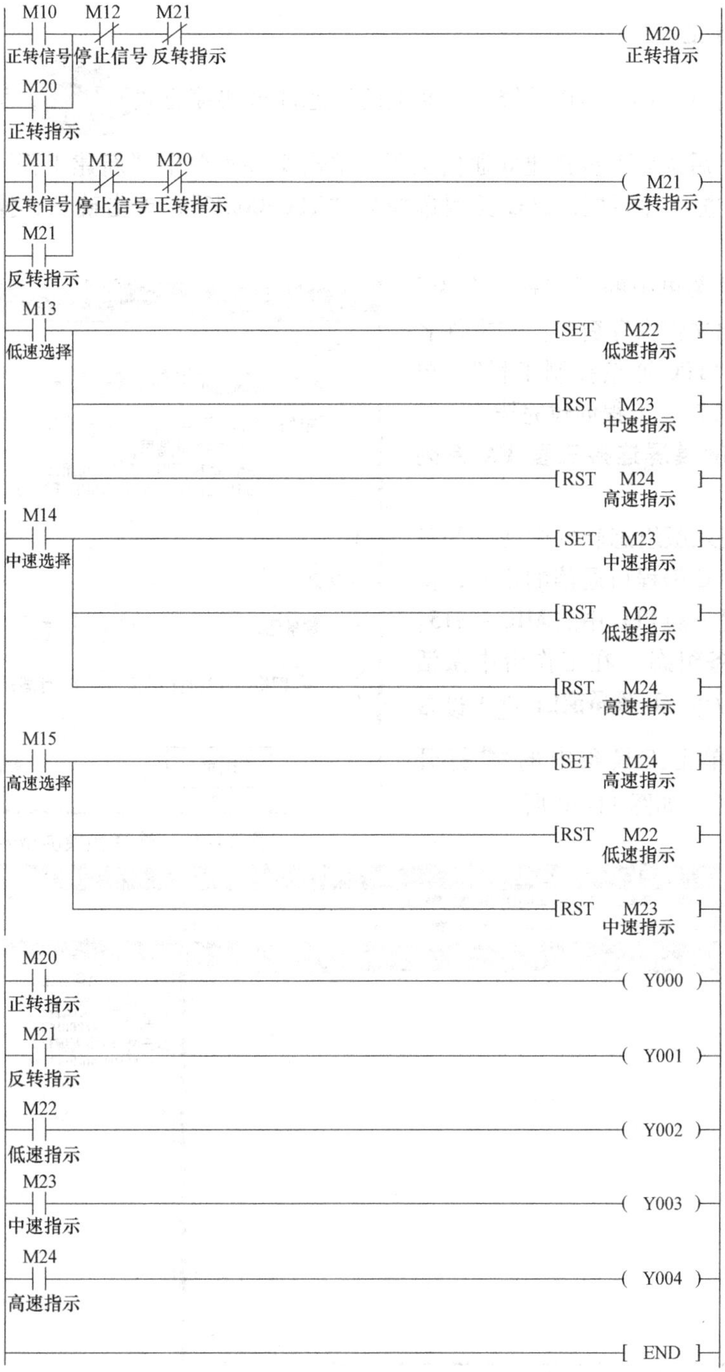

M10 正转信号　M12 停止信号　M21 反转指示　(M20 正转指示)
M20 正转指示

M11 反转信号　M12 停止信号　M20 正转指示　(M21 反转指示)
M21 反转指示

M13 低速选择　[SET M22 低速指示]
[RST M23 中速指示]
[RST M24 高速指示]

M14 中速选择　[SET M23 中速指示]
[RST M22 低速指示]
[RST M24 高速指示]

M15 高速选择　[SET M24 高速指示]
[RST M22 低速指示]
[RST M23 中速指示]

M20 正转指示　(Y000)

M21 反转指示　(Y001)

M22 低速指示　(Y002)

M23 中速指示　(Y003)

M24 高速指示　(Y004)

[END]

图 11-18　系统 PLC 参考程序

2. 将程序下载到 PLC 中

本任务中，PLC 只作一个简单的信号处理，将触摸屏的操作信号转换为可以控制变频器的控制信号，实现触摸屏、PLC、变频器的系统工作。

三、进行组态画面工程的创建

1. 建立新工程

鼠标双击 Windows 操作系统的桌面上的组态环境快捷方式，可打开嵌入版组态软件，然后按如下步骤建立通信工程：单击文件菜单中“新建工程”选项，弹出“新建工程设置”对话框，TPC 类型选择为“TPC7062K”，单击确认，操作窗口如图 11-19 所示。

选择文件菜单中的“工程另存为”菜单项，弹出文件保存窗口。在文件名一栏内输入“TPC 通信控制工程”，单击“保存”按钮，工程创建完毕。

2. 设置触摸屏连接三菱 FX 系列 PLC 的参数

MCGS 嵌入版组态软件中建立和三菱 FX 系列 PLC 编程口通信的步骤，实际操作地址是三菱 PLC 中的 M10 ~ M15。

（1）设备组态　在工作台中激活设备窗口，双击 **设备窗口** 进入设备组态画面，单击工具条中的打开“设备工具箱”，如图 11-20 所示。

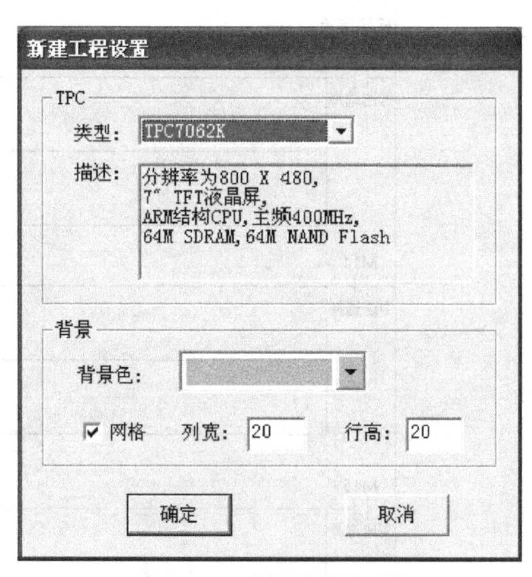

图 11-19　选择触摸屏型号

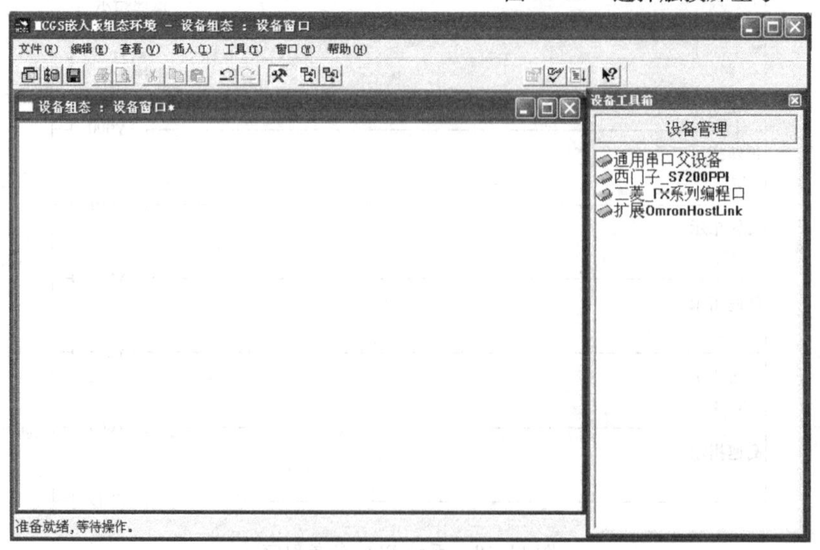

图 11-20　设备工具箱窗口

在设备工具箱中，按先后顺序双击“通用串口父设备”和“三菱_ FX 系列编程口”添加至组态画面，如图 11-21 所示。

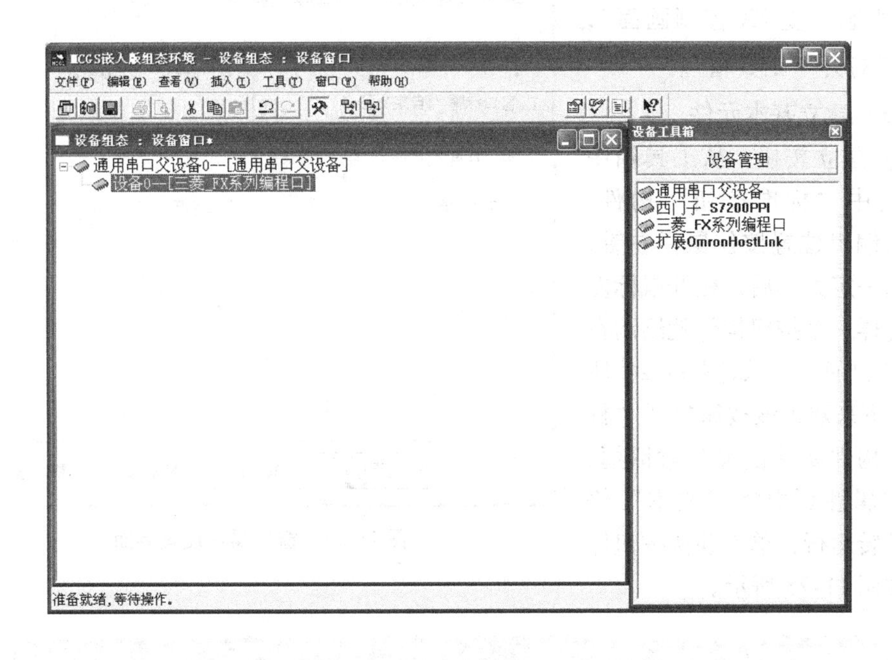

图 11-21　添加设备窗口

所有操作完成后关闭设备窗口，返回工作台。

(2) 窗口组态　在工作台中激活用户窗口，鼠标单击“新建窗口”按钮，建立新画面“窗口 0”，如图 11-22 所示。接下来单击“窗口属性”按钮，弹出“用户窗口属性设置”对话框，在基本属性页，将“窗口名称”修改为“三菱 FX 控制画面”，单击确认进行保存，如图 11-23 所示。

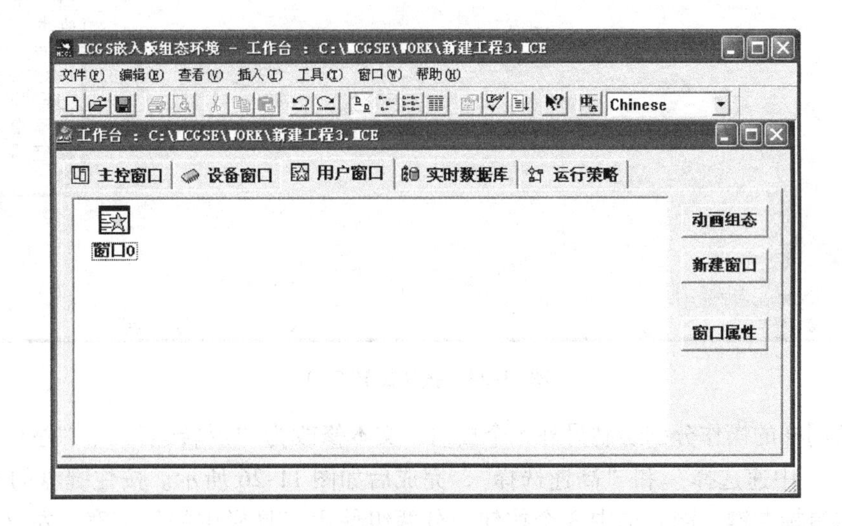

图 11-22　新建窗口界面

在用户窗口双击三菱PLC控制画面进入“动画组态三菱 FX 控制画面”，单击打开“工具箱”。

(3) 建立基本元件

1) 建立按钮：从工具箱中单击选中“标准按钮”构件，在窗口编辑位置按住鼠标左键，拖放出一定大小后，松开鼠标左键，这样一个按钮构件就绘制在了窗口画面中，如图 11-24 所示。接下来双击该按钮打开“标准按钮构件属性设置”对话框，在基本属性页中将“文本”修改为正转运行，单击确认按钮保存，如图 11-25 所示。

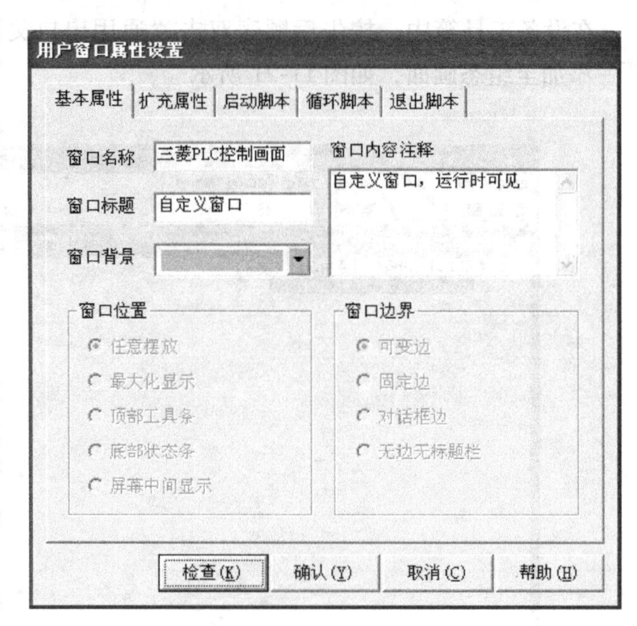

图 11-23　窗口属性设置界面

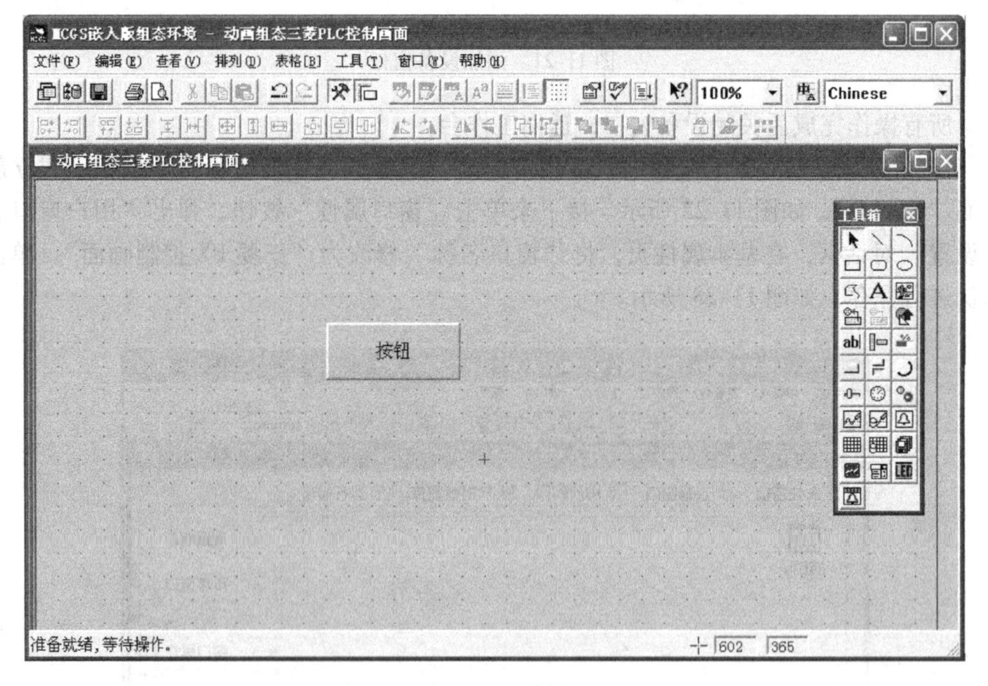

图 11-24　按钮旋转窗口

按照同样的操作分别绘制另外 5 个按钮，文本修改为“反转运行”、“停止”、“低速选择”、“中速选择”和“高速选择”，完成后如图 11-26 所示。按住键盘的 Ctrl 键，然后单击鼠标左键，同时选中 3 个按钮，分两组使用工具栏中的等高宽、左（右）对齐和纵向等间距对 3 个按钮进行排列对齐，如图 11-27 所示。

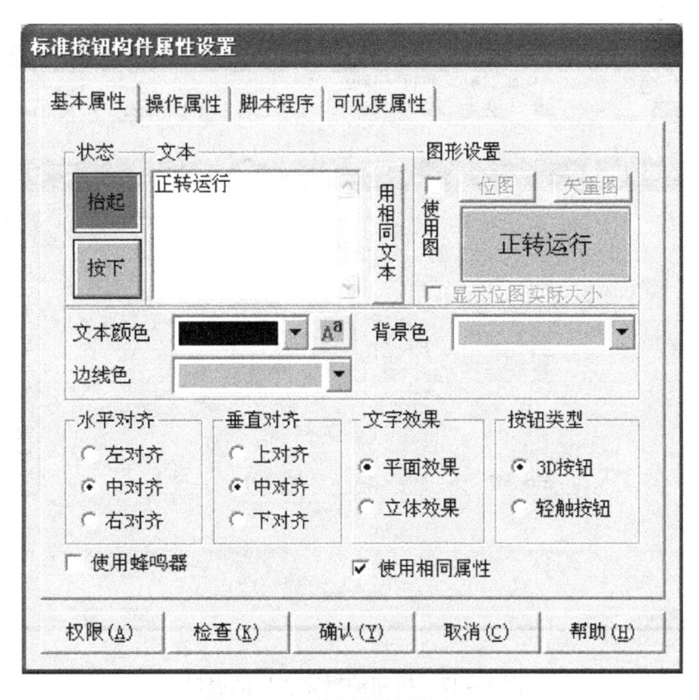

图 11-25　按钮属性设置窗口

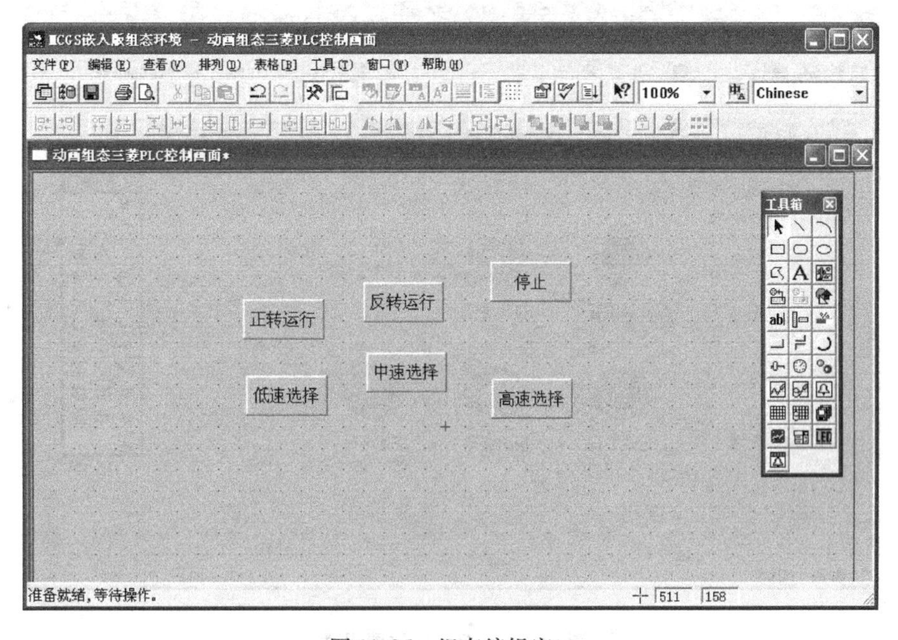

图 11-26　组态编辑窗口

2）指示灯：鼠标单击工具箱中的“插入元件”按钮，打开“对象元件库管理”对话框，选中图形对象库指示灯中的一款，单击确认添加到窗口画面中，并调整到合适大小。同样的方法再添加两个指示灯，摆放在窗口中按钮旁边的位置，如图 11-28 所示。

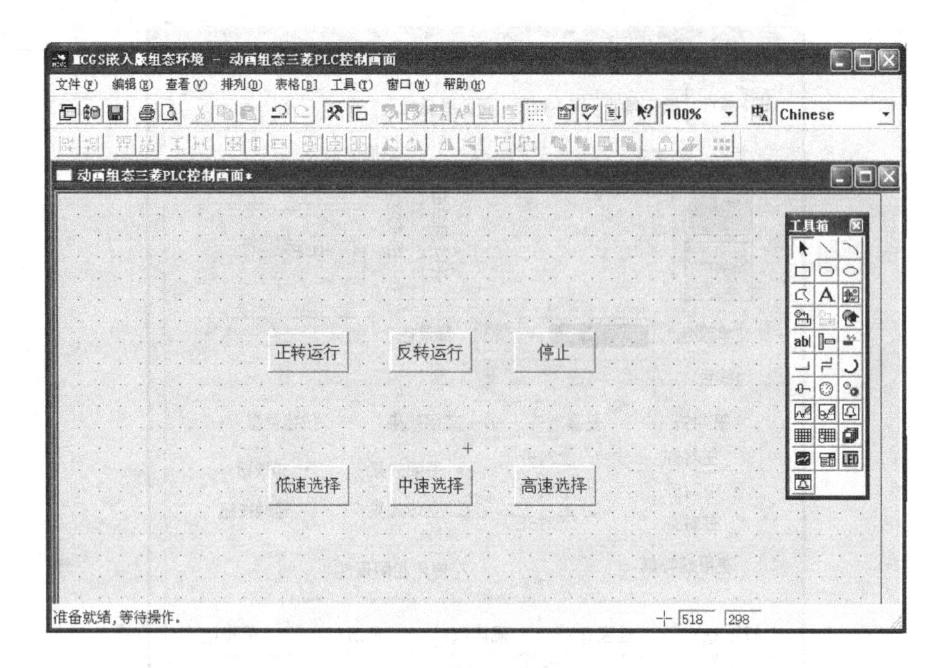

图 11-27　按钮编辑完成后的窗口

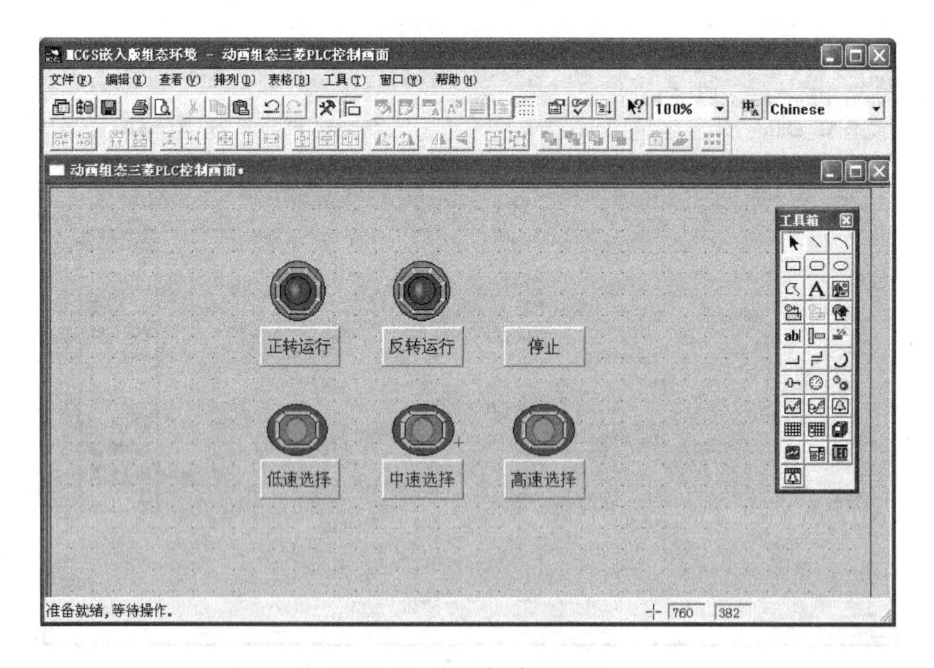

图 11-28　指示灯放置界面

3）标签：单击选中工具箱中的“标签”构件，在窗口按住鼠标左键，拖放出一定大小的“标签”，如图 11-29 所示。双击进入该标签弹出“标签动画组态属性设置”对话框，在扩展属性页，在“文本内容输入”中输入“起停控制”，单击确认，如图 11-30 所示 。

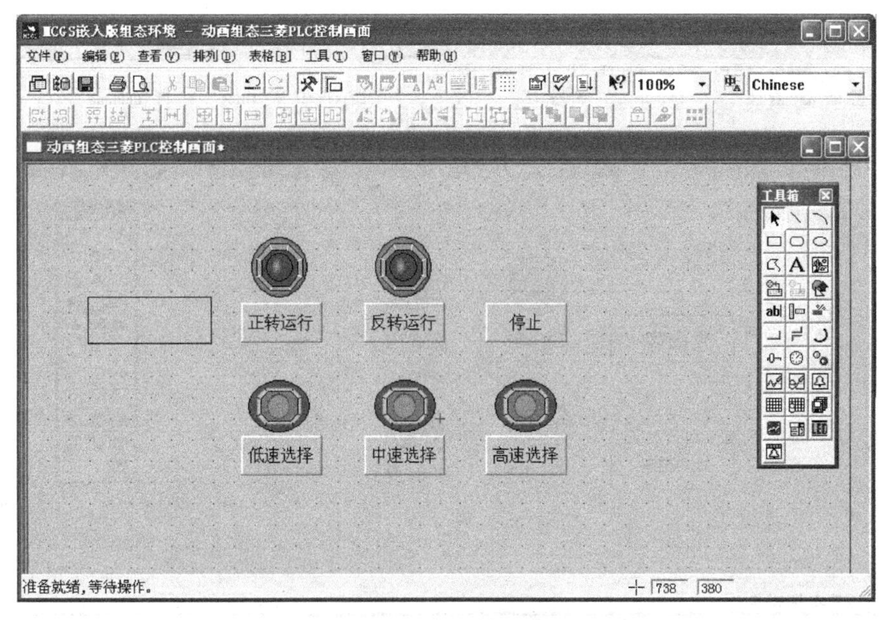

图 11-29　标签放置窗口

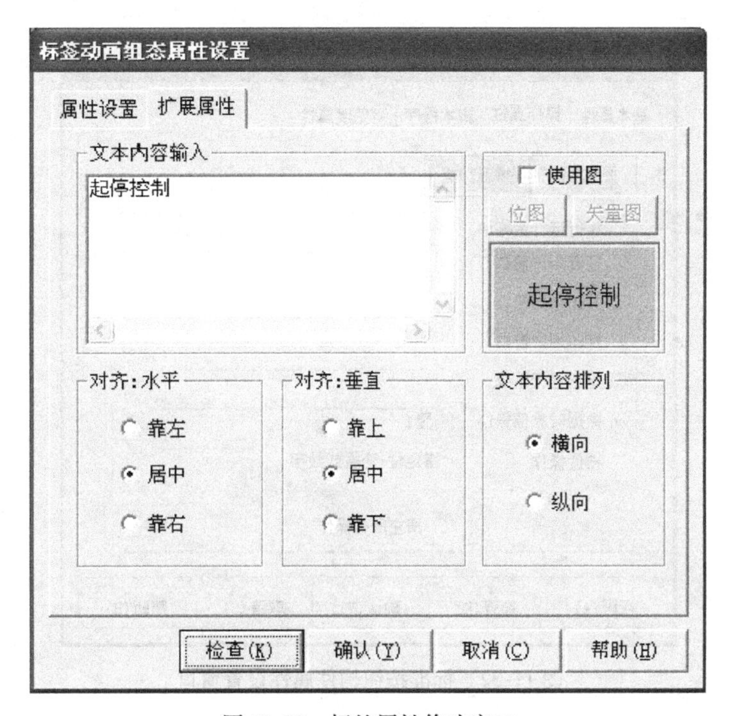

图 11-30　标签属性修改窗口

同样的方法，添加其他标签，文本内容输入“速度控制”，如图 11-31 所示。

（4）建立数据链接

1）按钮：双击“正转运行”按钮，弹出“标准按钮构件属性设置”对话框，如图 11-32 所示，在操作属性页选择“按下功能”，勾选“数据对象值操作”，选择“置 1”操作。

MCGS嵌入版组态环境 - 动画组态三菱PLC控制画面
动画组态三菱PLC控制画面*
工具箱
起停控制
正转运行
反转运行
停止
起停控制
低速选择
中速选择
高速选择
准备就绪，等待操作。

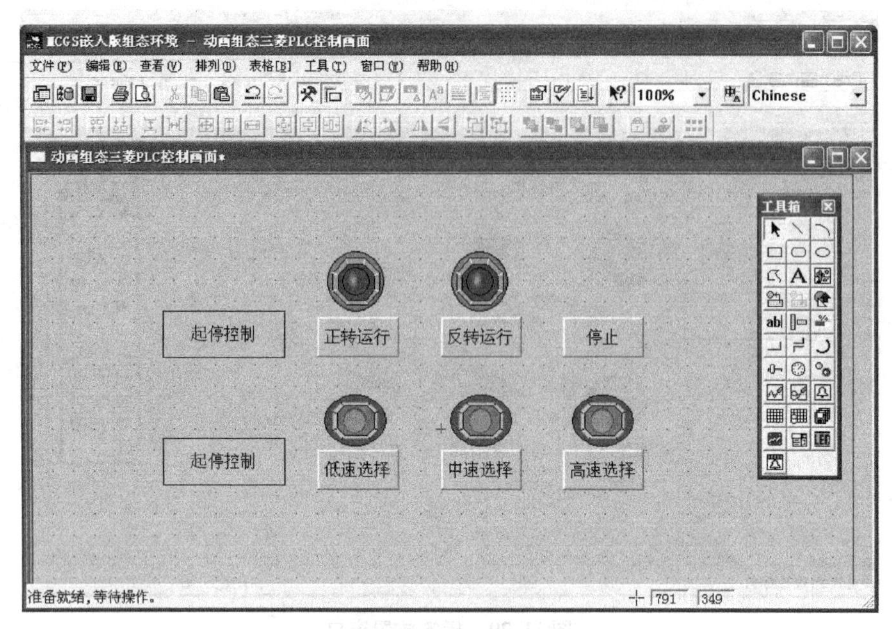

图 11-31　放置所有标签后的界面

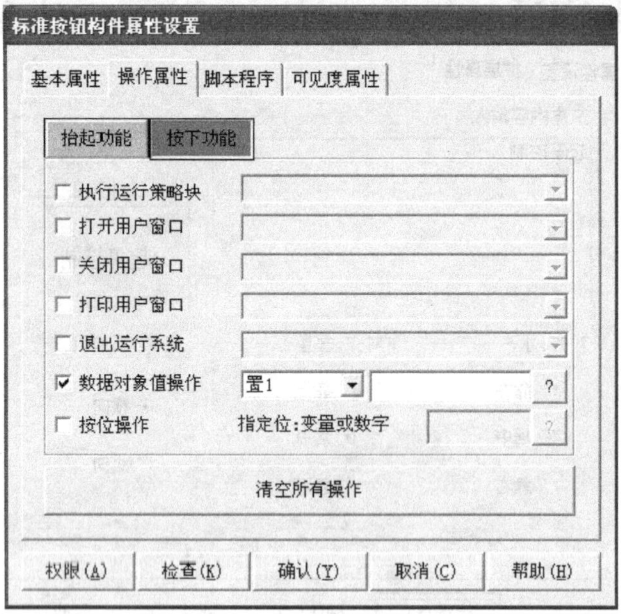

标准按钮构件属性设置
基本属性
操作属性
脚本程序
可见度属性
抬起功能
按下功能
执行运行策略块
打开用户窗口
关闭用户窗口
打印用户窗口
退出运行系统
数据对象值操作
置1
按位操作
指定位：变量或数字
清空所有操作
权限(A)
检查(K)
确认(Y)
取消(C)
帮助(H)

图 11-32　标准按钮构件属性设置窗口

设置好后，单击 ? 弹出“变量选择”对话框，选择“根据采集信息生成”，通道类型选择“M 辅助寄存器”，通道地址为“10”，读写类型选择“读写”。如图 11-33 所示，设置完成后单击确认。即在“正转运行”按钮按下时，对三菱 FX 的 M10 地址“置 1”，如图 11-34 所示。

用同样的方法，根据 PLC 资源分配表，分别对“反转运行”、“停止”、“低速选择”、“中速选择”和“高速选择”按钮进行设置。

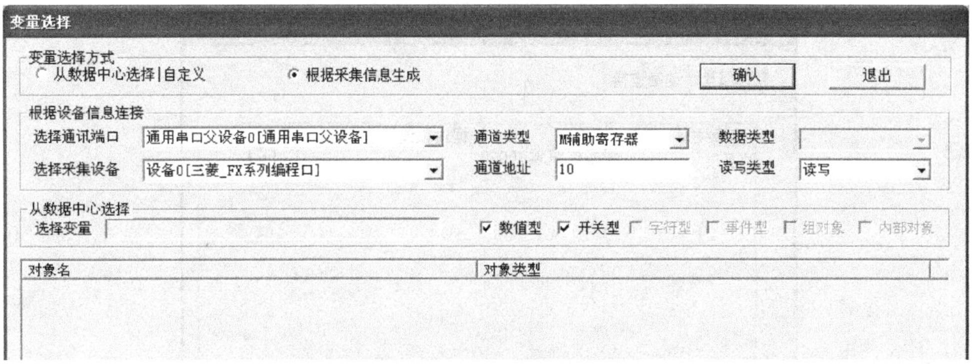

图 11-33　变量选择窗口

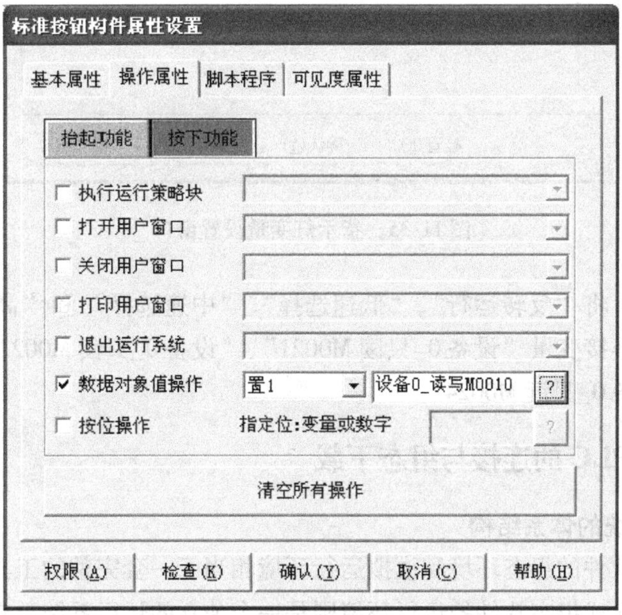

图 11-34　按钮属性设置完成窗口

“反转运行”按钮→“按下功能”时“置 1”→变量选择→M 辅助寄存器，通道地址为 11。

“停止”按钮→“按下功能”时“置 1”→变量选择→M 辅助寄存器，通道地址为 12。

“低速选择”按钮→“按下功能”时“置 1”→变量选择→M 辅助寄存器，通道地址为 13。

“中速选择”按钮→“按下功能”时“置 1”→变量选择→M 辅助寄存器，通道地址为 14。

“高速选择”按钮→“按下功能”时“置 1”→变量选择→M 辅助寄存器，通道地址为 15。

2）指示灯：双击按钮“正转运行”上方的指示灯元件，弹出“单元属性设置”对话框，在数据对象页，单击 ? 选择数据对象“设备 0_只读 M0020”，如图 11-35 所示。

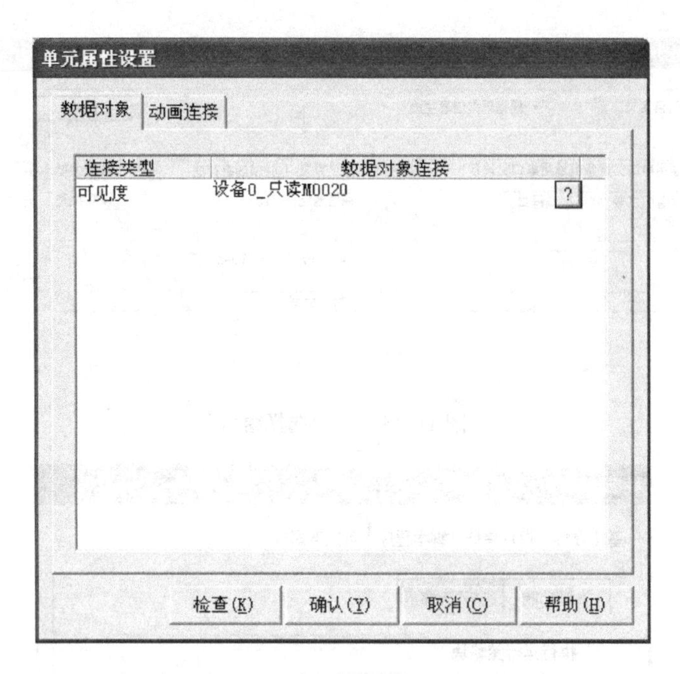

图11-35 指示灯变量设置窗口

同样的方法，将“反转运行”、“低速选择”、“中速选择”和“高速选择”按钮上方的指示灯分别连接变量“设备0_只读M0021”、“设备0_只读M0022”、“设备0_只读M0023”和“设备0_只读M0024”。

四、触摸屏与PLC的连接与组态下载

1. 嵌入式系统的体系结构

嵌入式组态软件的组态环境和模拟运行环境相当于一套完整的工具软件，可以在计算机上运行。嵌入式组态软件的运行环境则是一个独立的运行系统，它按照组态工程中用户指定的方式进行各种处理，完成用户组态设计的目标和功能。运行环境本身没有任何意义，必须与组态工程一起作为一个整体，才能构成用户应用系统。一旦组态工作完成，并且将组态好的工程通过USB口下载到嵌入式一体化触摸屏的运行环境中，组态工程就可以离开组态环境而独立运行在TPC上，从而实现了控制系统的可靠性、实时性、确定性和安全性。TPC7062K触摸屏与组态计算机连接如图11-36所示。

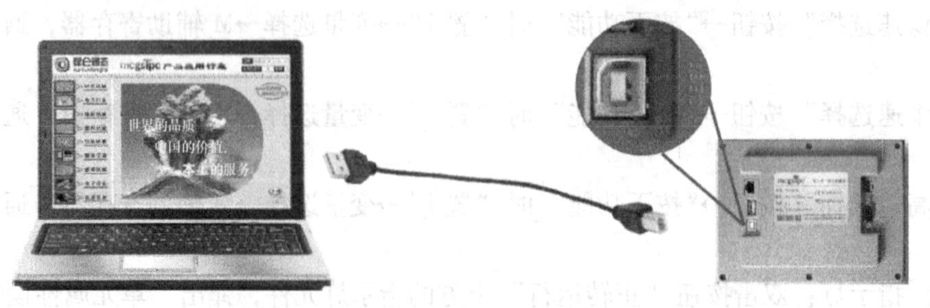

图11-36 触摸屏与组态计算机连接示意图

2. TPC7062K 与 PLC 的接线

TPC7062K 触摸屏与三菱 FX 系列 PLC 的接线方式如图 11-37 所示。

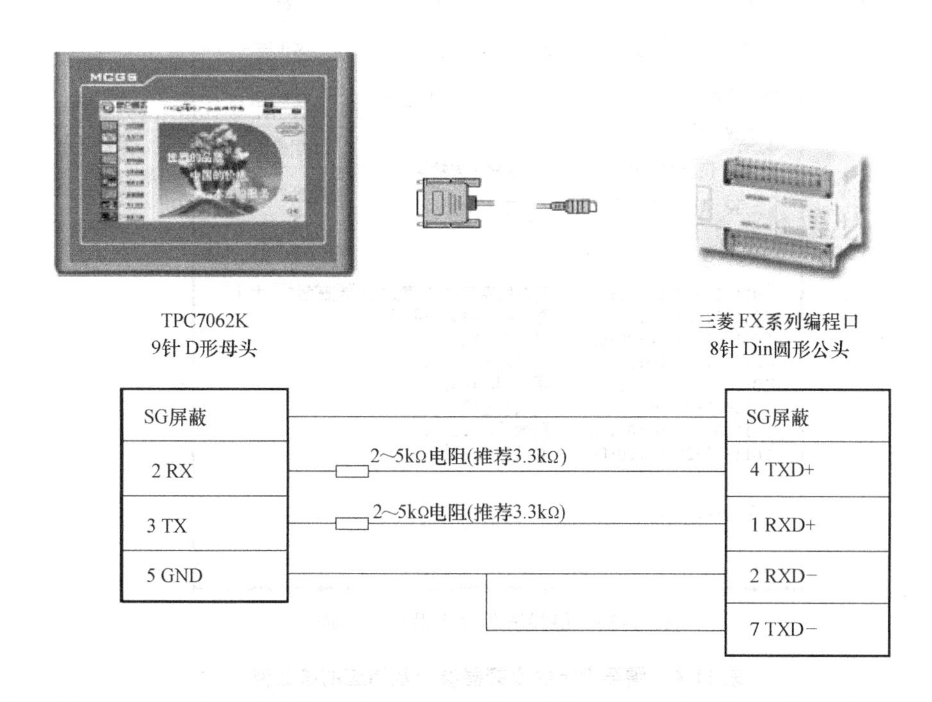

图 11-37　触摸屏与 PLC 连接示意图

3. 工程下载

在学习组态之前，先来学习如何把工程下载到 TPC 中，可以通过以下步骤把已经做好的工程下载到屏中看一下运行效果。

（1）连接 TPC7062K 和 PC　将普通的 USB 线（见图 11-38），扁平接口的一端插到计算机的 USB 口，微型接口的一端插到 TPC 端的 USB2 口。

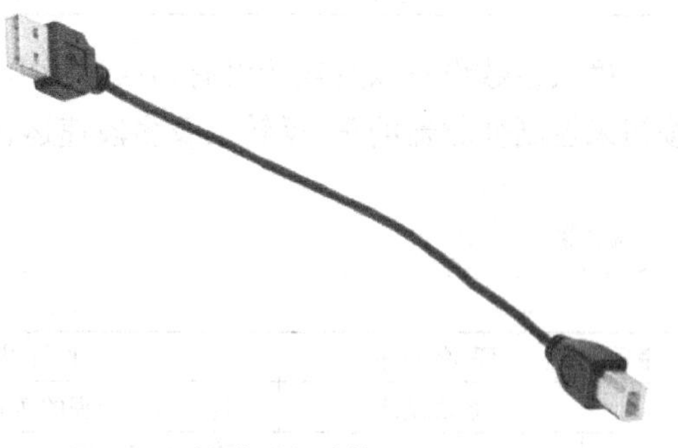

图 11-38　触摸屏与计算机连接的 USB 线

（2）运行安装好的 MCGS 软件　单击工具条中的下载按钮，进行下载配置。选择“连机运行”，连接方式选择“USB 通信”，然后单击“通信测试”按钮，通信测试正常后，单击“工程下载”。操作界面如图 11-39 所示。

五、设置变频器参数并进行功能调试

根据带式输送机能以 15Hz、25Hz、35Hz 三种频率运行，且要求起动时间 3s，停止时间 0.5s 的要求，需要设定的变频器参数及相应的参数值见表 11-4。

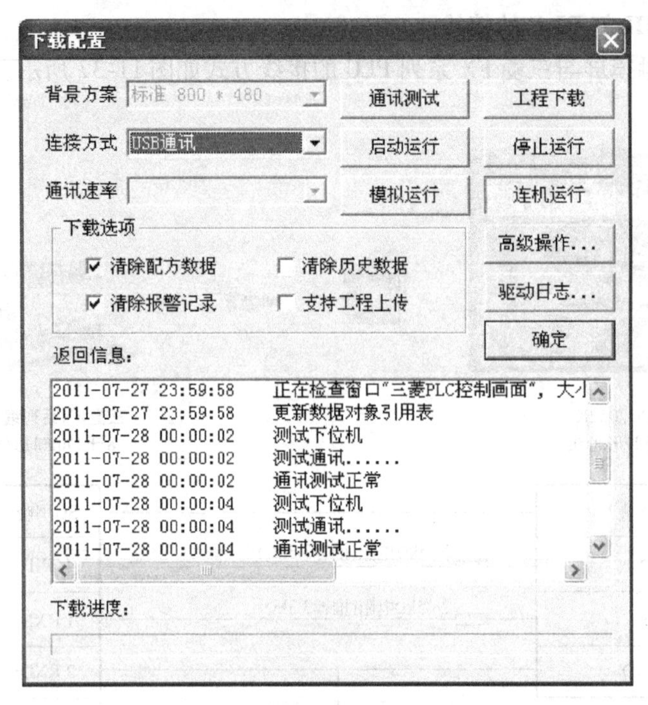

图 11-39 触摸屏程序下载操作界面

表 11-4 需要设定的变频器参数及相应的参数值

序号	参数代号	参数值	说明
1	P4	35	高速
2	P5	25	中速
3	P6	15	低速
4	P7	3	加速时间
5	P8	0.5	减速时间
6	P79	2	电动机控制模式(外部操作模式)

确认参数设置以及连接没有错误后通电，通信正常的情况下就可以通过触摸屏上的按钮来控制变频器的正/反转以及多段速运行了。

考核评价

序号	评价指标	评价内容	分值	学生自评	小组评分	教师评分
1	系统设计	能够设计合理的实施方案	10			
2	实验电路设计与连接	电路设计正确	10			
		能正确进行电路设计及连接	5			
		电路的连接符合工艺要求	5			
3	触摸屏基本功能的掌握	触摸屏的基础知识	5			
		触摸屏与计算机的连接	5			
		触摸屏与 PLC 的连接	5			
		MCGS 软件的应用	5			
		触摸屏组态功能的实现	10			

（续）

序号	评价指标	评价内容	分值	学生自评	小组评分	教师评分
4	PLC 程序的编写	掌握时序法 PLC 程序设计	5			
		掌握编程软件的使用，能够根据控制要求设计完整的 PLC 程序	10			
		能够完成程序的下载调试	10			
5	整机调试	能够根据实验步骤完成工作任务	10			
		能够在调试过程中完善系统功能	5			
总分			100			
问题记录和解决方法	记录任务实施中出现的问题和采取的解决方法					

项目十二
设备保护与报警设计

学习目标

1. 掌握对 YL-235A 机电一体化设备的整机调试及应用。
2. 能够根据项目要求设计较好的项目方案。
3. 掌握机电一体化设备保护和报警功能的实现。
4. 能够结合工业实际应用设计设备的硬件及软件。
5. 完成本项目要求的整机控制功能，并从安全性、可靠性方面将其调试、完善到最佳工作状态。

项目概述

本项目主要解决机电一体化设备中常见的保护和报警功能的实现方法问题。一个功能完善的机电一体化设备往往具有多种保护功能和报警功能，以便能在运行过程中对各种突发事件进行处理，保护设备的安全，保障生产加工能够顺利、可靠地进行，同时能够让操作或维护人员在第一时间得到提示，以便能够更好地发现问题、解决问题。

本项目是一个综合应用项目，要在对设备供料机构、机械手搬运机构、分拣机构等模块熟练应用的基础上，对设备可以实现的保护功能和报警功能进行讨论，并提出实现方法。现以 YL-235A 机电一体化设备为例，对该部分内容进行描述。为了方便项目的实施并突出重点解决的问题，需要先构建一个具有完整功能的机电一体化设备工作平台，在此基础上来讨论问题更为直观，更为方便。为此本项目设置并要求完成以下所述的工作任务以达到预期目的。

任务一　带自检功能的自动搬运分拣系统

任务描述

1. 设备的自检工作过程要求

系统每次上电后，为了保证设备能够正常、可靠地运行，要求先按一次自检按钮进入自检模式，对设备各环节的功能进行检测。自检过程按照物料机械手平伸气缸伸出→缩回→机械手垂伸气缸伸出→缩回→手臂向右旋转到位→向左旋转到位→推料气缸Ⅰ活塞杆伸出→缩回→推料气缸Ⅱ活塞杆伸出→缩回→推料气缸Ⅲ活塞杆伸出→缩回的顺序动作。推料气缸Ⅲ活塞杆缩回到位后，三相交流异步电动机以15Hz的频率反转，拖动带式输送机向后运行4s停止，再以30Hz的频率正转2s，完成设备的检查。

设备自检时要求有指示，在自检过程中，自检指示灯要求常亮，如果在30s内系统不能完成所有自检过程，则同时系统停机，自检指示灯以2Hz的频率闪烁，向操作者指示系统出错，需对设备进行调整或维修。在正常工作过程中，自检指示灯不亮。

2. 设备的复位位置要求

本项目中设备复位位置要符合工业现场要求：

1）机械手气动手爪闭合，机械手水平手臂、垂直手臂气缸活塞杆缩回，机械手停止在左侧极限位置。

2）带式输送机拖动电动机停转，3个单出杆气缸活塞杆缩回。

3）带式输送机、处理盘不转动。

3. 起动

起动：系统起动前必须保证系统各环节处在复位状态，系统得到起动信号后开始运行；

停止：工件搬运分拣系统不再进行循环工作，如果机械手已经抓取工件，并且搬运分拣过程还没有结束时就给出停止信号，系统要将本次搬运分拣过程做完才能停止；

复位：按下复位按钮后，设备各环节回到初始状态，同时PLC内部各寄存器、继电器状态回到初始状态。系统处于循环工作状态时复位按钮不起作用，其他时候按下复位按钮系统立即复位。

4. 系统工作要求

系统开始工作过程后，送料电动机驱动储料盘旋转，将圆柱形工件从储料盘中送出。当工件出口光敏传感器检测到圆柱形工件到达，发出信号，机械手按水平臂伸出→手爪松开→垂直臂下降→手爪抓紧（抓紧后停1s)→垂直臂上升→水平臂缩回→机械手右摆→水平臂伸出→垂直臂下降（下降到位后停1s，的过程进行工作，如果传送带上有工件还没有分拣完，则要继续等待，不能放料，必须传送带上没有工件时才可以放料)→手爪松开将工件放到传送带上→垂直臂上升→水平臂缩回→机械手左摆的过程进行工作；机械手返回到左限止位置后，储料盘送出下一个圆柱形工件。当传送带入口处的光敏传感器检测到有工件后，传送带开始输送并加工工件，根据工件性质（金属、白色塑料、黑色塑料）及技术要求，对工件进行加工并分拣。

若带式输送机输送的工件为金属圆柱形工件，在位置A带式输送机停止3s进行加工，然后由推料气缸Ⅰ的活塞杆伸出，将圆柱形工件推进出料导槽Ⅰ。金属圆柱形工件推进出料导槽后，推料气缸Ⅰ的活塞杆缩回。若带式输送机输送的工件为白色塑料圆柱形工件，则在位置B带式输送机停止3s进行加工，然后由推料气缸Ⅱ的活塞杆伸出，将白色塑料圆柱形工件推进出料导槽Ⅱ，白色塑料圆柱形工件推进出料导槽后，推料气缸Ⅱ的活塞杆缩回。若带式输送机输送的工件为黑色塑料圆柱形工件，则在位置C带式输送机停止 3s 进行加工，然后由推料气缸Ⅲ的活塞杆伸出，将黑色塑料圆柱形工件推进出料导槽Ⅲ，黑色塑料圆柱形工件推进出料导槽后，推料气缸Ⅲ的活塞杆缩回。分拣过程中推料气缸的活塞杆缩回后，表示系统完成一个工作周期。传送带具体的速度及运行要求参考变频器的控制要求。

系统正常运行后（不包括自检），当传送带上有工件并且正在运行时，传送带指示灯常亮，否则传送带指示灯 1Hz 闪烁，指示等待放料。

5. 变频器控制要求

系统启动后，传送带电动机通过变频器以 15Hz 的频率控制其运行，当传送带上有工件时传送带电动机通过变频器以 30Hz 的频率控制其运行。电动机起动时加速时间为 1s，停车时必须立刻准确停止。根据控制要求自行设计参数，实现控制功能。设备各部件、器件及其名称如图 12-1 所示，设备电气模块如图 12-2 所示。

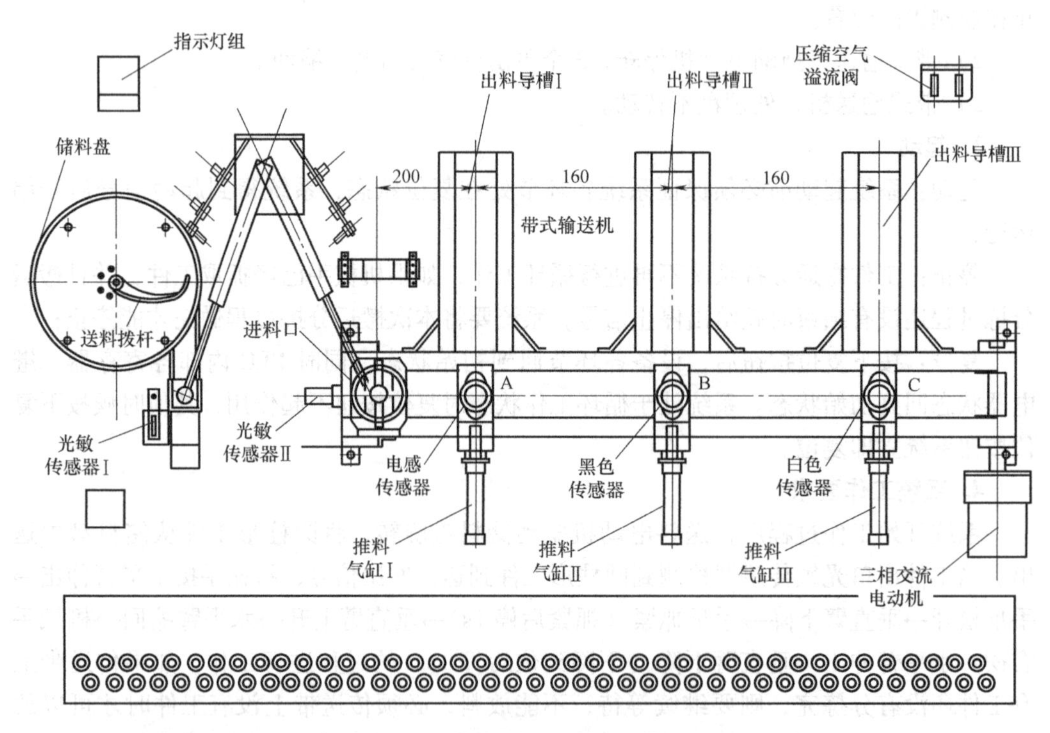

图 12-1　设备各部件、器件及其名称

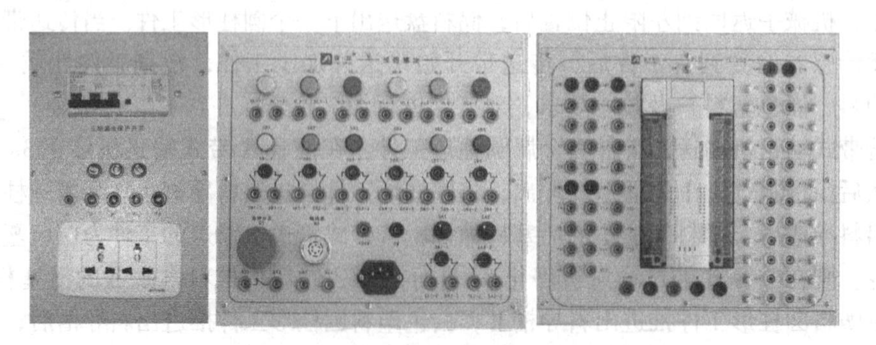

图 12-2　设备电气模块

6. 主要控制元器件及作用

自动搬运分拣系统中各主要控制元器件和执行元器件的作用见表12-1。

表12-1　元器件名称及其作用

序号	元器件名称	作用
1	双控电磁阀1	机械手旋转气缸
2	双控电磁阀2	机械手悬臂气缸
3	双控电磁阀3	机械手手臂气缸
4	双控电磁阀4	机械手手指气缸
5	单控电磁阀1	单出杆气缸A
6	单控电磁阀2	单出杆气缸B
7	单控电磁阀3	单出杆气缸C
8	按钮SB1	过载开关
9	按钮SB3	上电自检按钮
10	按钮SB4	复位按钮
11	按钮SB5	起动按钮
12	按钮SB6	停止按钮
13	指示灯HL1	系统电源指示
14	指示灯HL2	自检指示灯
15	指示灯HL3	传送带运行指示灯

相关知识

本项目重在解决机电一体化设备的报警和各种保护功能的设计和实现问题。下面介绍了自检在PLC应用系统和其他系统中的应用，请对这些知识进行学习，以便于在完成工作任务的过程中得到一些启发和指导。

一、PLC控制系统的自检功能

PLC控制系统的一切操作是按设计者所规定的顺序一步一步地去执行程序，采用万用表、示波器等常规仪器很难确定PLC现在执行到程序哪一步；若系统没有自检功能，即使其外部设备出现如开关失灵、显示器不显示、指示灯不亮、执行器件不能动作等一般故障，操作者也很难快速找出故障的部位。因此，在PLC控制系统中的自检是系统可维修性设计的一个重要方面，是提高系统可靠性的一个有效手段。不同的控制系统，其自检的内容是不同的，PLC控制系统中除了PLC本身具有自检功能外，由设计者决定的特殊自检功能与系统的用途、设备结构有关，设计者应根据系统的要求选择合适的自检方法。下面举例说明PLC控制系统中常见的对输入、输出元器件的自检及首发故障的自检。

1. 按钮故障自检

（1）短路　按钮短路是指操作者没有按下按钮，其触点自行闭合，这种情况下系统不应该执行工作流程。发生这种故障时，PLC 会一直查到有按钮信号输入，只要加入简单的检测程序就可判断出来。如发现按钮自行短路，则键短路故障灯亮，以提醒操作者注意，按钮接口有故障。操作者根据指示灯亮，很容易找到故障器件。

（2）开路　按钮开路故障可直接通过操作者的观察得知，可以在设计时加入一组 LED 作为按钮状态指示，没有按钮按下时让所有的指示 LED 全亮。刚开始通电时，操作者没有按按钮，系统未进入工作状态，PLC 反复执行显示程序，操作者可观察到全部 LED 各段点亮。若操作者按了按钮，PLC 查到有按钮输入后即要关显示，再执行键功能处理程序。若按钮具有开路故障，尽管操作者按了键，PLC 也不会查到有按钮输入，此时 LED 仍全部点亮，说明有按钮开路故障。

（3）接触不良　机械开关接触不良只会产生两种影响：一种是按下后与没按的状态相同，相当于按钮开路，故可按开路故障的办法对待；另一种是按下后触点闭合，这时可按按钮正常情况处理。

2. 显示故障自检

显示设备的自检比较简单，可结合上文所说的按钮检测进行自检。刚开机时操作者未按键，无短路故障即点亮全部 LED 指示灯。操作者按下按钮，PLC 检测到按钮信号关显示，并在按钮释放后执行分析和功能处理程序。按钮的状态保持时，显示器一直熄灭，一般可根据开机后显示器全亮和按钮按下时显示器全熄，大致判断显示器工作是否正常。

3. 指示灯故障自检

在 PLC 控制系统中，由于指示灯常会发生故障而使操作人员对所指示的状态产生错觉。可采用在系统中增加一个输入点来设计指示故障的自检功能，该输入点与操作台上的一个按钮连接。当按钮按下时，这个点得到输入信号，点亮所有的指示灯，若某灯不亮，则说明灯本身出现了故障，可以称这个按钮为灯故障测试按钮，相应的输入点为指示灯故障测试输入点。其编程方法为：在每个灯输出继电器支路中，并联一个常开触点，此常开触点为灯故障测试输入信号。

4. 首发故障信号的自检

在 PLC 控制系统中，一旦有一个故障发生，会有多个故障随之发生。如果能找出第一个故障信号，将给现场调试和排除故障带来很大方便，因此，设计 PLC 控制程序时，可以设计首发故障的自检程序。图 12-3 为某 PLC 控制系统首发故障自检示意程序。设此系统共有 8 个故障信号，分别为 X0 ~ X7，状态“ON”为故障，M0 ~ M7 为与故障信号数量相同的中间变量。一旦有故障发生，就在 M0 ~ M7 中记录该首发故障。若对应的输入为首发故障信号，则该位为“ON”。即如果 M0 的状态为“ON”，则 X0 为首发故障信号，如果 M1 的状态为“ON”，则 X1 为首发故障信号，以此类推。在第一支路，当 X0 为“ON”，置位 M0，若首发故障已存在，那么 M0 ~ M7 中已有一个变量值为“ON”，则复位 M0，即 X0 不是首发故障信号；若首发故障不存在，那么 M0 ~ M7 中没有一个值为“ON”，则 M0 为“ON”，X0 为首发故障信号，以此类推。一旦有故障发生，就在 M0 ~ M7 中记录了最先发生的故障。

二、PLC 输入程序可靠性

虽然 PLC 有很高的可靠性，但如果输入信号出错，模拟量输入偏差较大，这些都可能使控制出错，造成损失。自控系统的错误来源几乎 90% 以上都是此原因。

1. 输入信号出错

输入出错常与输入元器件、接线及信号受干扰有关，如：开关或继电器伪机械触点接触不良或抖动；变送器不能正常工作或偏差大；传输信号线短路或断路，现场信号无法传送给 PLC；现场干扰严重，信号失真等。

2. 防输入出错处理方法

防止输入出错，有很多硬件的处理办法，如果输入受干扰严重，可采取以下措施：

1）变频器和 PLC 分别接地。

2）动力线和信号线分开接。

3）把变频器的载波频率设低些。

4）在输入点 COM 端，接一个 0.1nF 的电容。

软件上的主要措施有防抖动、数字滤波、非法输入防止、输入冗余及输入容错等方法。

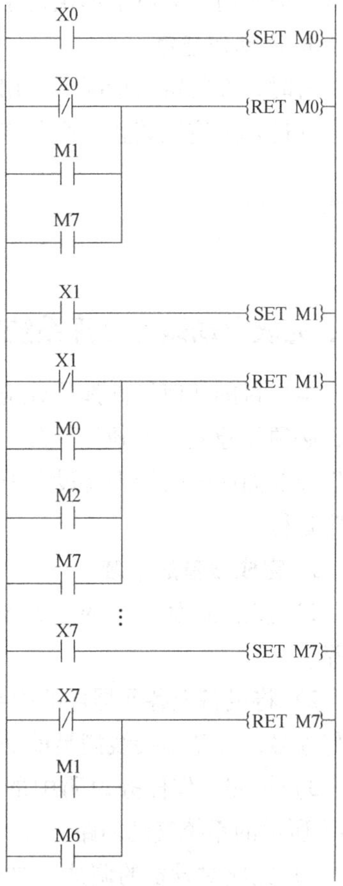

X0
SET M0
X0
RET M0
M1
M7
X1
SET M1
X1
RET M1
M0
M2
M7
⋮
X7
SET M7
X7
RET M7
M1
M6

图 12-3　首发故障自检示意程序

三、PLC 输出程序可靠性

虽然 PLC 输入信号没有错，模拟量输入偏差也不大，PLC 处理后得出控制输出也正确，但如果 PLC 输出控制的执行机构没有按要求动作执行，这些也会使系统出现错误。为此，在提高输入可靠性的同时，也要提高输出执行动作的可靠性。一旦出现错误，PLC 应及时发现并报警。

1. 输出执行错误

输出执行错误与系统的执行机构有关。如：

1）控制负载的接触器不能可靠动作，虽然 PLC 发出了动作指令，但执行机构并没按要求动作。

2）控制变频器起动，由于变频器自身错误，变频器带的电动机并没有按要求工作。

3）各种电动阀、电磁阀该开的没能打开，该关的没能关到位。

2. 处理输出执行错误的方法

硬件上处理输出执行错误的方法有很多，但在软件上可以通过输出监控来避免错误输出。输出监控对执行元件监控有两种方法：一是用“看门狗”，另一是用动作反应检测。这两个方法本质上是相同的，只是一个看在给定的时间内动作完成了没有；另一个不太考虑延时，只看动作执行了没有。

3. 误动作避免

有时，在特定的情况下，出现某种输出是不允许的。这时，可把这种输出视为误输出。在逻辑上应该禁止，避免出现，即这里讲的“误动作避免”。

任务实施

一、完成自动搬运分拣系统的组装与试运行

本项目的任何软件都是建立在硬件的基础上的，在开始讨论本项目的主要内容之前，必须先建立一个硬件平台，以便人们很好地完成工作任务。请按照项目十的工艺要求以及前面所学的知识将设备机械结构和气动回路安装完成，并经过手动测试保证可以稳定运行。

1. 完成设备的组装

1）按照前面学习的工艺标准安装设备机械结构，要求各部件位置准确、安装可靠。

2）将设备上各元器件的引线连接到端子排上（自行设计排线顺序），做好号码管，编好编号，并整理接线满足前面学习的接线工艺标准。

3）按照工作任务说明中的控制要求合理分配电磁阀的控制对象，并连接好如图12-4所示的系统气动回路。

4）完成对设备的调试，要求设备各环节安装位置准确，动作平稳、流畅。

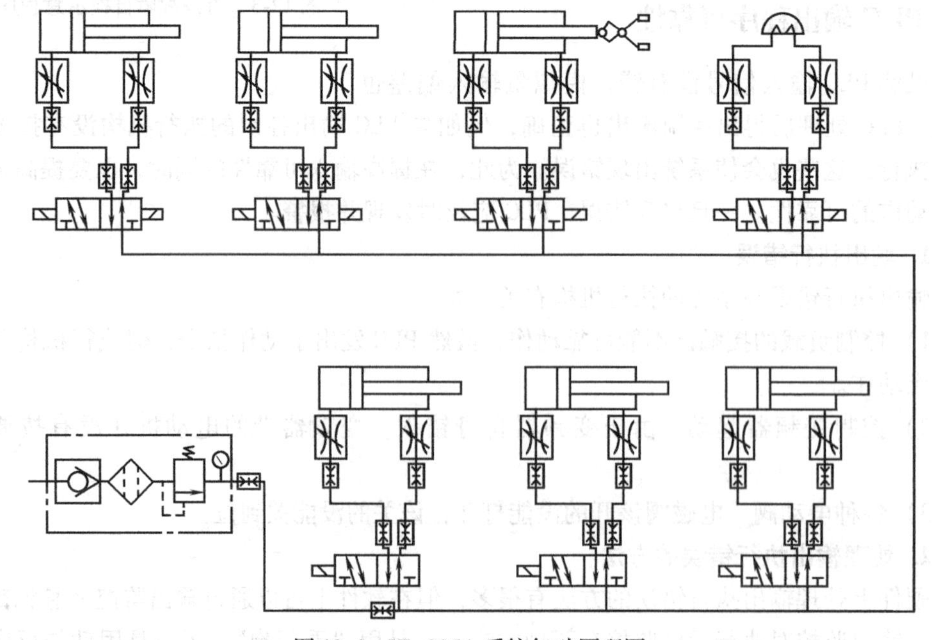

图12-4　YL-235A系统气动原理图

2. 完成对设备的调试

1）检查机械结构安装是否到位，有无松动。

2）检查机械安装位置是否准确，保证机械手准确取物、准确搬运、准确放物，保证3个气缸能够准确地将工件推入各自对应的料槽。

3）打开气源，通过电磁阀上的手动控制按钮来检查各气缸动作是否顺畅，通过调节各气缸两端的截流阀使它的动作平稳、速度匀称。

4）按照工艺要求检查设备电气电路安装情况，注意细节上的规范。

5）设备调试结束后，把安装时所留下的垃圾清理干净，把安装时使用的工具整理整齐，摆放在工具箱内。

二、完成自动搬运分拣系统电气回路的设计和连接

1. 分配PLC输入/输出点

(1) 确定输入点数　根据动作过程，所用检测传感器占用的输入点数为18个，起动、停止、复位、自检需要4个，共计22个输入点。

(2) 确定输出点数　根据工作过程和气动系统图，可以确定完成自动搬运分拣系统所需要的输出有：

1）送料电动机运行，需要1个输出。

2）机械手动作：机械悬臂前伸、后退，手臂上升、下降，手指抓紧、松开，机械手左摆、右摆，共需要8个输出。

3）推手动作：A气缸、B气缸、C气缸动作，共需要3个输出。

4）带式输送机运行：根据技术要求，带式输送机由变频器控制，要求两种速度、正转、反转运行，所以变频器共需要4个控制端，占4个输出。

5）指示：包括自检运行指示灯、传送带运行指示灯，共需要2个输出。

由以上分析可知，完成自动搬运分拣系统共需要占用PLC的输出点数18个。

(3) 列出PLC输入/输出地址分配表　18个输出中，除了控制变频器运行的4个点不是用DC24V电源外，其余都用按钮模块上的DC24V电源来驱动，所以输出需要分为两类，控制变频器的4个输出点不和其他的输出点共用COM。以选用三菱FX2N-48MR为例，列出参考的PLC输入/输出地址分配表见表12-2、表12-3。

表12-2　PLC输入地址分配表

序号	输入地址	说明	序号	输入地址	说明
1	X0	起动	12	X13	推料一号气缸后限位
2	X1	停止	13	X14	推料二号气缸前限位
3	X2	工件检测(光电)	14	X15	推料二号气缸后限位
4	X3	机械手左摆	15	X16	推料三号气缸前限位
5	X4	机械手右摆	16	X17	推料三号气缸后限位
6	X5	机械手平伸	17	X20	传送带有料检测
7	X6	机械手平缩	18	X21	电感传感器(一号位置检测)
8	X7	机械手夹紧	19	X22	光纤传感器(二号位置检测)
9	X10	机械手垂伸	20	X23	光纤传感器(三号位置检测)
10	X11	机械手垂缩	21	X24	上电自检按钮
11	X12	推料一号气缸前限位	22	X25	复位按钮

表 12-3 PLC 输出地址分配表

序号	输出地址	说明	序号	输出地址	说明
1	Y0	送料电动机	10	Y11	机械手垂缩
2	Y1	机械手放松	11	Y12	推料一号气缸伸出
3	Y2	机械手夹紧	12	Y13	推料二号气缸伸出
4	Y3	机械手左摆	13	Y14	推料三号气缸伸出
5	Y4	机械手右摆	14	Y17	传送带运行指示灯
6	Y5	机械手平伸	15	Y20	接变频器正转
7	Y6	机械手平缩	16	Y21	接变频器反转
8	Y7	自检指示灯	17	Y22	接变频器高速
9	Y10	机械手垂伸	18	Y23	接变频器中速

2. 根据地址分配情况设计出设备 PLC 接线图

YL-235A 系统电气原理图如图 12-5 所示。

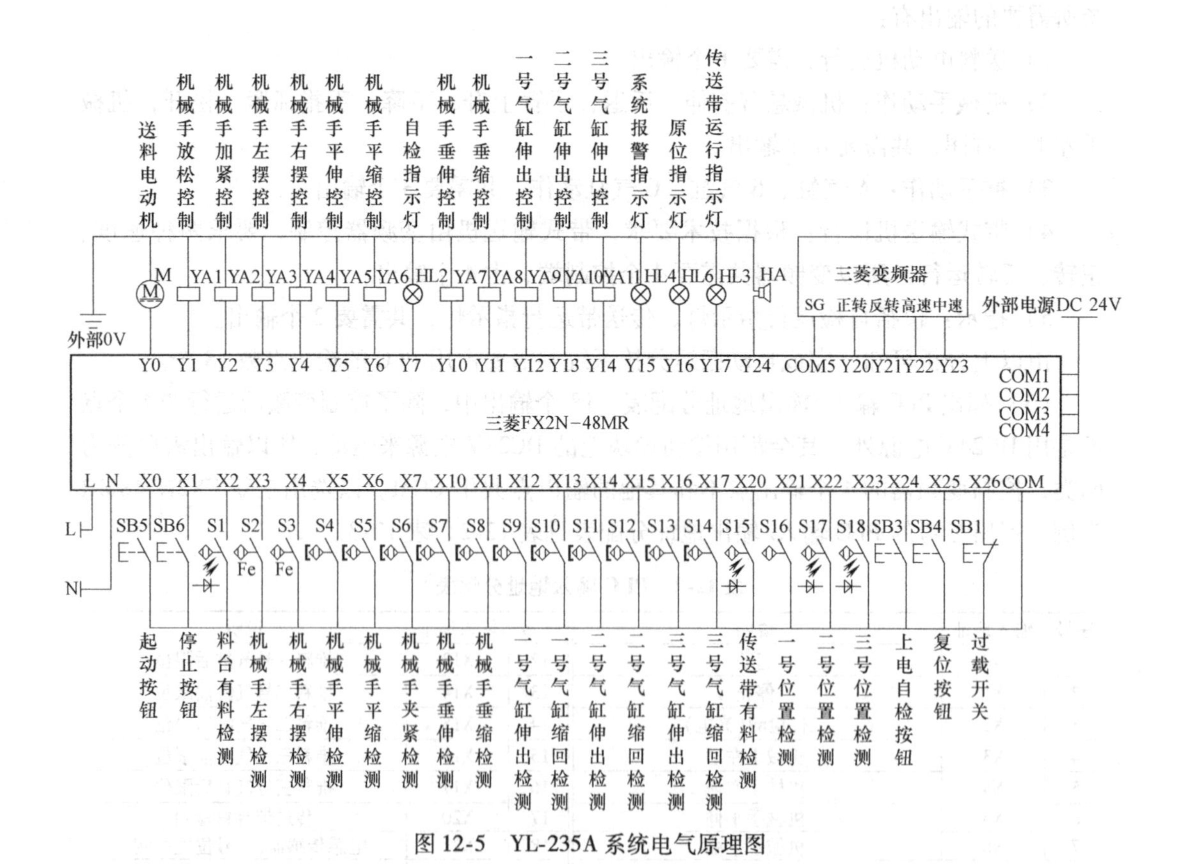

图 12-5 YL-235A 系统电气原理图

为了保证图样的完整性，在图中将本项目后面任务中要讲到的一些元器件和接线也放到图里。

3. 根据接线图完成对设备的电气安装

(1) 接线说明　以下所述线的颜色有可能和读者使用的设备有所不同，接线时以实际情况为准；传感器和各执行器件的具体接线方法如有不清楚的地方请参看前面相关章节对设备接线的具体介绍。

(2) 从接线的准确性、速度和美观度等方面考虑推荐以下接线标准和接线流程

接线要求：连接导线型号、颜色选用正确；电路各连接点连接可靠、牢固，外露铜丝最长不能超过2mm；接入接线排的导线都需要编号，并套好号码管；号码管长度应一致，编号工整、方向一致；同一接线端子的连接导线最多不能超过两根。

接线流程：首先从线架上取下黑色的连接线，将送料电动机蓝色接地线、信号灯上的蓝色接地线、电磁阀的黄色线接地线在工作台的接线排上通过串联方式进行连接，引出输出控制电源接地线；磁性开关的蓝色接地线以及三线制的传感器的蓝色接地线在工作台的接线排上通过串联方式进行连接，引出输入控制电源接地线；再将信号灯的棕色正电源线三线制传感器上的棕色电源线通过串联的方式连接，引出输入控制电源接地线。以上两组接线分别引出接地线连接到PLC的输入COM点上，引出正电源线连接到PLC的24V电源接线端上。

接下来对按钮模块上需要使用的元器件和PLC模块上的相关接线进行连接。将按钮模块上需要使用的起动按钮、复位按钮、停止按钮、急停开关等控制元器件的上端黑色端子通过串联的方式连接到PLC输入的COM点上；电源指示灯、复位指示灯、起动指示灯、蜂鸣器等元器件的一端、PLC输入点的COM点以及工作台上接地线串连到0V上，将电源指示灯一端和工作台上相线端，以及输出点的COM点串联到24V上，然后将电源模块上的三相电连接到变频器上，以及变频器上的U、V、W、接地线连接到传送带电动机上，最后从线架上取下黄色和绿色的连接线，根据编程时使用的输入、输出口地址表分别连接好。线接好后，把多余的连接线放回线架上。

4. 填写参数表

根据本项目对带式输送机的控制要求，列出需要设置的变频器参数及相应的值，并填写表12-4。在设置参数时如果不知道变频器原来的参数情况可先将参数恢复为出厂设置，然后按表12-4所示依次设置参数，参数设置结束后再将变频器设为运行模式。

表12-4　变频器设置参数表

序号	参数代号	参数值	说　明
1	P4	30Hz	高速
2	P5	15Hz	中速
3	P7	2s	加速时间
4	P8	1s	减速时间
5	P79	2	电动机控制模式(外部操作模式)

5. 电气检查与调试

(1) 检查步骤

步骤一：接线完成后，接通电源电检查按钮模块、PLC模块以及变频器模块电源是

否正常；

步骤二：观察检测到气缸位置的两线传感器是否有信号，检测三线传感器是否能正常工作；

步骤三：拿出 3 个不同的工件，根据任务要求调节用于工件分拣的 3 个传感器的位置和灵敏度满足分拣要求；

步骤四：拨动变频器正/反转手动开关，检查变频器工作是否正常，并观察安装好的传送带电机的同轴度（若电动机或者传送带上的推料气缸晃动，说明同轴度没对好，断电后进行调节），如果同轴度不好要做微调。

（2）电气故障的排除　电气故障分析对照见表 12-5。

表 12-5　电气故障分析对照表

序号	故障现象	故障原因	排除方法
1	所有传感器均没有信号输出		
2	所有两线制传感器没有信号输出		
3	所有三线制传感器没有信号输出		
4	按钮不起作用		
5	所有输出没有动作		
6	执行器件动作气缸没有动作		
7	某一个气缸不能动作		

以上故障原因的介绍和分析只是在使用设备过程中常见的一些原因分析，不包括所有引起故障的原因和一些特殊情况引起的原因。

三、设备的功能调试与检查

1. 气路检查

1）打开气源，调节调压阀的调节旋钮，使气压为 0.4～0.6MPa。

2）检查通气后所有气缸能否回到项目要求的初始位置。

3）观察是否有漏气现象，若漏气，则关闭气源，查找漏气原因并排除。

4）调节气缸运动速度，使各推料气缸运动平稳、无振动和冲击；推料动作可靠，且伸缩速度基本保持一致。

2. 传感器检查

1）检查落料口的光敏传感器能否可靠检测从落料口放下来的工件。

2）检查电感传感器能否检出所有从传送带上通过的金属工件；第一个光纤传感器能否检出所有从传送带上通过的白色工件；第二个光纤传感器能否检出所有从传送带上通过的黑色工件。

3）检查各磁性开关能否在推料气缸动作到位时按要求准确发出信号。

对于工作不符合要求的传感器应及时进行位置和灵敏度调节，确保其符合设备检测的需要。

3. 带式输送机运行检查

1）操作变频器模块上的手动开关，检查带式输送机的运行和变频器的参数设置是否正确。

2）带式输送机运行顺畅平稳、无振动和噪声，电动机无严重发热现象。

四、确定系统功能的实现方法

1. 程序设计思路

仍以动作控制法为基本思路，可参照项目八～项目十的内容设计供料系统、机械手、分拣系统的主要功能及动作，主要采用三菱 PLC 的步进梯形图指令实现主要功能，配合经验编程法完成整体程序的设计。

2. 系统的功能分析

本工作任务中主要包含“自检”和“正常运行”两种工作状态，从动作上看两种状态完全独立，没有交叉的工作过程，且都是按一定的顺序一步一步地完成动作。所以整个设备的动作过程可选用顺序控制编程法，利用三菱 PLC 的步进行指令或前面学习的自动控制法实现设备功能；指示和报警是在一定条件下发生的，所以可以用经验编程法实现。

（1）设备的自检　此功能在第一次上电时要求使用者按下自检按钮实现，可以使用 PLC 的上电初始化脉冲作为可以执行此功能的标志，当使用者按下自检按钮时开始自检过程。同时应特别注意自检时的动作顺序，以及自检时的保护功能。

（2）设备的主功能　包括供料、机械手动作、传送带工件分拣在内。机械手动作根据任务要求，参照前面项目中的设计方法进行设计。在传送带部分，需要注意的是要求在循环工作时，按下起动按钮就开始待料运行，同时有待料指示，分拣结束并且没有按下停止按钮的情况下继续待料运行。

（3）设备的复位功能　此功能要求只要设备不是在循环状态下便无条件执行复位。

此项目中，设备的基本动作只有在自检正常后才可运行，复位动作不在循环运行时有效。所以编写程序时，先编写设备的自检功能，再编写设备的主功能部分，最后编写复位功能。在自检时，根据题目要求的动作顺序，编写动作。在自检动作完成后，设备回到原位，可以进入允许起动的状态。

3. 设备控制要点

设备有两种工作状态，且两种工作状态彼此独立，所以用两个选择性分支来分别实现“自检”和“运行”。

（1）自检　当第一次上电后，按一下自检按钮，设备按要求的动作一步一步运行，完成最后一个动作就自动停止，可以用单流程顺控梯形图实现。

（2）正常工作　设备在原点，按一下起动按钮，送料电动机开始送料，机械手按规定动作搬运工件。这些动作都是常规动作，和以前要求的控制相同，可以用顺序控制编程方法实现；带式输送机和带式输送机上各气缸的动作根据不同的工件有不同的控制要求，所以需要用选择性分支结构。在起动时，若设备不在原点，则需要进行复位处理，所以在起动时也有一个选择性分支。指示灯部分可以单独放在顺控梯形图外，用经验编程法来实现。

采用三菱 PLC 的步进梯形图指令控制的自检功能状态示意图如图 12-6 所示。其他功能的状态图可参考前面项目十二里的内容，这里不再重复讲述。

五、PLC 程序的编写

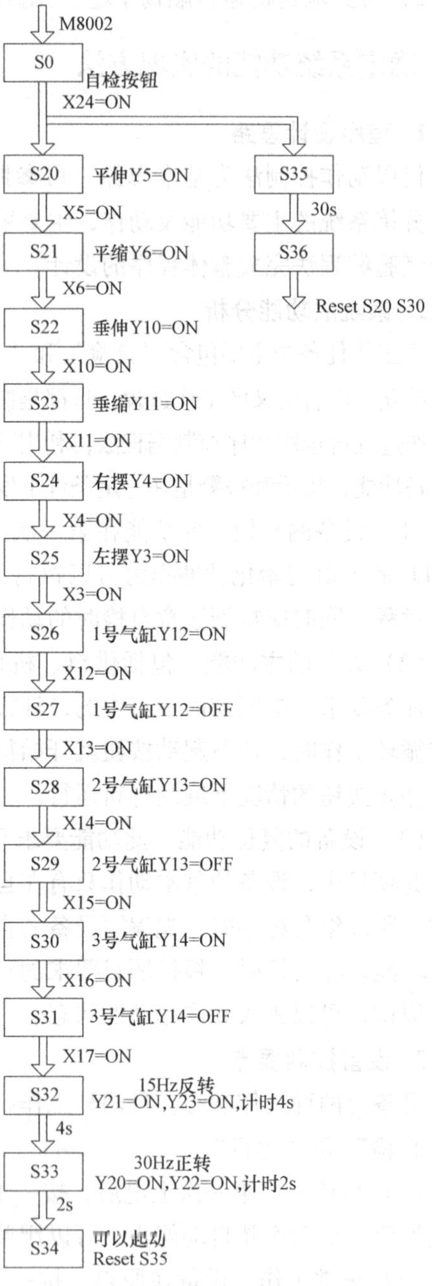

1. 自检功能及正常工作两种状态的实现

通过前面的分析知道，两种工作状态可以用两个选择性分支来实现，设置自检过程的第一个状态为 S20，状态若连续编号，则用到的最后一个状态是 S35；正常工作过程的状态可以从 S40 开始。

2. 系统主要功能的实现

（1）系统主功能开始的处理和机械手动作控制　系统主功能开始的处理和机械手动作控制都采用步进梯形图来编写，只要根据前面画出的工作流程图和输入/输出地址分配表，用步进梯形图的基本编程方法就可以实现。机械手的动作是单流程的，所以只要用单流程步进梯形图结构。

（2）带式输送机的控制和分拣过程的实现　带式输送机可以用经验编程法，使用基本逻辑指令来完成，也可以用步进指令编写，具体方法在前面的项目中已有介绍。需要注意的是，在这个任务中加入了简单的加工要求，所以选择采用步进梯形图的方法实现，请根据控制要求编写程序并完成调试。

3. 复位程序的编写

复位程序采用独立的梯形图程序段进行编写需要注意的是，在进行复位过程之前一定要先将系统正在运行部分的功能清除，以免出现两个过程同时动作的混乱现象，这也是实现可靠复位尤其重要的一点。

M8002
S0
自检按钮
X24=ON
S20 平伸Y5=ON
X5=ON
S21 平缩Y6=ON
X6=ON
S22 垂伸Y10=ON
X10=ON
S23 垂缩Y11=ON
X11=ON
S24 右摆Y4=ON
X4=ON
S25 左摆Y3=ON
X3=ON
S26 1号气缸Y12=ON
X12=ON
S27 1号气缸Y12=OFF
X13=ON
S28 2号气缸Y13=ON
X14=ON
S29 2号气缸Y13=OFF
X15=ON
S30 3号气缸Y14=ON
X16=ON
S31 3号气缸Y14=OFF
X17=ON
S32 15Hz反转 Y21=ON,Y23=ON,计时4s
4s
S33 30Hz正转 Y20=ON,Y22=ON,计时2s
2s
S34 可以起动 Reset S35
S35
30s
S36
Reset S20 S30

图 12-6　自检功能状态示意图

4. 指示灯程序的编写

技术要求中共用两盏指示灯 HL2（Y20）和 HL3（Y21），根据他们的控制要求写出程序。

1）指示灯 HL2：如果在 30s 内系统不能完成所有自检过程，则同时系统停机，自检指示灯以 2Hz 频率闪烁，在正常工作过程中，自检指示灯不亮。

2）指示灯 HL3：系统正常运行后（不包括自检），指示灯 HL3 当传送带上有物料并且正在运行时常亮，否则传送带指示灯 1Hz 闪烁。

本工作任务中指示灯的功能很简单，完全可以用经验编程法单独实现，前面的项目中都有采用，并且在后面的工作任务中还会对报警功能和指示灯的特殊应用做深入的讨论，所以这里只给出上述的分析要求不再给出程序，请读者自行调试完成。

5. 编写整机程序并调试

参考步进指令的编程方法，按照流程图中的工作状态，参考各部分的程序段，将整机程序编写完成，并上机调试。

六、系统程序的调试

1. “自检”过程的调试

按下自检按钮，观察 HL2 是否以 1Hz 的频率闪烁，若不是，则检查 HL2 的电路接线和 PLC 是否有 HL2 的输出，若没有则检查 HL2 的控制程序，同时观察设备是否按“自检”过程要求的步骤进行，有没有出现动作顺序不对、中途停止工作或缺少动作等现象。如有不正常现象，首先应检查是否有接线。如果是缺少动作可以进行第二遍操作，再观察第二遍的过程是否还是缺少动作，因为在第一次“自检”过程中，也可能机械手不在原点位置，有的气缸动作在起动前就达到了，那一步动作就观察不到动作过程了；如果第二遍还是缺少动作，那可能就是程序中漏了步骤。如果是中途停止，不能完成整个工作过程，则不一定是程序出错，也可能是输入信号接触不好或输入信号接错，还有可能是输出连接线接触不好，应观察 PLC 当前状态下的输入信号是否完全正确，是否有下一步的输出信号，只有当输入正确、输出不正确时才去检查 PLC 程序，若 PLC 程序错误，则修改程序后重新下载到 PLC 中，再进行重新调试。

2. 正常工作的调试

（1）基本工作过程的调试　程序编写结束后，将程序下载到 PLC，把 PLC 的状态转换到 RUN。按下起动按钮，观察机械手的动作顺序，有没有出现运行到中途停止或出现错误动作的情况。如果机械手运行到中途停止不动时，应先检查输入信号是否正常，是否接错，如都正常则查看程序中有没有写错；如果机械手出现错误动作，此时不应立即改变 PLC 状态，而是要通过监控程序来找出程序中的错误。如机械手在不该平伸的时候伸出了，则要先找到平伸的输出端（因为是顺序控制，所以一个动作错误后，以后的动作将全部混乱，此时应找到产生第一个错误动作的原因，待解决第一个错误动作的问题后，以后的动作会随着此问题的解决而得到解决）。仔细观察哪一个中间继电器让输出口错误动作（每一个动作输出基本都有对应两个中间继电器来控制），找到产生错误动作的中间继电器后，再找到此中间继电器的输出端，并结合上下程序找出原因，修改程序，修改完成后重新下载调试。

传送带部分在调试时可能出现第一次分拣正常，而第二次分拣出错的情况。此时应清除 PLC 内存，重新运行一遍，在运行一次结束后观察是否所有传送带部分的状态都被清除，找出原因，并修改程序。

（2）功能检查　工作过程正常后，针对各技术要求进行以下调试：

1）进行起、停控制，检查第一次按下起动按钮起动后，再按停止按钮完成一个周期后是否能停止；若不能，则检查起、停控制程序。

2）复位功能检查。

3）工件加工功能检查。

3. 整理和清扫

调试结束后，整理好调试过程中用过的工具和仪表，检查实验台上是否有遗留的器材或其他杂物，将实验台和实验台周围清扫干净。

考核评价

序号	评价指标	评价内容	分值	学生自评	小组评分	教师评分
1	系统资源分配	能够合理地分配 PLC 内部资源	5			
2	实验电路设计与连接	电路设计正确	10			
		能正确进行电路设计及连接	10			
		电路的连接符合工艺要求	5			
3	变频器应用	变频器的硬件电路	5			
		变频器的端子功能	5			
		变频器的参数设置及功能	10			
4	PLC 程序的编写	掌握本项目 PLC 程序的设计方法	5			
		掌握编程软件的使用，能够根据控制要求设计完整的 PLC 程序	25			
		能够完成程序的下载调试	5			
5	整机调试	能够根据实验步骤完成工作任务	10			
		能够在调试过程中完善系统功能	5			
总		分	100			
问题记录和解决方法	记录任务实施中出现的问题和采取的解决方法					

任务二　系统的报警功能设计

任务描述

1. 学习常见的报警功能

学习机电一体化设备中常见的报警功能的各种情况，掌握实现其功能的方法。

2. 工作要求与技术要求

在完成任务一的基础上完成以下控制要求中所述的各种报警功能，达到此任务拟订的工作要求与技术要求。

具体要求如下：

1）复位异常报警：系统进行复位操作时，如系统无法回到初始位置，报警指示灯常亮报警系统启动。系统应断电，排除故障后，重新上电进行复位操作使系统回到初始位置后解除该报警信号。

2）无料报警：放料盘旋转15s，料盘出口处的工件检测传感器仍未检测到工件到来，则表明放料盘无料，则报警指示灯按2.5Hz闪烁两次，常亮2s的方式报警闪烁报警系统不能启动，提醒操作人员加料。加料后设备需重新起动，起动后报警灯灭。

3）工作过程异常报警：从送料机构的工件传感器检测到工件至该工件被推入滑槽，总时间如超过30s则报警指示灯按1Hz闪烁报警，系统照常工作；如下一工件所用时间小于30s，则报警指示灯自动灭，如下一工件所用时间大于30s，则继续按1Hz闪烁。在运行过程中如一个工件所用的总时间超过40s，则设备立即停机，报警指示灯按2.5Hz闪烁3次，常亮2s的方式报警，提示对设备进行检测或调整，重新启动后该指示灯灭。

4）机械手动作超时报警：设机械手每一步动作不超过5s，如任何一步动作超过5s没有完成，报警指示灯按2.5Hz闪烁4次，常亮2s的方式报警闪烁报警，如果报警5s后还没有动作完成则系统立即停机。

5）传送带双（多）工件报警：为了保证设备的正常工作，只允许一个工件在带式输送机上传送与加工。因此当由于传送错误造成传送带上出现两个工件（如手动放一个工件上去），报警指示灯按2.5Hz闪烁5次，常亮2s的方式报警闪烁，同时系统停机，传送带上的工件全部作为废品，操作人员将传送带上的工件取走，按下复位按钮后解除报警，设备复位后可以重新起动。

本任务中增加的元器件名称、作用及对应的PLC点见表12-6。

表12-6　增加的元器件名称、作用及对应的PLC点

序号	元器件名称	作用	对应的PLC点
1	指示灯HL6	系统报警指示灯	Y15

相关知识

PLC控制系统应有异常处理程序，用以应对PLC的种种异常情况及出错处理。具体处理有错误报警、错误控制、状态记录、标志位使用、故障预测与预防、故障或错误诊断等。此外，为了更加可靠，有的还可作冗余或容错配置或处理。请对这些知识点进行了解，以扩展思路，便于在完成工作任务的过程中得到一些启发和指导。

1. 错误报警

在有的PLC控制系统中，使用了三级错误报警系统。一级错误显示设置在控制现场各控制柜面板。采用信号指示灯指示设备正常运行和错误情况，当设备正常运行时对应指示灯亮，当该设备运行有故障时，指示灯闪烁。二级错误显示设置在中心控制室大屏幕监视器上，当设备出现错误时，有共享显示错误标志，工艺流程图上对应的设备闪烁，历史事件表中将记录该错误。三级错误显示设置在中心控制室信号箱内，当设备出现错误时，信号箱将用声、光报警方式提示工作人员，及时处理错误。在故障或出错报警的同时，做好故障记录也是必要的，也可与状态记录一起编程。

2. 错误控制

一旦系统出错，除了报警、记录，马上要考虑的是对出错或故障的性质、严重程度进行判断。一旦确认是严重故障，应有应急处理机制或程序，能控制住故障，以确保设备安全，特别是人身安全。

一般而言，可将与机器有关的危险隔离，主动或被动地将它封住，或者在探测到危险时终止过程以免人员受伤等。另外，隔离危险、防止接近危险或者在探测到危险时即时终止过程，这是唯一能把握并尽量避免死亡或受伤、同时优化生产过程的机会。这里最简单的方法是设备紧急停车或使 PLC 禁止输出等。总之，应在程序中考虑这些措施，确保故障能得以控制。

3. 状态记录

当有飞机失事，人们总是想方设法要找到“黑匣子”，因为它记录着飞机的飞行数据，有了它容易查找、判断出事的原因。PLC 运行也可有自己的“黑匣子”，那就是 PLC 的数据区，而且现在这数据区已相当大。只要编有相应的 PLC 运行情况数据记录，就可把它存储在这个数据区中。需要注意的是，这里讲的状态不仅是故障，还可以是系统运行负荷情况、在不同负荷下的运行时间、系统的重要性能特性等。一旦 PLC 控制系统出现故障，可找出这个记录并分析。这对故障判断、定位都有很大的帮助。

4. 故障预测与预防

设备修理最原始的方法是“坏了修，不坏不修”。但重要设备长期不修理，一旦突然损坏，给生产带来的损失将是很大的。而如果使用时间长了，无论是否损坏，都强迫修理，这在一定程度上可减少设备突然损坏给生产带来的损失，但资源却不能得到充分利用。所以，最好的办法是故障预测与预防。用传感器不断监测设备的工作状态参数，并记入 PLC 的数据区。再由 PLC 实时判断，可根据情况，对可能的故障进行预测或提示维护，或提示停机修理，以作必要预防。对机械设备，一般检查轴承噪声及润滑油变脏的时间。一般来说，噪声变大、润滑油变脏时间缩短，是需要维修的征兆。事实上，只要做了有关配置，用 PLC 程序完全有可能实现这种故障预测及预防的。这样即可充分利用资源，又不会因设备突然损坏给生产带来损失。

5. 故障或错误诊断

故障或错误诊断是对已出故障或错误的定性与定位，为排除故障、纠正错误提供依据。为此，在计算机上建立故障或错误诊断知识库，运行系统监视与诊断程序，PLC 在现场监视系统工作，实时监测系统状态，采集与存储有关数据。必要时，两者连机、通信，PLC 把采集及存储的有关数据传送给计算机，计算机处理这些数据，并存入数据库。一旦系统出现故障，知识库即可根据知识库的规则及推理机制，对故障进行实时诊断。

任务实施

一、任务分析及报警功能控制方法的学习

由于指示灯控制较复杂，不宜将其放在步进状态中，可以根据工作任务的要求和设备的具体情况采用经验编程法或者使用独立的步进过程编写专用的报警及指示灯程序。如果采用经验法处理程序，则要避免出现双线圈输出（如要解决同一个灯又发光、又闪烁，同一个灯在不同情况下的控制问题）。

指示灯作为一种信号指示，在机电一体化设备中应用非常多，指示灯可以用做各种工作状态或工作方式的指示，可以用做设备保护的报警指示，可以作为带式输送机允许下料或禁止下料的指示，可以作为时间间隔的指示，还可以作为各种异常情况的指示等，并且通常一盏指示灯可以有多种指示功能，就要通过不同的闪烁方式来实现，所以指示灯程序的编写是很重要的。

可以用指示灯的闪烁来表示工件检测的数量。

通常有两种方法可以实现用指示灯的闪烁来表示工件检测的数量：一是可以使用Y0指示灯的发光次数指示表示工件数量，向使用者指示，有一个大概的了解；二是可以通过Y1、Y2、Y3指示灯用BCD码的形式表示工件数量，这种方式更为可靠，具有一定的实用性，输出的BCD码还可能传送给其他设备处理使用。

蜂鸣器也可作为工作状态提示及各种保护警告。常见的声音报警方式有以下两种。

1）长鸣5s，停1s，重复。

2）短促鸣3声，停0.5s，重复。

二、确定完成工作任务的方法

本任务列出了5种设备的报警功能，请完成程序的编制及调试，如果在同一个程序中做完所有的功能工作量太大或完成起来有困难，也可以选取2~3个报警功能进行选做，在完成工作任务的过程中，以通过练习能够指导实际应用为目的，重在理解机电一体化设备报警功能的作用和实现方法。完成本工作任务将重点放在两个方面：

1）充分理解用单个指示灯表示多种不同报警信号的方法，掌握任务要求中两短一长、……、五短一长的声光报警信号的产生方法。

2）仔细分析每一种报警功能的控制要求，总结出控制要点，编程方法可以采用经验编程法，也可以使用步进指令。由于每种报警功能都有自己产生报警和解除报警的独立条件，所以程序上也相对独立，但是要注意的是，编写报警程序不能影响其他程序的正常功能，特别是系统主功能的程序，同时报警功能之间要避免相互影响。在实现这些报警功能的时候还要注意，程序合成看起来简单，只是各部分的程序集成；其实，这里并不简单，关键是“各部分”怎么确定，要先分，然后才有合，这就是将要讨论的程序组织方法。PLC程序的组织方法与PLC的品牌、类型和机型有关，大体上有模块化组织及多任务组织，此外还有多CPU系统程序组织。

三、PLC 程序的编写与调试

1. 复位异常报警

此功能的实现需要加入一个时间继电器，作为判断是否返回原位的判定条件之一。时间到，开始判断。因为要求报警后断电，然后重新上电，在复位正常后报警指示才能解除，所以报警指示用断电保持型的状态。复位异常报警的参考程序如图 12-7 所示。

```
──────────────────────────────────[STL    S200 ]
                                          复位状态
──────────────────────────────[ZRST  S0   S100 ]
        │                                  K50
        └─────────────────────────────(T0      )
                                         复位时间
 X011
──┤/├─────────────────────────────────(Y011    )
                                          垂缩
 X011   X006
──┤ ├───┤/├───────────────────────────(Y006    )
                                          平缩
 X011   X006   X003
──┤ ├───┤ ├────┤/├────────────────────(Y003    )
                                          左摆
 X007
──┤/├─────────────────────────────────(Y002    )
                                          夹紧
 X011   X006   X003   X007
──┤ ├───┤ ├────┤ ├────┤ ├─────────────(M0      )
                                          原位
  T0     M0
──┤ ├──┬─┤ ├──┬───────────────────[RST    S200 ]
复位时间 │ 原位  │                          复位状态
       │      ├───────────────────[RST    S500 ]
       │      │                           报警
       │      └───────────────────[SET    S34  ]
       │                                  可以起动
       │ M0
       └─┤/├──────────────────────[SET    S500 ]
         原位                             报警
──────────────────────────────────[STL    S500 ]
                                          报警
──────────────────────────────────────( Y015   )
                                          报警指示
```

图 12-7　复位异常报警参考程序

2. 无料报警

实现此功能需要注意的是 15s 无料后，停止的是送料台和循环信号，分拣及搬运动作不受影响。2.5Hz 的频率即 0.4s 闪亮一次，因为是固定频率的闪烁，所以闪亮两次可用定时器。当然也可用计数器，用计数器时需要用报警指示灯信号的下降沿作计数。无料报警的参考程序如图 12-8 所示。

3. 工作过程异常报警

此功能中，首先要清楚整套设备在循环工作中最多有两个工件，应对每一个工件跟踪计时，而最难的一点是：在一个工件未分拣完成时另一个工件已经在搬运过程中。所以最主要分清楚什么时候开始第一次计时、什么时候结束第一次计时；什么时候开始第二次计时、什么时候结束第二次计时，分别用第一次、第二次的时间来判断当前设备所处的状态。

4. 机械手动作的超时报警

机械手动作的超时保护可以利用PLC扫描周期的时间差来完成，将以下的这段计时程序放在输出程序的上方，这样机械手每一步动作可以切断一次超时时间，如果任何一步动作完成没有来得及切断这个时间，则证明此步动作超时，T0的触点将动作输出报警信号，报警指示灯程序的实现方法与工作异常报警一样，只是闪烁的次数有所变化，这里不再重述。机械手动作的超时报警参考程序如图12-9所示。

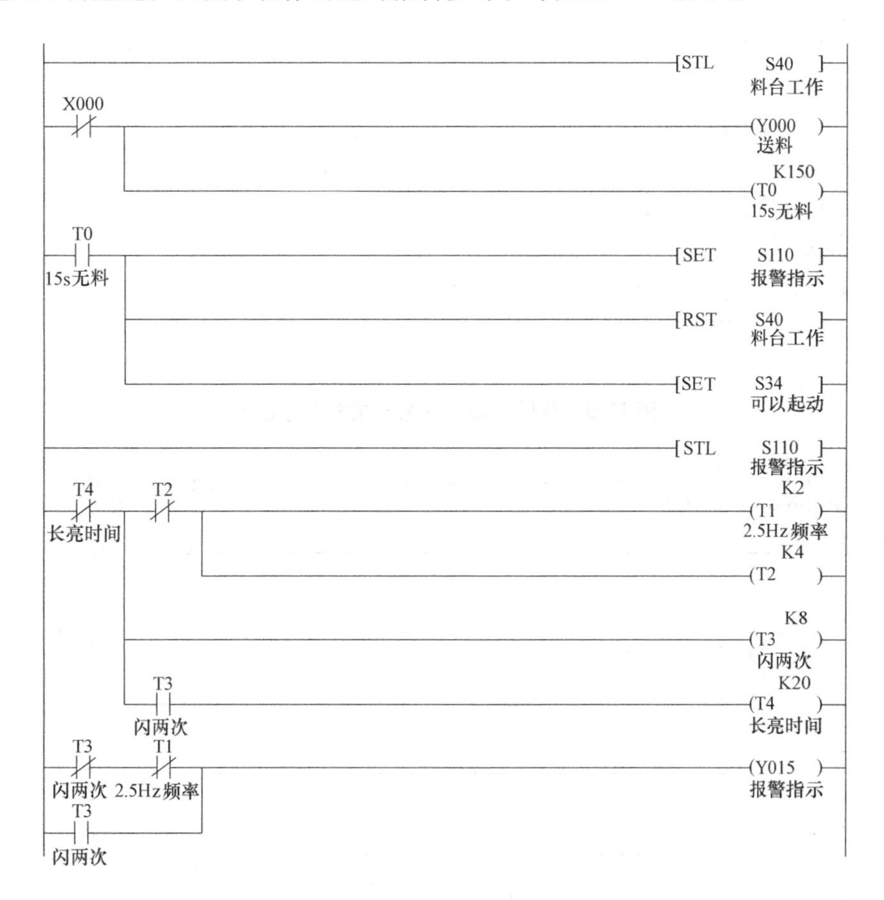

图12-8　无料报警参考程序

5. 传送带多工件报警

在作多工件判断时要防止干扰信号的产生，在工件刚放进料口时，容易产生多个X20的上升沿，可以用延时来解决，报警解除只需进入复位状态即可。如果系统判断到传送带上有工件正在被处理的同时放料口检测到有工件放入的话，S140被置位，开始双工件报警处理。Y15的触点将动作输出报警信号，报警指示灯程序的实现方法与工作异常报警一样，只是闪烁的次数有所变化，这里不再重述。传送带多工件报警参考程序如图12-10所示。

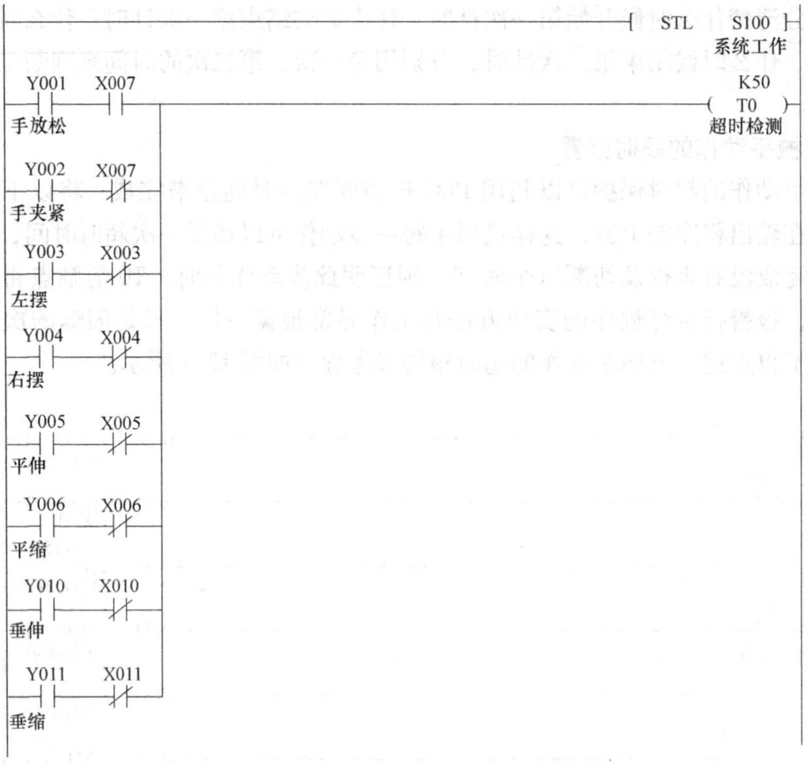

STL S100 系统工作

Y001 X007 手放松 —— K50 T0 超时检测

Y002 X007 手夹紧

Y003 X003 左摆

Y004 X004 右摆

Y005 X005 平伸

Y006 X006 平缩

Y010 X010 垂伸

Y011 X011 垂缩

图 12-9 机械手动作的超时报警参考程序

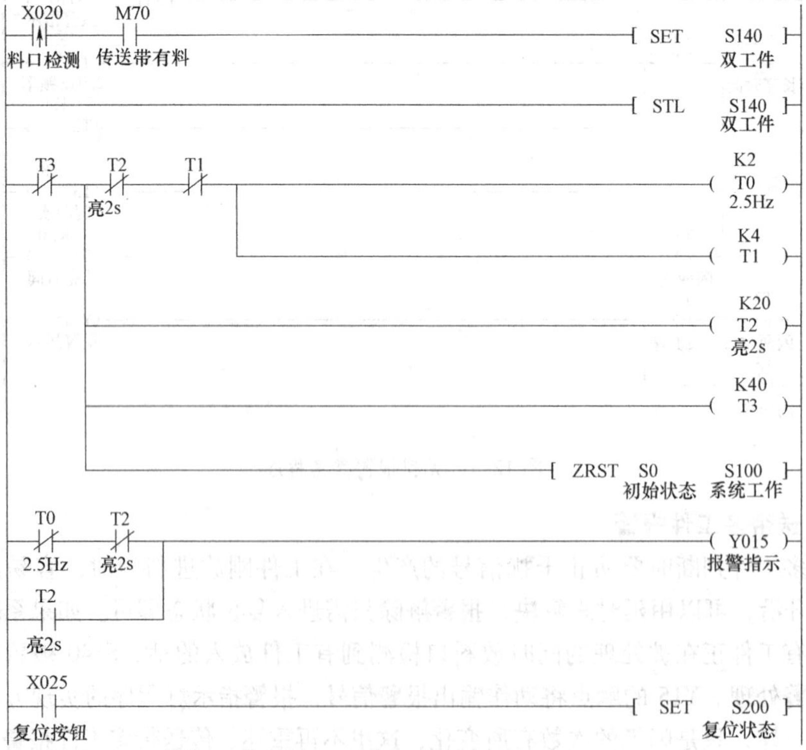

X020 M70 料口检测 传送带有料 —— SET S140 双工件

STL S140 双工件

T3 T2 亮2s T1 —— K2 T0 2.5Hz

K4 T1

K20 T2 亮2s

K40 T3

ZRST S0 初始状态 S100 系统工作

T0 2.5Hz T2 亮2s —— Y015 报警指示

T2 亮2s

X025 复位按钮 —— SET S200 复位状态

图 12-10 传送带多工件报警参考程序

考核评价

序号	评价指标	评价内容	分值	学生自评	小组评分	教师评分
1	系统资源分配	能够合理地分配 PLC 内部资源	5			
2	实验电路设计与连接	电路设计正确	10			
		能正确进行电路设计及连接	10			
		电路的连接符合工艺要求	5			
3	变频器应用	变频器的硬件电路	5			
		变频器的端子功能	5			
		变频器的参数设置及功能	10			
4	PLC 程序的编写	掌握本项目 PLC 程序设计方法	5			
		掌握编程软件的使用,能够根据控制要求设计完整的 PLC 程序	25			
		能够完成程序的下载调试	5			
5	整机调试	能够根据实验步骤完成工作任务	10			
		能够在调试过程中完善系统功能	5			
总分			100			
问题记录和解决方法	记录任务实施中出现的问题和采取的解决方法					

任务三　系统的保护功能设计

任务描述

1. 学习常见的保护功能

学习机电一体化设备中常见的各种保护功能的控制方式和要求，掌握实现其功能的基本方法。

2. 工作要求与技术要求

完成任务二的基础上完成为系统设计的各种保护功能，同时进行本项目的整机调试，达到此项目拟订的工作要求与技术要求。

(1) 原位保护　系统工作前，必须确保各器件在原点位置，当不符合原点位置要求时，按下 SB5 系统也不能起动。原点位置要求如下：

1）机械手气动手爪闭合，机械手水平手臂、垂直手臂气缸活塞杆缩回，机械手停止在左侧极限位置。

2）带式输送机拖动电动机停转，3 个单出杆气缸活塞杆缩回。

3）带式输送机、处理盘不转动。

4）过载保护装置的触点（按钮 SB1 常开触点断开）复位。

上述部件全部在初始位置时，原位指示灯常亮，这时才能起动设备运行。若上述部件不在初始位置，原位指示灯以 1Hz 闪烁，表明需进行复位操作，按下起动按钮，系统不响应。

（2）断电时的保护　如果突然断电，设备停止工作。恢复供电后，为了防止设备出现问题或误动作，需要按下故障解除按钮，设备接着断电前的状态继续运行。

（3）过载保护　当带式输送机发生过载时，过载触点动作（按钮 SB1 按下，常开触点接通），此时蜂鸣器鸣叫，提示发生过载。若过 2s 后过载仍未消除，则带式输送机停止运行。此时机械手仍继续搬运工件直至传送到带式输送机的下料位置停下等待。当过载消除（按钮 SB1 复位，常开触点断开）后，蜂鸣器停止鸣叫。按钮 SB1 复位后，按下起动按钮 SB5，带式输送机重新按停止前的状态继续运行。

本任务中增加的元器件名称、作用及对应的 PLC 点见表 12-7。

表 12-7　增加的元器件名称、作用及对应的 PLC 点

序号	元器件名称	作用	对应的 PLC 点
1	SB1	过载开关	X26
2	HL4	原位指示灯	Y16
3	蜂鸣器	过载提示	Y24

相关知识

请你对以下关于设备保护功能的知识进行了解，以扩展思路，便于在完成工作任务的过程中得到一些启发和指导。

一、断电保护的程序实现方法

控制对象工作过程中，有时出现电源突然断电，过后又恢复，这是常见的异常现象。对此要区别对待：

1）电源恢复后不继续工作，要求工作人员对系统作初始化、重启动，才能重新工作。这样的程序必须设计成电源断电而又恢复时，不能使各工作部件工作。实现它的办法是：各个动作加自保持（一旦失电，不起动不能再得电）及做必要的联锁。

2）电源恢复后要继续工作，依原来顺序进行。这样，最好在断电时能记录下断电前的情况，当电源恢复后，对象仍可自动地按原顺序继续工作。这时就用到断电保持的元器件，如用保持继电器代替内部继电器，用计数器代替定时器，设计的程序也要考虑到前后衔接。

下面给出一个实现断电保持功能的程序示例：如图 12-21 所示，将图中的 XX1、XX2、XX3、MM 用保持继电器 M501、M502、M503、M504 代替。三菱 PLC 断电保持继电器从 M500 开始。接着，再用 M501、M502、M503、M504 对应地去控制输出继电器 XX1、XX2、XX3、MM。此外，因为定时器断电也是不保持的，所以定时器 TM、TL 改用计数器代替，并用时间脉冲计数实现时间的控制。使用该程序后，断电后再得电，系统将在原来的基础上继续工作。

二、电动机保护的相关知识

1. 短路保护

起短路保护作用的是熔断器。电路中一旦发生短路事故，熔断器立即熔断，主电路和控制电路都失去电压，电动机马上停转。

2. 过载保护

过载保护是指工作电流大于它的额定电流，可以理解为负载太大，和短路保护一样，一般都是通过检测电压来判断的，一般两者反应时间不一样。起过载保护作用的是热继电器 FR。当电动机过载时，它的发热元件发热，促使其常闭触头断开，因而接触器线圈断电，主触头断开，电动机停转。为了可靠地保护电动机，常用两个发热元件分别串联在任意两相电源线中。因为，当三相电路中有一相的熔断器熔断后（这种情况一般不易觉察，因为此时电动机按单相异步电动机运行，但还在转动，只是电流增大了），仍保证有一个或两个发热元件在起作用，电动机还可得到保护。

3. 失电压和欠电压保护

失电压和欠电压保护就是当电源停电或者由于某种原因电源电压降低过多（欠电压）时，保护装置能使电动机自动从电源上切除，起失电压和欠电压保护作用的是交流接触器。因为当失电压或欠电压时，接触器线圈电流将消失或减小，失去电磁力或电磁力不足以吸住动铁心，因而能断开主触头，切断电源。失电压保护的好处是，当电源电压恢复时，如不重新按下起动按钮，电动机就不会自行转动（因自锁触头也是断开的），避免了发生事故。如果不是采用继电接触控制，而是直接用刀开关进行控制，由于在停电时往往忽视断开电源开关，电源电压恢复时，电动机就会自行起动，从而发生事故。欠电压保护的好处是，可以保证异步电动机不在电压过低的情况下运行。

任务实施

一、任务分析及常见的保护功能实现方法学习

1. 断电保持功能

一些机电设备中系统具有断电保持功能。若系统在自动运行中突然遇到电源断电后

再来电，系统能自行启动并从断电前的状态继续运行。如在 YL-235A 设备中，可以实现多种断电保持功能。

1）送电后继续运行要求如下：

① 断电后保持，送电后立刻运行；

② 断电后保持，送电后需按运行按钮再运行；

③ 断电后保持，送电后需系统复位后再运行；

④ 断电后保持，送电后需系统复位后按运行按钮再运行。

2）断电保持要求如下：

① 断电后保持，送电后在断电的状态上继续运行（状态 S 保持）；

② 断电后保持，送电后在断电的时间或次数上继续运行（状态 S、时间 T 和计数 C 保持）。

3）断电保持后重送电运行：

① 断电后保持工作状态，复电后自动在停止工作状态上继续运行；

② 断电后保持工作状态，复电后需再起动才会在停止工作状态上继续运行。

下面以“断电保持状态，送电继续运行”为例说明实现方法。

输入控制设置为：X0：起动；X1：停止；X2：复位。

使用 PLC 内部断电保持型资源：S500 ~ S899、T250 ~ T255、C100 ~ C199（十六位）、D200 ~ D511、M500 ~ M1023。

完成正常运行，可按 X0 重新起动运行；运行中停止需按 X1，由于有断电保持元件，需同时用 M8031 和 M8032 清零；运行中停止后再起动，要先按 X2 进行复位，再按 X0 才能起动运行。运行中突然发生断电，运行中的状态与数据都会保持；重新送电后，会在断电时的状态下继续运行。

2. 过载保护功能

过载保护功能主要是针对设备上的三相异步电动机而言的，进而可以扩展到各类电动机拖动的机电一体化设备上，同时应该认识到过载功能在设备中的重要性（请读者自行查找相关资料）。在这里，要强调的是在 YL－235A 设备上所做的过载功能要尽量符合实际应用的要求和工业现场的应用标准。

下面举例说明几种常见的过载处理功能：

① 过载后电动机立即停转，系统停止运行，过载恢复后系统即恢复运行；

② 过载后先给出警告，经过一定的时间电动机停转（如在此期间内过载恢复，则系统不会产生保护），传送带停止运行，过载恢复后传送带按过载前的状态继续运行；

③ 过载后先给出警告，经过一定的时间电动机停转（如在此期间内过载恢复，则系统不会产生保护），传送带停止运行，机械手继续动作，并在传送带放料口处等待传送带恢复。过载恢复后需要给出一定的条件传送带才能恢复运行，恢复后传送带上的工件作为废品处理。

3. 原点（初始位置）保护

1）起动前对初始位置的确定（指示灯）。

2）起动受限于原点条件。

3）停止后立即复位至原点位置再待机。

4. 误操作保护

1）开关或按钮操作错误时作容错保护。

2）工作或检测期间，用按钮对不合格品（废品）的处理。

3）在禁止下料时间内下料时作停机保护。

4）对供料不符合材料要求的工件时的保护。

二、确定完成任务的方法

本任务中要求完成3个设备保护功能，编程方法和相关知识可以通过前面的内容了解，这里要注意保护功能是为了使设备能够更可靠、更有效地工作，所以保护功能的程序加入首先要保护不能影响设备的正常工作。可以先将任务要求中的保护功能实现，体会保护功能在设备中的重要性，还可以根据上面内容一介绍的保护功能中的一些要求自行设计设备的保护功能，以更好地保护设备、让设备更可靠地工作为目的，结合工业应用实际提高自己的应用能力，增强对机电一体化设备的认识。

1）原位保护功能：可以参考前面项目中起动受原点限制的方法去做，在设备起动前必须保证设备在初始位置，在本任务中还加入了原位指示灯，可采用经验编程独立编写指示灯程序。

2）断电保护功能：此功能有两种实现方法，一种是直接采用断电保持型器件，另一种是采用数据存储和调用的方法，不管哪一种都必须注意考虑全面，不要漏掉一些功能，出现有部分功能没有保持的现象。具体的实现方法可以参看上文介绍的断电保护示例程序。

3）过载保护功能：过载保护功能是针对电动机而言的，真实的过载保护应该有保护器件，并能给PLC输入检测信号，因为实际设备上没有这样的器件，所以采用一个自锁按钮来模拟，这就要求人们将实际应用的情况考虑进去，如写程序功能的时候会出现传送带还没有运行就将过载按钮按下了，而且还进行了过载保护，这是不对的，电动机都没转不能出现过载。所以要明确训练是为工业实际应用服务的，要与实际相结合。过载功能的实现方法可以用步进指令以一个单独的分支程序实现，也可以采用经验编程法实现，具体的参考程序下文会详细介绍。

三、PLC程序的编写与调试

1. 初始位置保护

很多机电一体化设备中都有初始位置保护功能，这是一个比较重要的功能。本任务中可以先做出机械手原位标志、分拣系统原位标志，分开做是为了方便程序里可能会单独用到系统某一部分的原点信号作为处理某项功能的条件，然后再配合过载触点产生设备初始状态信号，同时以指示灯给出指示。在起动程序中可以把原点条件加进去，设备不在原点则不能起动设备。如果出现复位异常设备不在原位时，M3将有输出，排除系统故障后可以配合复位按钮X25使系统重新开始复位，直到复位成功为止。初始位置保护参考程序如图12-11所示。

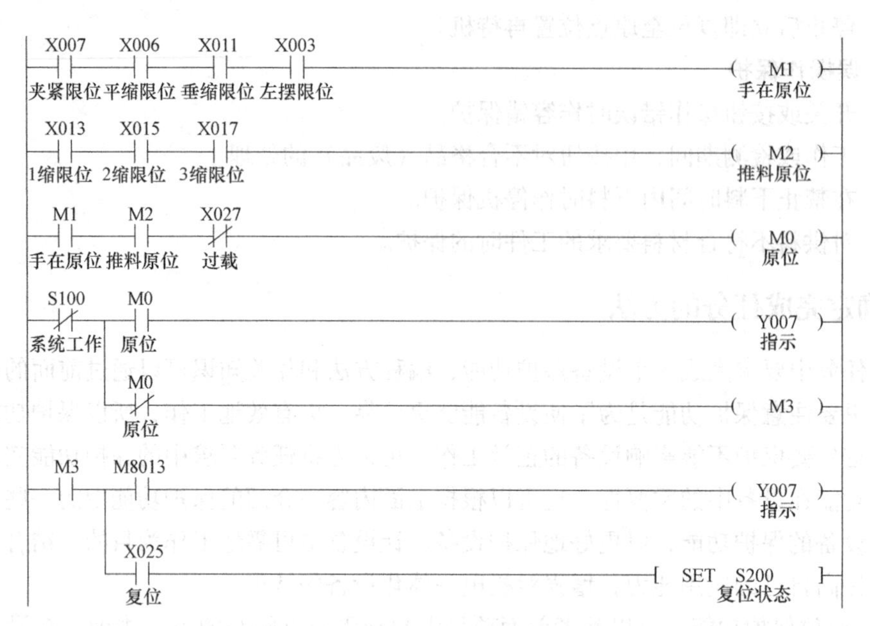

图 12-11　初始位置保护参考程序

2. 断电保护功能

在做断电保护功能时，可以采用以下两种方法，要特别注意的是，需要进行断电标志的判断，使断电后重新上电时不用执行自检功能。

1）直接采用断电保持的器件作为程序的控制器件，如可以用断电保持继电器代替内部继电器，断电保持状态寄存器代替状态寄存器，用计数器代替定时器。同时注意所设计的程序也要考虑到前后衔接。题目要求上电后要按下起动按钮后才能继续工作，所以在上电后状态都已经保持的情况下不能直接让程序转移执行，可以用初始脉冲 M8002 置位 M8040，使状态间的传送被禁止，当按下起动按钮后再让 M8040 清除，使状态自动开始转移，动作继续执行。采用这些方法时，只要将原程序做相应修改就可以，这里不再给出参考程序。

2）为了符合人们平时的编程习惯，也可以使用数据传送指令将使用的器件集中传送到断电保持的器件中，同样在程序中将部分关键的定时器采用计数器替换，并使用断电保持内部继电器作一个系统正常运行的保持信号，如果是断电情况的非正常停机，这个信号将一直存在。在这种情况下重新上电后出现初始脉冲 M8002，可以配合这个信号产生一个系统曾经断电的标志，此标志存在时，如果按下起动按钮将已经存储的数据调出来，使状态自动开始转移，动作继续执行。第二种方法的部分参考程序如图 12-12 所示。

3. 过载保护功能

传送带部分是用步进指令来编写的，所以当出现过载 2s 时，不仅需要对状态进行控制，还要断开传送带的运行，即必须在输出前加上 M151（传送带停止运行的标志）的常闭触点。要求机械手料口等待只需在该输出前加上相同的触点。过载保护功能的参考程序如图 12-13 所示。

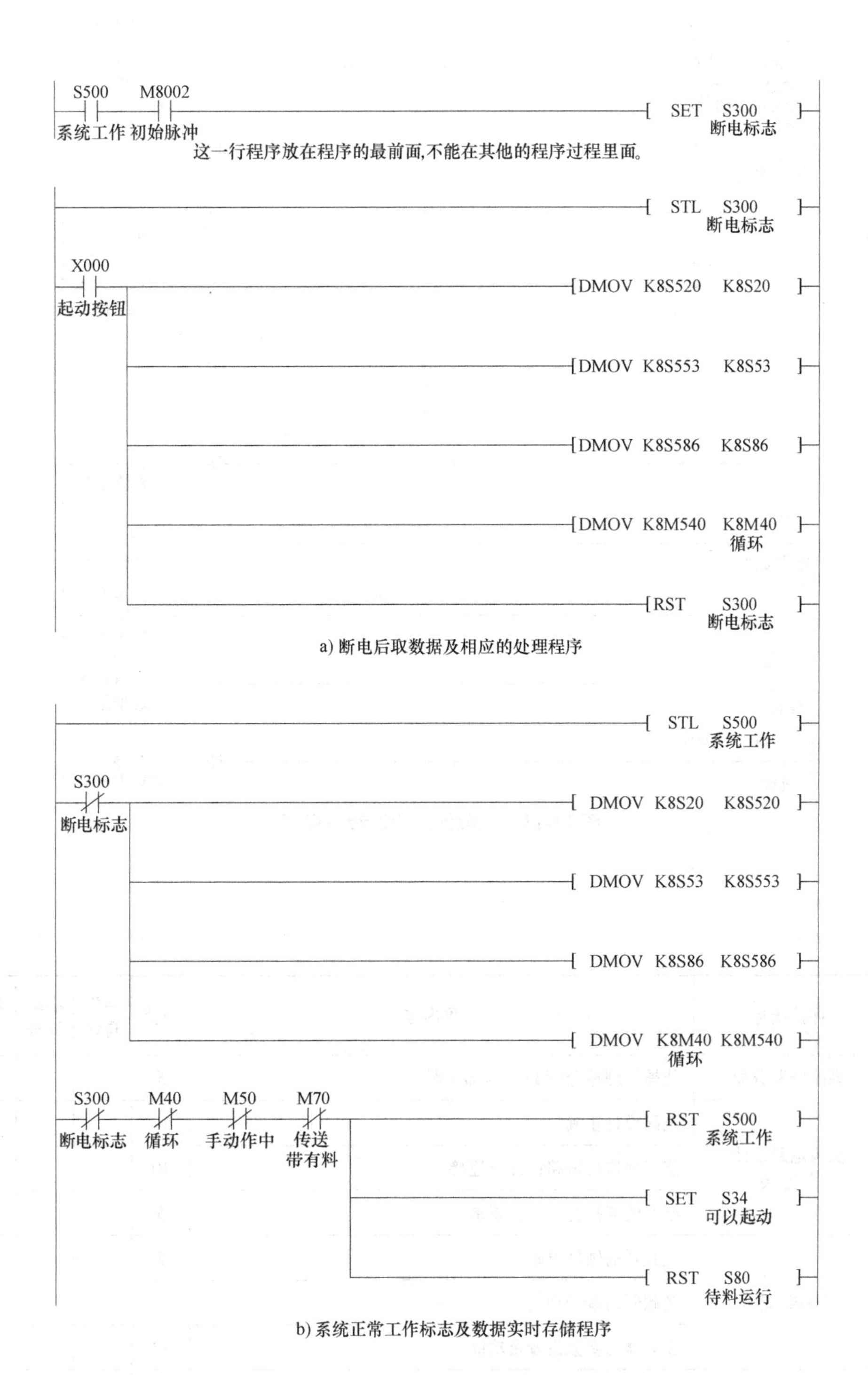

a) 断电后取数据及相应的处理程序

b) 系统正常工作标志及数据实时存储程序

图 12-12　断电保护参考程序

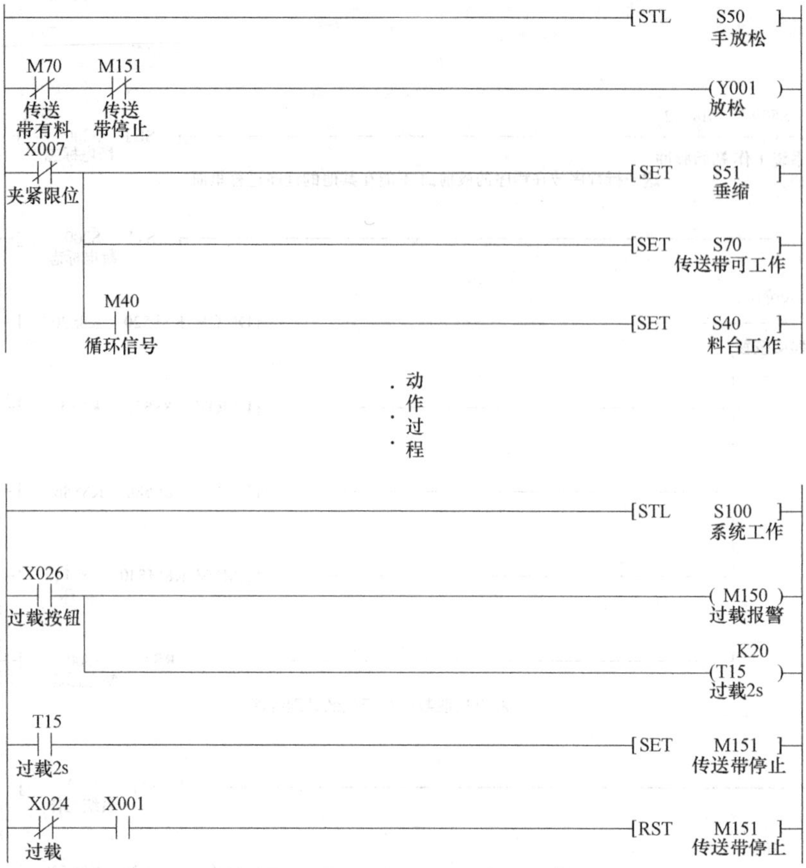

STL S50 手放松

M70 传送带有料　M151 传送带停止　Y001 放松

X007 夹紧限位　SET S51 垂缩

SET S70 传送带可工作

M40 循环信号　SET S40 料台工作

动作过程

STL S100 系统工作

X026 过载按钮　M150 过载报警

K20 T15 过载2s

T15 过载2s　SET M151 传送带停止

X024 过载　X001　RST M151 传送带停止

图12-13　过载保护功能参考程序

考核评价

序号	评价指标	评价内容	分值	学生自评	小组评分	教师评分
1	系统资源分配	能够合理地分配PLC内部资源	5			
2	实验电路设计与连接	电路设计正确	10			
		能正确进行电路设计及连接	10			
		电路的连接符合工艺要求	5			
3	变频器应用	变频器的硬件电路	5			
		变频器的端子功能	5			
		变频器的参数设置及功能	10			
4	PLC程序的编写	掌握本项目PLC程序设计方法	5			
		掌握编程软件的使用，能够根据控制要求设计完整的PLC程序	25			
		能够完成程序的下载调试	5			

（续）

序号	评价指标	评价内容	分值	学生自评	小组评分	教师评分
5	整机调试	能够根据实验步骤完成工作任务	10			
		能够在调试过程中完善系统功能	5			
总分			100			
问题记录和解决方法	记录任务实施中出现的问题和采取的解决方法					

项目十三
设备多种工作方式的设计

学习目标

1. 巩固 YL-235A 机电一体化设备的整机调试及应用。
2. 能够根据项目要求设计较好的项目方案。
3. 掌握机电一体化设备多种工作方式控制功能的实现。
4. 能够结合工业实际应用设计设备的硬件及软件。
5. 完成本项目要求的整机控制功能，并从安全性、可靠性方面考虑将其调试、完善到最佳工作状态。

项目概述

本项目主要解决机电一体化设备多种工作方式的实现方法问题。为了适合不同的工作需要及有效合理地利用设备资源，有时需要设备具有多种工作方式，每一种工作方式都能够独立地完成一定的工作任务，并且不同的工作方式之间互不干扰，具有一定的相互保护和限制功能。

本项目是一个综合应用项目，从设备应用方面讲，包括对供料机构、机械手搬运机构、分拣机构等模块的组合应用；从功能方面讲主要突出对机电一体化设备多种工作方式的实现，包括对设备的连续高效运行、单周期工作、单步操作、手动模式等功能的讨论。现以 YL-235A 机电一体化设备为例，对该部分内容进行描述。

任务一　自动搬运分拣系统调试

任务描述

一、生产线的组装与调试

请你结合前面所学的知识，按照项目十中的工艺要求完成自动搬运分拣生产线的组装与调试。设备安装正视图及俯视图如图 13-1、图 13-2 所示，组装的时候要注意以下几点：

1）以实训台左右两端为尺寸的基准时，端面包括封口的硬塑盖。各处安装尺寸的误差不大于 ±1mm。

2）气动机械手的安装尺寸仅供参考，需要根据实际进行调整，以机械手能从带式输送机抓取工件并顺利搬运到处理盘中为准。

3）传感器的安装高度、检测灵敏度，均需根据生产要求，进行调整。

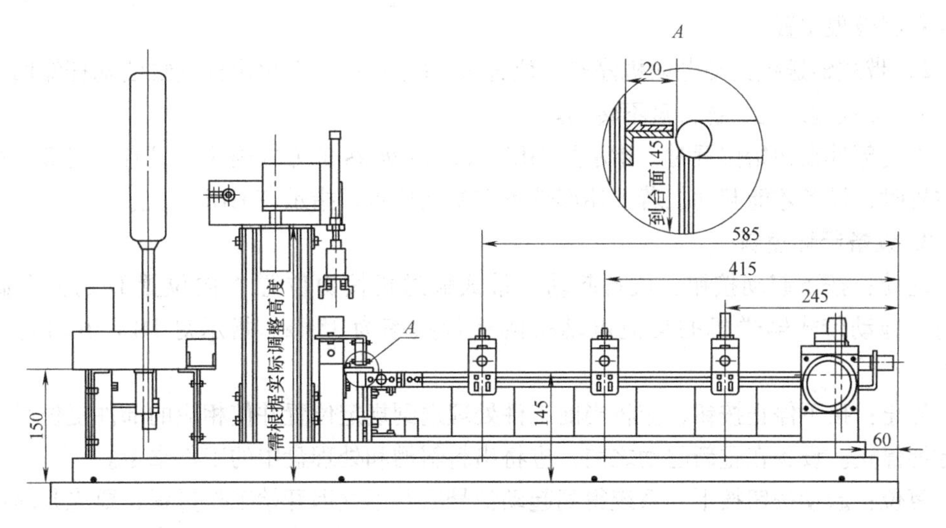

图 13-1　设备安装正视图

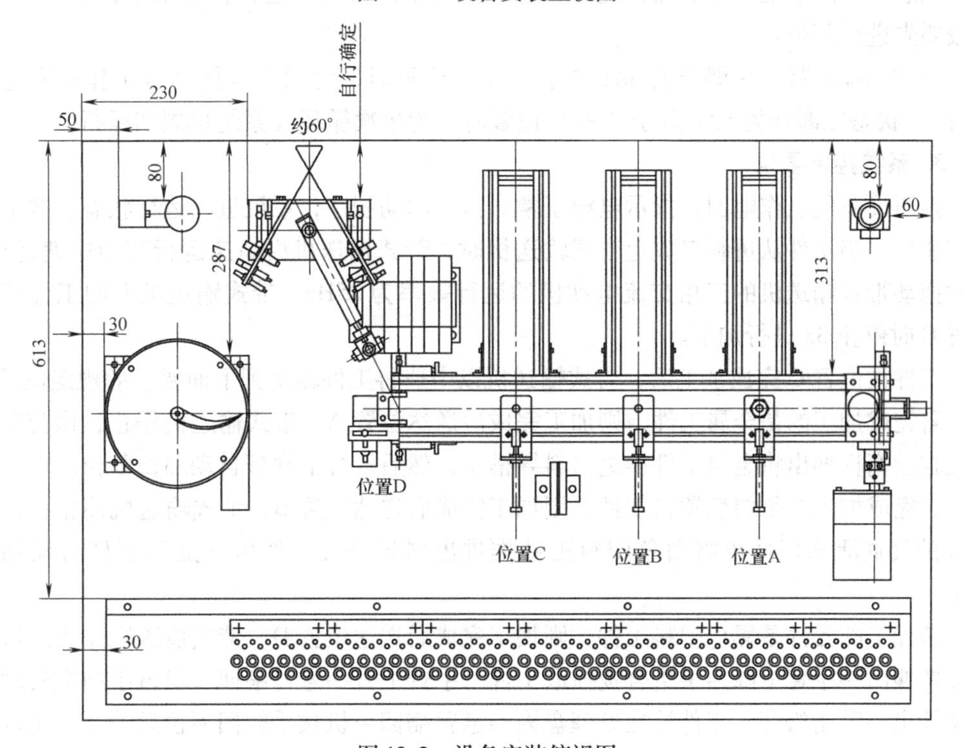

图 13-2　设备安装俯视图

二、编写工作程序并调试

请你为系统编写具有如下功能的工作程序并完成调试，以达到此任务拟订的工作要求与技术要求。

1. 设备初始位置

本项目中设备初始位置要符合工业现场要求：

1）机械手气动手爪张开，机械手水平手臂、垂直手臂气缸活塞杆缩回，机械手停止在右侧极限位置。

2）带式输送机拖动电动机停转，位置 A、B、C 的 3 个单出杆气缸活塞杆缩回。

3）带式输送机、物料盘不转动。

上述部件在初始位置时，指示灯 HL1 以亮 1s 灭 2s 的方式闪亮，只有上述部件在初始位置时，设备才能起动，若上述部件不在初始位置，指示灯 HL1 不亮。

2. 设备起停控制

起动：按下起动按钮，设备起动。带式输送机按由位置 A 向位置 D 的方向高速运行，拖动带式输送机的交流电动机的运行频率为 35Hz。指示灯 HL1 由闪亮变为长亮。

停止：按下停止按钮，应将当前工件处理送到规定位置并使相应的部件复位后，设备才能停止。设备在重新起动之前，应将出料斜槽和处理盘中的工件拿走。

复位：起动按钮按下，系统得到起动信号后并不立即开始工作过程，要先判断系统当前状态。如果系统各环节处在复位状态，则开始执行工作过程；如果不在复位状态，则按要先进行复位。

方式选择：状态一即开关 SA1 置于“左”位置时，为循环运行（各工作步骤连续运行），状态二即开关 SA1 置于“右”位置时，为单次循环（系统单周期运行）。

3. 系统控制要求

接通设备的工作电源，指示电源正常。执行起动程序，系统进入运行状态，按下起动按钮后，当工件从进料口放上带式输送机时，带式输送机由高速运行变为中速运行，此时拖动带式输送机的三相交流电动机的运行频率为 25Hz。带式输送机上的工件到达位置 C 时停止 3s 进行加工。

工件在位置 C 完成加工后，带式输送机以中速将工件输送到下面要求的规定位置：

若完成加工的是金属工件，则加工完成后送达位置 A，带式输送机停止，由位置 A 的气缸活塞杆伸出将金属工件推进出料导槽Ⅰ，然后气缸活塞杆自动缩回复位。

若完成加工的是白色塑料工件，则加工完成后送达位置 B，带式输送机停止，由位置 B 的气缸活塞杆伸出将白色塑料工件推进出料导槽Ⅱ，然后气缸活塞杆自动缩回复位。

若加工的元件是黑色塑料工件，则加工完成后送达位置 D，带式输送机停止。机械手悬臂伸出→手臂下降→手指合拢抓取工件→手臂上升→悬臂缩回→机械手向左转动→悬臂伸出→手指松开，工件掉在处理盘内→悬臂缩回→机械手转回原位后停止。工件掉入处理盘后，直流电动机起动，转动 3s 后停止。

在位置 A 与 B 的气缸活塞杆复位和位置 D 的工件搬走后，三相交流电动机的运行频率改变为 35Hz 转动拖动带式输送机由位置 A 向位置 D 运行。这时才可向带式输送机上放入下一个待加工工件。

自动搬运分拣系统中各主要控制元器件和执行元器件的名称及其作用见表 13-1。

表 13-1　系统中各元器件的名称及其作用

序号	元器件名称	作　用
1	双控电磁阀 1	机械手旋转气缸
2	双控电磁阀 2	机械手悬臂气缸
3	双控电磁阀 3	机械手手臂气缸
4	双控电磁阀 4	机械手手指气缸
5	单控电磁阀 1	单出杆气缸 A
6	单控电磁阀 2	单出杆气缸 B
7	单控电磁阀 3	单出杆气缸 C
9	按钮 SB5	起动按钮
10	按钮 SB6	停止按钮
11	开关 SA1	单周期/连续
12	指示灯 HL1	电源指示灯
13	指示灯 HL3	运行及原位指示

相关知识

PLC 程序的调试可以分为模拟调试和现场调试两个调试过程。在此之前首先要对 PLC 外部接线仔细检查，这一个环节很重要，外部接线一定要准确无误。也可以用事先编写好的试验程序对外部接线做扫描通电检查来查找接线故障。不过，为了安全考虑，最好将主电路断开，确认接线无误后再连接主电路，将模拟调试好的程序送入用户存储器进行调试，直到各部分的功能都正常，并能协调一致地完成整体的控制功能为止。

1. 程序的模拟调试

将设计好的程序写入 PLC 后，首先逐条仔细检查，并改正写入时出现的错误。用户程序一般先在实验室模拟调试，实际的输入信号可以用钮子开关和按钮来模拟，各输出量的通/断状态用 PLC 上有关的发光二极管来显示，一般不用接 PLC 实际的负载（如接触器、电磁阀等）。可以根据功能表图，在适当的时候用开关或按钮来模拟实际的反馈信号，如限位开关触点的接通和断开。对于顺序控制程序，调试程序的主要任务是检查程序的运行是否符合功能表图的规定，即在某一转换条件实现时，是否发生步的活动状态的正确变化，即该转换所有的前级步是否变为不活动步，所有的后续步是否变为活动步，以及各步被驱动的负载是否发生相应的变化。

在调试时应充分考虑各种可能的情况，对系统各种不同的工作方式、有选择序列的功能表图中的每一条支路、各种可能的进展路线，都应逐一检查，不能遗漏。发现问题后应及时修改梯形图和 PLC 中的程序，直到在各种可能的情况下输入量与输出量之间的关系完全符合要求。

如果程序中某些定时器或计数器的设定值过大，为了缩短调试时间，可以在调试时将它们减小，模拟调试结束后再写入它们的实际设定值。

在设计和模拟调试程序的同时，可以设计、制作控制台或控制柜，PLC 之外的其他硬件的安装、接线工作也可以同时进行。

2. 程序的现场调试

完成上述的工作后，将 PLC 安装在控制现场进行联机总调试，在调试过程中对暴露出的系统中存在的传感器、执行器和硬接线等方面的问题，以及 PLC 的外部接线图和梯形图程序设计中的问题，及时加以解决。如果调试达不到指标要求，则对相应的硬件部分和软件部分作适当调整，通常只需要修改程序就可以达到调整的目的。全部调试通过后，经过一段时间的考验，系统就可以投入实际的运行了。

任务实施

一、完成自动搬运分拣系统的组装和气动回路连接

任何软件都是建立在硬件的基础上的，在开始讨论本项目的主要内容之前，必须先建立一个硬件平台，以便人们很好地完成工作任务。按照项目十的工艺要求以及前面所学的知识将设备机械结构和气动回路安装完成，并经过手动测试保证可以稳定运行。

1. 设备安装

完成对设备的调试，要求设备各环节安装位置准确，动作平稳、流畅。同时，机械结构的安装要满足以下条件：

带式输送机：电动机与输送机不同轴度不超过 ±1mm；输送机、接料口高度差不超过 ±1mm，到带边距离差不超过 ±1mm；

机械手装置：机械手组装后要能够可靠工作，机械手与立柱要垂直，装置安装尺寸误差不超过 ±1mm；

工件处理盘：安装尺寸误差不超过 ±1mm；

气源及组件：安装尺寸误差不超过 ±1mm；

系统警示灯：安装要垂直，安装尺寸误差不超过 ±1mm。

2. 连接气动回路

按照任务描述中表 13-1 的要求分配电磁阀的控制对象，并连接好如图 13-3 所示的系统气动回路，气动回路连接要满足以下要求：

元件选择：气缸使用的电磁阀要与图样相符；

气动回路连接：不可以出现漏接、脱落、漏气等现象；

气动回路工艺：布局要合理，长度要合理，绑扎要美观（每道间隔 8 ~ 10cm）。

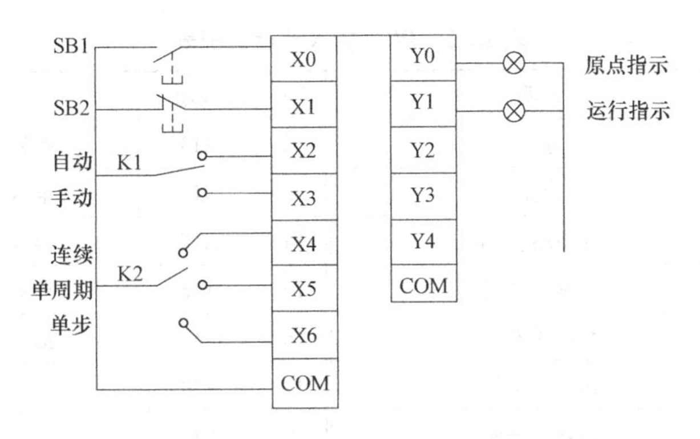

图 13-3　YL-235A 系统气动回路

3. 调试设备

按照以下流程完成对设备的调试：

1）检查机械结构安装是否到位，有无松动。

2）检查机械安装位置是否准确，保证机械手准确取物、准确搬运、准确放物，保证 3 个气缸能够准确地将工件推入各自对应的料槽。

3）打开气源，通过电磁阀上的手动控制按钮来检查各气缸动作是否顺畅，通过调节各气缸两端的截流阀使它的动作平稳、速度匀称。

4）按照工艺要求检查设备电气电路安装情况，注意细节上的规范。

5）设备调试结束后，把安装时所留下的垃圾清理干净，安装时使用的工具整理整齐，摆放在自己的工具箱内。

二、完成自动搬运分拣系统电气回路的设计和连接

1. 分配 PLC 输入输出点

（1）确定输入点数　根据动作过程，所用检测传感器占用的输入点数为 18 个；起动、停止、循环方式需要 3 个，共计 21 个输入点。

（2）确定输出点数　根据工作过程和气动系统图，可以确定完成自动搬运分拣系统所需要的输出有：

1）送料电动机运行，需要 1 个输出；运行指示灯 1 个输出。

2）机械手动作：前伸、后退，上升、下降，抓紧、松开，左摆、右摆，需要 8 个输出。

3）推料气缸动作：A 气缸动作、B 气缸动作、C 气缸动作，需要 3 个输出。

4）带式输送机运行：根据技术要求，带式输送机由变频器控制，要求两种速度，正转、反转运行，所以变频器共需要 4 个控制端，占 4 个输出。

由以上分析可知，完成自动搬运分拣系统共需要占用 PLC 的输出点数 17 个。

（3）列出 PLC 输入/输出地址分配表　17 个输出中，除了控制变频器运行的 4 个点不是用 DC24V 电源外，其余都用按钮模块上的 DC24V 电源来驱动，所以输出需要分为两类，控制变频器的 4 个输出点不和其他的输出点共用 COM。列出参考的 PLC 输入/输出地址分配表见表 13-2、表 13-3。

表 13-2　PLC 输入地址分配表

序号	输入地址	说明	序号	输入地址	说明
1	X0	起动	12	X13	推料一号气缸后限位
2	X1	停止	13	X14	推料二号气缸前限位
3	X2	工件检测(光电)	14	X15	推料二号气缸后限位
4	X3	机械手左摆	15	X16	推料三号气缸前限位
5	X4	机械手右摆	16	X17	推料三号气缸后限位
6	X5	机械手平伸	17	X20	传送带有料检测
7	X6	机械手平缩	18	X21	电感传感器
8	X7	机械手夹紧	19	X22	光纤传感器
9	X10	机械手垂伸	20	X23	光纤传感器
10	X11	机械手垂缩	21	X24	方式转换开关一
11	X12	推料一号气缸前限位	22	X25	方式转换开关二

表 13-3　PLC 输出地址分配表

序号	输出地址	说明	序号	输出地址	说明
1	Y0	送料电动机	10	Y12	推料一号气缸伸出
2	Y1	机械手放松	11	Y13	推料二号气缸伸出
3	Y2	机械手夹紧	12	Y14	推料三号气缸伸出
4	Y3	机械手左摆	13	Y17	运行指示灯
5	Y4	机械手右摆	14	Y20	接变频器正转
6	Y5	机械手平伸	15	Y21	接变频器反转
7	Y6	机械手平缩	16	Y22	接变频器高速
8	Y10	机械手垂伸	17	Y23	接变频器中速
9	Y11	机械手垂缩			

2. 设备 PLC 接线图

根据 PLC 输入/输出地址分配情况设计出接线图，可得如图 13-4 所示的系统电气原理图。

为了保证图样的完整性，在此图中将本项目后面工作任务中要用到的一些元器件和接线也放到图里。

3. 根据接线图完成对设备的电路连接

电路连接要满足以下条件：

元器件选择：元器件选择要与试题要求相符；

连接工艺：电路连接要牢固，不可出现导线露铜超过 2mm，同一接线端子上连接导线不能超过两条；

编号管：连接的导线要套好编号管，并自行设计合理的标号。

4. 设置变频器参数

根据本项目对带式输送机的控制要求，列出需要设置的变频器参数及相应的值，并

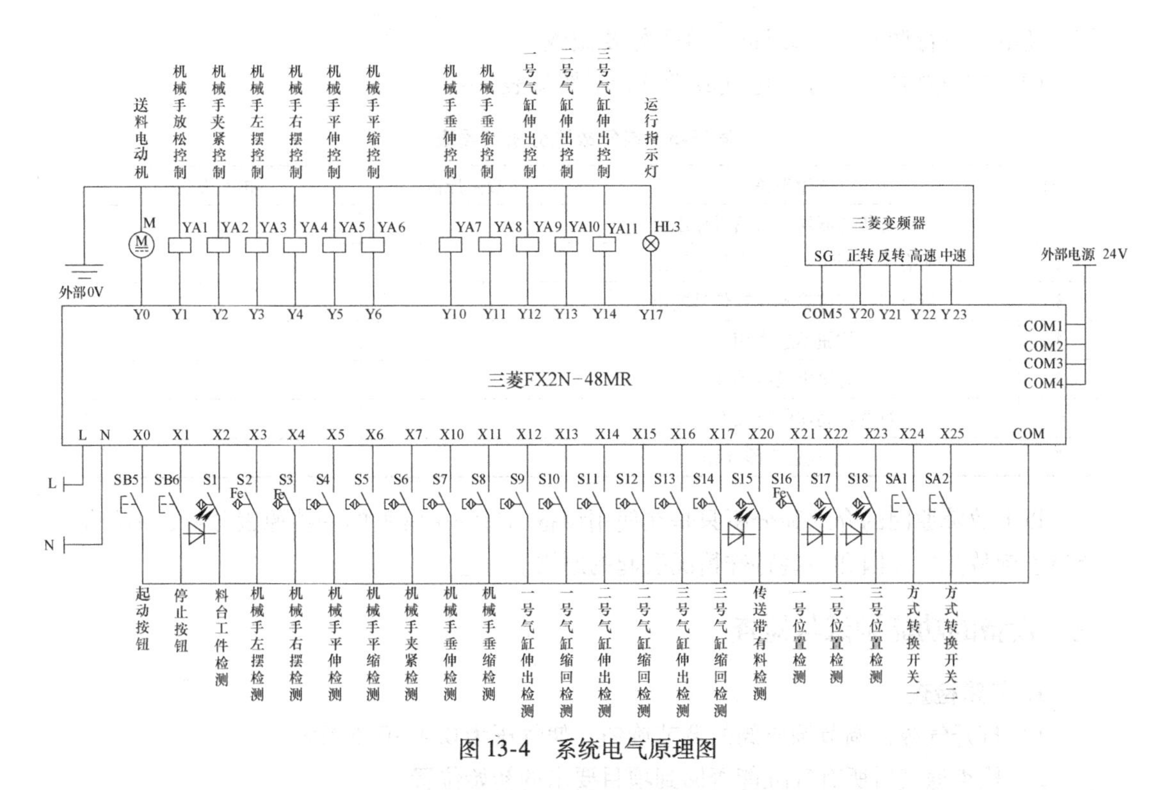

图 13-4 系统电气原理图

填写表 13-4。在设置参数时如果不知道变频器原来的参数情况可先将参数恢复为出厂设置，然后按表 13-4 所示依次设置参数，参数设置结束后再将变频器设为运行模式。

表 13-4 变频器设置参数表

序号	参数代号	参数值	说明
1	P4	35Hz	高速
2	P5	25Hz	中速
3	P7	2s	加速时间
4	P8	1s	减速时间
5	P79	2	电动机控制模式(外部操作模式)

5. 电气检查与调试

(1) 检查步骤

步骤一：接线完成后，接通电源，检查按钮模块、PLC 模块以及变频器模块电源是否正常；

步骤二：观察检测到气缸位置的两线传感器是否有信号，检测三线传感器是否能正常工作；

步骤三：拿出 3 个不同的工件，根据任务要求调节用于物料分拣的 3 个传感器的位置和灵敏度满足分拣要求；

步骤四：拨动变频器正/反转手动开关，检查变频器工作是否正常，并观察安装好的传送带电动机的同轴度（若电动机或者传送带上的推料气缸晃动，说明同轴度没对好，断电后进行调节），如果同轴度不好要做微调。

（2）电气故障的排除　电气故障分析对照见表13-5。

表13-5　电气故障分析对照表

序号	故障现象	故障原因	排除方法
1	所有传感器均没有信号输出		
2	所有两线制传感器没有信号输出		
3	所有三线制传感器没有信号输出		
4	按钮不起作用		
5	所有输出没有动作		
6	执行器件动作气缸没有动作		
7	某一个气缸不能动作		

以上故障原因的介绍和分析只是在使用设备的过程中常见的一些原因分析，不包括所有引起故障的原因和一些特殊情况引起的原因。

三、设备的功能调试与检查

1. 气路检查

1）打开气源，调节调压阀的调节旋钮，使气压为0.4～0.6MPa。

2）检查通气后所有气缸能否回到项目要求的初始位置。

3）观察是否有漏气现象，若漏气，则关闭气源，查找漏气原因并排除。

4）调节气缸运动速度，使各推料气缸运动平稳无振动和冲击；推料动作可靠，且伸缩速度基本保持一致。

2. 传感器检查

1）检查落料口的光敏传感器能否可靠检测从落料口放下来的工件。

2）检查电感传感器能否检测出所有从传送带上通过的金属工件；第一个光纤传感器能否检出所有从传送带上通过的白色工件；第二个光纤传感器能否检出所有从传送带上通过的黑色工件。

3）检查各磁性开关能否在推料气缸动作到位时按要求准确发出信号。

对于工作不符合要求的传感器应及时进行位置和灵敏度调节，确保其符合设备检测的需要。

3. 带式输送机运行检查

1）操作变频器模块上的手动开关，检查带式输送机的运行和变频器的参数设置是否正确。

2）带式输送机运行顺畅、平稳、无振动和噪声，电动机无严重发热现象。

四、确定系统功能的实现方法

1. 程序设计思路

本任务从系统功能上看这个项目与前面的内容有所区别，首先从安装方式上是完全反装结构，动作方式也一改常规思路，能直接通过手动放置工件，先在传送带上根据任务要求对不同的工件进行不同的处理，然后将满足条件的工件由机械手搬走放入料盘进行处理，如此作为一个工作周期。虽然设备的结构和动作都是反向的，但是从动作功能上看，主流程还是顺序控制，所以在设计动作的时候仍可以选择采用基本指令实现的动作控制法（用时间控制法来实现动作控制不是很可靠，在真正的工业应用中很少使用，而且设备上每个动作都有对应的位置检测传感器，所以不采用时间控制法），也可以选择采用三菱 PLC 的步进梯形图指令控制法，作为设计动作的向导。

2. 系统的功能分析

（1）传送带部分　传送带部分的程序通过分析，可分为 5 个部分。

1）待料运行；

2）从入料口检测到工件到运行到 C 号位，在这段时间内区分材质；

3）金属工件的处理；

4）白色工件的处理；

5）黑色工件的处理。

金属、白色、黑色工件的处理是第二部分的三个分支。在每个分支里，都是顺序控制。需要注意在每个分支执行结束时要执行第一部分，能让系统继续运行。

（2）机械手部分　机械手的动作需要与传送带部分执行的结果相结合，在系统正常工作时，黑色工件到 D 号位。机械手开始执行第一个动作，利用步进指令编写机械手程序，需要注意机械手动作顺序和每一步的执行条件。依照这样的规律设计机械手的其余动作（可参看前面相关知识中介绍的动作控制法）。

（3）控制功能　起动：按下起动按钮，设备起动。带式输送机按由位置 A 向位置 D 的方向高速运行，拖动带式输送机的交流电动机的运行频率为 35Hz。需要注意，设备起动后传送带就开始运行，检测到工件后变速，同时，指示灯 HL1 由闪亮变为长亮。

停止：要注意按下停止按钮，应将当前元件处理送到规定位置并使相应的部件复位后，设备才能停止。设备在重新起动之前，应将出料斜槽和处理盘中的工件拿走。

复位：起动按钮按下，系统得到起动信号后并不立即开始工作过程，要先判断系统当前状态。如果系统各环节处在复位状态，则开始执行工作过程；如果不在复位状态，则要先进行复位。

方式选择：状态一时开关 SA1 置于“左”位置时为循环运行（各工作步骤连续运行），状态二时开关 SA1 置于“右”位置时为单次循环（系统单周期运行）。

3. 设备控制要点

程序主要包括传送带分拣、机械手、料盘控制三大部分，动作顺序是反过来的手动放料进入传送带，最后将符合一定条件的工件放到料盘中进行处理，要根据程序的要求采用合理的 PLC 编程方法。

1）传送带的控制及加工处理程序可以结合前面学习的传送带分拣控制方法用顺控梯形图或经验编程法实现，不过这里建议采用入口光电传器先将黑白工件分出，然后结合第一个位置的金属传感器将三种工件全部分出，三种工件都分拣完后还是采用步进指令进行编程，这样更快更可靠，逻辑也很清楚。如果对于复杂的分拣加工功能采用经验编程法也可以做出来，但是有一定的难度；传送带的分拣过程要可靠，当工件到达相应位置时，由于传感器可能灵敏度较高，会在工件到达的边沿就检测到信号，为了保证工件能够准确地到达位置，可以设置一个微调时间用以调整工件到达传感器下方的准确位置。

2）机械手动作的搬运过程设计要正确，为了保证运行的流畅性和可看性，可以在部分执行时间过短的动作上加上适当的延时，使整体动作看起来更平稳、流畅。

4. 顺序功能图

采用三菱PLC的步进梯形图指令控制的顺序功能图如图13-5所示。

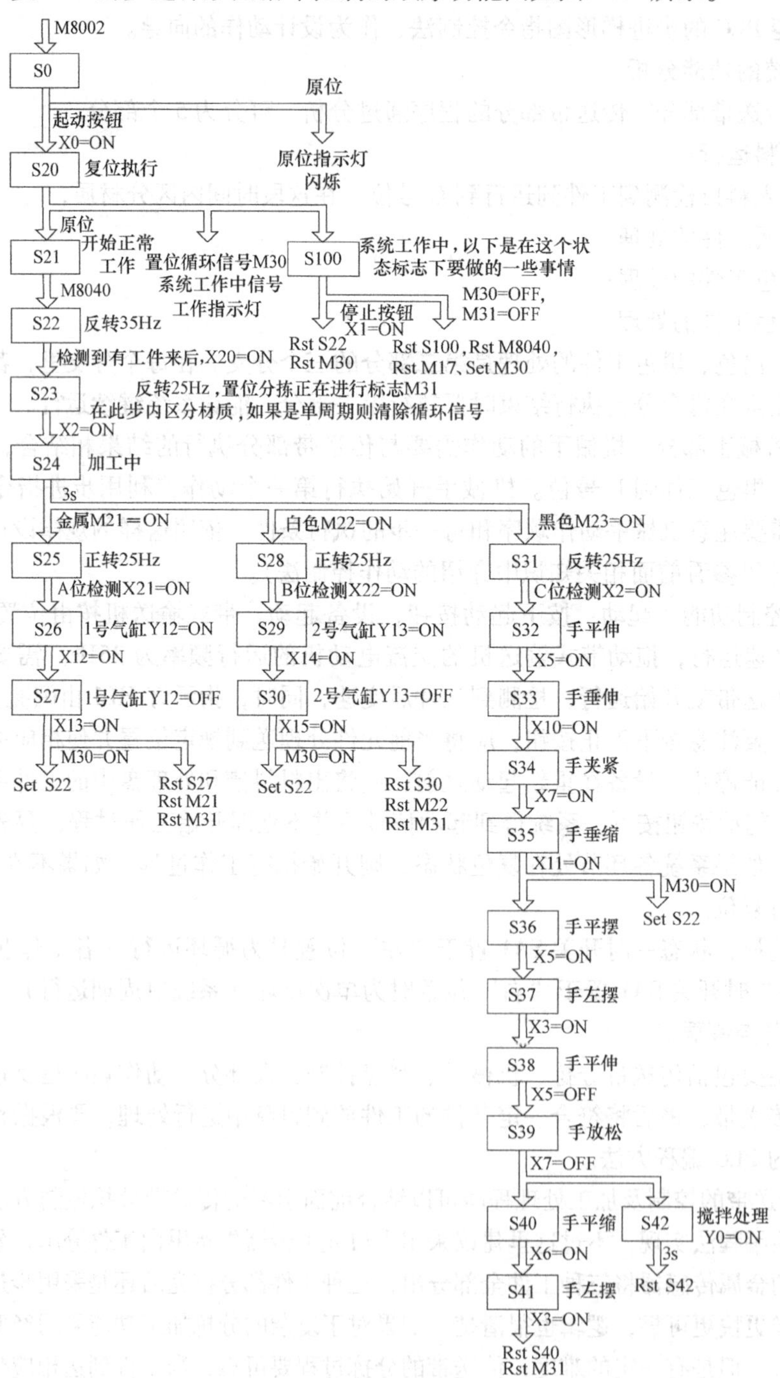

图13-5 系统顺序功能图

五、PLC 程序的编写与系统调试

1. 程序的编写

图 13-6 所示程序主要是编写系统在开始正常工作前按下起动按钮后的设备复位、设备在原位时的指示和设备的停止功能。

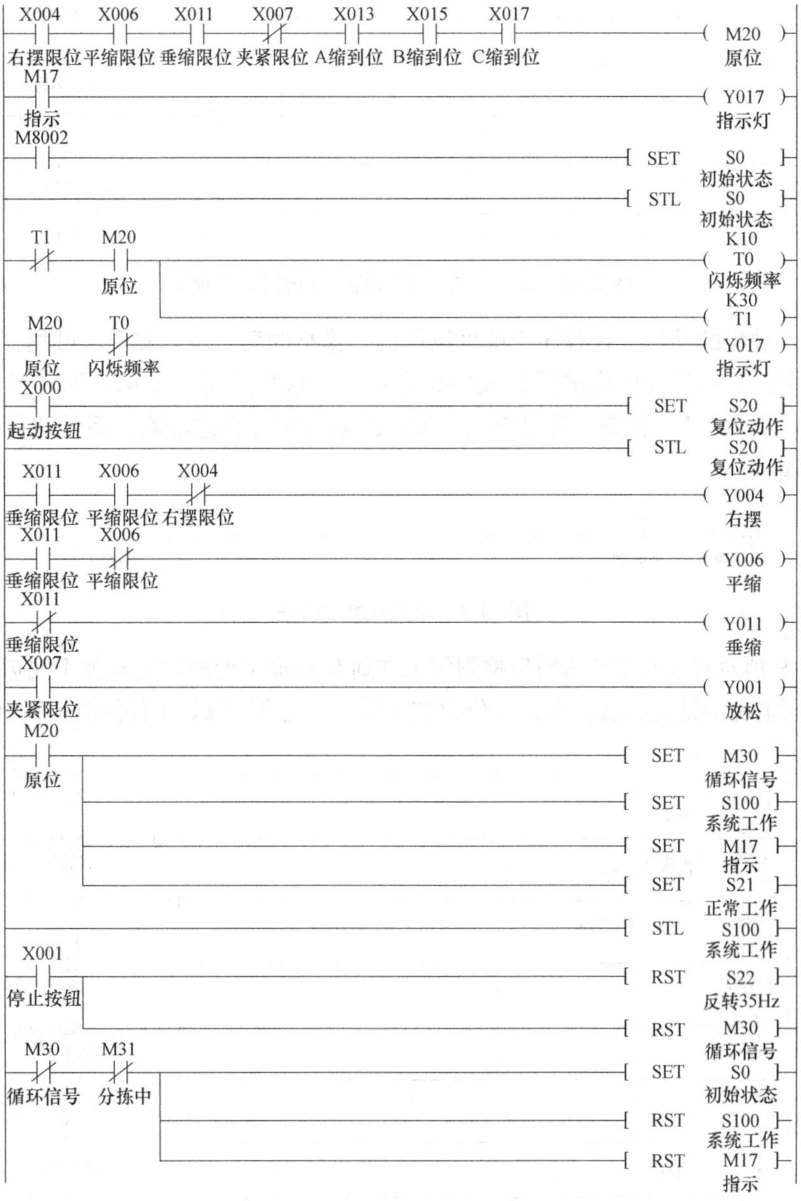

X004 右摆限位 X006 平缩限位 X011 垂缩限位 X007 夹紧限位 X013 A缩到位 X015 B缩到位 X017 C缩到位 —(M20 原位)
M17 指示 —(Y017 指示灯)
M8002 —[SET S0 初始状态]
—[STL S0 初始状态]
T1 M20 原位 —(T0 闪烁频率 K10) —(T1 K30)
M20 原位 T0 闪烁频率 —(Y017 指示灯)
X000 起动按钮 —[SET S20 复位动作]
—[STL S20 复位动作]
X011 垂缩限位 X006 平缩限位 X004 右摆限位 —(Y004 右摆)
X011 垂缩限位 X006 平缩限位 —(Y006 平缩)
X011 垂缩限位 —(Y011 垂缩)
X007 夹紧限位 —(Y001 放松)
M20 原位 —[SET M30 循环信号] —[SET S100 系统工作] —[SET M17 指示] —[SET S21 正常工作]
—[STL S100 系统工作]
X001 停止按钮 —[RST S22 反转35Hz] —[RST M30 循环信号]
M30 循环信号 M31 分拣中 —[SET S0 初始状态] —[RST S100 系统工作] —[RST M17 指示]

图 13-6　设备复位、在原位时的指示和停止功能参考程序

图 13-7 给出了设备正常工作后的待料运行的参考程序。在循环工作方式下，设备在处理完了一个工件后，应可以进入此状态，以确保设备的正常工作。

单周期工作状态和连续工作状态的区别是：单周期工作状态在完成最后一步动作后就停止工作，在程序中就可以回到初始状态；而连续工作状态在完成最后一步动作时还

STL S21
正常工作
M8000
SET S22
反转35Hz
STL S22
反转35Hz
Y021
Y023
X020
SET S23
反转25Hz
SET M31
分拣中
STL S23
反转25Hz
Y022
Y021

图 13-7　设备正常工作后的待料运行参考程序

要重复前一过程的动作，在程序中就可以回到工作步的第一步来实现。可见，两种工作状态只是在最后一步动作完成后转入的状态不同。这里采用一个单周期转换开关（见图 13-8），如果处于单周期工作状态时，X24 闭合将循环标志清除，系统执行完一个周期后不再循环。

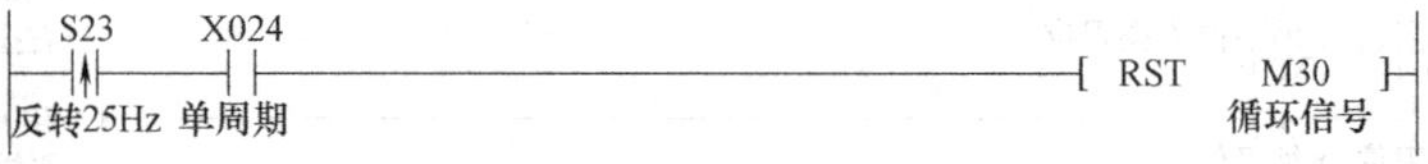

S23
X024
反转25Hz
单周期
RST M30
循环信号

图 13-8　单周期转换开关

图 13-9 所示程序写了从入料口检测到工件到 C 号加工处的加工及加工完成后按不同材质分不同情况的处理方法，在到 C 位时加了延时，这样可以让工件停的位置更加准确。

X021
A位检测
SET M21
金属
M21
X022
金属
B位检测
SET M23
白色
M21
M22
X023
金属
白色
C位检测
SET M23
黑色
X023
C位检测
K1
T20
延时
T20
延时
SET S24
加工中
STL S24
加工中
K30
T21
加工时间
T21
M21
加工时间
金属
SET S25
正转25Hz
M22
白色
SET S28
正转25Hz
M23
黑色
SET S31
反转25Hz

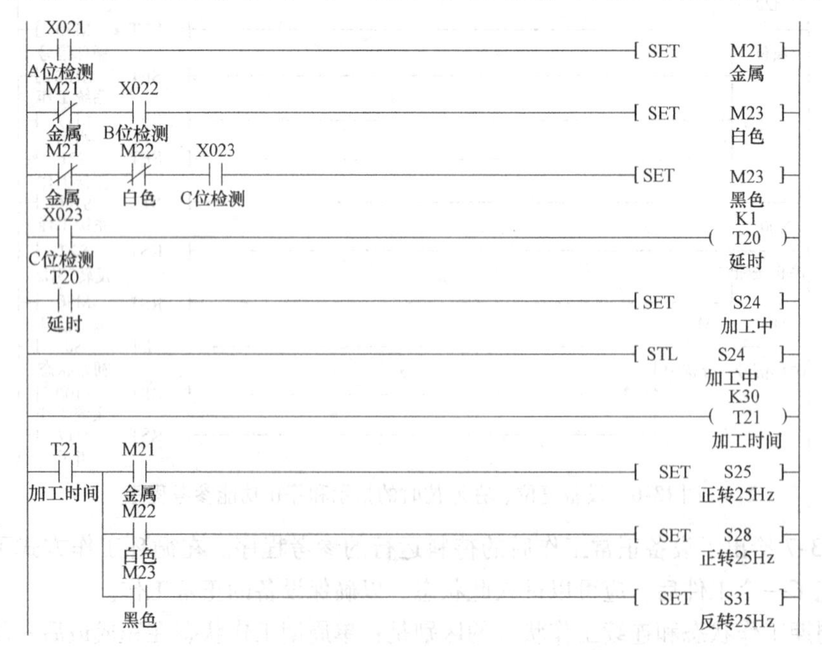

图 13-9　工件到 C 号加工处加工的参考程序

图 13-10、图 13-11 分别是金属工件和白色工件的处理程序，它们采用的处理方法一样，同时为了保证能准确地推入滑槽，可在 A、B 位的传感器信号都加入延时，用延时后的信号驱动电磁阀。

```
*<金属工件>
[STL S25 正转25Hz]
(Y020)
(Y022)
X021 A位检测 —— K1 (T22 延时)
T22 延时 —— [SET S26 推入A]
[STL S26 推入A]
(Y012 A推)
X012 A推到位 —— [SET S27 A缩回]
[STL S27 A缩回]
X013 A缩到位 —— M30 循环信号 —— [SET S22 反转35Hz]
[RST S27 A缩回]
[RST M21 金属]
[RST M31 分拣中]
```

图 13-10　金属工件的处理程序

```
*<白色工件>
[STL S28 正转25Hz]
(Y020)
(Y022)
X022 B位检测 —— K1 (T23 延时)
T23 延时 —— [SET S29 推入B]
[STL S29 推入B]
(Y013 B推)
```

图 13-11　白色工件的处理程序

X014
B推到位
SET S30
B缩回
STL S30
B缩回
X015
M30
B缩到位
循环信号
SET S22
反转35Hz
RST S30
B缩回
RST M22
白色
RST M31
分拣中

图 13-11 白色工件的处理程序（续）

黑色工件的处理涉及机械手的动作，在循环信号没有断开时，工件搬离传送带后就开始待料运行，接通 S22。黑色工件的处理程序如图 13-12 所示。

* < 黑色工件 >
STL S31
反转25Hz
Y021
Y022
X002
C点检测
K2
T24
延时
T24
延时
SET S32
手平伸
STL S32
手平伸
Y005
平伸
X005
平伸限位
SET S33
手垂伸
X004
右摆限位
RST S41
手右摆
RST M31
分拣中
RST M23
黑色
STL S42
搅拌处理
Y000
K30
T25
T25
RST S42
搅拌处理
RET
END

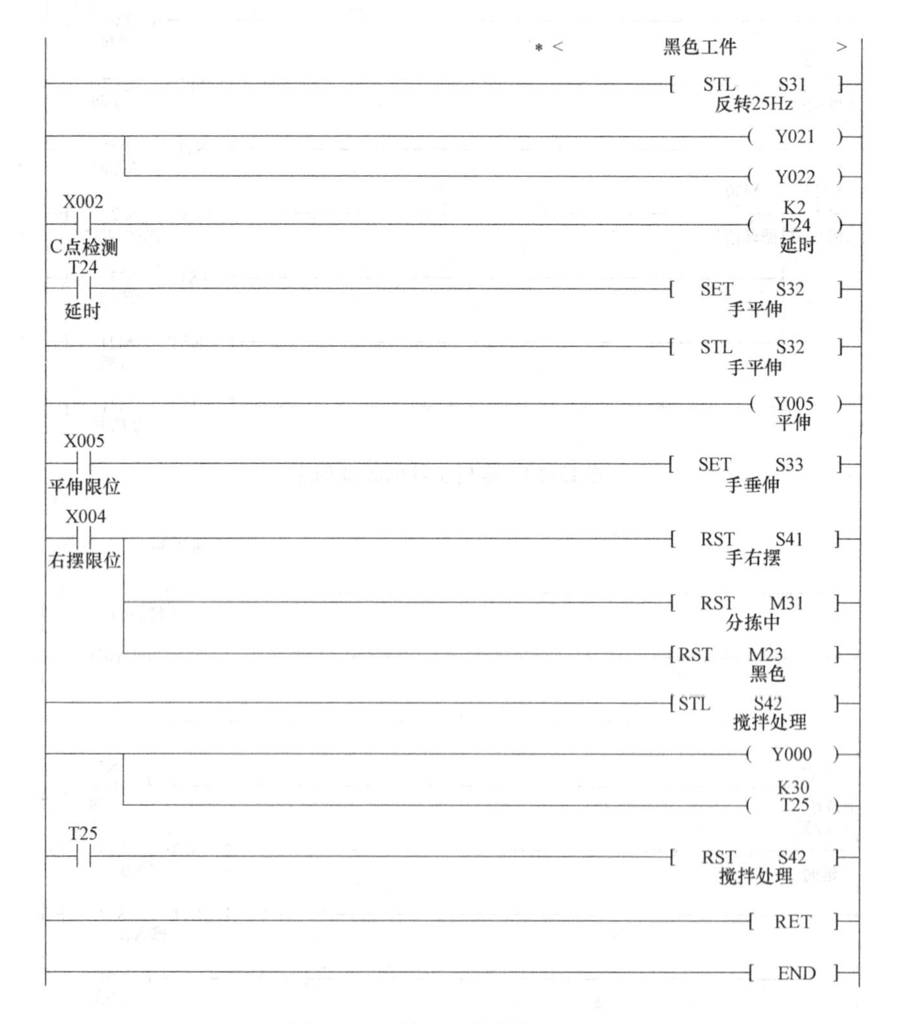

图 13-12 黑色工件的处理程序

2. 系统调试

程序编写结束后，将程序下载到PLC，把PLC的状态转换到RUN。按下起动按钮，观察当工件从进料口放上带式输送机时，带式输送机是否由高速运行变为中速运行，此时拖动带式输送机的三相交流电动机的运行频率应该为25Hz。带式输送机上的工件到达位置C时停止3s进行加工，加工完成后观察对各不同工件的处理是否正确。

注意黑色塑料工件处理时机械手的动作顺序，观察有没有出现运行到中途停止，或者出现错误动作的情况。如果机械手运行到中途停止不动，应先检查输入信号是否正常、是否接错，如都正常则查看程序中有没有写错。如果出现错误动作，此时不应立即改变PLC状态，而是要通过监控程序来找出程序中的错误。如机械手在不应该平伸的时候伸出了，则要先找到平伸的输出端（因为是顺序控制，所以一个动作错误后，以后的动作将全部混乱，此时应找到产生第一个错误动作原因，待解决第一个错误动作的问题后，以后的动作会随着此问题的解决而得到解决），仔细观察是哪一个中间继电器让输出口错误动作（每一个动作输出基本都有对应两个中间继电器来控制），找到产生错误动作的中间继电器后，再找到此中间继电器的输出端，并结合上下程序找出原因，修改程序，修改完成后重新下载调试。

图13-6给出了大部分参考程序，请结合控制要求完善功能，编写完整的系统程序，并进行调试。

考核评价

序号	评价指标	评价内容	分值	学生自评	小组评分	教师评分
1	系统资源分配	能够合理地分配PLC内部资源	5			
2	实验电路设计与连接	电路设计正确	10			
		能正确进行电路设计及连接	10			
		电路的连接符合工艺要求	5			
3	变频器应用	变频器的硬件电路	5			
		变频器的端子功能	5			
		变频器的参数设置及功能	10			
4	PLC程序的编写	掌握本项目PLC程序设计方法	5			
		掌握编程软件的使用,能够根据控制要求设计完整的PLC程序	25			
		能够完成程序的下载调试	5			
5	整机调试	能够根据实验步骤完成工作任务	10			
		能够在调试过程中完善系统功能	5			
总　分			100			
问题记录和解决方法	记录任务实施中出现的问题和采取的解决方法					

任务二 系统多种工作方式的控制

任务描述

1. 学习常见的起动控制方式和要求

学习机电一体化设备中常见的起动控制方式和要求，掌握实现其功能的基本方法。

2. 工作要求与技术要求

在完成任务一的基础上加入工作过程自动循环的功能，同时完成系统要求的起动和停止功能，达到此任务拟订的工作要求与技术要求。

工作方式：

该设备具有连续运行、单周期运行、单步运行和手动操作 4 种工作方式。

连续运行方式：按下起动按钮后，一个零件处理完毕，如又有零件从落料口中放入，则自动开始下一零件的处理。直至按下停止按钮后设备才能完成一个工作过程后停止。

单周期运行方式：每次落料口有工件放入都需要按下起动按钮才能让设备运行。

单步运行方式：每按一下起动按钮，设备完成一步动作。

手动操作方式：可以通过外部开关一一对应地控制设备的各个动作环节，同时其他任何自动和半自动的控制全部不起作用。

状态选择：

A. 连续运行：此时 SA1 置右位置、SA2 置右位置。

B. 单周期运行：此时 SA1 置右位置、SA2 置左位置。

C. 单步运行：此时 SA1 置左位置、SA2 置左位置。

D. 手动操作：此时 SA1 置左位置、SA2 置右位置。

需要注意的是，每种状态都要有状态指示灯指示，A、B、C 三种工作方式切换时，如果是处在工作过程中，则当前正在工作的状态指示灯以 1Hz 的频率闪烁，不能进行转换并指示误操作，必须在设备停止的状态下才能进行切换。但是任何工作方式切换到手动操作方式，或者手动操作方式切换到其他工作方式时可以立即切换。

本任务中增加的元器件名称、作用及对应的 PLC 点见表 13-6。

表 13-6 增加的元器件名称、作用及对应的 PLC 点

序号	元器件名称	作用	对应的 PLC 点
1	SA1	方式选择开关一	X24
2	SA2	方式选择开关二	X25

注：方式选择开关一在任务一中已经出现，这里为了两个开关配合使用放在一起写出。

相关知识

实际的 PLC 应用系统往往比较复杂，复杂系统不仅需要的 PLC 输入/输出点数多，而且为了满足生产的需要，很多工业设备都需要设置多种不同的工作方式，常见的有手动和自动（连续、单周期、单步）等工作方式。在设计这类具有多种工作方式的系统的程序时，经常采用以下的程序设计思路与步骤。

1. 确定程序的总体结构

将系统的程序按工作方式和功能分成若干部分，如公共程序、手动程序、自动程序等部分。手动程序和自动程序是不同时执行的，所以用跳转指令将它们分开，用工作方式的选择信号作为跳转的条件。

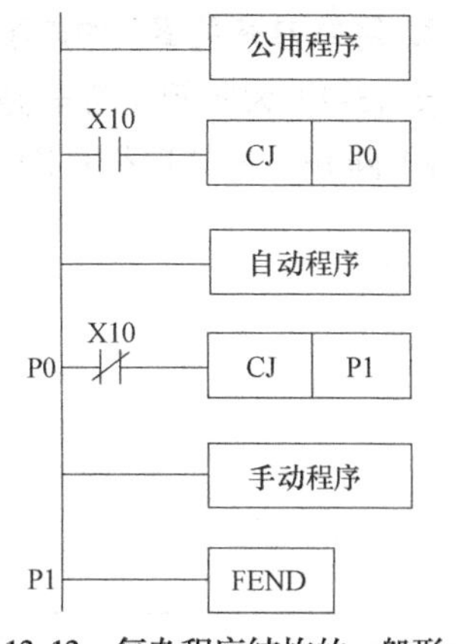

图 13-13　复杂程序结构的一般形式

图 13-13 所示为典型的具有多种工作方式的复杂程序结构的一般形式。选择手动工作方式时，X10 为“1”状态，将跳过自动程序，执行公用程序和手动程序；选择自动工作方式时，X10 为“0”状态，将跳过手动程序，执行公用程序和自动程序。确定了系统程序的结构形式，然后分别对每一部分的程序进行设计。

2. 分别设计局部程序

公共程序和手动程序相对较为简单，一般采用经验设计法进行设计；自动程序相对比较复杂，对于顺序控制系统一般采用顺序控制设计法，先画出其自动工作过程的功能表图，再选择某种编程方式来设计梯形图程序。

3. 程序的综合与调试

进一步理顺各部分程序之间的相互关系，并进行程序的调试。

任务实施

一、任务分析及系统多种工作方式控制方法的学习

1. 多工作模式电路状态的设置

控制电路应使控制可处在不同的工作状态，以进行不同的控制。可选择一个基本的状态、方式进行设计，然后再考虑其他状态、方式，其间靠切换开关实现。从实用角度考虑，多数控制电路都是多种状态、多种方式的，故考虑这个问题也是设计电路的重要工作。很多工业控制设备都设置有以下几种不同的工作方式：手动、单步、单周期、连续，后三种属于自动工作方式。

在 YL-235 设备中可以实现的常见工作和检测运行方式有：连续（循环）运行、单周期运行（自动测试）、单步运行（按钮控制）、手动运行（带自锁按钮控制）、连续运行一定次数后停止一段时间的运行、每个工作周期都相隔一段时间的运行、设备以两种工作模式运行、设备以测试运行 + 工作运行方式运行、通过自己的测量确定工作运行时间与行程。

2. 用单刀开关 K1 作连续与单周期运行控制

图 13-14 为实例参考电路。图 13-15 为连续与单周期运行控制方法的示意图。图中，K1 断开，连续运行；K1 闭合，单周期运行。

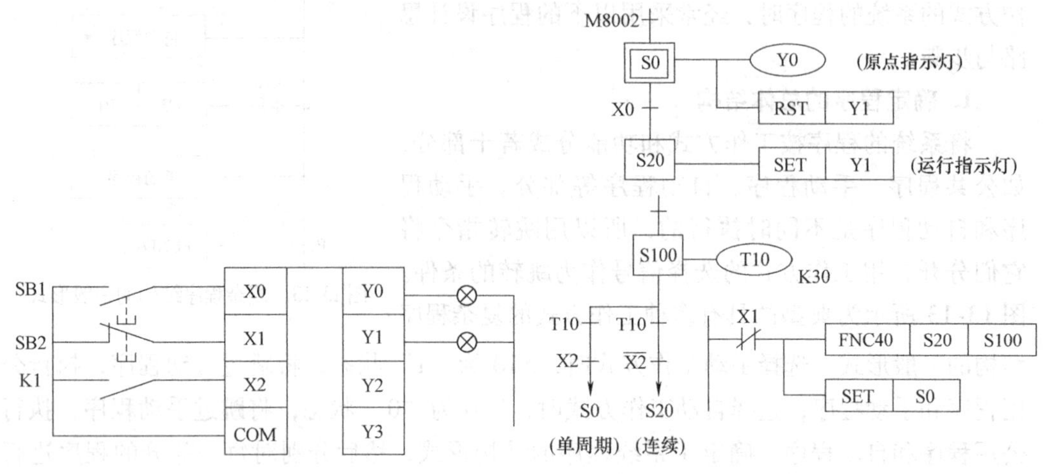

图 13-14 实例参考电路　　图 13-15 连续与单周期运行控制方法

3. 用单刀三掷开关 K1 控制自动运行（连续、单周期、单步）模式

图 13-16 为实例参考电路。图 13-17、图 13-18 分别为连续、单周期、单步控制方法和状态禁止转移控制方法的示意图。当 X4 闭合后，激活 M8040，状态被禁止转移。只有按下起动按钮 X0，切断 M8040，状态才能在执行完成后（用时间控制转移的状态，必须将按钮按住至状态运行到设定值）进行转移。

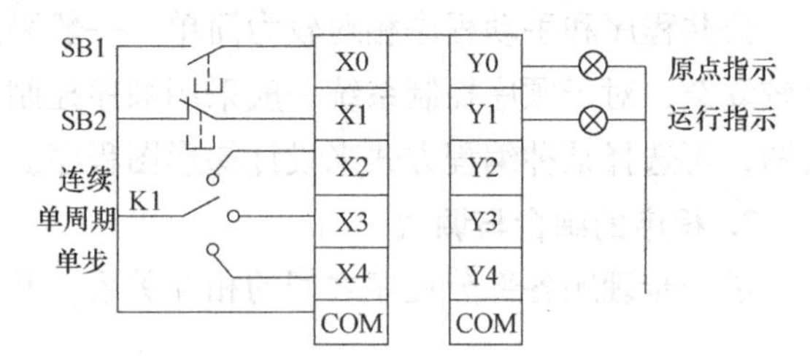

图 13-16 实例参考电路

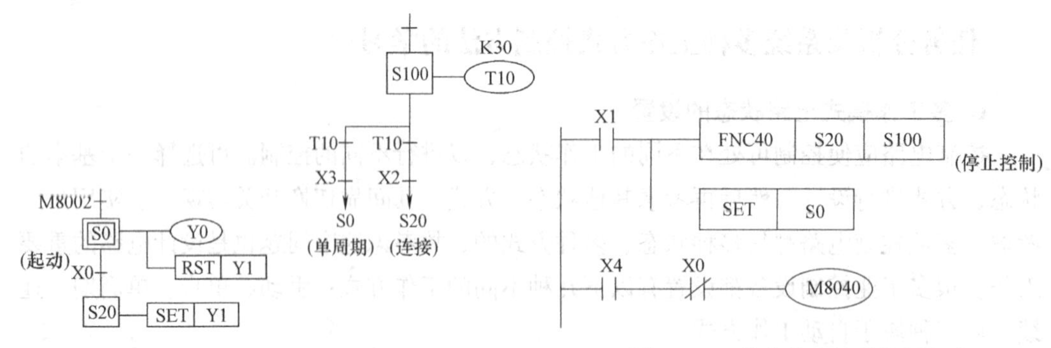

图 13-17 连续、单周期、单步控制方法　　图 13-18 状态禁止转移控制方法

4. 用跳转指令控制自动与手动模式的运行

图 13-19 所示为实例参考电路。图 13-20 所示为自动与手动模式控制方法的示意图。

若自动控制开关 X2 闭合，程序会自动跳过手动控制程序，转到 P0 标号以下的自动控制程序运行。

若手动控制开关 X3 闭合，即每执行完一次手动控制程序，程序就自动跳转到 P1 标号，执行结束指令。

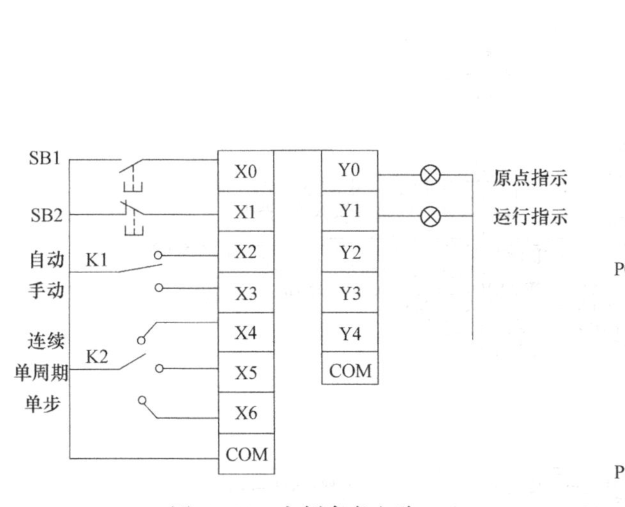

图 13-19　实例参考电路

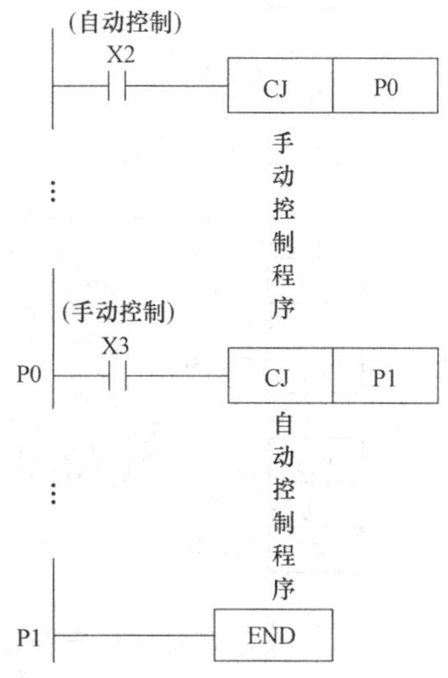

图 13-20　自动与手动模式控制方法

二、确定完成工作任务的思路

1. 多种工作方式

方式选择：

A. 连续运行：此时 SA1 置右位置，SA2 置右位置。

B. 单周期运行：此时 SA1 置右位置，SA2 置左位置。

C. 单步运行：此时 SA1 置左位置，SA2 置左位置。

D. 手动操作：此时 SA1 置左位置，SA2 置右位置。

首先指出，任务完成的过程中只给出前三种工作方式的实现方法，手动控制很简单，只要在程序里做出一个判断条件将所有功能都屏蔽掉，用外部开关或按钮来控制相关器件就可以了，任务中给出要求是为了提醒读者不要忽略了设备上具有的这个控制方式。

在编写起动程序时可以不管系统是否在原位，按下起动按钮的第一步都可以是进入复位动作，在复位动作执行时可根据转换开关的状态判断系统进入的工作模式。判断工作方式的方法如下：在执行复位功能状态下，根据 SA1 和 SA2 的状态来改变确定状态。用 SET 指令来保持，在运行结束并且设备回到原位后，清除它，3 个状态之间可以用互锁保证它的可靠运行。

2. 设备控制要点

每种状态都要有状态指示灯指示，A、B、C 三种工作方式切换时，如果是处在工作过程中，则以前的状态指示以 1Hz 的频率闪烁，不能进行转换并指示误操作，必须在设备停止的状态下才能进行切换。但是任何工作方式切换到手动操作方式，或者手动操作方式切换到其他工作方式时可以立即切换。

3. 顺序功能图

采用三菱 PLC 的步进梯形图指令控制的系统顺序功能图如图 13-21 所示。

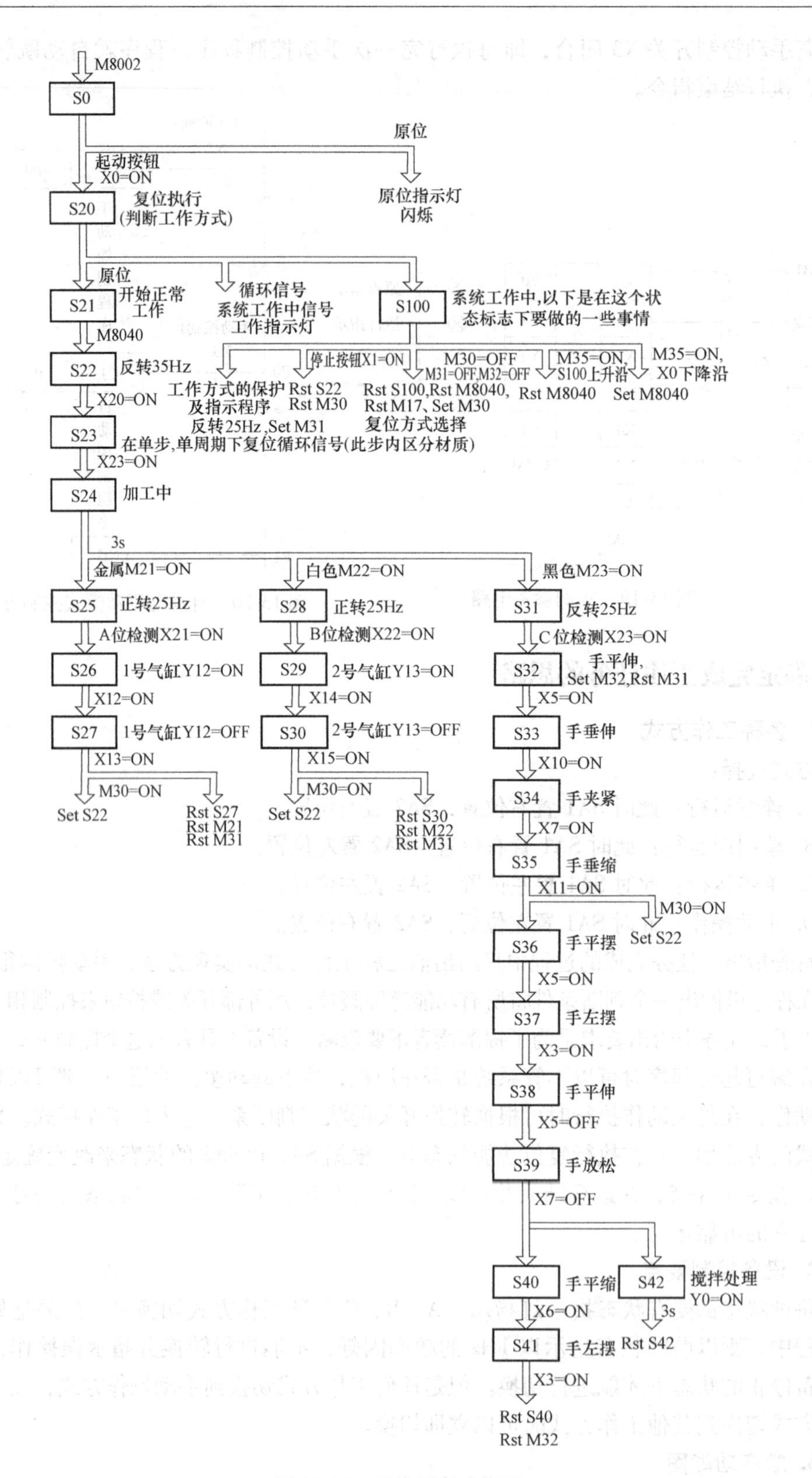

图 13-21　系统顺序功能图

三、PLC 程序的编写与调试

因为多种工作方式的要求和主功能程序交叉利用的程序段较多，而且程序相互影响，所以任务二给出的程序和任务一有重复之处，但也有其特别所在，请读者仔细分析并加以完善，调试整机功能。

图 13-22 给出了系统在没有运行时的指示灯闪烁、刚进入运行状态后的复位动作的参考程序。

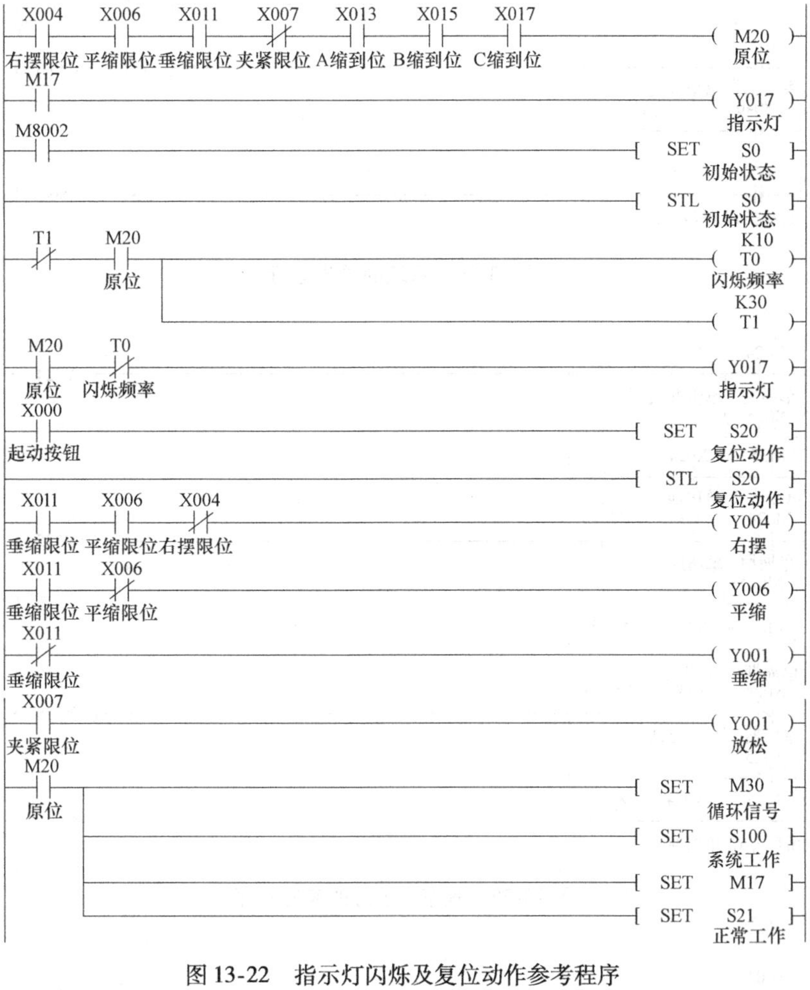

X004 X006 X011 X007 X013 X015 X017 M20
右摆限位 平缩限位 垂缩限位 夹紧限位 A缩到位 B缩到位 C缩到位 原位
M17 Y017
指示灯
M8002 SET S0
初始状态
STL S0
初始状态
T1 M20 K10
T0
原位 闪烁频率
K30
T1
M20 T0 Y017
原位 闪烁频率 指示灯
X000 SET S20
起动按钮 复位动作
STL S20
复位动作
X011 X006 X004 Y004
垂缩限位 平缩限位 右摆限位 右摆
X011 X006 Y006
垂缩限位 平缩限位 平缩
X011 Y001
垂缩限位 垂缩
X007 Y001
夹紧限位 放松
M20 SET M30
原位 循环信号
SET S100
系统工作
SET M17
SET S21
正常工作

图 13-22　指示灯闪烁及复位动作参考程序

图 13-23 所示程序给出了工作方式的选择，需要注意的是，这段程序必须被包含在 S20 里。

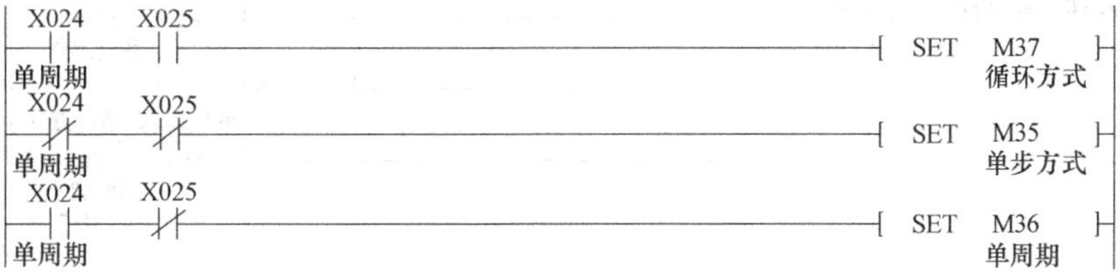

X024 X025 SET M37
单周期 循环方式
X024 X025 SET M35
单周期 单步方式
X024 X025 SET M36
单周期 单周期

图 13-23　工作方式的选择

系统的单步运行。在单步状态下利用上升沿和下降沿实现 M8040 的通断，实现系统的单步运行。

图 13-25 是一段 3 盏状态指示灯的程序，编写了在旋转按钮没有拨离以及拨离正确位置的指示灯的状态。

图 13-26 所示程序是停止功能，应注意的是在停止后要清除的状态很多，这里清除 M8040 是为了确保在单步执行完成后能够进入待机状态，重新起动。

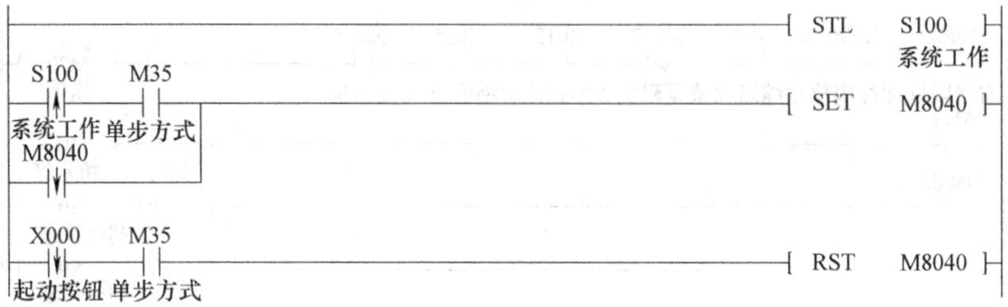

图 13-24 系统的单步运行

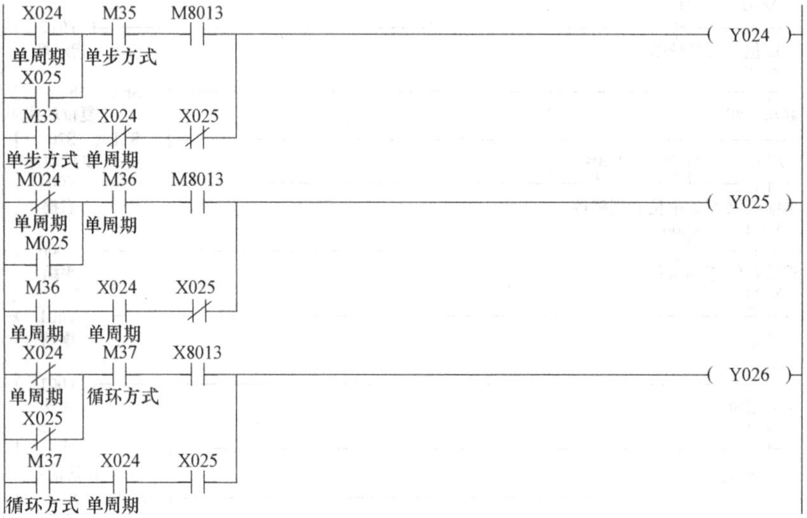

图 13-25 状态指示灯的参考程序

图 13-26 停止功能参考程序

考核评价

序号	评价指标	评价内容	分值	学生自评	小组评分	教师评分
1	系统资源分配	能够合理地分配 PLC 内部资源	5			
2	实验电路设计与连接	电路设计正确	10			
		能正确进行电路设计及连接	10			
		电路的连接符合工艺要求	5			
3	变频器应用	变频器的硬件电路	5			
		变频器的端子功能	5			
		变频器的参数设置及功能	10			
4	PLC 程序的编写	掌握本项目 PLC 程序设计方法	5			
		掌握编程软件的使用,能够根据控制要求设计完整的 PLC 程序	25			
		能够完成程序的下载调试	5			
5	整机调试	能够根据实验步骤完成工作任务	10			
		能够在调试过程中完善系统功能	5			
总分			100			
问题记录和解决方法	记录任务实施中出现的问题和采取的解决方法					

参 考 文 献

[1] 杨少光. 机电一体化设备的组装与调试 [M]. 南宁：广西教育出版社，2009.

[2] 三菱 FX 系列 PLC 培训教材.

[3] 亚龙科技集团有限公司. 三菱 FX2N 型成套设备实训指导手册.

[4] 亚龙科技集团有限公司. YL235A 机电一体化设备实训手册.

[5] 三菱公司. 三菱 ER－700 变频器使用手册.

[6] 昆仑通态. MCGS 嵌入版说明书.